玻璃结构手册

第二版（新编版）

Glass Construction Manual

2nd revised and expanded edition

史蒂西 施塔伊贝 巴尔库 舒勒 索贝克/编著
任铮钺 曹伦 胡新燕 黄中浩/译

SCHITTICH
STAIB
BALKOW
SCHULER
SOBEK

大连理工大学出版社
EDITION DETAIL

Glass Construction Manual, 2nd Edition
by Edition DETAIL
Originally published by "Institut für internationale Architektur-
Dokumentation", München
© 大连理工大学出版社 2011
著作权合同登记06-2011年第165号

图书在版编目(CIP)数据

玻璃结构手册：第2版/(德)史蒂西等编著；任铮钺
等译. —大连：大连理工大学出版社，2011.6
书名原文：Glass Construction Manual 2nd
edition
ISBN 978-7-5611-6246-0

Ⅰ.①玻… Ⅱ.①史… ②任… Ⅲ.①玻璃结构—技
术手册 Ⅳ.①TU382-62

中国版本图书馆CIP数据核字(2011)第097019号

出版发行：大连理工大学出版社
　　　　　（地址：大连市软件园路80号　邮编：116023）
印　　刷：精一印刷（深圳）有限公司
幅面尺寸：230mm×297mm
印　　张：21.5
出版时间：2011年6月第1版
印刷时间：2011年6月第1次印刷
统　　筹：房　磊
责任编辑：杨　丹
封面设计：王志峰
责任校对：石雅新

书　　号：ISBN 978-7-5611-6246-0
定　　价：308.00元

发　行：0411-84708842
传　真：0411-84701466
E-mail: a_detail@dutp.cn
URL: http://www.dutp.cn

目　录

第一版前言

在建筑师和工程师眼中很难有其他建筑材料能与当前广泛使用的玻璃相比。

玻璃在建筑领域经过了长期的进化——从实心的平板玻璃墙到透明、透光的玻璃表皮。作为一种使我们有机会建立透明、开放而形式轻盈的建筑的材料，玻璃改变了建筑室内与室外的关系，也改善了人类与空间、光线和自然之间的关系。因此，不难理解玻璃作为建筑材料为何有如此重要的地位。

20世纪初，正当人们探寻新的建筑方案并渴望逾越墙壁的局限之际，在建筑中如何"捕获"阳光的温暖仍然是一大问题。今天，我们在允许适当的光线和热量进入建筑的智能控制方面已有许多不同的选择。玻璃也越来越多地作为一种承重材料被结构工程师所使用——这就大大减少了大体积的承重结构的比例。

近来玻璃技术出现了大量创新，以适应防火及安全上的严格要求。最新的薄膜镀层技术既能制造出低辐射光照控制玻璃，同时还保证了最佳的透明度。而其他技术还能使玻璃交替呈现出半透明或透明的状态，或通过全息图或液晶技术将玻璃转变为一种信息媒介。

这些各种各样的创新使得建筑师和工程师们对信息产生了强烈渴望。

《玻璃结构手册》旨在展示玻璃作为建筑材料在美学及工程上所具有的无数种可能性。本书不仅包含细部编辑部"结构手册"系列丛书的传统内容，还对作为建筑材料的玻璃作了全面介绍。玻璃性能、承重性能、隔热、隔声及防火等基本原理，玻璃作为一种能量供应源以及玻璃的固定细部和结构形式等内容都涵盖在这本书里。

第一部分涉及玻璃的历史，并阐明了其从最初到现今在建筑中的应用情况。

最后一部分列举了一些实例，着重描述美学与工程之间的相互作用。这里选取的不只是那些大范围使用玻璃或技术上有显著创新的项目，也包括一些日常的解决方案，例如木墙或黏土贴面砖墙上的基本窗户构造。

我们希望本书能有助于人们更好地从理论上和实践上理解玻璃这种多功能材料，也希望本书有助于激发建筑师与工程师在日常工作中的灵感。

作者，1998年

第二版前言

第一版的《玻璃结构手册》在几年前一经推出，很快就成为行业参考的标准工具书，并且被译成多种语言版本在全世界范围内发行。在此基础上，本版在书中修订和增加了玻璃技术的新发展，以及玻璃应用在建筑中的一些新的、突出的例子。

在对作为材料特别是构造材料的玻璃进行了深入探讨后，我们会发现研究和理解某种建筑结构的来龙去脉（实际上就是某种建筑是如何形成的）是如此重要，并将了解迄今为止在建筑领域中玻璃技术经历了怎样的高速发展。

玻璃这种材料很少单独使用。在实际应用中，采用玻璃这种多功能的材料也就意味着要多加考虑那些对玻璃起安装、固定、支撑和密封作用的相关材料。即使是在玻璃构件起承重作用的全玻璃结构中，也需要通过其他材料来建立一个协调的整体。

此外，在当今这个时代里，我们必须特别关注越来越重要的能源问题或结构的能源优化形式问题，或许尤其要关注玻璃建筑中的这些问题。因为即使是今天，由于其热工性能和对气候条件的高要求，玻璃在某种程度上仍然被认为是一种有问题的材料。这次修订后的《玻璃结构手册》旨在展示玻璃的用途之多远远超出非专业人士的想象，特别是在热工性能和太阳能控制方面。

事实上，成功的玻璃立面甚至采用玻璃的复杂承重结构的设计都是建筑师、工程师、立面顾问和承包人等众多专业人士良好合作的结果。然而，我们总是在一些问题上反复激烈地争吵，甚至专家之间也会为了一个细部的解决方案反复争论。有时候细部的处理上没有"错"或"对"，而只有"美观、可建造以及没有建筑性能缺陷的有效原型"。

本书的作者大都是大家公认的专家，活跃在建筑、工程、物理、建筑检测与检查等不同的领域中。这可以保证不同的文章都是从多个视角呈现在读者面前的。

本书将重点放在结构的整体考虑上，即设计、技术及其实现的相互作用。

因此《玻璃结构手册》在第一部分对玻璃这一主题进行了介绍，描述了玻璃建筑形式从早期到现在的主要发展。

第二部分介绍了玻璃建筑结构的原理，使建筑师和工程师在选择玻璃作为建筑材料（即能够提供强度并承担荷载）以及考虑建筑性能（即玻璃与能量的关系）时具备相应的知识。

第三部分对玻璃支撑方法、开窗以及大量的建筑细部进行了系统和详细的介绍。这些介绍或许为建筑结构中很多重要的细部和界面问题提供了解决方案，但这些只是理论上的，并不是万能的解决方案。

第四部分中的42个案例研究展现了玻璃在建筑中从室内、立面到屋顶的各种不同应用。

这些建筑案例的选择首先是基于其设计和建筑标准，同时也兼顾建筑形式的多样性以及玻璃与木材、混凝土、石材、钢材、铝材等建筑材料结合使用的情况。除了考虑到玻璃技术创新和玻璃在节能建筑概念中的应用外，还加入了既有建筑翻新项目、玻璃与历史建筑结合项目。

这些建筑案例选自不同的地方，因此在气候条件、建筑规范以及建筑文化方面受到的影响也不尽相同。正因如此，本书中的这些细部图（如第三部分）并不适用于所有情况，而必须因地制宜地加以调整。

本书中的结构形式并不是"现成的解决方案"，而是能够启发人们创造出合理设计概念的案例。

为了更好地解释这种关系，本书不是孤立地展示这些案例的细节部分，而是对每一案例的总体结构都有介绍，例如给出一些小比例的平面图、剖面图和总平面图。只有少数几个案例特别强调了对建筑立面和屋顶结构的分析。

除了常规的索引外，附录部分还包括了大量有关玻璃作为建筑材料使用的最新法规、条文和标准，以及相关的参考文献，任何一位对玻璃结构感兴趣的专业和非专业人士都能从本书中有所收获。

出版商和编者
慕尼黑

第一部分 建筑中的玻璃

对页图：
巴黎证券交易所的圆屋顶，1811年
Henri Bondel

从起源到古典现代主义

Gerald Staib

玻璃制造的几个重要发展阶段
——历史回溯

英语中的glass（玻璃）一词来自日耳曼语"glaza"，意为"琥珀""耀眼"或"闪烁"。因古罗马人所进口的玻璃质珠宝与琥珀极为相似，而琥珀在拉丁语中叫"glesum"或"glaesum"，所以把这种玻璃质珠宝称作"glass"。但古罗马人却又把玻璃叫作"vitrum"，这也就是现在法语中把玻璃称作"verre"，把窗格玻璃称为"vitre"的原因。

起源于美索不达米亚和埃及

迄今为止，玻璃制造的发源地仍然难以确定。早期，人们在冶炼铜或烧制黏土器皿时偶然发现了灰粉，人们便用这种灰粉来为陶器上釉。在美索不达米亚已经找到了可以证明的物件，其历史可以追溯到公元前5世纪；在埃及，也发掘出公元前4世纪早期的证明物件。在打开埃及的法老陵墓时，发现了公元前3500年左右的绿莹莹的玻璃念珠。这标志着可以被视为有意识的玻璃制造业的产生。公元前2世纪中叶，开始出现以碗为铸模生产的环状物和一些小饰物。采用这种筒芯旋转工艺，还可以将黏稠的不透明熔液制成小玻璃杯、花瓶等。先把一个装有黏土的砂质筒芯固定在一根小棒上，将其放入熔融态玻璃液中，然后旋转筒芯内的轴使粗"玻璃丝"附着于筒芯上，最后在一个平整的表面上滚动使其形成合适的形状，待冷却后取出筒芯。

最古老的玻璃设计图出现在亚述国王亚述巴尼拔（公元前669年~公元前627年）时期尼尼微大图书馆的泥版文书上，其楔形文字的铭文记载道："取60份砂子、180份水生

图1.1.1 玻璃爪状大口杯，下弗兰科尼亚地区，6世纪，缅因法兰克博物馆，德国维尔茨堡

植物的灰粉、5份石灰就可制得玻璃"。从理论上来讲，这一方法在今天仍然是正确的（见58页"成分"）。

叙利亚吹制铁管

公元前200年左右，西顿的叙利亚工匠们发明了吹制铁管，使生产各种不同形状的薄壁容器成为可能。玻璃吹制工用1.5m长的中空铁棒末端蘸取熔融态玻璃液，然后把它吹成一个薄壁容器。

罗马时代

考古发现，庞培和赫库兰尼姆两地的住宅以及公共浴室首次将玻璃用作建筑外围护结构的一部分。这些玻璃板有的无框，有的安置在一个铜框或木框里，规格大致为300mm×500mm，厚度在30mm至60mm之间。尽管当时已有圆筒法平板玻璃，但这些玻璃板仍然采用压铸和拉制法生产：将黏稠的熔融态玻璃液泼到撒有砂子的带框桌面上，然后用铁钩拉延伸展。考古挖掘出来的风化玻璃碎片表明，这种罗马窗玻璃呈蓝绿色而且不很透明。

中世纪

罗马人还将这种玻璃生产工艺传到了北阿尔卑斯山地区。移民时期结束后，罗马人的这一传统工艺先由梅罗文加王朝的法兰克人重新采用。保留至今的中世纪早期的物品包括乳头状容器、角状酒具、爪状大口杯。这些器皿直到中世纪鼎盛时期仍在继续生产，尽管那时玻璃的生产主要围绕教堂和修道院的建筑进行。

图1.1.2 熔融玻璃，《矿冶全书》中的雕版图，Georgius Agricola（1494~1555年），巴塞尔，1556年

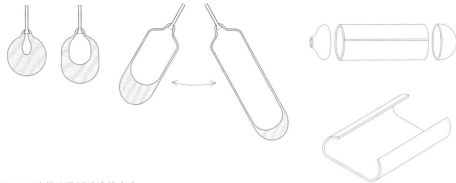

图1.1.3 吹筒法平板玻璃的生产

吹筒法平板玻璃和冕牌玻璃

始于中世纪早期的这两种最重要的玻璃制造工艺直到19世纪末20世纪初一直是玻璃生产的基础工艺。

公元1世纪时人们就已经开始用铁管吹制平板玻璃,而直到公元4世纪人们才发明了生产冕牌玻璃的方法。同样是叙利亚工匠发明了这两种工艺,并在前往北方的旅途中将它们传播开来。

冕牌玻璃和吹筒法平板玻璃工艺是先将一滴熔融态玻璃液由吹制铁管排出,形成一个圆形,并吹成一个"气球",同时持续加热以保持它的可塑性。

吹筒法平板玻璃工艺当时主要为洛林和莱茵河沿岸一带的工匠所运用。此工艺的流程是,先通过吹制、摇晃和在桌面上滚动的方法将"气球"做成一个尽量长、壁尽量薄的圆柱体,然后用减振铁针和金刚钻切割掉圆柱两端,将已经消除应力并冷却了的圆柱沿纵向切开,再将其放入平板炉内重新加热并展开成为平板玻璃(图1.1.3)。圆柱的尺寸和随后形成的平板玻璃尺寸仅受吹制工肺活量的影响。圆柱尺寸最大为长2m,直径300mm。

生产冕牌玻璃时,将玻璃泡吸附在玻璃制造者的铁棒上,然后脱离吹制铁管,增大玻璃泡的孔洞形成边缘。将这种钟形物体再一次加热,并以一定的速度旋转成一个圆盘(图1.1.4)。由于它不平整,玻璃制造者要根据其质量把这块"冕牌"玻璃切成若干小矩形、菱形或六边形。中心厚、牛眼状且更小的玻璃块可以作为无须再切割的小圆窗玻璃出售。与圆筒法平板玻璃相比,由于冕牌玻璃没有与粗糙灼热的炉底相接触,因此可生产出更均匀平整、纯度更高、表面更有光泽的玻璃。这种方法一直沿用到19世纪中叶,特

别是在英国和诺曼底地区,也许是因为这个原因,冕牌玻璃又被称为"法国玻璃"(Verre de France)。

威尼斯

15世纪至17世纪期间,威尼斯市是玻璃碗、饮酒器皿和镜子(背面涂有汞锡合金的平板玻璃)的主要生产地,这些产品大部分出口到德国和法国。威尼斯玻璃的成功之处在于它加入了海洋植物的灰粉、锰和白色的砷作为除色剂,使玻璃达到很高的纯度和透明度。

17/18世纪

17世纪是玻璃制造的繁荣时期,玻璃不再仅仅出售给教堂和修道院,还出售给城市里的商人,用于修建玻璃宫殿和玻璃房屋。威尼斯对玻璃的垄断促使玻璃制造者去寻找新的玻璃制造工艺。1687年,法国人Bernard Perrot进行了重大的创新,发明了压铸玻璃工艺,这种方法是将玻璃熔液泼到一个光滑的、预热的铜桌面上,然后用水冷的金属滚轴将其压成玻璃板。玻璃板的厚度取决于边框的高度。这样生产出来的玻璃板与用先前的几种工艺生产的玻璃板相比,显得更加均匀平整,然后用沙子和水进行打磨,最后用氧化铁制成的混合物做后期抛光。这些所谓的Grandes Glaces或平板玻璃,尺寸可达1.2m×2m,用较少的人力就能生产出质量更好的玻璃,因此可以降低成本。然而,真正意义上的突破是压铸滚压法的发明,即Max Bicheroux于1919年发明的Bicheroux工艺(见10页"20世纪早期")。

尽管如此,窗玻璃仍然是一种昂贵的材料,部分原因是两面都需抛光。18世纪末的玻璃十分昂贵,有些马车车夫一天工作完后,

图1.1.4 冕牌玻璃的生产,Diderot和d'Alembert所著《百科全书》中的雕版图,1773年

都要卸下车上的玻璃，用藤条制品代替；在英国，房客通常在搬家时取走窗玻璃，因为它不是固定装修的一部分。

工业化时期

19世纪，玻璃生产的所有领域都取得了重大的进步。1856年Friedrich Siemens申请了一个改进的熔炉专利，这项专利使操作流程更加合理并使所需燃料减半，大大提高了生产效率，使玻璃价格大幅下降。吹筒法平板玻璃工艺同样经历了重大的发展：1839年Chance兄弟成功改进了吹筒法平板玻璃的切割、打磨和抛光三个流程，降低了断裂度，同时改进了表层饰面效果。正是因为出现了这种工艺，才能在1850~1851年的短短几个月内为水晶宫的建造提供大量的玻璃板。大约在1990年，美国人John H. Lubbers研究出一种机械工艺，将吹制和拉制两种方法结合起来：在熔融容器内，圆筒顶部与一个压缩气体供应装置相连，并使预加热过的压缩气体持续流入，缓慢地垂直拉延。有了这种工艺，现在才能制造出长12m、直径800mm的玻璃。但是，在生产出玻璃板之前，仍必须用"迂回法"切割形成圆筒。困难在于如何将圆筒延展为水平的玻璃。

20世纪早期

大约在1905年，比利时的Emile Fourcault成功地用玻璃熔液直接拉延成玻璃板，直到此时，用机器生产高质量玻璃板才成为可能。这种工艺是将烧制黏土制成的喷嘴浸在从一个裂缝流出来的熔融态玻璃液中，用铁钳夹紧，冷却的同时像"蜜"一样垂直向上拉延。拉延时产生横贯板面的轻微波纹仍然是一个需要解决的问题。因此，除很小的玻璃板外，窗玻璃安装时，波纹要处于水平方向。

在美国，Irving Colburn于1905年申请了一个类似方法的专利，称作Libbey-Owens工艺。这种方法不是像Fourcault的方法那样通过喷嘴垂直拉延玻璃，而是缓慢地用一个抛光的镍合金辊轴把玻璃牵引成一个水平的平面，在一个60m长的冷却槽内冷却至手能够碰触的温度，然后切割成所需尺寸。平板玻璃长和宽均为2.5m，厚度为0.6~20mm，由拉延的速度决定，速度越快玻璃越薄。若用此种方法，水晶宫所需的玻璃只需两天即可完成！

匹兹堡平板玻璃公司自1928年就开始应用这种工艺，结合了上述两种方法的优点，进一步提高了生产效率。随着三种工艺的改进，那种高成本的抛光平板玻璃越来越显得落后了。

1919年Max Bicheroux在压铸玻璃的生产工艺方面成功地迈出了重要一步。先前分成几步的生产过程现在被集中到一个连续的辗压粉碎机上完成：玻璃熔液分成几部分从坩埚中取出，经过两个冷却了的滚轴，形成一个玻璃丝带。灼热的玻璃被切成板块，接着在滚动的载物台上转入冷却炉。现在已可以生产出3m×6m的玻璃板。自20世纪初开始就已经用液体玻璃做过很多实验，然而直到阿拉斯泰尔·皮尔金顿（Alastair Pilkington）于20世纪50年代研究出浮法玻璃工艺实验才首次取得了成功。此法至今仍广泛用于玻璃生产中（见59页"浮法玻璃"）。

玻璃砖或半透明墙

自19世纪中叶开始，就有了不限制上人的玻璃板。Thaddeus Hyatt把它们用金属框封上后放在了英国的步行道上，让光线可以进入地下室。但又过了30年才开始生产有足够透光率的玻璃产品，如墙砖等。法国人Gustave Falconnier的发明开创了大规模生产手工吹制玻璃砖的先河，1886年开始生产，有椭圆形和六边形。尽管承重能力有限，还有发生冷凝的问题，但这些产品却受到了建筑大师们的特别青睐，尤其是赫克多·吉玛德（Hector Guimard）、奥古斯特·佩雷（Auguste Perret）和勒·柯布西耶（Le Corbusier）等。

Luxfer-Prismen公司1899年开始生产的"棱镜玻璃"可以让更多的光线进入室内。这些100mm×100mm的实心玻璃砖内部形成棱镜，边缘用狭窄的金属框架包起来，光能通过它们直接进入房间——这种原理至今仍在应用。1907年Friedrich Keppler的"钢筋混凝土玻璃砖"问世。这种玻璃砖的横向凹槽有40~65mm厚，与钢筋混凝土互锁连接。这样人们就可以使用具有高承重能力和透光率的大型玻璃板了。布鲁诺·陶特（Bruno Taut）把这种技术用在了他1914年为德国制造联盟科隆展览会设计的"玻璃亭"的墙体和屋顶上。

Saint-Gobain公司生产的"Nevada砖"（200mm×200mm×40mm）标志着又一个里程碑。勒·柯布西耶和皮尔瑞·查里奥（Pierre Chareau）设计的建筑向人们证明，这种"玻璃砖"已经获得了全球的赞誉。

除了这些压入模具的实心玻璃砖以外，

图1.1.5 抛光平板玻璃的生产一，Diderot和d'Alembert所著《百科全书》中的雕版图，1773年

图1.1.6 抛光平板玻璃的生产二，Diderot和d'Alembert所著《百科全书》中的雕版图，1773年

Luxfer和Siemens还设计出了一种空心玻璃砖，尺寸是老德国标准尺寸（250mm×125mm×96mm），开放的一面朝下放置。

20世纪30年代，欧文斯伊利诺伊玻璃公司成功地生产出在热和压力作用下结合在一起的两块玻璃板构成的玻璃砖，就如我们今天常见的样子。

哥特式教堂——"上帝即光"

哥特式教堂是中世纪城镇中心的标志，象征着主教、牧师和教堂的权力及其庄严性，以及这个时代城市的发展方向。这种建筑体现了精神和世俗的权力，尤其体现了宗教信仰的传播、中世纪世界的精髓——"天堂形象的教堂"。

罗马式建筑物的紧凑风格让步于线性梁柱结构：拱顶的荷载对角传到拱肋上，并由柱身、支墩以及拱式扶垛支撑。墙体发展成为有支墩和拱的多层结构。空间内采用大型彩色花饰窗格窗户。这样，整个建筑内部都曝露在光照之下，阳光透过窗户的彩色玻璃射入室内，显得神圣而美丽。光照在室内石材结构上，使它变得格外特别："……一种崭新的光弥漫着，神圣的作品在辉煌中闪耀。"

玻璃窗成为室内与室外、上帝与人之间的过滤器，它把太阳的光线转化成一种神秘的媒介。

由铅条连接在一起的印花玻璃形成了复杂的彩色区域，重现了圣经中上帝与人的那段历史，描绘了历史与未来，也勾画了教堂资助人的形象。

用彩色光线创造一个明亮的场所的想法来自Saint-Denis的Abbot Suger（1081~1151年）。在重建修道院教堂唱诗班期间（1141~1144年），第一次设计了一种平面和窗户布置，利用光线来装饰柱廊式圣殿。根据Suger的想法，一切可见的事物都是"物质的形象"，它们最终是"上帝的圣光"的反映。"物质的光"越珍贵，越能更多地传递"圣光"。"无知者通过实物获得真知，当他感知光时，记忆就将浮现"，这些是Suger于1134年刻在Saint-Denis修道院正门上的话。建筑物和光创造了一个神化的非物质的空间。

巴洛克式建筑——试图承认光的存在

巴洛克式建筑所关注的是空间的韵律和生动的画面并可将其扩展至无限。光在这方面起到了十分特殊的作用。透过宽敞的窗户和门洞进入的明亮的太阳光取代了哥特式教堂内散射的神秘光线。光不但创造了空间，而且还成为一种取消空间界限的手段。在光与绘画、抹灰、教堂的轻质墙体——在此要特别提到巴尔萨泽·诺曼（Balthasar Neumann）在内雷斯海姆设计的修道院教堂（始建于1745年，图1.1.8）——和宫殿里的镜子相互作用的过程中，空间失去了它的物质特性：光无限扩展，墙体开始消失并且逐渐非物质化。分隔室内外的厚重墙体消失在背景中。建筑与自然、室内与室外融为一体。这个时代的巴洛克式建筑取得的成就将会具有越来越重大的意义。开放式建筑日益增加的趋势导致了对玻璃的巨大需求。北部蓬勃发展的玻璃工业那时仍采用传统方法，仍然没有克服冕牌玻璃和吹筒法平板玻璃生产工艺自身内在的缺点。

1688年首次出现的压铸滚压法，使生产更大的几乎纯净的平板玻璃成为可能，开创了玻璃生产的新时代。这种玻璃以一种独特的方式与镜子结合在一起。镜子自古代就有，但当时的镜子是由镀上一层银或白金的抛光青铜和铜制成的。13世纪开始生产的凸镜背后衬有铅或铅锡合金。镀了一层汞合金的威尼斯镜子自15世纪末期开始就为众人所周知，直到19世纪仍在采用这种方法。朱尔斯·哈都恩·曼萨特（Jules Hardouln

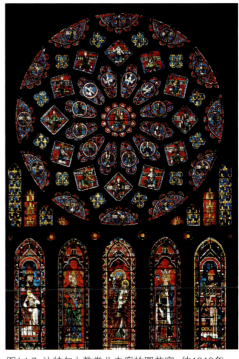

图1.1.7 沙特尔大教堂北走廊的圆花窗，约1240年

Mansart）和查尔斯·勒·布伦（Charles Le Brun）在凡尔赛宫设计的镜厅（1678~1684年，图1.1.9）就是这种玻璃与镜子结合的典范。能俯瞰花园的横向侧廊的立面有一长排连续的拱窗，几乎取代了墙体，墙体变成了一个纯粹的框架。对面的内墙的相应位置处是镜子（每个单独的构件尺寸为600mm×900mm）。自然、树木和云彩连续映照在白色和彩色的大理石墙壁上。随着光线通过巨大的洞口进入室内，再加上镜面的反射和材料的光泽，房间本身几乎完全融化了。

图1.1.8 内雷斯海姆的本笃会修道院教堂，德国，始建于1745年，巴尔萨泽·诺曼

图1.1.9 凡尔赛宫镜厅，1678~1684年，朱尔斯·哈都恩·曼萨特、查尔斯·勒·布伦

传统住宅

传统的民宅大部分采用的是当时十分流行的建筑类型和原理。受地理位置、景观、气候、当地资源、技术以及传统等特殊因素的影响，独具个性、富有特色的建筑类型出现了。有关大部分建筑物老化问题的解决方案，与建筑和环境技术的重要性共同成为人们的热门话题。

这种住宅的每一部分都是必要的，有明确的功能与相应的地位和价值，于是就产生了各自的形式和规格。拿住宅的外墙来说：窗户不很大，通风口实际上很小，房屋内采用古老的原木结构构造方法，洞口由叠起的原木高度决定。在毛石砌体中，洞口受到石头承载力的限制。

那个时代，人们白天没有时间和空闲待在房间里。光线对于工作非常重要，因此工作通常在户外进行。外墙的洞口可以认为是一个薄弱点：它必须经受住风、恶劣天气以及来自外部正在接近的危险等的考验，才能在严寒的冬季使房间内部成为一个遮蔽风雪的地方。由于当时玻璃价格仍然十分昂贵，每个地区都用各种各样的、当地可以获得的材料来封闭建筑的洞口，比如一块薄薄的兽皮、动物的皮囊、粗帆布以及其他类似的一些小的材料。这些材料均用植物油或动物油涂过，以尽可能防水防风。根据居民的传统和富裕情况，这些材料附在铰链连接的或滑动的框架上，此时窗户是由固定部件和活动部件组成的。

外墙的这个"薄弱点"仍有一些难点需要解决。一方面，需要一个"通风口"让部分光线和空气进入室内；另一方面，又要防止风、恶劣天气和类似的令人讨厌的事物的进入。在许多地区，对于某些人来说，窗户结构体现了室内外的存在关系，在他们的房屋设计上成为一个特殊构件。窗户已经成为建筑立面的一个焦点，并通过颜色或某些特别的手工装饰物得到强调，经过装饰的框架和面层成为洞口/窗户与墙体的过渡构件。这些传统的窗户尤其体现了室内外之间的洞口是如何成为过渡区的。

室外，窗下面装有花的箱子是一种装饰，但当向外或向内看时，通常就成为一个"过滤器"，它还是把风、恶劣气候、阳光、强光和危险隔在外面的窗板，常常带有可调

图1.1.10 老石头房屋的窗户，瑞士提契诺

图1.1.11 农舍的窗户，德国北部，多特蒙德威斯特伐利亚露天博物馆

整的小缝隙，用来换气和过滤光线。

室内：窗帘——主要允许部分光线进入，但也能降低阳光的强度，对于窗户外面的整体外观来说非常重要——从室内弱化了窗户十分坚固的感觉并起到了装饰作用。窗台通常放一些花或其他器皿。

这都说明了窗户对于人类的价值，但同时也体现出人类如何用最简单的材料和方法制造出不同的器械（同时把具体的地区特点考虑进去），并用过滤网、障碍物和隔板控制环境影响，使室内生活充满生机。

"传统的窗户"阐释了各种问题、各种需求是如何成功地找到相应的具体的特殊材料以及各自的技术和解决方案的。

图1.1.12 瑞士某农舍的窗户

城镇住宅——外墙成为一个透气的构造

一般来讲，城镇住宅建筑都具有沉重、坚固的外围护结构。窗户通常很小并分成两个部分，上面部分是永久封闭的，用很薄的一块块兽皮或其他能让光进入的材料遮住，用来透光，下面部分有可开合的木百叶窗。冬季整个窗户通常用木百叶窗封闭，夏季则使用格栅。

安在有槽铅条上的带有圆窗格板的木框架逐渐出现，但玻璃仍十分罕见，价格昂贵，除了用于宫殿外，几乎无一例外地用于教堂和修道院的建造上。

哥特时代，洞口尺寸不断增加，尖拱窗户不再仅仅局限在教堂，而是大量出现在各种建筑中。理论上讲，由于天然石材和砖块的承重作用，因此很难穿透墙壁，在厚重的石头建筑上开一个很大的洞口。

这完全不同于木框架结构。木框架结构的承重构件和非承重构件之间区分明显，因此在构件之间的区域可以开洞口。在水平的和垂直线条组成的格栅内，木质柱子将窗户分割成一系列狭长的小窗，形成了早期连续狭长的条状窗户形式。市政厅、市府以及后来出现的民宅的建筑物立面，都有宽敞的洞口，这已经成为16世纪城市繁荣的一大特征。

在石头建筑中，人们只能在墙体上尽可能地多开洞口。由于房屋之间建得十分近，靠在了一起（荷兰的城镇就很好地体现了这个特征），外墙就变成了只有少量承重构件的框架，尽管是砖石建筑，墙上的窗户也可以很大。朝前的宽敞洞口可以让光线穿透，进入很深的狭长房间。

外墙已经不再是室内与室外的坚实分隔物，它现在已经成为一个过渡构件，将私人和公共领域融合在一起。外墙的这种形式历史悠久，特别是在荷兰。17世纪早期，英国开始对玻璃和窗户征税，法国开始对门和窗户征税，这直接导致外墙发展出了各种风格迥异的样式。

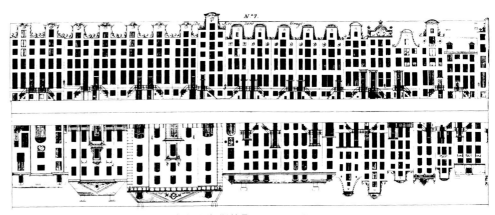

图1.1.13 两个阳台的立面图，18世纪建筑，阿姆斯特丹Heerengracht

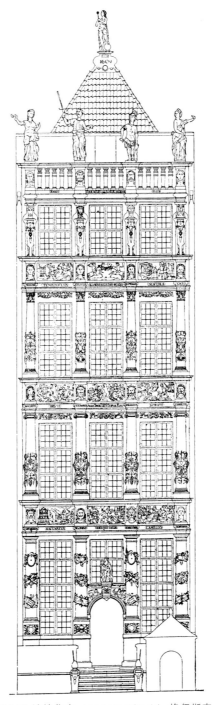

图1.1.14 城镇住宅，langemarkt 14，格但斯克，1609~1617年

图1.1.15 Kammerzell房屋，斯特拉斯堡，1589年

传统的日式房屋

岛国特有的气候条件、丰富的木材作为建筑材料、频繁的地震及与文化和宗教传统的紧密联系，产生了几世纪以来遵循以下规则的日式房屋。

开放的布局、与花园结合在一起的设计、延伸到天花板的轻质洞口构件以及通长的墙体，这些对现代建筑师弗兰克·劳埃德·赖特（Frank Lloyd Wright）和布鲁诺·陶特都产生了很大的影响。

传统日式房屋的墙体材料为木材、竹子，通常还有黏土，拉门是纸糊的，地板为稻草材质。这是一种轻质骨架结构，墙体单元大部分都可移动。房屋的所有部分，包括木质结构、墙体构件、拉门、房间的布置和大小、榻榻米等，都设计得十分完美。每一部分都与其他部分相关联——一种早期的空间协调和标准化的形式。

由于当地气候条件通常要求高透气性，骨架结构可以让用纸糊起的可以透光的墙体成为拉门。建筑结构和建筑外围护结构之间有十分清楚的划分。因此，这种房屋的洞口不是欧洲传统建筑那样的墙洞，而是墙的一部分。凉廊内侧即房屋一侧的巨大的滑动墙体（障子）与凉廊、遮挡阳光和雨水的巨大挑檐结合在一起，形成了一个很深的过渡区域。这些"墙体"打开时，凉廊就会将花园和室内连接在一起，创造出一个扩展的生活空间。

滑动的百叶窗全部由木头制成，后来也用玻璃板，把它安装在凉廊外侧，形成一种"双层"的外墙，可以提供更多的防寒保护。悬挂的窗帘和竹子遮住了刺眼的阳光。这种"外墙"适用于各种场合，能够使室内外产生最多的相互作用方式。

铁结构——采光

18世纪以前，建筑物主要用可得到的自然资源建造。建筑物有石头的、黏土的和木材的三种。建筑形式主要取决于这些材料的性能和人的力量。由于石头和黏土只能承受压力荷载，因此常用于实心墙和拱顶中，而木头在建筑物中既可以用于骨架结构（框架法），也可以用于实心结构（采用圆木）。

在对新建筑材料的不断探索中，铁很早就被发现了，但直到18世纪后期，人们才发现

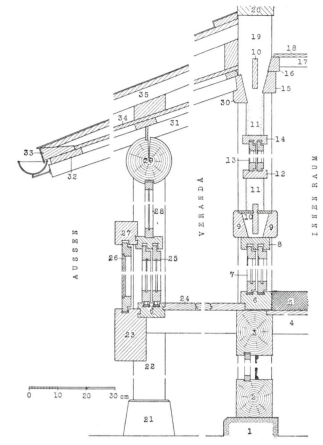

图1.1.16 日本房屋的部分线图，标准构造细部

图1.1.17 桂离宫，日本京都，松琴亭茶室室内

图1.1.18 克劳德·莫奈（Claude Monet）设计，Gare Saint-Lazare室内视图，"火车抵达"大型玻璃画，1877年，820mm×1010mm，马萨诸塞州剑桥市哈佛大学艺术博物馆佛格艺术馆

焦炭适合熔炼铁矿石，可熔炼出高质量的铁，也直到这时铁才作为一种独立的建筑材料被人们所使用。

在蒸汽机、机械织布机的技术改进和生产铸铁的能力提高的推动下，工业化生产蓬勃发展。铁（开始为铸铁，后来为锻铁）有很高的承载能力，其性能远远优于以前采用的任何材料，也比当时的任何材料都能承受更大的拉伸荷载，为建筑方法和建筑设计开辟了新天地。

先前由实心石墙承受的荷载现在主要集中在柱子和大梁组成的看似纤细的骨架结构上。室内空间现在变得更宽敞，而且没有支柱，可用于更多的场合。墙体不再具有承重功能，可使用玻璃墙来替代，从而使光线进入室内。房间几乎不再受任何限制，变得更大、更明亮。

19世纪，社会和工业发生大变革，因此对新建筑的需求大大增加，如市场大厅、百货公司、火车站等。以下列出的是一些代表性的建筑实例。

大型玻璃圆屋顶

19世纪以后，木结构、木框架结构或者石头穹顶或圆屋顶成为大型空间屋顶最常用的构造方法。

光通过圆屋顶进入，首先是由这种结构的自身特点决定的，可以通过最高点（如万神殿）或通过圆屋顶底部更小的洞口（如圣索菲亚大教堂）进入。穹顶可以根据木板屋顶

的原理变成实际上非物质的支撑结构，填充金属片，后来填充材料又改成了玻璃。光的大量泻入产生了的宽敞明亮的室内空间。

这种结构的最早实例是巴黎布勒大厅（Halle au Blé）的圆屋顶。1763~1769年，这里曾进行面粉和玉米的交易，1783年加了一个厚木板屋顶，1803年被大火焚毁。建筑师François Joseph Bélanger和工程师François Brunet使用铸铁（1809~1811年）替代了原来，并在最高点应用了玻璃。后来该建筑被改建成商品交易所（1888~1889年），圆屋顶又一次被取代了，但这次是由Henri Blondel设计的第一次全部镶有玻璃的锻铁结构（见7页图）。

百货公司

随着消费品供应的持续增长，人们开始需要宽敞且光线良好的房间，这样商品就可以在"同一屋顶下"摆放和销售。铁框架结构以及镶有大块玻璃的大型屋顶可以满足这种需求。

19世纪上半叶，美国和英国百货公司的立面采用的是预制铸铁部件，后来巴黎的百货公司又出现了纯铁框架，这些都是采用铁结构并填充玻璃板的框架结构建筑发展的里程碑。

第一家完全采用铁框架结构的百货公司是巴黎的Magasin Bon Marché（1876年），该百货公司由Louis-Auguste Boileau和Gustave Eiffel二人设计。尽管巴黎当局自1870年以来已允许建造裸露的铁结构建筑，但这种建筑仍然贴有石材作为饰面。在镶有大面积玻璃、铁结构裸露在外的建筑中，最具代表性的一个实例是Frantz Jourdain设计的莎玛丽丹百货公司大楼（1907年，图1.1.19）。

有拱廊的街道

有顶的商业街有着悠久的历史。在街道上，顶部装有玻璃的拱廊作为公共通道，通道两边有商店、车间和饭店，上面还有公寓和办公室，这是19世纪建筑的特点。自19世纪20年代开始，建筑最普遍的特点就是连续且通常是倾斜的玻璃屋顶。最少的框架结构保证了最大的日光照明，玻璃窗格通常装有小的允许热空气溢出的装置。由Perrier François Fontaine设计的巴黎Galerie d'Orléans街道

（1828~1830年，于1935年拆毁）对日后拱廊街道的发展产生了深远的影响。它是第一个完全由铁和玻璃结构覆盖的建筑。它的体量、倾斜的玻璃屋顶以及建筑内部立面成为建筑师后来争相效仿的模式。

火车站

火车站的建造也预示了建筑与工程的许多革新。宽大的屋顶可以跨过多个建筑开间，有着纤细框架的半透明或透明屋顶给城市景观带来了开阔和光明。

在铁路诞生地英国，拱形的"棚"式屋顶结构非常流行。Isambard Kingdom Brunel和Matthew Digby Wyatt于1854年设计的伦敦帕丁顿火车站的屋顶就是这种类型屋顶的一个很好的例子。该屋顶是最早的有弯曲拱肋的锻铁结构之一。

杂志The Builder在火车站落成的当年刊文中明确指出，建筑师的设计意图是避免与现存建筑风格重复，并试图按它的结构功能和所用材料的特点设计建筑。

图1.1.19 莎玛丽丹百货公司，巴黎，1907年，Frantz Jourdain

图1.1.20 比克顿花园的棕榈屋，英国德文郡，1818~1838年，设计者可能为约翰·克劳迪斯·路登

图1.1.21 皇家植物园（今基尤花园）的棕榈屋，伦敦，1844~1848年，Richand Turner、Decimus Burton

沿Wiegmann-Polonceau系统设置桁架的结构在法国十分流行。发展这种精巧的承重结构属于工程师的任务，该结构由金属片和简单的构件组成，构件的形状主要根据结构而定。而建造可以融合在城市环境内、具有代表性的坚固火车站"样板建筑"则是建筑师的责任。

巴黎的奥斯特里茨火车站（1843~1847年）面积为51m×280m，横跨在上面的屋顶为精巧的桁架式大梁结构，采用了Polonceau系统。这样的设计使室内宽敞、明亮，似乎成了没有边界的空间。这些结构尽管已经减少到仅有几个构件，但仍没受到指责。官方对这种建筑的态度是"比安全和可靠性更能激起兴趣"。

一方面，这些为来来往往的蒸汽轮机式火车建造的工程建筑体现出了现代性，另一方面，宏伟壮丽的站台建筑也成为向城镇风景的过渡，这些都突出地反映了这个时期建筑中的矛盾。

棕榈屋

铁质建筑的原理到19世纪才发展成形，首先采用的是铸铁，后来又采用了锻铁。对多个相同的部件进行预制和尺寸协调、把封闭空间塑造得尽可能通透、玻璃技术、生产方法以及与承重部件的连接等，这一切结合在一起赋予了建筑物一个全新的形象。

15世纪，第一次航海发现新大陆后，许多植物被带回来，并建造了许多保护这些植物的特殊建筑物。起初是冬季时在植物的四周搭上一些木棚，这就是所谓的"可拆式桔

屋"。后来又出现了三面有墙的养桔温室，直至演变成独立的"棕榈屋"样式。这种棕榈屋的特点是：由玻璃围护结构封闭的空间内，具有不受季节变化影响的独立的室内气候（辅以蒸汽加热）。因此，棕榈屋是19世纪铁和玻璃结构建筑最忠实的化身。

基本原理简单而精确：为获得最多的热

图1.1.22 全景廊街，巴黎，1800年

量和光线，就必须使建筑材料的用量在满足外观风格和建筑结构要求的前提下达到最少。英国人约翰·克劳迪斯·路登（John Claudius Loudon）和约瑟夫·帕克斯顿（Joseph Paxton）爵士进行了重大的具有开创意义的工作。路登为外表皮创建了"智能外形"，以适应太阳轨道（有屋脊和天沟的屋顶）。帕克斯顿除了进行了结构工程革新外，还为消除房屋内部大面积玻璃所产生的气候不良问题，引进了复杂的供暖和通风系统。

基于以上原理建造的"棕榈屋"和伦敦"水晶宫"（1851年），都对以大体量和洞口为特征的传统空间认识提出了质疑，并产生了无限制的空间。清晰可见的极少的铁结构和开放的空间正朝着现代建筑的方向迈进。每个构件都根据其材料特点而具有明确的功能。"每一个构造细部都显得明确而简洁"（Alfred Gotthold Meyer，1907年）。

Richard Turner和Decimus Burton在伦敦基尤皇家植物园设计的棕榈屋（1844~1848年）遵循了曲线围护结构原理

和壳体原理（图1.1.21）。围绕空间和框架的玻璃位于一个平面内。拱形部分由锻铁工字形构件（228mm×50mm）构成，弯曲玻璃（241mm×972mm）的边缘重叠成瓦状并用油灰接合。长约110m的铸铁和锻铁结构建在高1m的石头基座上，并设有集成的通风百叶。地下安装有供暖系统，即使室外温度降至零度以下，也可使室温保持在27℃。

1845年英国取消了对窗户征税，人们可以以合理的价格购买玻璃建造全玻璃屋顶。

从墙体到表皮——外墙承重功能的消失

工业革命期间，铁作为建筑材料的出现以及铁框架的发明为建筑物的外观设计开创了一个全新的天地。对立面进行分解和非物质化的处理工艺直接导致立面逐渐失去承重功能。框架结构能将楼板所受荷载直接传至梁柱，使进一步开放外墙成为可能，直至最后仅用玻璃表皮悬挂在框架结构外面，作为建筑物内部与外部的分界。这项工艺的发展步骤可以简述如下。

在英国——工业革命的中心地带，无数纺纱工厂如雨后春笋般涌现出来，这种趋势一直保持到18世纪末。结果导致了用坚固围墙围绕只留几个洞口的多层木框架结构被铸铁框架所取代，从而可以安放越来越大、越来越重的生产机器。1792年对一个工厂进行改造时，还保留了木梁；而短短几年后，Benyon、Bage和Marshall就在什鲁斯伯里附近为一家棉花纺纱厂建造了铸铁框架建筑（1796~1797年），这是最早的铸铁框架建筑之一，其柱子和大梁建在一个2.65m的网格上。该建筑还是建筑构件系列生产的一个早期典型实例。

19世纪上半叶，美国才开始将铁作为建筑材料。1848年，工程师James Bogardus用预制的柱子和铸铁制造的拱肩镶板取代了五层工厂建筑的砖石外墙。这种预制的系统为建筑外围护结构的结构设计开创了一个新的领域。立面不再是一个开孔的坚实表面，而是一个镶嵌玻璃的框架。这种系统现在常用在办公楼和百货公司中，因为它能为办公楼各层提供宽大的采光洞口，还能为百货公司原来用于设置实心石材基础的一层提供宽大的橱窗。

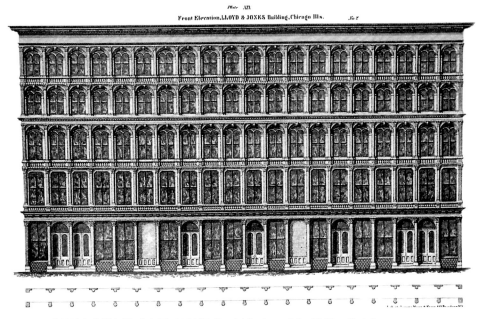

图1.1.23 劳埃德和琼斯大楼，芝加哥，1856年，Daniel Badger、John M. Van Osdel

水晶宫（图1.1.24~1.1.26）是为1851年伦敦大展览会（The Great Exhibition）而建的，那时建筑与预制体系盛行一时。此前的设计竞赛吸引了245位报名参赛者，结果都不令人满意。展览会委员会设想的是一种由单个可拆除、日后可重新使用的部件组成的建筑。园艺师约瑟夫·帕克斯顿曾将自己的创新精神在许多温室中实践过，他在与Fox Henderson & Co.合作时自行提交了一个可行性设计方案，并因此赢得了此项设计任务。就这样，第一座由铁和玻璃制造的展览会大楼建成了。建筑革命性地采用了经济的结构，并有组织地进行生产、供货和组装，还要特别考虑到要在仅仅9个月的工期内将这座长564m、高40m的三层展览建筑建造完毕。这样就只能采用预制的和标准的部件。整个结构的基本模块是1220mm×250mm的玻璃板。这就产生了一个约为7.32m的建筑网格。外墙被分成三部分，每一部分都填充有木窗、木板和通风百叶。

尺寸协调也应用到了第三维度，并具有最大的一致性。虽然等高的支撑承受的荷载不同，但在只有内墙的厚度不同的两层楼内仅用了两种形式的柱子，因此可以统一装配。同样，尽管大梁的有效跨度不同，但仍然保持同样的梁高度。根据屋脊—天沟原理建造的屋顶部分被安装在屋顶排水沟大梁和檩条上，由玻璃安装工人在吊篮内安装了玻璃；按计件工作来看，共安装了27万块标准玻璃。

单个部件由各自的公司分别预制，运到建筑工地现场装配。由于事先注意到了各个部件之间的连接而设计了简单的解决办法，因此可以很快地按部就班地安装或拆除这些部件。设计环节中工程师和制造商的先期参与，对生产方法和步骤都产生了重大影响，为顺利而快速地建造这个巨大的玻璃宫殿贡献了力量。

结果是产生了明显的结构形式：所有构件都无须加以说明，便展示了它们如何发挥各自的功能，达到了什么样的效果。但太阳辐射会引起玻璃建筑内部温度升高，因此就要安装遮阳篷。

该玻璃结构最大的影响来自于其创造的空间感。那是一种独特的空间，没有梁，也没有密实封闭的墙；那是一种巨大的、开阔的、光线充足的空间，内部与外部的界限因而变得很模糊。

Alfred Gotthold Meyer曾在他1907年出版的关于铁质建筑的书中表达了他的感受："这个巨大的空间拥有某种自由的东西。人可以感觉到身处其中是很安全的，而且没有压抑感。重力的存在认知和人的自身身体局限性都消失了，人们会发现水晶宫的氛围与外面的氛围是相通的，人与景物之间几乎没有藩篱，但它确实仍然存在。"

在芝加哥、纽约等大都市里，不断增长的人口、农村-城市的人口流动，以及建筑面积的日益缩减，使楼层越来越高。

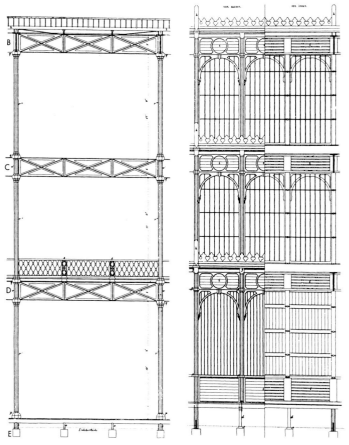

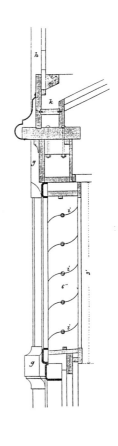

1871年和1874年在芝加哥发生的严重火灾，烧毁了大量的木质房屋，同时也显露了没有受到保护的铁质建筑的缺点。一幢幢庞大的建筑物随之应运而生。

在已有基本建筑技术和电动安全电梯（Otis，1852年）、防火钢框架的发明的基础上，出现了称为芝加哥学派的建筑师伯纳姆（Burnham）、Holabird & Roche、詹尼（Jenney）、鲁特（Root）以及沙利文（Sullivan）等人设计的第一代摩天大楼。然而，每个建筑师却是按完全不同的方法对外墙进行处理的：从承重的开孔立面砖石墙体（地面部分的外墙厚达1m或更厚），到只承担自身重量的墙体，再到填充镶板的结构钢框架，建筑师的偏好各不相同。

路易斯·亨利·沙利文（Louis Henry Sullivan）设计的Carson Pirie & Scott百货公司（1899~1904年）具有芝加哥学派的特点（图1.1.28）。这里采用了具有垂直和水平线条的严格的网状结构，持续清楚地表明承重

图1.1.24 水晶宫，海德公园，伦敦，1851年，约瑟夫·帕克斯顿，立面详图

图1.1.25 水晶宫，伦敦，通风孔详图

图1.1.26 水晶宫，伦敦

结构的存在，以此来确定外墙。最上面的巨大宽阔的"芝加哥式窗户"使用了薄的金属框架，而其他窗户则用了狭窄的陶瓦装饰框架。这与沙利文的观点一致，他认为建筑物的外部应该表达它的内部构造和功能，内容与形式之间应该存在一种关系（"形式取决于功能"）。百货公司最下面两层的橱窗大量采用了新艺术风格的铸铁装饰。沙利文认为建筑物的代表性特征就是它的一个主要功能。

沙利文的百货公司标志着芝加哥原来的重要建筑风格的结束，原来的建筑风格源于推崇折中主义的艺术运动，更偏好于"纯形式"，而不是形式、结构与内容之间的关系。

乔治·希达纳（Georges Chedanne）在巴黎为一出版社建造的"巴黎人建筑（Le Parisien）"大楼（1903~1905年，图1.1.30）沿袭了法国百货公司的传统，证明了当时欧洲大陆上钢结构的地位。整个建筑方法集中表现在外墙上：新艺术特征的承重和填充构件暗示着力的传递方向。开放的平面布局给内部结构带来很大的灵活性。

几乎全部为玻璃的立面第一次出现在工业建筑中，科学研究发现，空气、阳光对身心健康有积极影响，将玻璃立面应用于工厂建筑中，有利于提高生产力，这一理论大大促进了全玻璃建筑立面的出现。

这种立面的早期实例是德国京根的玛格丽特·斯蒂夫（Margarethe Steiff）GmbH工厂建筑的东立面。尽管建筑师仍然不为人知，据说该公司创始人的孙子理查德·斯蒂夫（Richard Steiff）在该建筑的设计中起到了极其重要的作用。双层的立面由三层楼高的半透明玻璃板构成，中间被分隔开，内层被固定在每层楼的地板和天花板之间，而外层连续连接在框架结构外侧。主要的柱子位于空腔内，双层窗户按一定的间隔设置。为了缓和热量聚集等问题，内层立面上悬挂了窗帘。

沃尔特·格罗皮乌斯（Walter Gropius）与阿道夫·迈耶（Adolf Meyer）合作，成功地将玻璃幕墙安装在德国莱纳河畔阿尔弗雷德（Alfred an der Leine）一家生产鞋楦头的工厂的工业建筑（Fagus工厂，1911~1925年）上。幕墙采用了很薄而且透明的材料，没有任何承重功能——这一点很明显（图1.1.31）。

图1.1.27 斯蒂夫玩具工厂，布伦茨京根，1903~1911年

图1.1.28 Carson Pirie & Scott百货公司，芝加哥，1899~1904年，路易斯·亨利·沙利文

格罗皮乌斯省去了角落的柱子，让玻璃墙可以延伸到三层楼，并连接在一起，让更多的光线照射到建筑立面上。"墙的作用现在只是挡雨、抗寒、隔热"（格罗皮乌斯）。为满足防火要求，拱肩镶板上安装了用砖块支撑的金属板。建筑立面包括一个由悬挂在每层楼板上的标准构件组成的钢结构。在最初的几年里，室内安装了窗帘和百叶，用于调节气候（如夏天得到的热量，冬天散失的热量），创造了一个舒适的工作环境。

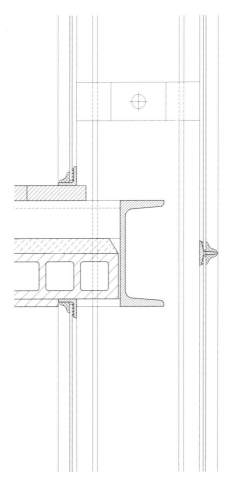

图1.1.29 斯蒂夫玩具工厂，穿过立面的垂直剖面，比例 1:5

图1.1.30 "巴黎人建筑"，巴黎，1903~1905年，乔治·希达纳

盒子的破坏——内外空间的流畅过渡

19世纪的铁、混凝土和玻璃结构为现代建筑的发展增添了动力。另外一个促进发展的因素是传统实心立方体建筑的逐渐瓦解。弗兰克·劳埃德·赖特将这种变化称为"盒子的破坏"。过去作为建筑内外明显分界标志的承重墙被废除了。柱子、墙体、玻璃窗和挑檐从封闭的立方体中分离出来，成为了独立的构件。原本分隔内外的隔墙变成了一个流畅的开放空间。

弗兰克·劳埃德·赖特所设计的建筑开创了这一建筑发展的潮流，并且在随后的时间里一直秉承这种风格。这种"瓦解"在20世纪初期受到了很多艺术运动的影响，如表现主义、立体主义、俄国构成主义、至上主义和未来派等等。传统的建筑形式不再是不可改变的了。例如立体派艺术家通过对建筑结构的解剖分析将建筑简化成一些简单的几何模型。构成主义者和至上主义者简化了建筑表面构成，并且在最大程度上减少了建筑

装饰：连成一体的梁和板的颜色也很简洁。很多建筑作品和建筑设计能够很好地体现这一思想，例如提奥·凡·杜斯伯格（Theo van Doesburg）1914年的Composition XIII作品以及密斯·凡·德·罗（Mies van der Rohe）1923年为一座砖结构乡村住宅所设计的草图（图1.1.40）。

弗兰克·劳埃德·赖特在20世纪的前40年所设计和建造的房屋都是这种向新型空间转变的代表作。这些房屋的特点是其与周围景观能很好地相容，平面采用开放式布局，构成建筑的各个构件都是独立的构件，房屋面向自然环境开放，房屋内外空间也交织在了一起。赖特还受到了传统日式房屋的影响，将美国住宅的基本构成元素转变成了一种全新的建筑语言。位于传统住宅中心的砖石壁炉的周围空间被重新规划，被设计成开放的形式与周围环境融合在一起。隔墙则继而变成了水平和垂直方向的面板：宽大的悬臂屋顶、独立的砖或天然石材构成的墙体与柱子，以及延伸到天花板的玻璃落地门窗。这些建筑构件最终达到了"动态平衡"。一个早

图1.1.31 Fagus工厂，德国莱纳河畔阿尔弗雷德，1911年，沃尔特·格罗皮乌斯、阿道夫·迈耶

期的例子是赖特在伊利诺伊州的高地公园设计的Ward W. Willit的住宅（1902~1903年，图1.1.33）。赖特十分重视合理利用材料的有机成分："让材料发挥其自然的本性"。在所有的建筑材料中他更喜欢使用的是石材、木头、玻璃和钢筋混凝土，而玻璃是他最为珍爱的一种材料，这是由于玻璃能够在人和自然之间产生一种新的联系。

"我认为玻璃是一种可以看作是水晶的材料，在空气中薄薄的一层就能够阻隔内外空气。对这种材料有了这样的认识，我们就能够在很多方面使用这种材料，就像在玻璃板自身上进行平面设计一样，既多样又美观。在某种程度上玻璃和光就是同一物质的两种形式而已！"

赖特在使用玻璃这种材料的时候没有像密斯那样为了追求"隐形"效果而去掉玻璃格条，而是采用了镶嵌在铅框内的小规格彩色玻璃；后来玻璃规格更大了一些，但仍然利用玻璃格条和带纹理的彩色玻璃在建筑室内外之间创造一个"界线"，隔开建筑内的空间与外部的自然。

展示了自然与建筑融合的关键建筑是位于宾夕法尼亚州熊溪河畔的考夫曼周末度假屋，其更为人所知的名字是"流水别墅"（1935/1936年，图1.1.32、图1.1.34、图1.1.35和图1.1.37）。通过使建筑在岩石和瀑布上方"盘旋"，赖特创造了一个开放的流畅空间。在这里材料的使用十分恰当，展现了材料的自然性质：使用钢筋混凝土来建造悬臂板，使用钢材来制作玻璃格条，使用木材来形成露台上的大洞口，使用沉积岩来装饰生活区域中的墙面和地面。这使得建筑看起来再也不像一个"盒子"了。

弗兰克·劳埃德·赖特在建筑中所诠释的空间自由原则得到了荷兰风格派艺术家的认同，这个派别成立于1917年，受到了立体派的深刻影响。新造型主义总结的孤立各个表面的原则将建筑定义为一些相交平面自由作用的产物，这一原则在吉瑞特·里特维尔德（Gerrit Rietveld）设计的位于乌得勒支的施罗德住宅（1924年，图1.1.41）中得到了充分体现。与赖特所设计的建筑不同，这座建筑的设计并不是把与周围环境的融合与材料的选取作为重点。这座建筑的影响在于它独特的外形、颜色、线条、平面和自由灵活的空间区域。相互交织的构件组成了富有动感的整体。

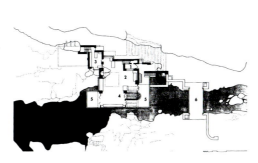

图1.1.32 埃德加·J.考夫曼的住宅，"流水别墅"，熊溪河畔，宾夕法尼亚州，1935/1936年

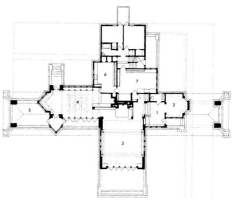

图1.1.33 Ward W. Willit的住宅，高地公园，伊利诺伊州，1902~1903年，弗兰克·劳埃德·赖特，二层平面图

建筑的外形与周围较早的建筑区别明显。

带有孔洞的普通盒式住宅也受到了密斯·凡·德·罗的否定。他在为一座砖结构乡村住宅（1923年）所绘制的设计草图中只包含了一些独立墙体。立方体的空间和"建筑外墙"与"建筑内墙"的区别都已经不存在了。现在人造空间已经与自然空间相融合。对于密斯来说，自然具有更为深刻的含义并且成为其设计整体的一部分。

在1929年巴塞罗那世界博览会上，密斯将他的现代建筑理念通过纯粹的形式付诸实现。那是一座由多种材料和多种结构形式的板组成的"住宅"。在满足功能需求的基础上，建筑被精简到只有几种单独的构件。柱子支撑着屋面板，由于墙板不再起到承重的作用，于是选择了玻璃和一些珍贵的天然薄石板作为墙体材料，由此分隔并定义各个房间（图1.1.38和图1.1.39）。

图1.1.34 埃德加·J.考夫曼的住宅，"流水别墅"，熊溪河畔，宾夕法尼亚州，1935/1936年，弗兰克·劳埃德·赖特

用玻璃开阔视野——"如果没有玻璃宫殿，生活将成为一种负担"

在德国工业联盟正朝着多用途和新工业领域的形式发展时，成立于1919年受表现主义影响的玻璃链团体的成员却脱离了工业。战后几年内，建筑行业处在一种停滞状态，在布鲁诺·陶特的指导下，建筑师们开始寻找一种艺术方法去创造一个全新的世界、一个更好的共同体以及他们的象征符号。

玻璃在其中起到了极其重要的作用。Glasarchitektur是诗人、表现主义的先驱者之一的保罗·希尔巴特（Paul Scheerbart）于1914年创作的一本书，为整个建筑师团体提供了一个蓝图。在书中，他所描绘的世界不再由大体积的密封砖块所决定，而是由开放程度和光线来决定，由钢和玻璃来决定。

"我们大多数人都生活在封闭的房间内。这样的房间构成了一种环境，从而产生了我们的文化。换句话说，我们的文化是建筑的产物。为了把我们的文化提升到一个更高的层次，无论喜欢与否，都必须改变我们的建筑。如果我们不拘泥于居住房间的封闭特征，这一点就可能实现。但是，只有采用玻璃建筑才能做到这一点。玻璃建筑不但通过几扇窗户，还通过尽可能多的玻璃墙，让阳光、月光和星光射入房间。由此产生的新环境，带给我们一种新的文化。"

希尔巴特还在他的作品中，为玻璃经济可行的可能用途提供了一些十分明确的建议。考虑到Dahlem的单层玻璃屋，他还提倡使用更加节省燃煤的双层玻璃（Glasarchitektur I）。正像他预测的几十年后的未来那样："由于空气是最差的热导体之一，双层玻璃墙是一切玻璃建筑的基本条件。""两层墙之间的间隔可以有1m长，也可以更长……在大多数场合，不建议安装散热器或加热器，因为太多的热量和冷气会逸入大气。"（Glasarchitektur IV）

按他的观点，"窗户"将消失，只有玻璃墙依然存在。密斯和勒·柯布西耶所提出的思想，在以后的几年内，在某些场合中仍然被采用。

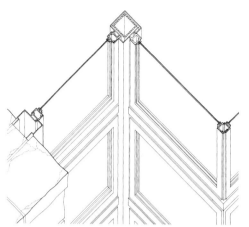

图1.1.35 埃德加·J.考夫曼的住宅，"流水别墅"，熊溪河畔，宾夕法尼亚州，弗兰克·劳埃德·赖特，1935/1936年，玻璃窗转角详图

图1.1.36 William R. Health的住宅，纽约布法罗，1900～1909年，弗兰克·劳埃德·赖特，玻璃窗

图1.1.37 埃德加·J.考夫曼的住宅，"流水别墅"，熊溪河畔，宾夕法尼亚州，起居室

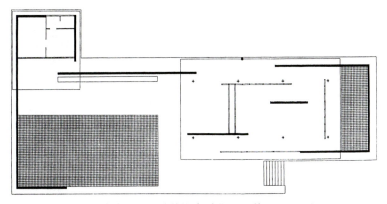

图1.1.38 1929年巴塞罗那世界博览会德国展厅，路德维希·密斯·凡·德·罗，1929年，平面图

图1.1.39 1929年巴塞罗那世界博览会德国展厅，路德维希·密斯·凡·德·罗，1929年

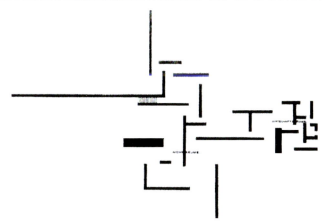

图1.1.40 砖结构乡村住宅的设计草图，1923年，路德维希·密斯·凡·德·罗

图1.1.41 施罗德住宅，乌得勒支，1924年，吉瑞特·里特维尔德

对布鲁诺·陶特周围的那群建筑师们来说，玻璃节能和透光的潜在性能不是很重要，它仅仅是一种"流动的、优美的、有角的、闪光的"的象征。他们用哥特式建筑特征的理念来看玻璃，把玻璃作为纯洁和死亡的标志。

陶特总结了他的乌托邦理想：他于1917/1918年出版的*Alpine Architektur*被认为是一个反战宣言，1919年出版的*Stadtkrone*（《城市冠冕》）描绘了新社会的宫殿——花园城市：一个标志性的玻璃"Stadtkrone"位于花园城市中心，就像中世纪城镇的哥特式教堂。富丽堂皇的建筑和新的"怡人"的城市正在崛起。

"Stadtkrone"的早期思想体现在1914年科隆举行的德国工业联盟展览会的展馆上，这个展馆是陶特为Luxfer-Prismen辛迪加建造的，正如陶特自己所描绘的那样，它有着哥特式教堂的风格，发着微光，令人难以置信，这表明了那时玻璃所能提供的效果（图1.1.42和图1.1.43）。

他这样写道："像作家保罗·希尔巴特预见的那样，他认为这意味着大大打破了对今天的建筑'黏结的'空间的认知，为玻璃体现的效果进入建筑世界提供了推动力。"但同时还表明了"玻璃能怎样成功地提高我们对生活的感觉"。

这座圆形的建筑物建在14根混凝土柱子上，柱子之间填充Luxfer玻璃砖块，建筑支撑着直径8.70m、高1.65m的格构圆屋顶。120mm×200mm穹顶拱肋形成的格子的填充物是一个三层的壳体。内层是使用Keppler钢筋混凝土玻璃砖铺设成的Luxfer

棱镜，以及轻质混凝土拱肋（见10页"玻璃砖或半透明墙"）。圆屋顶的外层基本由光滑的玻璃制成，中间层插入了彩色玻璃。即便是地板、墙壁、楼梯也都由玻璃砖块制成。

此时，密斯·凡·德·罗的设计十分接近表现主义，但却往另一个方向走得更远。他想开拓当时可以利用的技术、结构和材料等，试图用合理的方法创造一座"从内部演变而来"的建筑。他非常赞赏正在芝加哥建设中的钢框架，对随后涌现的隐藏这种框架的做法评论道："建筑外表面用砖石填充时，建筑理念就会因其无意义的、琐碎的混合形式而变得模糊，并被完全破坏了。"

在为柏林建造的摩天大楼方案中（1921年的是一幢棱镜形的20层的高层建筑，图1.1.45，1922年的是多边形平面上的30层高层建筑），他就设法应用他的观念——完全采用玻璃建造高层写字楼的外墙。但是，这一点始终都没有实现。

与再早20年的芝加哥的项目相比较，玻璃现在就像是只有柱子和楼板的钢结构建筑上的一层"表皮"。密斯称其为"表皮与骨架建筑"。

为了搞清楚光是如何因其镜面效果和反射而融入结构的，他用模型的方法展现出了这种效果。在玻璃链团体的季刊*Frühlicht*杂志中，密斯声称应该尝试"从新功能需求这个角度进行外形的设计。如果玻璃用于建造没有负荷的外墙，就能清楚地看清这些建筑物的新结构原理。使用玻璃，迫使我们必须采用新的方法。"

光、空气以及阳光——"居住机器"

在20世纪初，建筑师们为了相同的目的，开始尝试采用不同的方法，创造一种新的建筑形式，一种不需要19世纪所采用的装饰附加物，不受建筑传统限制，利用工业、科技和新材料所赋予的潜能来表现自身的建

图1.1.42 德国工业联盟展览会，科隆，1914年，布鲁诺·陶特，玻璃楼梯

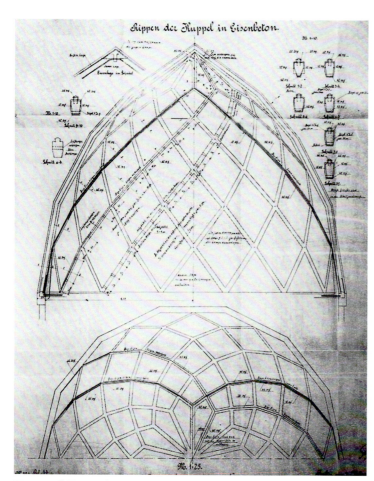

图1.1.43 德国工业联盟展览会，科隆，1914年，布鲁诺·陶特，圆屋顶、钢筋混凝土格子的线图

图1.1.44 汉斯·夏隆（Hans Scharoun）的水彩画，1919年，艺术学校，柏林

图1.1.45 玻璃摩天大楼,柏林,1921年,密斯·凡·德·罗

筑物。而且,他们设想的住房,虽然不真正宽敞,但价格不贵,并且与工业化大都市里的贫民区相比,可以提供巨大的灵活性和一定程度的舒适性。开放的建筑可以让居民享用光、空气以及阳光。

Sigfried Giedion在1929年发表的"无拘无束的生活"一文中是这样描述的:

"美是房屋与我们的生活意识相匹配。这个意识需要光、空气、运动与空间。

美是休息时房屋使人怡然自得,房屋能适应地形的各种状况。

美是房屋能提供阳光(通过玻璃墙)而不是阴影(窗框造成的)。

美是房屋的房间从来不会使人产生压抑的感觉。

美是房屋的魅力,能协调各功能之间的互相影响。"

勒·柯布西耶是制造这种新建筑的先驱者。一方面,他是正式、美观建筑的倡导者,提倡"利用代表了一个与另一个之间某种关系的外形来塑造建筑……因此它们可以在曝露在光线中",提倡建筑物是和谐的统一体,是首诗;另一方面,他是建筑师,为工业和建筑技术发掘机会。1926年,他起草了他的"新建筑物的五个要点(cinq points d'une architecture nouvelle)":

1."桩基",托起上层建筑。

2.自由的平面,通过将承重柱与墙分离获得,墙体仅用于划分空间。

3.自由的建筑立面——是垂直的自由平面的必然结果。

4.长的水平推拉窗或"长窗"。

5.屋顶花园增加了房屋占据的地面面积。

勒·柯布西耶1931年建造的萨伏伊别墅创造了一种新的住宅类型(图1.1.46)。五个要点在这里都得到了应用,结果在三维空间中产生了和二维空间中同样的诗化的、流畅的空间效果,这预示了一个新的开端。同密斯

图1.1.46 萨伏伊别墅,巴黎,1931年,勒·柯布西耶

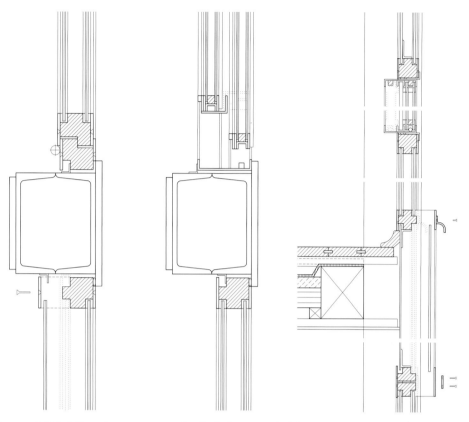

图1.1.47 克拉特大楼，日内瓦，1930～1932年，勒·柯布西耶，固定玻璃和窗扇的水平与垂直剖面

图1.1.48 克拉特大楼，日内瓦

图1.1.49 玻璃屋，巴黎，1928～1932年，皮尔瑞·查里奥

一样，他也注重建筑的结构性，但更注重利用下面的框架为其他构件创造机会。

勒·柯布西耶为具有"长窗"和"窗格玻璃"的"外墙"的进一步发展做出了贡献。没有承重作用的窗户的洞口大小可以随意确定。同他的大多数同事一样，他低估了没有任何遮挡的大片玻璃窗所引起的过热问题。大约在1929年，他认识到实心墙所具有的许多功能，保温、蓄热、保护隐私、隔声和遮阳等，不能都转移到玻璃墙上，实际上玻璃墙必须增加重要的"外墙功能"。

勒·柯布西耶的另一个这种建筑的实例是先前提到的日内瓦的多层住宅楼"克拉特大楼（Immeuble Clarte）"（1930～1932年，图1.1.47和图1.1.48）。这幢住宅楼有一个结构钢框架，柱子之间是大规格玻璃立面，拱肩镶板为抛光嵌丝玻璃。立面结构包含一个两面铆有铁皮保护层的木质核心。为了使立面成为连续的平面，楼板的端部还用盖条固定的玻璃掩藏起来。为了让光射进内部的楼梯，楼梯平台和踏板都由玻璃砖制成。

20世纪的一个最重要的工业建筑是由建筑师Johannes Andreas Brinkman、Lodewijk Cornelis van de Vlugt和Mart Stam等设计的位于鹿特丹的Van Nelle烟草厂（1926～1930年，图1.1.51）。豪华玻璃墙的花饰窗格十分漂亮，由钢格子构成，每层楼上面三分之二的钢格子都装上了玻璃。靠下的三分之一部分在内部和外面外覆一层铁片。楼梯为全玻璃材质，玻璃板从外面安装。建筑中还安装了温室中常使用的板条百叶，它们起到控制入射阳光辐射的作用。勒·柯布西耶这样评价这座建筑，"它拥有一种绝对的宁静。同时从室外来看，建筑内部的一切都尽收眼底……（它是）现代的一种创造。"这座工厂大楼可能是构成主义建筑的最有说服力的样本。

现代建筑的一个里程碑是由Johannes Duiker在阿姆斯特丹设计的露天学校（1930年），它具有开放的露台和充满阳光的明亮教室（图1.1.50）。这个比例较大的玻璃封闭结构似乎没有支撑就从拱肩镶板"跨越"到了楼板处。长长的悬臂梁使得建筑的各个角落能够保持畅通无阻，因此强调了整个结构的轻盈感。

皮尔瑞·查里奥和Bernard Bijovet在巴黎设计的Maison Dasalce（1928～1932

图1.1.50 露天学校，阿姆斯特丹，1930年，Johannes Duiker

图1.1.51 Van Nelle烟草厂，鹿特丹，1926~1930年，Johannes Andreas Brinkman、Lodewijk Cornelis van de Vlugt、Mart Stam

年），很快就被昵称为"玻璃屋（Maison de Verre）"，它是围绕单个房间的功能设计的给人印象最深的建筑实例，其结果在外面看是显而易见的（图1.1.49）。它的显著特点是巨大、半透明的玻璃砖墙和对所有结构构件及分隔构件极其精确的设计。这幢房屋的每一部分，无论是手工制造的还是机器预制的，都适合它们各自的用途。巨大的空间进行了分区分割，但并没有被不同高度的楼板以及如滑动门和柱子等定义空间的构件所打乱。建筑通过三层高的巨大墙体，主要是玻璃砖墙照亮花园和庭院的墙面。为了让光进入缩进内庭院的狭长建筑内，建筑师采用了装有巨大玻璃立面的钢框架。缝隙仅限于少数几个大小不同的窗户。圣戈班公司负责生产和运送玻璃砖，但由于缺乏这种规格砖的加工经验，他们对使用这种玻璃砖建造墙体所产生的一切后果概不负责！为了减少一层层砖产生的荷载，安装了钢结构，并使用玻璃砖作为填充物（4×6的内华达砖，每块尺寸为200mm×200mm×40mm）。建筑上设有几个洞口，在透明的玻璃上还安装有固定的照明灯具。

勒·柯布西耶在《新潮流》杂志的一篇文章中引入了"居住机器（machine à habiter）"一词。他对这个词语的理解是一种使用预制部件生产的产品。查里奥的玻璃屋就是按这种概念设计并竣工的。

现代运动至今的玻璃建筑

Christian Schittich

透明与物质性——玻璃表面更加鲜活

由路德维希·密斯·凡·德·罗设计的位于柏林弗里德里希大街的玻璃摩天大楼和布鲁诺·陶特设计的"高山建筑"都是20世纪上半叶未来派的代表作，由于建筑技术在当时来说非常超前，因此只能停留在设计阶段，而没有变成现实。然而，即使是那些当时建成的建筑，不管是由沃尔特·格罗皮乌斯在德绍所设计的包豪斯校舍的华丽玻璃立面（图1.2.1），或者是皮尔瑞·查里奥所设计的玻璃屋（图1.2.38）都只是前卫的建筑原型，也就是说，这些位于城市景观中的孤零零的建筑就好像是令人难忘的棕榈屋、玻璃火车站或者是19世纪带有玻璃屋顶的购物拱廊。在21世纪初的今天，玻璃立面在建筑界已经具有很重要的地位。在建筑技术方面，这种建筑材料经历了看似不可能的巨大发展，这意味着建筑师和设计者要经常面对不断更新的设计挑战。在过去的几十年里，曾经易碎且脆弱的玻璃已经演变成了一种高性能的建筑材料，可以在需要的时候承担荷载，可以制作成粗犷或精细的结构，甚至可以通过增加各种精细的、通常是不可见的镀膜来调节室内的气候。

从20世纪中期到现在，玻璃建筑所走过的道路绝不是一帆风顺的，这其中的精彩故事将在下面的文章中一一讲述。在故事一开始的"透明与物质性——玻璃表面更加鲜活"部分，焦点定位在建筑以及由此所产生的建筑之美，而第二部分的主题则是不可缺少的建筑技术以及玻璃结构的发展及其在实际工程中的直接应用。

玻璃幕墙：从美观到单调

由于经济、技术和建筑风格等因素相互影响，玻璃作为一种建筑材料被广泛应用。高耸的玻璃立面办公大楼成为公司总部建筑的流行形式——这时，越来越多的跨国集团开始出现，饱受战争摧残的欧洲大陆上开始涌现大量建筑。玻璃幕墙成为了自信公司的一种象征，而玻璃摩天大楼则成为了城市繁荣的一种符号。浮法玻璃的发明和创新型密

图1.2.1　包豪斯校舍，德绍，1926/1976年，沃尔特·格罗皮乌斯

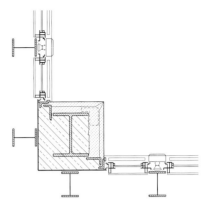

图1.2.2 湖滨公寓，芝加哥，1951年，路德维希·密斯·凡·德·罗，转角详图

封剂的发展彻底颠覆了传统的玻璃生产。其中很大的一部分动力来自美国这个二战中接纳大量欧洲移民的国家，这些移民中就包括了包豪斯建筑风格的主导者沃尔特·格罗皮乌斯和路德维希·密斯·凡·德·罗。密斯在1938年成为了位于芝加哥的伊利诺伊理工学院建筑系的主任，在那里他得到了一个设计新校区的任务。这次校园设计以及其在美国其他的建筑作品给了密斯一次实现其早在欧洲已经形成的建筑理念的机会。钢和玻璃，加上偶尔使用的饰面砖，这组成了密斯建筑作品中建筑材料的主体。

1942年密斯在矿石与金属研究所大楼的设计中开发了一种与结构平齐的立面填充板，而在1945年之后建造三座校园建筑时使用了一种次级框架结构体系和几层楼高的连续H型钢立面柱。后面这三座建筑具有典型的密斯风格，这种风格也受到后来无数建筑师的模仿。这种建筑风格的巅峰之作是为建筑系设计的皇冠厅（1956年），建筑的屋顶悬挂在外部的钢结构上，选用了尺寸为3m×3.50m的大规格玻璃板。出于功能需要，密斯使用了透明和喷砂半透明的两种玻璃材料。在密斯设计的第一座高层建筑——位于芝加哥的湖滨公寓（1951年）里，他使用了为伊利诺伊理工学院开发的H型钢，然而由于当时的建筑主管部门坚持要在承重钢柱外浇注混凝土，因此这种型钢只用在了室外

（图1.2.2）。这些构件体现了"向天空延伸"的竖向结构理念。建筑的外表皮全部为玻璃，由拱肩镶板和与玻璃板平齐的铝框架固定装饰。密斯所设计的美国摩天大楼的立面重新诠释了玻璃幕墙的概念，其最初的概念是在20世纪初期产生并形成的。密斯的成功之处就在于他将这种建筑类型的美观设计作为第一位，而功能与其他方面相比只是次要问题。

玻璃幕墙这种建筑形式风靡战后的美国。与欧洲相比，美国的大建筑事务所受到工业思想的影响，已经找到了一种更为详尽的设计思想，在城市中心为有声望的公司建造总部大楼成为最重要的建筑任务。最早在

图1.2.3 人寿保险大厦，俄勒冈州波特兰，1944～1947年，皮耶特罗·贝鲁斯基

图1.2.4 西格拉姆大厦，纽约，1956～1959年，路德维希·密斯·凡·德·罗

图1.2.5 联合银行大厦，德克萨斯州达拉斯，1983～1986年，贝聿铭

高层办公楼上应用玻璃幕墙的建筑实例之一就是皮耶特罗·贝鲁斯基（Pietro Belluschi）设计的位于俄勒冈州波特兰的人寿保险大厦（1947年），他设计出了由绿色中空玻璃、铝框架和大理石组成的光滑的、看起来很平整的外表皮（图1.2.3）。然而立面从美学的角度上来看似乎很笨重，而且没什么变化。另一个较早但很出色的设计是由SOM建筑事务所为纽约利华大厦所设计的玻璃幕墙（图1.2.6）。立面是由抛光不锈钢框架所组成的

协调精致的网格，看起来与承重结构完全分离，只是为了传递风荷载而有很少的连接。青绿色的半反射玻璃填充板的框架由尺寸减到最小的部件构成。覆盖了相同青绿色玻璃的实心拱肩厚镶板很难被人注意到。诚然，这种轻质的结构只能通过固定单层玻璃窗实现。这样设计出的建筑所有的面都是封闭的，没有开敞式窗洞，只能通过机械通风和空调来换气。而利华大厦却展示了彩色玻璃的美感，同时还减少了入射的阳光辐射。这座

大厦还是第一座安装了固定在屋顶上用于清洁和维护玻璃立面的吊篮的建筑。

就在几百米外与利华大厦斜对着的地方，坐落着密斯·凡·德·罗设计的纽约公园大道西格拉姆大厦（图1.2.4）。这两座建筑的玻璃幕墙呈现出完全不同的外表。SOM更喜欢平整外表皮所带来的最大的精致感，而密斯的设计目标是雕塑般的造型。与密斯早期在芝加哥的建筑作品不同，这一次他将框架构件设置在了玻璃平面内而非前面，并且通过接缝的阴影来增强这种平面效果。在这里所使用的构件不再是大量生产的标准产品，而是昂贵的铜质特制构件。这使得密斯能够控制构件的横截面：为了使构件看起来更加厚重，密斯延长了外露的翼边。办公室的窗户去掉了楼板与天花板之间的水平玻璃格条，以此来增强建筑表面的垂直感。玻璃熔液中加入了氧化铁和硒，给玻璃板增加了金褐色的色调。这样生产出来的玻璃不再像以往一样透明而质轻，而是形成了一块厚重的玻璃板。

这座大厦与密斯20世纪20年代设计的外观大胆的纪念碑式玻璃大厦有着巨大的不同。在那些水晶般精致的结构中，主要的精力都被放在材料的选择及其细节上。密斯沉迷于某种建筑风格，而这建筑语言既不适合建筑所在地区也不适合正在进行的工程。住宅和办公楼都出自相同的模型；密斯在纽约设计的大厦所使用的建筑语言后来在芝加哥和多伦多的工程中也得到了应用。这种做法使得密斯的建筑在世界范围内被模仿。然而这些大量的复制建筑不仅失去了创新，还缺少了对建筑细节的关注。

到了20世纪70年代初期，这种"玻璃盒子"的建筑形式以惊人的速度在全世界范围内传播开来。建造办公楼成了建筑业的一个主要任务，而那些网格玻璃幕墙则是这种建筑形式的一个代表符号。到处都是这种表面为统一而光滑的玻璃幕墙的建筑。原来具有创意性的优雅的立面现在退化成了单调的覆盖层。这些玻璃建筑虽然都是以国际标准修建的，但是其在视觉表达和早期现代派的美学方面做得不够好，那些仿佛希尔巴特的诗句以及陶特和密斯·凡·德·罗的手稿所带给人们的感觉已经在这个过程中消失了。这种对于建筑语言的缺失所引发的批评之声越来越大。

图1.2.6 利华大厦，纽约，1952年，SOM

图1.2.7 太平洋设计中心，洛杉矶，1971~1976年，西萨·佩里和维克多·格鲁恩

图1.2.8 水晶大教堂，加登格罗夫，加利福尼亚，1980年，菲利普·约翰逊和约翰·伯奇，立面近景

图1.2.9 水晶大教堂，加登格罗夫，加利福尼亚，建筑内部

结构密封玻璃与容器性建筑

使用承重硅树脂来固定室外的玻璃（结构密封玻璃）这种方法最早出现在20世纪60年代中期的美国，这使得使用统一而光滑的玻璃材料来覆盖屋顶和墙体成为可能。所有能够想到的几何形状都可以封闭得整齐而匀称，这种想法出现在完全相同的直角立方体建筑形式受到越来越多的批判和建筑语义得到普及的时期。其结果就是建筑外形的折中主义，这是为了满足那些投资商希望保证重要建筑不出现问题的愿望。一个特别符合上述情况的建筑例子是由西萨·佩里（Cesar Pelli）和维克多·格鲁恩（Victor Gruen）设计的位于洛杉矶的太平洋设计中心，首期工程于1976年完工（图1.2.7）。这是一座很长的高层建筑，让人联想到评论家、后现代主义领导者查尔斯·詹克斯（Charles Jencks）的随意切割的大型装饰模型。钢结构建筑的屋顶和墙体上、曲面和斜面上，都覆盖着泛着微光的蓝色玻璃。从建筑外面是不能看到内部的情况的，而且建筑的楼梯和展览室也不是很明显。外表不变的标准格子围护结构让人难以判断建筑的大小；唯一能够对这种判断有帮助的是建筑周围的小型郊区建筑，太平洋设计中心矗立在这些建筑中，没有一丝城市建筑的味道。

不过结构胶合密封胶的使用并不是仅仅限于这种商业建筑。菲利普·约翰逊（Phillip Johnson）和约翰·伯奇（John Burgee）在洛杉矶附近的加登格罗夫的水晶大教堂（1980年）的表面上全部装饰了镜面玻璃（图1.2.8和图1.2.9）。这座教堂的设计构想是将反光的水晶大教堂想象成阳光下闪闪发光的宝石。在南加利福尼亚这种气候炎热、阳光充足的环境中，在建筑上使用镜面玻璃的想法是很合适的：由于只有少量的光线能够透过这种镜面玻璃，因此建筑内部在保证自然通风的情况下还能够有足够的光亮。另一方面，只有在某种特定的照明条件下建筑才能够让人有水晶般的感觉。平滑而规整的玻璃立面使得人们在外面很难了解这座建筑是与宗教有关系的。但是能容纳3000人的巨大建筑内部却非常壮观，内部由精致的钢结构作为支撑，处在室内的人们能够从各个方向透过玻璃看到天空。这座位于加登格罗夫的教堂是少数几座全部用有色镜面玻璃覆盖的建筑之一，有色镜面玻璃包围着一个巨大的连续空间，而且结构密封玻璃技术的使用使得人们可以从室内不受任何阻碍地看到外面的世界。

这种使用玻璃表皮覆盖建筑的做法很快成为美国摩天大楼的一种流行手法，建筑师和开发者都希望能够在城市中为自己树立起一个明确的建筑标志，于是尽可能地标新立异。这些位于美国城市中的建筑表面都覆盖着有色的反光玻璃，这是为了在白天的工作时间里能够保证建筑内部的情况不被外界所看到。而由密斯在其早期设计中提出并由格罗皮乌斯在20世纪20年代的包豪斯建筑中使用的半透明效果——虽然知道是玻璃表面但看不到后面的室内布局——却很难再看到了。同时，通常只有通过条状窗户才能看到外面。立面的很大一部分区域是不透明的，透过光照控制玻璃来观看外面的景色也受到了限制。

作为暂时流行的符号，这些乏味的盒子建筑很快由于缺少形式变化而受到评论家的关注。诺曼·福斯特（Norman Foster）和理查德·罗杰斯（Richard Rogers）等再次使用结构来塑造建筑（汇丰银行、劳埃德大楼，伦敦）的建筑师和后现代主义者找到了解决这些问题的方法。与此同时，随着人们对节能问题的关注，立面上开始出现凸出的遮阳构件或遮阳帘。而在北欧和中欧，为了节省人工照明所消耗的电力资源，采用彩色玻璃的流行趋势已经减退。

图1.2.10 范斯沃斯住宅，
伊利诺伊州普莱
诺，1946～1951
年，路德维希·
密斯·凡·德·罗，
立面详图

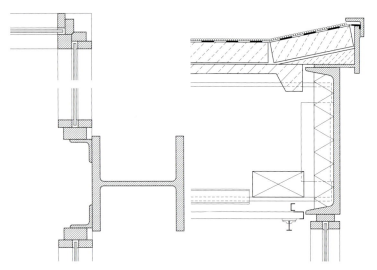

图1.2.11 范斯沃斯住宅，伊利诺伊州普莱诺

图1.2.12 玻璃屋，康涅狄格州新卡纳，1949年，菲利普·约翰逊

玻璃房屋的梦想

路德维希·密斯·凡·德·罗所设计的玻璃幕墙的摩天大楼为玻璃幕墙创造了一种新的形象，并为他自己创立了一种常被模仿的风格。然而，这位创新大师更多地将玻璃这种材料应用在小型的私人住宅中，例如1951年设计的位于伊利诺伊州普莱诺的范斯沃斯住宅（图1.2.10和图1.2.11）。与其他任何一个建筑项目都不同，这座独立的家庭住宅由于体量非常紧凑，因此是进行实验的理想建筑，当然能够理解这种住宅的业主往往就是建筑师自己。这样就不难理解为什么玻璃结构在20世纪中期很多的小型别墅建筑中出现了。

范斯沃斯住宅的概念很像密斯设计的巴塞罗那德国馆，房间过渡非常流畅。纤细的角钢支撑着大面积玻璃，创造了室内外空间的连续性。周围的环境实质上是河边的一道无与伦比的乡村风景，它形成了居住生活的背景，让人们联系起传统日式房屋。由八根钢柱支撑的拔地而起的两块平板形成了地板和屋顶，同时确定了体量，另外四根柱子支撑房屋前面的露台。这是一个纯化论者的梦想：玻璃住宅只用水平平板确定理想化的空间，它完美的构造最小化很快成为了现代建筑的标志。但是，它仍然是当时有限的建筑性能知识的产物，因为客户入住后不久，建筑结构就发生了大规模损坏，显露出细部设计的不足。

在后来（但仍属同一时期）的一个设计中，密斯的简化设计更进了一步，省掉了所有的窗框。只在1951年设计的"50×50住宅"的入口处设计了金属构件。

由密斯的朋友兼学生菲利普·约翰逊于1949年设计的玻璃屋与范斯沃斯住宅不无联系，但同时它的自主性也非常明显。无挑檐的透明立方体是开放式住宅设计的一个极端的例子：坚固的核心筒只限定在一个圆柱体中，其中容纳了卫生间和壁炉。唯一的其他固定设施是厨房的工作台。再添任何部件都会打乱秩序。约翰逊只对卧室和起居室划定了界限，一切功能都服从于建筑师的美学追求。与范斯沃斯住宅相比，这个玻璃盒子周围没有不拘一格的自然环境，但有个精心构造的公园。但主要区别还在于一些细节。约翰逊在建筑立面上运用了窗框，从外面看，除了四角的柱子以外，窗框隐藏了承重结构。玻璃立面形成了一个真正的外围护结构。密斯和约翰逊设计的这两座玻璃住宅是高度发达的独立建筑空间和美学理念的产物，而很少考虑居住者的需要。这一时期在美国建立起了许多规模宏大的玻璃别墅，它们很少受教条主义的影响。

例如，理查德·诺伊特拉（Richard Neutra）设计的第一座沙漠住宅是于1946年在哥伦比亚建成的，它代表了以高标准生活为目标的一种建筑语言，不受约束的室外空间与私密的私人室内空间成功地结合在了一起。它体现了玻璃建筑的明显特征不只在于透明。

查尔斯和蕾·伊默斯（Charles and Ray Eames）在洛杉矶附近的太平洋帕利塞德为自己设计的住宅（1949年，图1.2.14）与密斯和约翰逊设计的住宅不同。该建筑是根据《艺术与建筑》杂志发起的试验性安居计划建造的，其目的是发展采用当代预制构件的现代住宅形式。查尔斯和蕾·伊默斯在建筑的大部分采用标准的小型钢窗，在外墙上形成一个稠密的格栅。在生活空间，长方形窗户交替采用透明与不透明的玻璃板。不透明是为了保证居住者的某些隐私，这部分在天黑后会产生戏剧性效果，因为与建筑立面距离不同的物体的模糊轮廓会呈现或多或少的神秘色彩。黑色钢质玻璃格条之间的固体填充物按明亮的主色，即红、蓝、黄三色来选择，并能使人联想起蒙德里安的油画。工作室墙壁是大面积嵌丝玻璃。

尽管查尔斯和蕾·伊默斯的住宅说明了预制建筑构件的潜在能力，但是他们没能全部使用预制构件。因为有大量的物件需要专门预制——这是一个十分耗时的工艺，甚至还需要大量的人力来手工焊接已经制好的窗户。首先也是最重要的一点，伊默斯住宅与范斯沃斯住宅一样，它只是一个建筑陈述和建筑实验，没有考虑建筑的性能问题。房屋主人入住后不久，结构骨架的实质性破损就出现了。

Marilyn和John Neuhart在他们的书中提到，在大雨期间，大量的雨水渗入平屋顶，还浸泡了窗帘，导致地板实际上已经无法使用。但同范斯沃斯住宅一样，这种破坏不能抵消其作为20世纪建筑的重要意义。

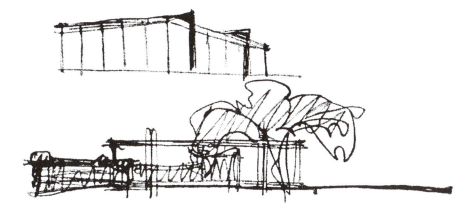

图1.2.13 "50×50住宅"手绘图，1950~1952年，路德维希·密斯·凡·德·罗

图1.2.14 伊默斯住宅，加利福尼亚太平洋帕利塞德，1949年，查尔斯和蕾·伊默斯

新透明度——以玻璃为标志

对20世纪70年代的玻璃建筑的批评不只集中在老套的网格状建筑外观。受两次石油危机的刺激，能源问题一夜之间成了热点问题。当时在封闭的建筑内利用空调来调节气候仍然被认为是先进的，而现在很多发达国家开始采用严厉的立法迫使消费者明智地使用资源。全玻璃立面遭到质疑，甚至简陋的窗户也被认为是一个能量漏洞。但是这一短期的反对使用玻璃的状况迫使玻璃行业开始行动。一场大规模的研究活动推动了更有效的中空玻璃和光照控制玻璃的发展，成为引发一场巨大革新的推动力。

现在已经很少使用彩色玻璃和镜面玻璃这两种材料了。由于清晰透明的玻璃具有更高的阳光透射率以及人们对美观认识的改变，因此这种玻璃已经被大量采用。除了附着在玻璃上起到隔热和光照控制作用的膜得到了改进，在玻璃结构方面也取得了巨大的进步，使玻璃建筑增加了更多设计可能性。这距离人们梦想中的现代建筑外围护结构的分解只有一步之遥。作为建筑材料的玻璃再次改变了它给人的印象，在此之前的很长一段时间里，它已经成为一种流行的建筑材料，以至于几乎所有的重要建筑在建造中都不能缺少这种材料。事实上，自从20世纪80年代中期开始，很多的重要工程已经开始尝试利用玻璃实现一种全新的感觉并达到最好的效果。

弗朗索瓦·密特朗（François Mitterrand）任法国总统期间在巴黎实施的法国"国家重点工程"中的一个项目就是这种尝试的一个很好的例子，在这个项目中，建筑师在位于拉·维莱特公园的科学与工业博物馆玻璃屋（1986年）的玻璃立面后面增加了桁架框架，这扩大了玻璃在结构上的运用范畴（53页图1.2.67）。由于这种新的改变，玻璃这种建筑材料成为了技术进步、科学以及社会价值的标志。例如甘特·班尼奇（Günter Behnisch）设计的位于波恩的透明的国会大楼，试图成为理想的民主的标志。这也成为诺曼·福斯特在多年后在位于柏林的德国国会大厦的玻璃圆屋顶设计中的设计思路，这一建筑就是现在德国国会（图1.2.19）的所在。另一方面，由冯·格康、玛格及合伙人建筑师事务所（即德国gmp）设计的位于莱比

图1.2.15 法国国家图书馆，巴黎，1997年，多米尼克·佩罗

图1.2.16 卢浮宫金字塔形入口，巴黎，1990年，贝聿铭

锡的宏大的新商品交易会大厅有意地表现了统一之后前东德地区不断上升的生活水平（图1.2.18，也可见工程实录38，317~319页）。为了展示德国大众汽车公司所生产的汽车的质量，建筑师甘特·海恩（Gunter Henn）为其位于德累斯顿的生产车间设计了玻璃结构，以此来向公众展示其整个生产过程，从而体现了德国大众经济且与社会相和谐的生产思想（图1.2.20）。在伊东丰雄（Toyo Ito）看来，玻璃是最适合表达现今社会复杂性的建筑材料。他设计的宏伟而精致的仙台媒体中心（图1.2.21）的立面实验性地使用了不同透明度的玻璃，玻璃不同的透明度是通过在玻璃上印刷不同图案、使用异型玻璃和在多层玻璃之间加入干涉膜达到的。对于伊东丰雄来说，这种多面的空间印象、镜面和反射效果一起反映了当今社会的主体以及互联网和计算机时代虚拟现实的主题。

使得公众再次将关注焦点转移到玻璃材料上的最早的建筑结构之一是由贝聿铭（I. M. Pei）设计的全新的卢浮宫金字塔形入口（图1.2.16），这一结构与新的法国国家图书馆一样，都是法国"国家重点工程"的一部分。与他之前的许多人一样，贝聿铭也被玻璃水晶的理念所吸引，因为他认为卢浮宫重组博物馆时，入口应该采用金字塔形式。但是，他的前辈们没有一个能够用可观的资金投入和技术投入实现他们的梦想。对这个享有盛誉的法国纪念碑——卢浮宫的新标志来说，花多少钱都是值得的。为避免分散反射并获得最大的透明度，贝聿铭要求工程师和制造商提供的玻璃板绝对平整。出于此目的，开发了一种特别水平的超透明玻璃，支撑钢架也以超高精度制造，钢架同水晶的网格结构一样，主要构件和次级构件之间看不出一点点的差别。

然而，在20世纪末期没有一座建筑比位于巴黎托尔比亚克的法国国家图书馆（1997年，图1.2.15）更能突出玻璃对于重要建筑的重大意义。尽管存在着由于玻璃不挡光而产生的印刷出版物的保存问题，但是对于建筑师多米尼克·佩罗（Dominique Perrault）以及他的顾问密特朗总统来说，是难以接受在既象征书本这种文化媒介又象征着"伟大国家"的四座塔楼建筑的表面使用其他的覆面材料的。

在甘特·班尼奇看来，玻璃是最能适应

图1.2.17 荷兰大使馆，柏林，2003年，OMA，雷姆·库哈斯

图1.2.18 莱比锡新商品交易会大厅中心接待处，1996年，冯·格康、玛格及合伙人建筑师事务所

民主呼声的材料。他在波恩设计的德国国际会议中心（见工程实录22，261~265页）通过较高的透明度表明，国会大楼至少在视觉上是对所有市民开放的，以此来象征人民代表的权力。但是建筑与周围景观和莱茵河的视觉联系也同样非常重要。尽管有很多安全规定，建筑师还是成功地创造了一座透明的国会大楼。很不幸，尽管玻璃这种材料有着自己鲜明的特点，但是该建筑还是没能按照设计构想长期使用。象征着前德意志民主共和国与前德意志联邦共和国分裂的柏林墙在1989年新的德国国会大楼竣工之前被推倒了。仅仅一年之后，它们就实现了统一并且很快选定柏林作为新的国会所在地。1992年英国福斯特及合伙人建筑事务所赢得了新国会大楼的设计任务，并且在保守的政治势力的要求下，没有按照原来的设计进行，而是恢复了富含意义的玻璃圆屋顶。这只是在建筑表面上的一个限制，因为诺曼·福斯特还是可以设计出一座华丽的地标性建筑的。

福斯特设计了一个面向公众开放的真正的高科技圆屋顶（图1.2.19），人们可以通过

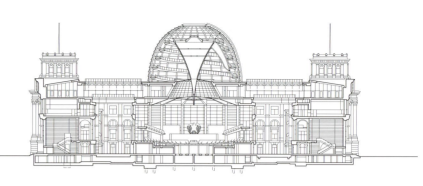

图1.2.19 德国国会大楼，柏林，1949~1999年，福斯特及合伙人建筑事务所，立面图

螺旋的斜坡到达圆屋顶的顶部，并且通过另一个螺旋的斜坡下到地面。因此，参观者既可以看到下面的政治家，也能够眺望柏林美丽的景色。同时，圆屋顶不仅向建筑内部提供了大量阳光，还为创新节能的供暖通风与空调装置提供新鲜的空气。玻璃圆屋顶因此具备了两个象征意义：一方面是议会组织，而另一方面是生态与可持续的能源使用。

同样是在柏林——20世纪90年代因大规模的重建工作而得到了一个扫兴的绰号"石头之城"，雷姆·库哈斯（Rem Koolhaas）设计了透明的荷兰大使馆（图1.2.17）。这既是一个政治公开的显著标志，也是一座标准的当代建筑。由玻璃和铝所组成的建筑立面达到了普通外交建筑从没有达到的透明度，建筑师甚至还在玻璃板之间加入了有色金属箔来增加亮度。在夜晚，当内部有光透出的时候，建筑能够给人一种庄严的感觉，而在白天，建筑外表的深蓝色又能够表明自己是一座办公会议建筑。

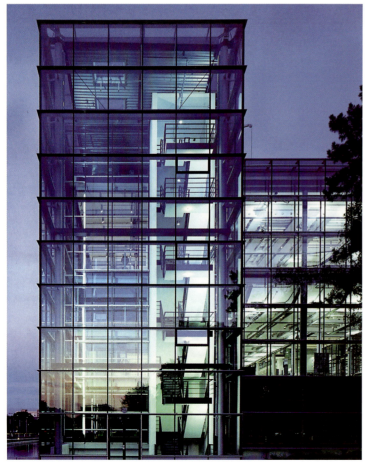

图1.2.20 德国大众汽车公司的生产车间，德累斯顿，2001年，海恩建筑师事务所

图1.2.21 仙台媒体中心，日本，1995~2001年，伊东丰雄

大型玻璃遮篷

自20世纪80年代以来，由于结构中使用玻璃的技术进步以及大量结构工程师的创造而使得大量的精致玻璃屋顶可以覆盖更大的区域，甚至是那些复杂的不规则形状的建筑。这样的发展为建筑增加了新意，在这样的建筑里就仿佛是置身于有灯光照明而又不受外界天气影响的中庭和内部庭院里一样。

一个早期而精彩的例子是由冯·格康、玛格及合伙人建筑师事务所和约格·施莱西（Jörg Schlaich）设计的汉堡城市历史博物馆（1989年）的轻质格构壳体（见工程实录42，332~335页）。在巴黎的罗浮宫，建筑重组不仅为贝聿铭提供了一个创造世界闻名的金字塔形建筑（图1.2.16）的机会，同时也促使玛丽广场和普杰广场这样著名的纪念场地的建筑使用了精致的玻璃屋面，使得这些地方成为了富有魅力的展示场所（1933年；建筑师：Michel Macary，结构工程师：RFR）。在来自布罗·哈帕德（Buro Happold）公司的工程师的帮助下，诺曼·福斯特对于伦敦的大英博物馆6700m²的内部庭院进行了改造，在新的设计中，诺曼·福斯特将这块围绕在中央历史阅读室周围的地方设计成覆盖玻璃屋顶的流通区域（图1.2.23）。针对这种不规则的平面布局所产生的复杂几何形状，建筑师在屋面结构中选择了独立支撑的刚性三角格构壳体，其中包括300块形状各不相同的中空玻璃板。三角形的承重网架结构和内部填充玻璃（玻璃印有白色涂层用来控制光线入射量）封闭了室内空间，同时也能透过适量的阳光，有一种半透明的效果。开放式的玻璃屋顶与具有价值的历史建筑连在一起，不仅保证了对自然光的最大利用，还使新老建筑完美地融合在一起。除了对原有建筑的改造，还有一些是根据19世纪大型玻璃屋顶的传统（温室、购物拱廊和火车站）成功建造的新建筑。在这些让人着迷的建筑中自然不能少了位于莱比锡的新商品交易会大厅接待处的玻璃结构（1996年，见工程实录38，317~319页）以及位于伦敦的滑铁卢国际车站，后者像蛇一样沿着铁道的方向在原有建筑之间蜿蜒，其支撑结构一部分在建筑内部一部分在建筑外部，清晰地展示了高科技建筑的优点（1994年，见工程实录39，320~324页）。

图1.2.22 柏林的新中央火车站（莱特车站），2006年，冯·格康、玛格及合伙人建筑师事务所

迈因哈德·冯·格康（gmp建筑师事务所）也在他设计的新柏林中央火车站（莱特车站，图1.2.22）也体现了早期玻璃车站的传统，其建筑整体也是根据轨道的方向进行设计的。根据其"车站复兴"的口号，建筑师迈因哈德·冯·格康试图一方面与过去的火车站文化相联系，一方面采用比当时更大胆的建筑设计。位于汉堡的gmp建筑师事务所的建筑师们联合工程师约格·施莱西和汉斯·史科布尔（Hans Schober），建造了一座横跨六条车轨的拱形建筑，这是一个轻质格构壳体，是前面提到的汉堡城市历史博物馆上的格构壳体又进一步发展的结果。这个具有吸引力的设计不仅仅使得人们可以从某一特殊角度看到建筑外壳的所有承重钢结构，同时也展示了将构件充分细分的建筑风格的局限。

图1.2.23 大英博物馆的大庭院，伦敦，1999~2001年，福斯特及合伙人建筑事务所

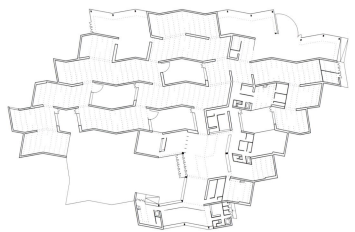

图1.2.24 卡斯蒂利亚当代艺术博物馆，西班牙利昂，2004年，马西雅与图侬建筑师事务所

图1.2.25 卡斯蒂利亚当代艺术博物馆，西班牙利昂

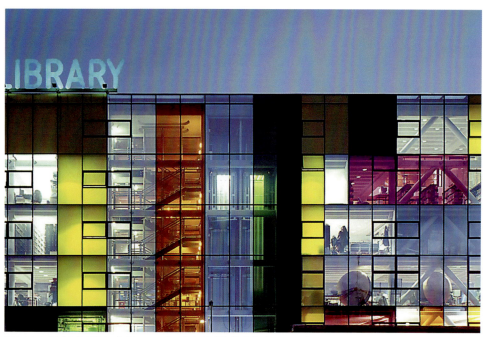

图1.2.26 贝克汉图书馆，伦敦，1999年，奥尔索普与施托姆（Störmer）

玻璃与颜色

在建筑中建筑表面发挥着越来越重要的作用，而颜色也重新成为建筑的一个重要因素。随着新技术的发展，通过很多手段可以使玻璃这种坚硬透明的材料给建筑立面带来各种迷人的效果，这些手段包括在层压玻璃中添加彩色箔片、给玻璃上釉，但最主要的还是通过丝网印刷技术，这种技术能使玻璃具有不同的效果。

对于来自柏林的建筑师马蒂亚斯·绍尔布鲁赫（Matthias Sauerbruch）和路易莎·胡特恩（Louisa Hutton）来说，颜色是其建筑设计中的一个根本。在对位于比伯拉赫的勃林格殷格翰研发中心大楼的设计中，他们使用内侧上色的玻璃创造了一种令人不那么愉快的图案，乍一看上去很难理解，但是确实能令观察者联想到这个生化公司实验室的分子结构，尽管这是一种被放大的抽象风格（图1.2.28和图1.2.29）。这一主题规则地覆盖了整个建筑立面，没有任何其他的构造方法。在柏林的新议会行政区内，一座警察局与消防站综合楼（2004年）的外表面上，建筑师使用涂色的玻璃进行装饰，使得建筑外表形成不同色调的红色与绿色，而这两种颜色正是德国代表消防员与警察的传统颜色（见工程实录13，231~233页）。而带角度的鳞片般的表面所反射出来的效果使立面显得更加有趣。

建筑师威尔·奥尔索普（Will Alsop）同样在其设计的建筑立面上使用了大量的彩色装饰。他所设计的起名为"Colorium"的办公大楼（图1.2.27）一定是为了吸引人们的注意，大楼矗立在杜塞尔多夫新"传媒港"区域的突出位置，周围都是著名的国际建筑。但是与前面提到的绍尔布鲁赫和胡特恩的设计不同，这里的玻璃并不是涂上统一的颜色，而是印刷了蒙德里安风格的图案。17种不同类型的装饰图案通过不同方式连接起来，形成一幅完全与后面结构没有联系的图画，而这样的建筑装饰更像是一张纯粹的装饰画或是时尚的壁纸。

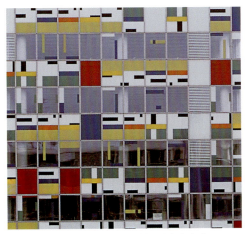

图1.2.27 "Colorium"办公大楼，杜塞尔多夫，2001年，奥尔索普建筑师事务所

图1.2.28 勃林格殷格格翰研发中心，比伯拉赫，2003年，绍尔布鲁赫·胡特恩建筑事务所

图1.2.29 勃林格殷格格翰研发中心，比伯拉赫

使用丝网印刷的方法对玻璃上色能够生产出各种颜色、各种色调的装饰玻璃。同时，由于印刷图案的点或多或少是不透明的，因此能保证建筑室内非彩色的光线。而在玻璃之间添加有色的金属箔情况则完全不同，这样会产生有色的采光效果。这就是为什么像雷姆·库哈斯（设计荷兰驻柏林大使馆）和威尔·奥尔索普（设计伦敦贝克汉图书馆；图1.2.26）这样的建筑师会使用这些金属箔来达到特殊的设计效果的原因。大卫·阿德扎伊（David Adjaye）使用通过金属箔上色的玻璃来建造他的"概念店"（一个坐落于异教徒聚集区的地区图书馆，见工程实录12，228~230页），随性的设计更能吸引人们进

入其中。建筑师通过交叉地排列四种不同颜色的玻璃和透明玻璃从而形成一系列让人难以置信的颜色光谱的图案。

西班牙的马西雅与图侬建筑师事务所（Mansilla + Tuñón）在利昂卡斯蒂利亚当代艺术博物馆（图1.2.24和图1.2.25）的设计中将印刷与金属箔上色两种技术结合在一起。除了彩色印刷玻璃制成的不透明玻璃窗以外，他们还使用了透明的层压安全玻璃并在玻璃之间添加金属箔为其上色。玻璃的颜色是为了与当地环境相融合而选择的，并映射了利昂大教堂玻璃窗中的彩色马赛克。

施塔伯建筑事务所（Staib Architekten）与甘特·班尼奇将手工制成的彩色玻璃布置

在双层塑料片中间，以此在德累斯顿附近的拉德博伊尔——一个"呼吸清新阳光"的地方，建造一个满足用户要求的友好的教堂内部（图1.2.30）。这样的设计使得地面上、长椅上和圣坛后面的墙壁上映射出五彩的光线图案，并且随着太阳位置的改变而变化。

让·努维尔（Jean Nouvel）是另一位曾经使用变化颜色的建筑师，他在巴塞罗那的新地标——阿格拔塔（图1.2.31）的设计中使用了这一手法。他通过在塔楼的内部覆盖有色的梯形金属板而在建筑外部使用玻璃百叶来达到这种效果。

图1.2.30 天主教教堂，拉德博伊尔，2001年，施塔伯建筑事务所与甘特·班尼奇

图1.2.31 阿格拔塔，巴塞罗那，2005年，让·努维尔

半透明与反射

在建筑物表面创造性地使用玻璃，不只限于柔化建筑外表皮或者利用反射突出外部效果。早在20世纪20年代，就有人试图利用有目的的反射提高对玻璃材料性能的注意，就像布鲁诺·陶特和其他人所展示的那样。皮尔瑞·查里奥于1931年设计的玻璃屋有一个耀眼的玻璃砖墙围护结构，在内部庭院的界限内，保护隐私的同时保证了最大的亮度（图1.2.38）。半透明墙的美学在这里得到了充分展现，在允许光线进入的同时还保持了不透明性，这是材料本身的特性所导致的。透明的可开启窗代表了一种刻意的对比。以后的几十年中，许多玻璃建筑不再表现出这些特点：相比之下，它们的彩色反射建筑立面显得非常呆滞。然而，自20世纪80年代以来，半透明玻璃伴随透明玻璃又一次得到发展。除了玻璃能带来非物质化效果外，展示这种基本透明的材料的真实密度现在已成为一个中心主题。大量新产品和工艺为此提供了基础。人们进行了许多实验，如酸蚀、喷砂、丝

图1.2.32 二向色光域，纽约，1994年，詹姆斯·卡彭特

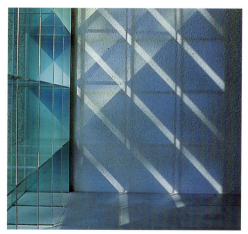

图1.2.23 基督教神学校史威尼小礼拜堂，印第安纳州印第安纳波利斯，1985~1987年，詹姆斯·卡彭特；工程师：Edward L. Barnes，纽约；模型图片

网印刷和用全息图或二向色膜镀膜。许多建筑师又一次认识到用玻璃建造意味着真正用光设计。事实上，这种透明的反射材料可以改变光照条件的色调并能让人们看见。

艺术家兼建筑师詹姆斯·卡彭特（James Carpenter）所设计实现的许多给人深刻印象的设施都利用了这了种原理。在他1985~1987

年间给印第安纳波利斯的小礼拜堂设计的两个窗户中，他明智且出色地利用了各种金属氧化物的二向色镀膜，金属氧化物利用干涉现象或传递或反射（由入射角度决定），把光分成光谱色彩。结果，不停变幻的色彩使内部朴实的白色戏剧化地产生了生动形象的效果——玻璃实现了三维动态的效果。

图1.2.34 Goetz艺术馆，慕尼黑，1994年，赫尔佐格&德梅隆

图1.2.35 仙台媒体中心，日本，伊东丰雄

其他的建筑师使用酸蚀和喷砂处理的玻璃板在特定的光照条件下表现建筑的轻盈和明亮。拉菲尔·莫尼奥（Rafael Moneo）在圣·塞巴斯蒂安会议中心（图1.2.41）的设计中使用了曲面的喷砂玻璃，而在一些博物馆建筑中，则在建筑内部巧妙地搭配了灯光来增强这种效果。

赫尔佐格&德梅隆（Herzog & de Meuron）在慕尼黑设计的Goetz艺术馆是一座安置在公园式花园内的独立建筑（图1.2.34）。两条与白桦木覆面板分隔开的不透明绿色玻璃带环绕着建筑物。随着光的改变，二维的实体建筑变得透明而飘逸。一层的窗户同时也是用于地下室采光的天窗。这个简单的立方体并不显得毫无生气，相反，却显得生动、亮丽而且十分优雅。

彼得·卒姆托（Peter Zumthor）设计的布雷根茨美术馆（1997年，图1.2.37）代表了坚固的混凝土结构和玻璃表皮材料的成功结合。该建筑半透明而不是透明，根据视角、一天中的时间和光照条件改变外观。有时，它闪耀着火花或发出耀眼的光，并反射太阳光，有时又显得不那么活泼而且不透明。完全相同的建筑立面没有基座或檐口，它的酸蚀玻璃板围绕在建筑周围，就像一个起保护作用的外壳。卒姆托还使用了一种中间楼板和玻璃天花板组成的独创系统，可以让日光通过上面照亮建筑内部。背着光线的屋顶边缘似乎悬浮了起来，像个被照亮的皇冠，建筑轮廓变得模糊，向天空的过渡变得分散开来。

玻璃的材料特性可以通过压延玻璃、压花玻璃以及成本很低时下流行的异型玻璃得到扩展（见工程实录16，240~243页和工程实录19，249~251页）。理查德·罗杰斯在伦敦劳埃德大楼的表面使用特殊工艺制造的粗纹压延玻璃，达到了一种半透明的效果（图1.2.36）。

使用玻璃砖也能达到这样的效果，通过生产工艺使其表面不规则，从而交互影响了其透明度、反射、纹理和颜色的改变。一个鲜明的例子是伦佐·皮亚诺（Renzo Piano）在东京银座商业区所设计的爱马仕百货公司，一栋超过10层的外围护结构为玻璃砖的高层建筑（图1.2.39和图1.2.40）。到了晚上就仿佛变成了一个巨大灯笼的设计明显参考了皮尔瑞·查里奥所设计的玻璃屋（图1.2.38）。而在白天，其立面又呈现出迷人的颜色，特别是当你从建筑内部向外看的时候。

同样是在东京，另一座水晶般的建筑是由赫尔佐格&德梅隆设计的位于表参道时尚区的另一家欧洲时尚品牌旗舰店（见工程实

图1.2.36 劳埃德大楼，伦敦，理查德·罗杰斯，1982~1986年，立面近景

图1.2.37 布雷根茨美术馆，1997年，彼得·卒姆托，立面外观

录1，194~199页）。这似乎是一场使用透明的玻璃材料的竞赛，建筑师通过搭配使用平面和曲面的玻璃来实现透明与反射的组合和叠加，甚至是创造出一种光学的变异效果。建筑师还为这个项目专门开发了形状特殊的玻璃板。与皮亚诺所设计的爱马仕百货公司的立面相比，普拉达店闪闪发光的水晶表面似乎是故意在展示着其品牌的奢华。建筑的图案和装饰再次流行起来，而使用玻璃材料更能达到这种半透明的迷幻效果。

在2000年芬兰世界博览会的展厅里，工作人员在展厅的玻璃表面印上植物的剪影，而这吸引了人们极大的注意力。

建筑师威尔·阿列茨（Wiel Arets）在乌得勒支大学图书馆的设计中同样使用了这种手法，通过在玻璃和混凝土表面制作相同的图案（在玻璃的表面蚀刻上了柳枝图案），从而使这两种对比的建筑材料结合在了一起（图1.2.46）。不仅如此，这些抽象的植物图案还参考了原本种植在窗户前面的树木。

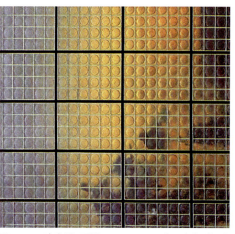

图1.2.38 玻璃屋，巴黎，1931~1932年，皮尔瑞·查里奥

图1.2.39 爱马仕百货公司，东京，2001年，伦佐·皮亚诺建筑工作室

图1.2.40 爱马仕百货公司，东京

图1.2.41 圣·塞巴斯蒂安会议中心，西班牙，1989~1990年，拉菲尔·莫尼奥

具有展示用途的立面——充当信息媒介的玻璃表面

使用建筑立面作为媒介来传递消息和信息的做法在建筑历史上并不是什么新鲜事，但在多媒体社会的今天，信息价值的改变和表面重要性的增加使得这种立面展示的做法变得越来越重要。与其他建筑材料相比，玻璃更加适合用于建筑立面信息的静态和动态展示。人们既可以选择在玻璃上印刷、蚀刻或层压金属薄片进行静态展示，也可以在玻璃板之间添加液晶屏或全息图薄膜来进行动态展示。各种各样的在电子媒介立面展示动态图片的方法在20世纪80年代就得到了推广，例如雷姆·库哈斯在卡尔斯鲁厄的艺术与传媒技术中心（ZKM）的"易于展示"的建筑围护结构的设计概念（图1.2.45）。然而，就像未来派的设计概念一样，其他相似的设计概念也还都停留在构思的阶段，或者顶多以一种很简单的形式表现出来，就像让·努维尔为柏林拉斐特百货公司所设计的立面一样。要实现这样的建筑概念在技术上是很困难的，由于费用高昂，只有极少数的情况下才会采用这种建筑设计。很显然，商业广告是其中的一种，少数一些玻璃幕墙高层建筑的各个面都可以作为巨大的屏幕展示信息，这些屏幕就直接设置在建筑上（图1.2.43）。

展示静态信息和装饰的建筑立面大多是采用丝网印刷技术，因此比进行多媒体播放的建筑立面更常见。让·努维尔最早在这方面展现了自己的灵感。他在为杜蒙特·斯楚伯格出版公司（1990年）所设计的获奖方案中，外围护结构使用了透明的玻璃板，这些板材通过不同的深度、背光、反射和照明效果来证明自己的存在。通过印上文字和符号，玻璃立面在展示自己的同时也将建筑本身变成了一个具有传媒功能的建筑符号（图1.2.44）。在随后为钟表制造商卡地亚设计的建筑中（弗里堡附近的办公楼与仓库），努维尔使用了镜面玻璃来突出大型标志以达到向顾客展示的目的（图1.2.42）。

玻璃表面的装饰层在大多数情况下还起到控制外界阳光入射和保护内部隐私的作用，而这种建筑设计也逐渐得到人们的认可。然而使用这些材料的建筑师更多看重的是其装饰性而非信息的传播，尽管这二者之间的区分并不是很清楚（图1.2.46）。

图1.2.42 卡地亚仓库，瑞士弗里堡，让·努维尔，立面视图

图1.2.43 涩谷的高层建筑，东京

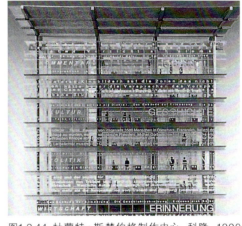

图1.2.44 杜蒙特·斯楚伯格制作中心，科隆，1990年，让·努维尔，投标设计

图1.2.45 艺术与传媒技术中心（ZKM），卡尔斯鲁厄，雷姆·库哈斯，投标设计第一名，未建设

图1.2.46 大学图书馆，乌得勒支，荷兰，2001~2004年，威尔·阿列茨

玻璃与能源

人们在经历了20世纪70年代的石油危机之后普遍开始意识到能源危机的可怕，这使得建筑上玻璃的使用受到了短暂的影响。当时建筑外部大面积的玻璃表面的确导致了冬天大量的热量散失和夏天内部温度过高的情况，这就迫使人们使用消耗大量能源的空调系统进行供暖和制冷。不仅如此，彩色玻璃和反射光照控制玻璃的使用使得白天外界的阳光不能照射到建筑内部，从而需要更多的电力来进行建筑内的照明。但是由于人们难以放弃这种具有诸多优点的建筑材料，特别是其透明的性质，于是对于新型玻璃的需求就显得更加迫切了。我们现在应该重新关注一个我们早已知道的情况——使用玻璃能够聚集太阳光从而十分环保地获得天然的能源。除了这些被动的方法以外还有一些主动的方法，例如使用太阳能收集器来加热水或者使用光电装置来将太阳光直接转变成可用的能源，而这些只有在使用玻璃的情况下才能够实现（图1.2.52）。在本书随后的几页中展示了几个太阳能建筑中各种使用玻璃材料的实际例子。在大多数的例子中，玻璃所起到的作用只是全部概念中的一部分，而这些建筑措施在本书中将不再作进一步探讨。

在德国，托马斯·赫尔佐格（Thomas Herzog）设计了两栋非正统的独栋住宅，一栋位于里根斯堡（1979年，图1.2.47），另一栋位于慕尼黑（1982年），以热分区的平面布局为基础，建筑由内而外形成一个斜坡，建筑的南向完全采用玻璃表面，以获得最多的太阳光。赫尔佐格采用这种楔形的剖面形式和被动的方法，不仅仅是为了优化建筑的能源消耗，同时也为建筑本身增添了个性。而相似的分区概念在更早的1969年弗雷·奥托（Frei Otto）与罗布·克瑞尔（Rob Krier）设计的Warmbronn的被动能源建筑中就已经出现了，充分利用了建筑师长期以来对太阳辐射和气候控制方面的知识。虽然普通的独栋住宅由于封闭的外围护结构热辐射量巨大、所占土地面积较大以及使用设施成本较高而无法被列入生态建筑的行列，但这种建筑有利的紧凑外形却非常适合大量太阳能技术措施的实施。

然而，其他类型的建筑也同样适合这种实验，当然前提是住户不反对。例如，伯

尔尼Aarplan建筑公司的诺夫·斯科奇（Rolf Schoch）在瑞士措利科芬的一列非常紧凑的南向联排住宅设计（1995年）中设计了一个热量缓冲区，为了减少热量损失以及考虑到隔音问题的原因，建筑的北侧直接插入到山坡里。

迪特里克·芬因克（Dietrich Fink）与托马斯·约赫（Thomas Jocher）在位于因戈尔施塔特的奥迪开发中心（1999年，图1.2.49）的设计中也设计了一个大型的热量缓冲区（能源概念：马蒂亚斯·舒勒，德国超日建筑能源公司）。沿着建筑南立面全长的玻璃中庭既是一个循环区域，又是能源概念中一个完整的组成部分。办公室布置在立面保温良好的北侧，在获得均匀光照的同时又能减少夏季太阳得热。在夏天，中庭的空气升温之后通过烟囱效应从排气口被排出，而外部的新鲜空气又会在立面下部的进气口补充进来。而在冬天，阳光能够透过玻璃照射进来提升办公室的温度。

由马蒂亚斯·绍尔布鲁赫和路易莎·胡特恩设计，位于德绍的联邦环境机构办公楼（2005年，图1.2.48）被有意地设计成一座生态建筑。建筑师除了使用了其他的常规措施外，更增加了大型玻璃中庭作为热量缓冲区。通过阳光的照射、高大的保温外墙、地面组合热力泵以及从室内空气中进行热回收的方式，这座建筑几乎达到了被动能源建筑的能源标准。

尽管建造双层立面的额外工作及其建造成本并非是不可避免的，但是当时双层立面已经十分流行，特别是对于办公建筑来说。一方面，它最简单的作用（不使用其他工艺的条件下）就是起到热量缓冲器的作用，在冬天能够减少热量损失以及被动太阳能的消耗，而在夏天则能保证热空气的散失进而防止建筑内部出现过热的情况。另一方面，它是建筑外围护结构的一部分，能根据变化的条件动态地做出反应。原则上，双层的玻璃立面能够更容易地结合有效的遮阳系统并且阻隔外界的风对内部的影响。机械通风和制冷的能源消耗也可以通过立面空腔的自然通风而减少；在晚上，空气的流动能够有效地缓解建筑内部热量的大量聚集。

图1.2.47 位于里根斯堡的私人住宅，1978~1979年，托马斯·赫尔佐格

第一个现代意义上的双层立面是出现在美国HOK（Hellmuth Obata & Kassabaum）建筑事务所为尼亚加拉瀑布的西方化工中心（1980年）所创作的设计中。这里的决定性因素是在创造出透明效果的同时照顾到了建筑的节能。建筑师进行了大量测试，在双层立面的外层使用了双层玻璃，而在内层使用了单层玻璃。在两层之间，设置了由太阳能电池自动控制的可调节百叶帘，而没有设置通向室外的通风孔。

由Webler + Geissler建筑事务所在伍兹堡设计的方形玻璃办公楼同样具有双层的玻璃立面。在这座建筑中，热空气可以通过建筑中央中庭上方的滑动玻璃屋顶流向室外。法兰克福Schneider + Schumacher建筑事务所（与柏林的Ove Arup工程公司合作）在2000年为克龙贝格的布劳恩办公大楼的设计中就加入了设有一层楼高双层窗户的双层立面（图1.2.50）。温度高的时候外层立面可以向外打开从而避免内部温度过高，而温度低的时候还能够减少热量的损失。12mm厚的钢化安全玻璃是由电力控制的，但在需要通风的情况下内层窗户也可以通过手动进行操作。除了使用了先进的技术，该立面还足够美观：通过改变可开启窗（或开或关）的位置和观察的角度，立面或是表现出平滑和反射性，或是表现出鱼鳞状和透明等不同的样子。建筑中庭这一连接建筑内外起到缓冲作用的区域使用充气膜作为屋顶，这种充气膜可以自动开启来减少建筑外表面区域的热量辐射。

双层的立面在高层建筑中特别受欢迎，因为除了上述的优点之外还具有即使在高处或是有风的天气都能够独立打开各扇窗的特点。这种立面可以在位于法兰克福的德国商业银行、位于埃森的RWE塔楼（见工程实录27，282～287页）或是位于柏林波茨坦广场的德比斯总部上找到。

最后提到的这座由伦佐·皮亚诺所设计的21层建筑，其南向和西向都安装了3400m²的节能双层玻璃立面；其中内层由中空玻璃组成，而外层是可动的百叶。这一双层立面是对于采暖通风和空调设备的一种被动补充，并且是整体节能概念中的一个重要组成部分。在寒冷的冬季，关闭的玻璃百叶阻挡了外溢的空气，这些空气在阳光的辐射下温度会升高。而天气炎热的时候，百叶大量开放保

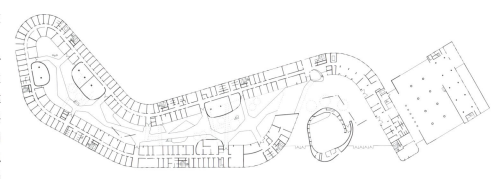

图1.2.48 联邦环境机构，德绍，2001～2005年，绍尔布鲁赫与胡特恩联合建筑事务所

图1.2.49 奥迪研发中心，因戈尔施塔特，1997～1999年，芬因克与约赫事务所

图1.2.50 办公大楼，克龙贝格，2000年，Schneider + Schumacher建筑事务所

图1.2.51 邮政大厦，波恩，2003年，墨菲/扬建筑师事务所，立面近景

证了足够的空气对流和夜间的空气冷却。

由墨菲/扬建筑师事务所（Murphy/Jahn）设计的位于德国波恩的椭圆形邮政大厦（能源概念：德国超日建筑能源公司）是当今少数几座没有空调设备的现代高层建筑中的其中一座（图1.2.51）。在这里，双层立面之间的空腔既在冬季起到热量缓冲器的作用，又起到分散新鲜空气的通道的作用。两层立面都设置了通风孔，以便于外界的空气能够进到建筑内部。被称为空中花园的几个室内中庭每一个都贯通九层之高，在形成建筑中心的同时也将周围房间的废气一同排出建筑之外。在夏天，安装在两层立面之间的4000个遮阳百叶成为建筑热量控制的一部分，而在晚上还能够通过空气流通来调节建筑内部的温度。

高层建筑从来没有真正的环保，主要是由于室内交通流线和建筑设备要求较高，以及用于承重结构和立面的材料和能源消耗很大，但即使是这样，每个密集的城市中心地区都有它们的身影。同时，高层建筑还成为权力集团的建筑符号，从很早开始，高层建筑就被看作是影响力和权势的象征。

诺曼·福斯特在伦敦的金融区为瑞士再保险公司设计的异常特别的高层建筑就创造了高层建筑的一种新的类型。这种不同寻常的建筑外形有利于建筑的节能。由不同的建筑横截面所产生的压力差有助于形成自然的空气流动。六个采光井的平面形状都是圆形的一部分，并在建筑内弯曲延伸，每层偏移5°。这些采光井将阳光引到建筑中央，而且通过中央控制气孔为办公室提供新鲜空气。因此在一年当中的大部分时间里都可以不使用机械通风设备。

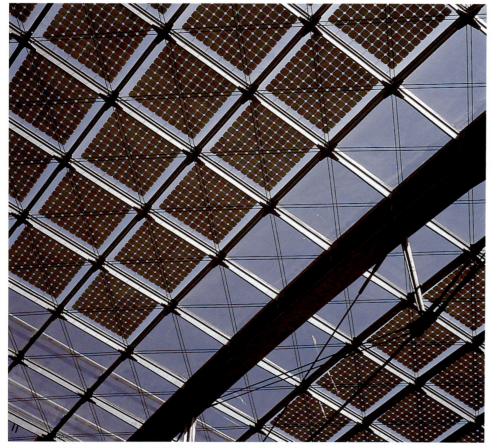

图1.2.52 柏林的新中央火车站（莱特车站）与玻璃成为一体的光电板，2006年，冯·格康、玛格及合伙人建筑师事务所

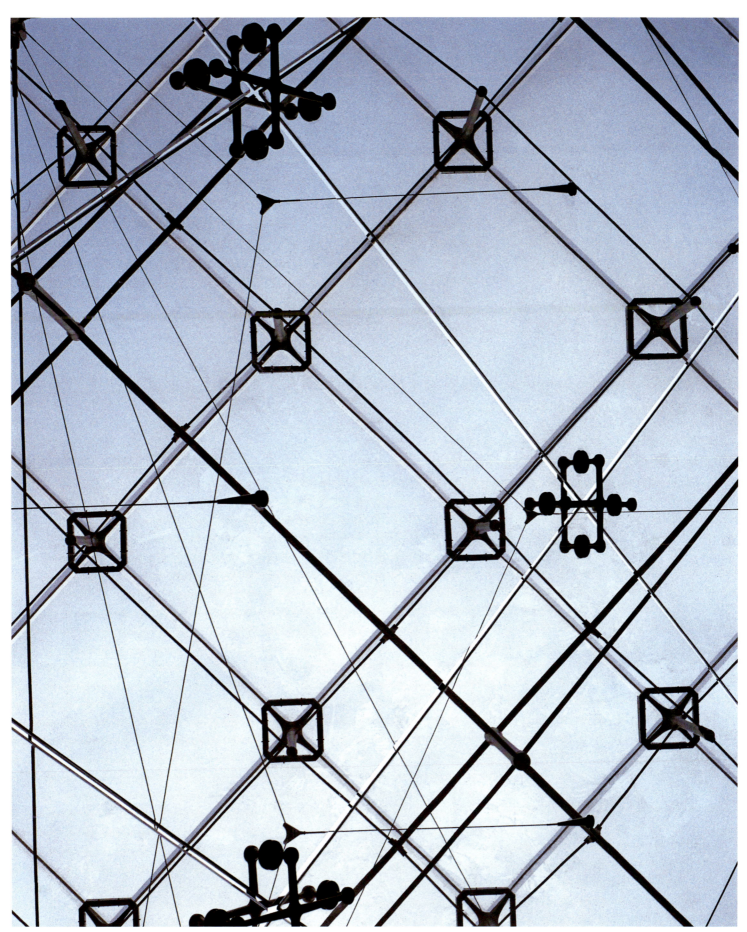

图1.2.53　卢浮宫悬吊金字塔形建筑的近景，巴黎，1993年，贝-考伯-弗里德及合伙人建筑师事务所

玻璃建筑的几个发展阶段

在近几十年几乎没有其他的建筑材料能够像玻璃一样取得如此大的进步。这种脆弱的易碎物质如今已经发展成一种高性能的建筑材料，如果需要可以承受荷载、建造粗放或纤细的结构，甚至还可以通过加入精致通常是不可见的镀膜来控制室内气候。

这些创新背后的动力都是为了使其能够尽可能地透明，而这也是现代运动以来这种材料所具有的最为宝贵的一种特质。但技术的创新也扮演了一个特定的角色。例如建筑玻璃的演化就归功于人们试图创造纪录的愿望。法国圣戈班公司就自1929年开始研制使用预应力玻璃来制造钢化安全玻璃，1909年由法国化学家爱德华·班尼迪克特斯（Edouard Benedictus）申请了层压玻璃的生产专利，这些都是今天玻璃建筑发展的重要先决条件，但这两项重要技术当时都是为了满足汽车工业的需要而出现的。阿拉斯泰尔·皮尔金顿爵士于1955年发明的浮法玻璃制作工艺是玻璃结构发展的又一大步，这种工艺改革了优质玻璃和大规模玻璃的生产。而胶黏剂的持续发展、更强大的电脑的出现以及新的计算方法都促进了优化玻璃建筑的巨大进步。

幕墙

现代幕墙发源于20世纪中期的美国。除美学和建筑因素以外，幕墙发展的另一个至关重要的关键因素就是经济。当时，美国的劳动力成本比欧洲的要贵很多，因此，建筑行业产生了预制的趋势。

那个时期，多数的幕墙仍然是按常规方法将玻璃和其他实心填充板安装在与主结构相连的立柱横梁支撑框架上。真正由玻璃构件构成的建筑立面仍然罕见，如匹兹堡的美国铝业公司大厦（1955年，建筑师：Harrison & Abramovitz）。那个时期最具影响力的幕墙是SOM设计的纽约利华大厦精致的幕墙表皮（图1.2.56和30页图1.2.6）。承重型钢支撑框架隐藏在折叠不锈钢板后面。仍然使用腻子连接固定的单层玻璃。为控制火的蔓延，建筑主管部门（像美国所有其他城市一样）都要求幕墙后面有一窄条混凝土砖石构造，或位于每块拱肩镶板后，或在每层的楼板下面。但是从外面是看不到的（图1.2.56）。

阿纳·雅格布森（Arne Jacobsen）设计的哥本哈根Jespersen办公大楼（1955年，图1.2.54）展示了20世纪50年代欧洲先进的建筑立面构造。从表面上看，阿纳·雅格布森设计的精致的立面设计灵感来自利华大厦：像利华大厦一样，纤细的金属部件网格赋予表面一些纹理，拱肩镶板填充了绿色玻璃材料。但是Jespersen办公大楼立面的支撑结构采用了结实的方木，更像是工匠的作品。雅格布森在这座建筑中就已经采用了中空玻璃，相对笨重的玻璃压条被涂成绿色，以与低反射玻璃板相匹配。仅仅几年后，他就在他的主要作品——丹麦首都中心的SAS Building（1958~1960年）中使用了工厂制造的幕墙。

合成橡胶制成的密封衬垫

底特律附近的密歇根州沃伦的通用汽车技术中心（1949~1956年，图1.2.57和图1.2.59）是最早采用完全预制幕墙的建筑之一。这是出自芬兰裔美国建筑师艾罗·萨里南（Eero Saarinen）的杰作。由于建筑物不在城市中心位置，因此在靠近天花板的位置采用实心板材就可以满足防火要求——没像利华大厦那样采用砌砖。接缝采用特殊方法密封：为了使建筑物适合汽车工业，萨里南使用了长期以来常用于交通工具中的永久弹性合成橡胶衬垫（氯丁橡胶）。此时，SOM已或多或少地在设计中融进了这种对建筑业来说非常新的材料，如纽约爱德怀特国际机场航站楼（1955~1957年）的设计中就使用了这种材料。但是，两个设计概念的原理在密封建筑立面和夹持玻璃方面不同。爱德怀特国际机场航站楼中使用了压力安装的夹紧角钢，它对氯丁橡胶衬垫会产生压力（图1.2.58）——一种尚未被证明有效而且很快就被放弃的方法，而通用汽车技术中心则没有使用压力安装的金属固定件。在这种情况下，安装玻璃面板会导致密封唇变形，只要随后加入一个额外的锲形型材加以密封即可（图1.2.59）。

在建筑业，永久弹性合成橡胶衬垫材料很快就备受欢迎，自20世纪60年代中期以来，已经成为建筑立面技术中一个固定的特点。1962年德国首次使用了氯丁橡胶衬垫。这一年还首次出现了带有热障的建筑立面型材（法兰克福的National House和路德维希港的巴斯夫公司大楼）。

图1.2.54 Jespersen办公大楼，哥本哈根，1955年，阿纳·雅格布森，设计草图

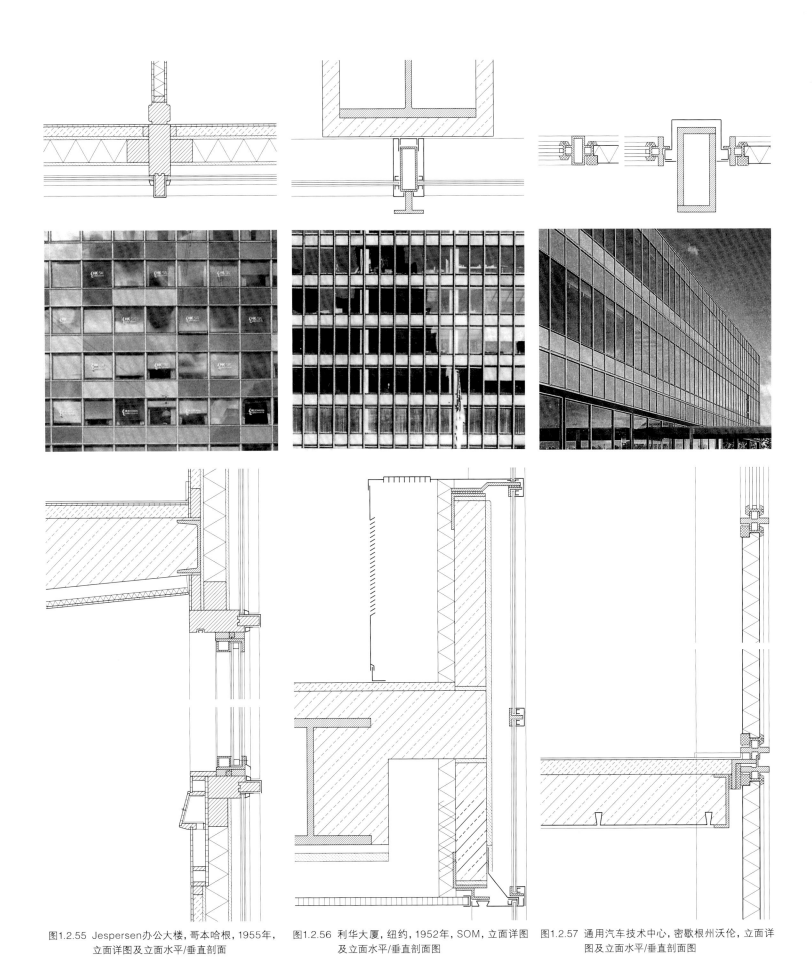

图1.2.55 Jespersen办公大楼，哥本哈根，1955年，立面详图及立面水平/垂直剖面

图1.2.56 利华大厦，纽约，1952年，SOM，立面详图及立面水平/垂直剖面图

图1.2.57 通用汽车技术中心，密歇根州沃伦，立面详图及立面水平/垂直剖面图

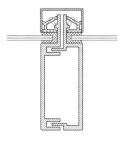

图1.2.58 爱德怀特国际机场航站楼，纽约，1955~1957年，SOM，立面详图

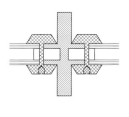

图1.2.59 通用汽车技术中心，密歇根州沃伦，1949~1956年，艾罗·萨里南，立面详图

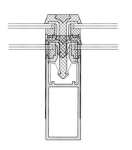

图1.2.60 弗雷德·奥尔森礼仪中心，伦敦，1968~1972年，诺曼·福斯特，立面详图

具有整体式衬垫的玻璃系统

20世纪60年代期间，美国市场上出现了采用整体式合成橡胶衬垫的各种玻璃系统。除了起密封作用外，这些橡胶衬垫还可以把玻璃板固定在框架结构上。这种系统的产生，是由于人们试图用大规模的预制化生产来代替现场的手工劳动。1970年诺曼·福斯特第一次在伦敦港的弗雷德·奥尔森礼仪中心（Fred Olsen Amenity Center，图1.2.60）的两层大楼上采用这种衬垫。这幢大楼的全玻璃建筑立面的特点是格外精巧和非物质化，后来采用了相同方法的IBM技术园（1975~1980年）的外表皮也具有这种特点（图1.2.61）。

结构密封玻璃

引进合成密封剂后，人们做了大量实验，包括使用硅树脂胶黏剂将玻璃直接粘到框架上。这项工作1960年左右在美国开始，1963年首次应用在建筑物上。硅树脂不仅起到密封的作用，而且能承担一些玻璃的自身重量，把作用在玻璃表面的风压力和吸力传至后面的支撑结构上。它成为建筑立面的重要承重部件。这种"结构玻璃"或"结构密封玻璃"工艺很快在美国确立了地位，对美国的20世纪70年代、80年代的摩天大楼产生了持久的影响。建造看不见任何轮廓的绝对光滑的建筑立面和屋顶已经是切实可行的了。最初几乎无一例外地都采用彩色玻璃和反射玻璃来隐藏支撑结构、楼板和拱肩镶板。但长期以来，人们一直没有解决如何合理加入可开启窗的问题，所以最初这种结构密封玻璃立面的应用仅限于空调办公大楼中。在德国，这种立面最早出现在建于1986~1987年的塞尔布罗森塔尔办公楼上，斯图加特的Neoplan配给中心也在大致同一时间采用了此种立面。同欧洲其他国家一样，德国建筑主管部门制定了严格的规定，限制了此种形式立面的发展。

悬挂玻璃与点驳件

与将玻璃面板镶嵌入建筑结构的方式不同，20世纪50年代期间，法兰克福的企业家Otto Hahn研究出一种将它们悬挂起来的形式，可以避免玻璃由于自重发生挠曲变形。1956年，他的公司为维也纳的汽车经销

图1.2.61 IBM技术园，英国格林福德，1975~1980年，诺曼·福斯特

图1.2.62 在多边形平面上设计的柏林玻璃塔楼项目，密斯·凡·德·罗，1922年

商（Steyer–Daimler–Puch）的展览室窗户提出了这样一种解决方案，然而却没有实现。全玻璃系统的首次应用是在1964年的杜伊斯堡Wilhelm Lehmbruck博物馆（建筑师：

Manfred Lehmbruck）和1960~1963年建造的巴黎电台大楼入口门厅（建筑师：Henri Bernard）中。这里，玻璃面板（大约4m高）由黏结的玻璃肋加固，以抵抗弯曲应力。玻璃由安装在铰接支承件上的夹具夹持，确保荷载由独立的悬挂点分担。

尽管由于制造工艺的限制，不能生产大尺寸的中空玻璃，所以悬挂式中空玻璃的应用还很有限，但悬挂玻璃的原理还是很快流行起来。悬挂玻璃在诺曼·福斯特1971~1975年的设计中得到了更进一步的发展，这一设计是诺曼·福斯特与英国玻璃制造商皮尔金顿公司协作，为伊普斯威奇的Willis Faber & Dumas办公楼打造的（图1.2.63和图1.2.64）。建筑的每块玻璃板都通过"夹片"装置与上一块玻璃板连接在一起。整个三层楼高的外立面像锁子甲外套一样，从屋面板上悬垂下来。内部的玻璃肋悬挂于每层楼板上，向下延伸到楼层高度的一半，对玻璃面板进行加固，使其能够承受风荷载。该建筑物可以深刻地说明精巧的构造革新是如何用于实现灵感激发的理念的。这幢建筑物的连续反射玻璃立面使其产生了

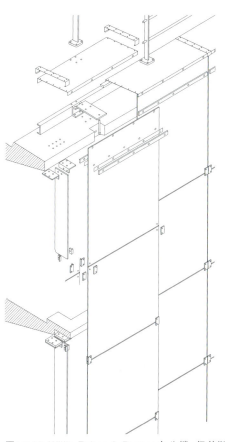

图1.2.63 Willis Faber & Dumas办公楼，伊普斯威奇，1971~1975年，立面详图

图1.2.64 Willis Faber & Dumas办公楼，伊普斯威奇，福斯特事务所

图1.2.65 雷诺中心，斯温登，1982年，诺曼·福斯特

一种无形的品质，通过对周边建筑的映像反射，与伊普斯威奇的环境融为一体。由于平板玻璃是根据曲线的轮廓以不同的角度放置的，因此使光线向不同方向折射，从而产生令人激动的效果。建筑非常规的布局是依据所处地块的线条设计的，同时，也是当时流行的开放式办公楼的一个理想解决方案。在密斯·凡·德·罗设计未来派玻璃塔楼（图1.2.62）50年以后，诺曼·福斯特成功地实现了这样一种构造，虽然比例较小，而且诠释方式比较自由。密斯的草图包括多边形的墙壁，在他的工程模型中，我们可以看到他设计的悬挂系统。

Willis Faber & Dumas工程的技术革新在于悬挂了一系列玻璃面板。它们被凸出于玻璃平面的夹片装置夹在一起。全玻璃立面的下一步主要发展是把固定件嵌在玻璃面内。这个系统又是福斯特和皮尔金顿公司合作的结果，产生了平面的系统，该系统最先应用在斯温登的雷诺中心（1982年）。该建筑的单层玻璃不是悬挂而是螺旋固定在立柱横梁支撑框架上（图1.2.65和图1.2.66）。

既悬挂同时又是桁架式的玻璃立面（其分离设置的固定件位于玻璃平面内）于1986年成功地用于巴黎拉·维莱特公园的科学与工业博物馆（图1.2.67）中。建筑师安德·范西贝（Adrien Fainsilber）呈交给玻璃设计团队RFR（Rice Francis Ritchie）公司的设计大纲要求最大的透明度。但是，与福斯特在伊普斯威奇设计的建筑不同，博物馆项目中没有楼板层吸收水平力，因而工程师们研制出了一种悬挂式的玻璃立面，使用独立的平齐式螺栓进行固定，并提供了一套索桁架系统来承担风荷载，这是这种系统的首次应用。玻璃板起到了一定的结构作用，因为张拉缆索固定到玻璃板上后就获得了稳定性。玻璃每块2m见方，厚12mm，悬挂在顶部的预应力钢弹簧上。为避免玻璃上产生过大应力，能够以更大的精确度计算出应力，每个单独的固定件都增设了一个铰接头，正好位于玻璃平面内。在接下来的几年中，RFR公司一直在众多不同的项目中持续研究和改进悬挂式和桁架式玻璃立面的原理。

用于拉·维莱特公园项目中的H形铰接

四点连接件很快被X形驳接件代替了。X形驳接件仅在其中心有一个铰接缝。除了美学因素外，一个决定性的因素就是实现了用硅树脂连接玻璃幕墙，这样的幕墙具有相对较大的刚性，因此，整个墙体破碎的危险性比较小。

RFR公司成功地将一个非物质化、异常精致的玻璃幕墙应用在了巴黎蒙田大道上一座本来很普通的办公和商业大楼上（建筑师：Epstein Glaimann & Vidal，1993年，图1.2.68）。玻璃幕墙把半圆形朝南的中庭和邻近的内部庭院分开。支撑结构包括一系列索桁架，放射状地锚固在每一层楼板上。这种安排利用了建筑物的几何形状，创造了由钢索和高达3.8m的玻璃板组成的极其精致的网格系统。为了使立面显得更轻，同时为了满足建筑师们想要半圆柱体能在玻璃上发生反射从而呈现一个整个圆柱体的幻觉的愿望，在建筑立面的外部使用了点驳件。因此，内部表面是一个完全光滑的玻璃表面。单个点驳件通过不锈钢杆连接到张拉缆索上，不锈钢杆在每四块玻璃板的交叉处穿透玻璃，玻璃的角部被切割，以容纳此处的连接细部。

1990年在雷恩附近蒙特格蒙的一个堤岸上，第一次出现了使用中空玻璃的桁架立面（建筑师：Odile Decq & Benoît Cornette，图1.2.69）。它的特殊特征是，连续的120m长的建筑立面在入口门厅处采用了单层玻璃，而在办公区域则采用了中空玻璃。为了能在上述两种情况下使用同样类型的固定件，RFR公司调整了固定件，在玻璃平面内增加了铰接头，以适应中空玻璃。两层玻璃上的孔必须对齐，要做到这一点是非常困难的。某

图1.2.66 雷诺中心，斯温登，玻璃固定件详图

些地方还用到了三层的层压玻璃，这使情况更加复杂。立面前面2m的地方设置的纤细的钢结构起稳固作用，能够抵抗风力，同时还是遮光卷帘的框架。

玻璃网

20世纪80年代末，斯图加特施莱西－伯格曼及合伙人工程设计事务所（Schlaich, Bergermann & Partner）在由分离的线性构件组成的结构上方设计了壳体结构，从而创造出了第一个精致的玻璃屋顶构造，这里所说的壳体结构就是表面在两个平面内弯曲的结构。这种结构的主要网格是扁钢杆组成的方形网，然后通过把原来直角的网孔改变成为菱形来给结构塑形。这可以让承重结构在任意轮廓的两个平面内弯曲。施加了预应力的连续钢索充当对角线的作用，把网分成具稳定作用的三角形。组成方形网孔的构件较特别：能同时直接支撑玻璃（两者之间只有一

个三元乙丙橡胶条）。这可以省去固定在主体结构上的次级玻璃格条，不仅节约成本，而且还能产生最大的透明度。

汉堡城市历史博物馆（建筑师：冯·格康、玛格及合伙人建筑师事务所，1990年，见332～335页）庭院的屋顶就是第一个采用这种工艺的项目，也是最著名的实例之一。约克·施莱西曾采用这种工艺来创造非凡的效果，甚至还能覆盖不规则的平面。在这个工程技法和建筑技法成功结合的例子中，看起来没有重量的、网状的屋顶，在不削弱老建筑物的形象的情况下，对弗里茨·舒马赫（Fritz Schumacher）的旧饰面砖块是一个补充。这种新与旧的成功结合产生了令人满意的较高的美学质量。

在布罗·哈帕德工程公司的协助下，由福斯特及合伙人建筑事务所设计的伦敦大英博物馆的大型庭院也采用了相同结构形式的屋顶（图1.2.23）。和上面所提到的菱形网不同，在这里建筑师只使用了三角形的网格

结构，没有额外使用桁架，这种结构形式是该设计团队已经在其他的玻璃屋顶上成功地使用过的（最初是在剑桥大学的法学院使用过），而且这种结构也适合那些具有不规则几何外形的壳体。

在19世纪的英国棕榈屋建筑中，玻璃是起支撑作用的，从而使整个结构更加稳固。而现在人们已经开发出了最新的方法，通过计算机的计算来形成建筑的形式（见"壳体结构"）。

缆索－网格玻璃立面

约克·施莱西在慕尼黑机场（建筑师：Helmut Jahn）凯宾斯基酒店的中庭山墙（40m宽×25m高）处建造了看起来非常轻的玻璃墙。建筑师把高预应力的水平缆索固定在与酒店相邻的侧翼建筑上，从而实现了立面的非物质化，并且给人留下很深的印象。玻璃板用角板夹在缆索上。

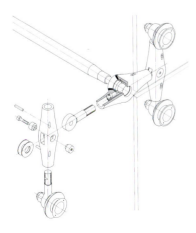 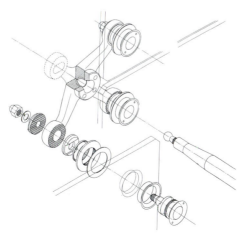 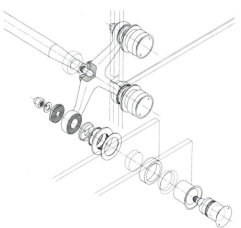

图1.2.67 科学与工业博物馆的玻璃屋，巴黎拉·维莱特公园，1986年，整体视图和四爪玻璃固定件

图1.2.68 蒙田大道上的办公楼，巴黎，1993年，整体视图和四爪玻璃固定件

图1.2.69 法国大众银行，蒙特格蒙，1990年整体视图和四爪玻璃固定件

承受拉力和压力的玻璃结构——全玻璃建筑

人们不断追求最大的透明度，追求建筑立面与屋顶的"消失"。于是不可避免地导致了没有任何金属件承载的全玻璃建筑。玻璃技术的巨大进步和对玻璃结构性能认识的不断提高是必不可少的两个前提条件。然而，许多革新的可行性只有通过实际的试验才能肯定。因此，许多新观点要首先在小的或者临时的结构上进行研究，这些结构不会有长期的风险，构造及性能也比较容易确定。

承重玻璃墙

两个荷兰建筑师Jan Benthem和Mels Crouwel最初是把一个合伙人的房屋（阿米尔，1984年）当作临时的家，这给他们提供了采用非传统观点进行试验的机会。从空间和设计的角度来看，它重新诠释了密斯的范斯沃斯住宅（图1.2.11和图1.2.12）：架高结构的内部仅用两个水平的板——地板和屋顶确定。从构造的角度来看，它是受到了密斯另一

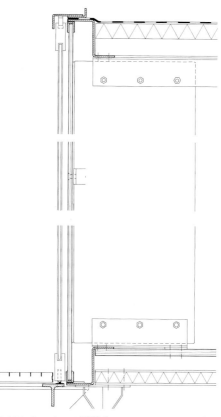

图1.2.70 Sonsbeek雕塑亭，Sonsbeek，1986年，Benthem & Crouwel，立面剖面

个项目"50×50住宅"的启发：四面都用无框的玻璃立面封闭起来，立面承受压力，并承担梯形中空玻璃板屋顶的部分负荷。内层玻璃肋使2.50m高、12mm厚的钢化安全玻璃板更加稳定。

Benthem & Crouwel设计的Sonsbeek雕塑亭两年后建成（图1.2.70和图1.2.71），仍然采用了全玻璃承重墙，但这次增加了一个由钢筋大梁支撑的水平玻璃屋顶（具有最小的曲线用于排水）。与前面提到的房屋相似，小的金属角固定件用来夹持玻璃板，玻璃墙由玻璃肋加固。由于气温不高，气候干燥，并且亭子仅按一个临时性遮篷设计，因此透明度达到了极高的水平。

全玻璃结构

两个英国工程师Laurence Dewhurst和Tim Macfarlane受传统木结构的启发，曾尝试开发了一种玻璃镶榫接合，不含任何金属件。有了这种成果，建筑师里克·玛泽（Rick Mather）制造出了第一个真正意义上的全玻璃结构——伦敦汉普斯特德一个住宅的温

图1.2.71 Sonsbeek雕塑亭，Sonsbeek

室扩建建筑（1992年）。墙体和屋顶是全透明的，支撑单坡屋顶的柱梁都由三层层压玻璃制成，中间夹有PVB胶，因此如果一块玻璃板破裂，构件的承重能力仍然可以得到保证。就连常常采用铝材的中空玻璃边缘密封件这次也采用了窄玻璃条，玻璃条粘在10mm玻璃板之间。

Design Antenna建筑事务所与Tim Macfarlane合作，设计了英国金斯温弗德博物馆扩建建筑（图1.2.72，见工程实录32，300~302页），此建筑也具有相似的构造，平面尺寸为5.70m×11m，屋顶几乎完全水平。它是至今为止最大的全玻璃建筑，但同时也表现出了这一技术的局限性。尽管外观迷人，但全玻璃建筑只能局限在特殊的小型项目中，而且很难摆脱试验的特点。在许多应用中，尤其是住宅中，人们并不希望完全透明，而且如果要避免与设计目标发生冲突，甚至还要结合使用机械遮阳设备——这通常是不可避免的。

大负荷结构中的玻璃梁柱

对最大透明度的追求和打破技术可行性界限的愿望使20世纪90年代的人们开始尝试在负荷更大的结构中使用玻璃。承受弯曲力的玻璃梁被用在巴黎卢浮宫工作间的水平玻璃屋顶上（Jérôme Brunet和Eric Saunier，1994年，图1.2.73）。由于玻璃屋顶与对外开放的庭院是在同一水平高度，因此，除了要挡住水和种植植物外，必须考虑几个人同时作用的活荷载。这种上人表面的设计荷载值较

图1.2.72 玻璃博物馆的扩建建筑，英国金斯温弗德镇，1994年，Design Antenna

图1.2.73 卢浮宫工作间和实验室，巴黎，1995年，Brunet & Saunier

高，因此结构不会像上面提到的荷兰和英国的结构那样轻。而且跨度为4.6m的层压玻璃梁必须放置在大型梁托上。尽管如此，建筑物仍然具有较高的透明度，可以清晰地看到室外的天空。

圣日耳曼昂莱地方政府办公楼（1996年，图1.2.75）的门厅是Brunet & Saunier建筑事务所第一次在永久办公环境中使用玻璃柱支撑大型屋顶的重量。在经过压力测试证明玻璃可以承受巨大压力后，方案得以实施。柱子采用了十字形截面，目的是克服压曲问题。但是，由于防火问题始终没有得到解决，此次玻璃柱的采用仅仅成为证明其技术可行性的一个个案。

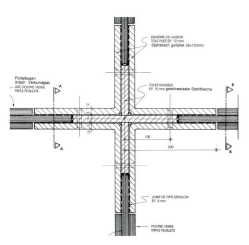

图1.2.74 地方政府办公楼，圣日耳曼昂莱，1996年，Brunet & Saunier，玻璃柱详图

图1.2.75 地方政府办公楼，圣日耳曼昂莱

第二部分　原理

作为建筑材料的玻璃

Dieter Balkow

玻璃设计——强度与承重性能

Werner Sobek, Mathias Kutterer, Steffen Feirabend, Wolfgang Sundermann

玻璃与能量——建筑性能

Matthias Schuler, Stefanie Reuss

对页图：
柏林的新中央火车站（莱特车站），2006年
冯·格康、玛格及合伙人建筑师事务所（gmp）

作为建筑材料的玻璃

Dieter Balkow

表2.1.1 玻璃的一般物理性能

性能	符号	值与单位
18℃的密度	ρ	2500 kg/m³
硬度		6个莫氏硬度
弹性模量	E	7×10^{10} Pa
泊松比	μ	0.2
比热容	C	0.72×10^3 J/(kg·K)
平均热膨胀系数	α	9×10^{-6} K⁻¹
热导率	λ	1 W/(m·K)
波长为380~780nm的可见光范围的平均折射率	n	1.5

表2.1.2 玻璃的成分

成分	化学符号	含量
二氧化硅	(SiO_2)	69%~74%
氧化钙	(CaO)	5%~12%
氧化钠	(Na_2O)	12%~16%
氧化镁	(MgO)	0%~6%
氧化铝	(Al_2O_3)	0%~3%

这些组成成分在欧洲标准DIN EN 572第一章中有规定。

图2.1.1 浮法玻璃的断裂花纹

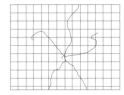

图2.1.2 嵌丝玻璃的断裂花纹

玻璃的定义

玻璃是一种均质的材料，一种固化的液体。分子完全任意排列，不具有晶体的结构，这就是玻璃透明的原因。由于它是各种化学键的组合，因此，没有化学公式。玻璃没有熔点，当它被加热时，会逐渐从固体状态转变为具有塑性的黏稠状态，最后成为一种液体状态。与其他那些因测量方向不同而表现出不同特性的晶体相比，玻璃表现了各向同性，即，它的性能不是由方向决定的。玻璃的一般物理性能见表2.1.1。

当前用于建筑的玻璃是钠钙硅酸盐玻璃。生产过程中，原材料要被加热到很高的温度，使其变成黏稠状态，再冷却成型。较高的黏性以及随后的冷却过程使离子和分子没有机会重新排列。硅酸盐和氧不会形成晶体结构，换句话说，这种无序的分子状态是"冻结的"。

玻璃是由元素硅（Si）和氧（O）（SiO_4四面体）构成的一个不规则三维结构，空隙中还包含阳离子。如果玻璃加热到800℃~1100℃且温度保持一段时间，人们所熟知的脱玻作用就开始了：从玻璃团中可以滤出硅晶体，从而形成乳状的、不透明的玻璃。天然玻璃，如黑曜石，是火山活动的产物。这是由地心巨大的热量形成的，并由火山喷发的能量喷出。早期，天然玻璃被当作珠宝用于容器或其他日常物品。

制造方法

大约5000年前，美索不达米亚人发现，当硅化物、石灰、碳酸钠、碳酸钾和金属氧化物一起加热（到1400℃）时，可以形成一个玻璃团。但是，这种方法非常复杂，因此，玻璃是件令人觊觎的珍稀物品。在公元前650年亚述国王亚述巴尼拔的一个黏土碑上发现了最早的书面记录的配方。早在罗马时期就已经用铸造的方法生产平板玻璃了，吹筒法平板玻璃也已出现。到14世纪，首次可以用冕牌玻璃方法生产周围无边的小圆窗玻璃。18世纪生产工艺上的改进产生了第一批用吹筒法平板玻璃工艺生产的大片玻璃。

20世纪50年代，英国人阿拉斯泰尔·皮尔金顿发明了浮法玻璃生产方法。黏性的玻璃熔融物流入熔锡槽，由于比重小，浮在水平的熔锡表面。由于表面张力的作用和玻璃熔液与锡液自身的黏度，液体玻璃就会形成6mm厚的层。入口部分熔锡的温度是1000℃，出口处为600℃。离开熔池后，在被按尺寸切割前，玻璃采用严格控制的方法缓慢地冷却——确保没有残余应力（见6页"玻璃制造的几个重要发展阶段"）。

成分

近年来生产的玻璃的成分见表2.1.2。除表中所列成分以外，为了改变性能和颜色，可能会加入较小比例的其他物质。制造有色玻璃需要添加适量的添加剂，但这些都不会改变它的机械强度。

耐用性

钠钙硅酸盐玻璃通常可以抗酸碱，并且表面硬度很高（刮擦硬度为莫氏硬度5~6）。这种性能充分体现了玻璃表面的耐用耐磨性。然而，如果清洗玻璃时不加以注意，尖硬的小物体（如水中的沙粒）也会使玻璃表面产生划痕。

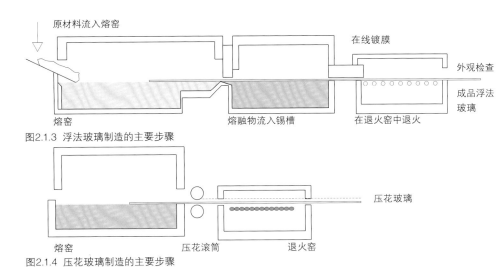

图2.1.3 浮法玻璃制造的主要步骤

图2.1.4 压花玻璃制造的主要步骤

如果玻璃表面长期吸附一层水膜,就会发生渗滤。水中的硅氧键强于玻璃晶格间隙的成分组成的键,如钠、钙、镁离子组成的键。这就意味着玻璃表面易水解,同时表面形成碱液,进而侵蚀玻璃残留的酸性结构,使玻璃表面被腐蚀。

这种对玻璃表面的侵蚀作用通常不会发生在窗户和玻璃立面上,除非水不能从玻璃的垂直表面上排出。与矿物抹灰、湿混凝土或碱性很大的清洁剂相接触也会使玻璃发生渗滤现象。

玻璃的种类

过去,较大的公称尺寸标准只涉及基本玻璃产品,即浮法玻璃、拉制玻璃、压花玻璃、嵌丝玻璃。但是,欧洲标准DIN EN 572第八章现在还包括了固定尺寸,即实际安装的尺寸。预计的尺寸误差和对可能发生的裂纹的限制必须根据尺寸规定清楚。如果是压花玻璃,还必须在设计时就确定误差,限制值也要规定清楚。因此标准已经根据实际情况的需要进行了相应调整,这是一个很大的进步。

欧洲标准DIN EN 572第九章调整了单个产品的一致标准,说明了为了检验与统一标准的一致性,生产商必须采取哪些措施(见336页"CE认证")。如果要在全欧洲范围内不受限制地销售玻璃产品,这一点是非常必要的。

浮法玻璃

今天,浮法玻璃是使用最广泛的一种玻璃,可以利用前面描述的浮法工艺生产(图2.1.3)。工业化的流程使得生产大量的高质量透明平板玻璃成为可能,其厚度为2~19mm(表2.1.3)。现代浮法玻璃工厂每天可以生产出大约600吨4mm厚的玻璃。可以生产的玻璃原片的最大尺寸为3.2m×6.0m(见DIN EN 572第二章)。

浮法玻璃在制造过程中可以上色,透光率也就相应地改变。通过精选原材料,如Fe_2O_3含量低,可以减少甚至真正消除浮法玻璃本来的绿色。这样的玻璃几乎是无色的,被命名为低铁玻璃或超白玻璃。

热疲劳强度大约为30K(最大为40K)。如果玻璃表面存在30K至40K的温差,玻璃就可能会破裂。热区域受热膨胀,却被冷区域阻碍,因而产生了可能会导致玻璃破裂的内应力。尤其是当温差区域处于玻璃边缘时,破裂的可能性更大。浮法玻璃的断裂花纹见图2.1.1。

拉延平板玻璃

现在,仍然有一些工厂生产很厚或很薄的拉延平板玻璃(在某些情况下)。这些玻璃厂或采用Emile Fourcault发明的垂直法,或采用Libbey–Owens发明的水平法(二者都是1905年发明的)。

拉延平板玻璃和浮法玻璃具有同样的化学成分和同样的基本物理性能。但是,与浮法玻璃相比,拉延平板玻璃在与拉延方向垂直的表面上,有些小的波纹。有时在失真反射的情况下,透过玻璃看东西时,人们会看到这些缺陷。拉延平板玻璃和浮法玻璃的透光率见表2.1.4。

拉延平板玻璃的断裂花纹与浮法玻璃相同(见图2.1.1),其现有厚度见表2.1.5。

表2.1.3 浮法玻璃的现有厚度

玻璃厚度	误差
2 mm, 3 mm, 4 mm, 5 mm, 6 mm	± 0.2 mm
8 mm, 10 mm, 12 mm	± 0.3 mm
15 mm	± 0.5 mm
19 mm, 25 mm	± 1.0 mm

透明玻璃及有色浮法玻璃性能符合欧洲标准DIN EN 572第二章的要求。

表2.1.4 拉延平板玻璃和浮法玻璃的透光率

玻璃厚度	最小透光率
3 mm	0.88
4 mm	0.87
5 mm	0.86
6 mm	0.85
8 mm	0.83
10 mm	0.81
12 mm	0.70
15 mm	0.76
19 mm	0.72
25 mm	0.67

表2.1.5 拉延平板玻璃的现有厚度

玻璃厚度	误差
2 mm, 3 mm, 4 mm	± 0.2 mm
5 mm, 6 mm	± 0.3 mm
8 mm	± 0.4 mm
10 mm	± 0.5 mm
12 mm	± 0.6 mm

欧洲标准DIN EN 572第四章对拉延平板玻璃有规定。

表2.1.6 压花玻璃的现有厚度

玻璃厚度	误差
3 mm, 4 mm, 5 mm, 6 mm	± 0.5 mm
8 mm	± 0.8 mm
10 mm	± 1.0 mm

欧洲标准DIN EN 572第五章对压花玻璃有的规定。其他厚度可以生产出来，但是目前标准中未涉及。

表2.1.7 硼硅酸盐玻璃的现有厚度

玻璃厚度	误差
3 mm, 4 mm, 5 mm, 6.5 mm, 7.5 mm	- 0.4 / + 0.5 mm
9 mm, 11 mm, 13 mm, 15 mm	- 0.9 / + 1.0 mm

表2.1.8 硼硅酸盐玻璃的主要成分

成分	化学符号	含量
二氧化硅	(SiO_2)	70%~87%
氧化钙	(CaO)	7%~15%
氧化钠	(Na_2O)	1%~8%
氧化镁	(MgO)	1%~8%
氧化铝	(Al_2O_3)	1%~8%

表2.1.9 硼硅酸盐玻璃的一般物理性能

性能	符号	值与单位
18℃的密度	ρ	2200~2500 kg/m³
硬度		6个莫氏硬度
弹性模量	E	$(6 \sim 7) \times 10^{10}$ Pa
泊松比	μ	0.2
比热容	C	0.8×10^3 J/(kg·K)
平均热膨胀系数	α	Class 1: $(3.1 \sim 4.0) \times 10^{-6} K^{-1}$ Class 2: $(4.1 \sim 5.0) \times 10^{-6} K^{-1}$ Class 3: $(5.1 \sim 6.0) \times 10^{-6} K^{-1}$
热导率	λ	1 W/(m·K)
波长为380~780nm的可见光范围的平均折射率	n	1.5

表2.1.10 硼硅酸盐玻璃的透光率

玻璃厚度	最小透光率
3 mm	0.90
4 mm	0.90
5 mm	0.90
6 mm	0.89
7 mm	0.89
8 mm	0.89
10 mm	0.88
15 mm	0.84

压花玻璃或压延玻璃

在制造压花玻璃或压延玻璃（图2.1.4）的工艺中，玻璃熔液像溢出熔池一样，被填进一对或多对滚筒之间，产生需要的表面纹理。因此，玻璃可以有两个光滑的表面、一个光滑的表面和一个有纹理的表面，或两个有纹理的表面，都是由滚筒的设计或工作台面的设计决定的。压延玻璃是半透明的——它们不具有浮法玻璃或拉延平板玻璃的透明度。各种表面纹理不同程度地发散了光线。这使得内部可以在保持空间私密性的同时，还有自然光照明。某些表面纹理可以按特定的方向控制光线，例如照亮房间的天花板。压花玻璃或压延玻璃的热疲劳强度像浮法玻璃一样，大约在30K（最大40K），断裂花纹与浮法玻璃相同，见图2.1.1。

可以在玻璃仍然是液体时，插一个金属丝网。这就是后来人们所知的嵌丝压花玻璃，或者有两个光滑表面的嵌丝玻璃（DIN EN 572第六章）。根据DIN 18361，嵌丝玻璃不属于安全玻璃。这种玻璃的热疲劳强度大约是20K，断裂花纹见图2.1.2，其现有厚度见表2.1.6。

压花玻璃和浮法玻璃的物理性能是相同的。由于表面有花纹，压花玻璃的实际抗弯强度略低于浮法玻璃。

在对欧洲标准DIN EN 12150第一章作修改时，压花玻璃的厚度范围已经得到调整和扩充。

硼硅酸盐玻璃

这种玻璃含有大约7%~15%的氧化硼。与拉延平板玻璃和浮法玻璃相比，热膨胀的系数较低，因此，热疲劳强度就明显要高一点。它具有较高的耐碱和耐酸性能。近来，硼硅酸盐玻璃可以像浮法玻璃、压延玻璃和压铸玻璃那样生产了。它可以用在热疲劳强度要求较高的地方，如用于防火。但必须严格遵守相关的加工工艺和安装方法。硼硅酸盐玻璃的断裂花纹与浮法玻璃相同（图2.1.1）。硼硅酸盐玻璃的现有厚度、主要成分、基本物理性能和透光率值见表2.1.7、表2.1.8、表2.1.9和表2.1.10。

碱土玻璃

相对于浮法玻璃而言，碱土玻璃的密度稍高而平均热膨胀系数略低（在200~300℃的温度下，其平均热膨胀系数为$8 \times 10^{-6} K^{-1}$，而浮法玻璃平均热膨胀系数为$9 \times 10^{-6} K^{-1}$）。其材料的软化点也超过浮法玻璃，达到200℃。如果通过特殊的热钢化工艺处理，这种玻璃可以满足防火要求。不过这需要建筑有关部门对各种单独的玻璃及其集成结构的承认批准。

欧洲标准DIN EN 14178的第一章规定了碱土玻璃的成分及其性能。标准的第二章规定了这种材料的检验一致性要求。

玻璃陶瓷

现代方法可以通过控制结晶来生产材料。这些材料不再是玻璃，而是在保证高透明度的同时，可以表现出部分或完全的微晶体结构，膨胀系数为零。玻璃陶瓷可以像浮法玻璃、拉延平板玻璃或压花玻璃那样生产，可以添加更多种类的添加剂进行着色。玻璃陶瓷的断裂花纹基本上与浮法玻璃相同（图2.1.1）。

玻璃陶瓷很难用于建筑行业，但很适于炊具炉灶等用途。玻璃陶瓷的厚度和成分见表2.1.11和表2.1.12，一般物理性能见表2.1.13。

铝硅酸盐玻璃

这种玻璃在欧洲标准DIN EN 1059的第一章中有规定。除了二氧化硅（SiO_2），其主要组成成分有16%~27%的氧化铝（Al_2O_3）以及大约15%的碱土。这种玻璃的特点是不含碱性氧化物。其密度比浮法玻璃略高，同样其转换点温度和黏度也略高于浮法玻璃。铝硅酸盐玻璃使用浮法玻璃的方法进行制造，并可用作防火玻璃。

抛光嵌丝玻璃

抛光嵌丝玻璃是一种透明的钠钙硅酸盐玻璃，其表面被抛光并保证两面平行。这种玻璃的生产方法是先压铸后抛光。在制造过程中，插入一个点焊的金属丝网，网的所有节点全部点焊（EN DIN 572第三章）。

生产嵌丝玻璃的公称厚度为6mm和10mm。最小厚度分别为6mm和7.4mm，最大厚度分别为9.1mm和10.9mm。最大尺寸为1650~3820mm长、1980mm宽。误差和可能出现的瑕疵参见DIN EN 572第三章。根据DIN 18361，抛光嵌丝玻璃不是安全玻

第二部分 原理

璃，没有安全的性能。它之所以被使用，主要是出于美观上的考虑。例如，在某些限制性场合，它被作为G30防火玻璃，或作为跨度小于1.0m屋顶玻璃板或离地面1.8~2.0m高的垂直玻璃板的碎片黏结玻璃，也就是用在远离人活动的区域。抛光嵌丝玻璃的断裂花纹见图2.1.2。

异型玻璃

异型玻璃是一种槽形玻璃构件，表面纹理通过铸造产生。离开熔窑后，一个较狭窄，甚至更有延展性的玻璃带进入模具，以便将边缘向上弯曲90°。成品玻璃构件呈U形，可以很长（图2.1.5）。异型玻璃的尺寸和成分在欧洲标准DIN EN 572第六章中有规定。

安装异型玻璃可以不使用横档，其广泛的应用不仅仅限于工业方面，可以作为单层系统、单层"板桩"系统或双层系统使用。较窄的异型玻璃的断裂花纹与浮法玻璃相同（图2.1.1）。还可以像生产嵌丝玻璃那样将金属丝网插入其中，生产带有金属丝网的异型玻璃。

通常，异型玻璃可以用"插入"的方法进行安装，即，将玻璃滑入一个50mm高的框架型材中，然后卡在最小深度为20mm的底部框槽。玻璃的顶部边缘盖条应至少高20mm，底部最少12mm。这些玻璃边缘盖条的尺寸必须能保证墙壁作为一个整体的稳定性。

双层系统中，还应根据制造商的指导，增加填料、密封材料或其他建筑构件。双层系统可以获得更高标准的保温性能（图2.1.6）。与中空玻璃不同，异型玻璃中间形成的空腔没有与外界隔离密封起来，也没有进行除湿处理，而是含有相对湿度的空气。异型玻璃构件组成的结构与单层窗户或双层窗户系统相似。像双层窗户一样，为避免潮湿空气冷却时发生冷凝，应提供一个开口，与外部干燥的空气相通。这种蒸汽压力平衡对通风冷凝问题大有帮助。

异型玻璃也可以通过热学方法进行钢化处理，但是由于其形状特殊，必须对产品进行特殊测试以确定其强度。钢化处理增大了这种产品的应用范围，虽然安装方式一直受影响。关于异型玻璃的标准已于2007年制定。

玻璃砖

玻璃砖是中空的玻璃构件。它们的生产过程是这样的：熔化一定量的玻璃，然后将其冷却至大约1200℃；接着，再铸模成壳体。每块玻璃砖都需要两个壳体，将它们压在一起，然后对接触面重新加热，使其熔合在一起。进一步冷却会在这个密封的内部空间内产生大约30%的部分真空以及一个很大的负压。在完整无缺的玻璃砖内是不可能发生冷凝的。

两个曝露在外的表面可以是光滑的，也可以是带有纹理的。玻璃砖可以按一定的尺寸生产，这些尺寸在欧洲标准DIN EN 1051中已经列出。关于玻璃砖墙体的规定已在欧洲标准DIN EN 12725中有详细说明（在德国，玻璃砖规定见DIN 18175，由这种玻璃砖制造的建筑构件的规定见DIN 4242）。玻璃砖可以用各种方法上色和做表面装饰。特殊形式的玻璃砖可以作为艺术元素使用。玻璃砖墙体可以满足G60和G120等级的防火要求。根据需要，制造商可以提供相应的建筑主管部门的批准证书。墙体结构必须符合批准文件中的规定。玻璃砖地板可以用于自由进出的场合。

玻璃镀膜

现在，玻璃可以镀上各种各样的膜。生产技术正在根据市场需求不断地改进，可以满足各种不同的要求。因此，不可能给出与具体制造商无关的镀膜结构的许多细节（图2.1.7）。

可以根据其类型、结构或成分等应用在外表面、内表面或玻璃板之间镀膜。制造商可以提供强度、耐久性和适用范围等一些细节。欧洲标准DIN EN 1096第一章至第四章根据膜的耐用性定义划分了各种应用领域。膜在生产过程中，要经过测试并受到监控，并将各种临界条件考虑在内，以评估膜的适用性。

等级分类如下：

A级

膜用于最外层玻璃表面，直接受到天气的影响。

B级

膜用于外层玻璃板，但镀膜面在不受天气影响的内侧。这种镀膜玻璃可以用于单层玻璃。

表2.1.11 玻璃陶瓷的厚度

玻璃厚度	误差
3 mm, 4 mm	± 0.2 mm
5 mm, 6 mm	± 0.3 mm
7 mm, 8 mm	± 0.4 mm

表2.1.12 玻璃陶瓷的成分

成分	化学符号	含量
二氧化硅	(SiO_2)	50%~80%
氧化铝	(Al_2O_3)	15%~27%
氧化锂	(Li_2O)	0%~5%
氧化锌	(ZnO)	0%~5%
二氧化钛	(TiO_2)	0%~5%
二氧化锆	(ZrO_2)	0%~5%
氧化镁	(MgO)	0%~8%
氧化钙	(CaO)	0%~8%
氧化钡	(BaO)	0%~8%
氧化钠	(Na_2O)	0%~2%
氧化钾	(K_2O)	0%~5%

表2.1.13 玻璃陶瓷的一般物理性能

性能	符号	值与单位
18℃的密度	ρ	2500~2600 kg/m³
努普硬度	$HK_{01/20}$	600~750
弹性模量	E	9×10^{10} Pa
泊松比	μ	0.2
比热容	C	$(0.8\sim0.9)\times10^3$ J/(kg·K)
平均热膨胀系数	α	0
热导率	λ	1.5 W/(m·K)
波长为380~780nm的可见光范围的平均折射率	n	1.5

图2.1.5 异型玻璃原理草图

a 单层系统
安装的标准方法是"插入"法，即，将异型玻璃构件滑入一个50mm高的顶部框架型材中，利用20mm高的底部框架型材来进行调整

b 单层"板桩"系统（内墙）
玻璃边缘挡板：
顶部 ≥ 20mm，底部≥12mm

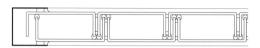

c 双层系统
结构高度由所选异型玻璃的类型决定

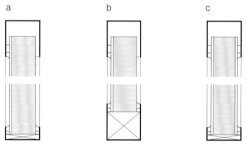

应用中如需增加填料或密封以及需要其他结构构件，请参阅制造商提供的最新安装说明书

图2.1.6 异型玻璃的不同安装方法

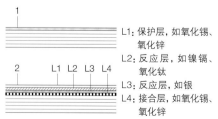

L1: 保护层，如氧化锡、氧化锌
L2: 反应层，如镍镉、氧化钛
L3: 反应层，如银
L4: 接合层，如氧化锡、氧化锌

1 热解层直接黏附在玻璃上
2 隔热膜或光照控制膜的磁控溅射膜层

图2.1.7 镀膜玻璃的基本结构。还可以有更多层。

C级

膜只用在中空玻璃构件的空腔内。须用特殊包装运输，只能在进一步加工前进行镀膜处理。

D级

膜只能用于空腔内，玻璃在镀膜后要立即制成中空玻璃构件，不可用于单层玻璃。

S级

镀膜表面可以用在室内或室外，适合特殊的环境（如展示橱窗）。

所有镀膜玻璃都可以进一步加工形成中空玻璃或层压安全玻璃构件。根据生产弯曲玻璃、钢化或半钢化玻璃的需要，一些膜还可以承受住热加工。

在线镀膜（热解镀膜）

生产浮法玻璃的过程中，在玻璃仍然很热时，在玻璃上表面喷镀金属氧化物膜层。结果，产生的膜紧紧地结合在玻璃上。用这种方法镀膜的玻璃可以通过反射太阳辐射的金属氧化膜来提供更好的光照控制功能，或通过能降低辐射的氧化锡膜来增强隔热性。后一种在线镀膜玻璃的辐射率在13%左右。这与具有12mm的中腔、填充95%的氩气、热导率（U值）为1.8W/m²K的中空玻璃很相似。如果膜遇到空气且弄脏了，膜的辐射率就会发生改变。

使用在线方法镀膜的玻璃表面耐用性大致与无膜玻璃表面相当。普通玻璃表面的辐射率大于90%。

离线镀膜

磁控溅射

这是一种物理镀膜工艺。在生产和按尺寸加工过后，玻璃采用磁控溅射的方法，进行氧化镀膜，如金属氧化物镀膜。这个过程是自由电子在加速电场内高速运动，然后与气体分子碰撞，电场的加速使其呈正电，并与镀膜材料的带负电的阴极碰撞。电子的冲击把金属粒子击飞，附着在玻璃的表面。这种过程要重复上百万次。这样，经过镀膜设备的玻璃就在一面连续镀上了一层膜。

这种膜的耐用性主要与所用材料的种类有关，但不会达到浮法玻璃在线镀膜的耐用性，因此，达到那种耐用性也就成了玻璃工业的一个目标。

利用磁控溅射方法镀膜的玻璃，通常

在室外只能放置有限的时间（大约三个月时间）。因此，这种镀膜只用在中空玻璃空腔内的表面上，以免受潮。但这些膜可以在规定的储藏时间内在合适的洗刷工厂安全地进行洗刷。

今天，这种磁控真空溅射镀膜法仍被一些工厂所采用，生产工艺是使电子在高真空下撞击金属（如金子）。金属原子或氧原子被击飞，附着在真空室的玻璃表面。用这种方法生产的镀膜玻璃必须立即进行进一步的深加工。

蒸发

第一批金膜就是用这种物理镀膜工艺生产的。将要蒸发的金属材料加热使其变成气态，这样，它在冷凝的过程中就会附在玻璃的表面。这种方法现在已被磁控溅射方法所取代了。

化学凝胶工艺

这是一种化学镀膜工艺，这种工艺过程是将玻璃浸在金属化合物的液体中，金属化合物就会黏附在玻璃的表面和边缘，然后，用加热的方法把它们转变成为相应的氧化物。光照控制玻璃或那些有低反射率的玻璃可以用此方法生产。

表面处理

上釉

这一工艺是首先在玻璃表面涂上一层彩釉，然后在钢化或半钢化玻璃生产过程中将其烧结在玻璃上。彩釉层还可以喷涂在玻璃上，或用丝网印刷方法加在玻璃表面上。

酸蚀

玻璃的表面可以利用酸蚀的方法制成毛面。毛面的粗糙度是由酸与表面接触的时间长短决定的。用遮蔽住某些部分的方法可以在表面蚀刻形成图案和图画。蚀刻程度越高，玻璃表面就越粗糙；粗糙度增加，透明度就减小，因此通过玻璃的光被发散，透过玻璃的景物就很模糊。当物体靠近玻璃时，玻璃后面的物体轮廓可以清晰地认出来，但如果远离玻璃，轮廓就变得模糊了。蚀刻过的玻璃可以弯曲或钢化，但应该根据制造商的意见进行。

喷砂

玻璃表面可以喷砂获得毛面。这会使玻璃表面变得模糊，产生的光学效果也与酸蚀方法获得的效果十分相似。遮蔽住某些部分，喷砂玻璃会变为半透明，也可以用同样方法得到一些图案或图画。后续工艺必须得到制造商的认同。

玻璃表面潮湿以及与油脂或清洁剂接触，会破坏玻璃的光学性能。所产生的光学性能变化与清洗玻璃时擦拭的方向有关。

磨边

玻璃的边缘处理可以采用各种不同的方法（图2.1.8）。通常切割边缘是最简单的形式。这种边缘常用在把玻璃边缘放在一个框架内的地方，没有被尖锐的边缘划伤的危险。其他类型的边缘是用打磨和抛光等方法获得的。钢化安全玻璃进行了倒棱处理，取代了尖锐的边缘。DIN 1249第十二章描述了这种独特的边缘形式，同样，欧洲标准DIN EN 12150也有关于热钢化安全玻璃这一方面的规定。一个正好根据尺寸切割的玻璃边缘可能出现气孔缺陷，因为在这种情况下，玻璃尺寸是最重要的。但当尺寸不是很重要时，就可以利用抛光的方法形成没有缺陷的玻璃边缘。但是抛光的桌面玻璃需要完美的边缘，此时尺寸就不那么重要了（切割误差0.5mm），尽管几块玻璃要相接时尺寸也很关键。

在边缘，还可能需要打磨成特殊的表面光度，如镜子。边缘处理必须符合产品定制要求，这可能就需要生产样品产品了。

在对磨边工作进行说明时，要确保对角部处理的说明，否则不会得到任何特殊处理，只会根据磨边工作的不同被粗略磨削。热钢化玻璃进行钢化处理后不能进行进一步加工。这一原则也适用于制造层压玻璃和层压安全玻璃的玻璃板（见"热处理玻璃"）。

热处理玻璃

弯曲玻璃

平板玻璃是可以被弯曲的。为做到这一点，玻璃必须被加热并超过它的转换点，即玻璃从固体状态转变为"软的"状态（640℃）。

"柔软的"玻璃在模具中成型，然后退火冷却，以消除残余应力。还必须考虑弯曲过程中产生的弯曲误差，它因玻璃尺寸、形状和厚度等的不同而不同。

弯曲玻璃可以正常冷却，或者接着对它们进行预压。同样，弯曲玻璃可以用于制造层压（安全）玻璃。选用这种玻璃时，应当向玻璃制造商询问可提供的玻璃尺寸规格，主要受生产窑的形状制约。长度、宽度、弯曲半径和拱高等都是关键问题（后两者涉及内部和外部的表面）（图2.1.9）。由于它们的形状原因，弯曲玻璃比平板玻璃的灵活性要差，因此，在荷载作用下不容易变形。这种弯曲玻璃的框架应当留有弯曲误差的空间。因此，一个合适的量规（考虑误差）应当根据装配的目的来制造。弯曲玻璃应当用胶条和密封件安装。成型玻璃会增加玻璃的荷载（这取决于弯曲半径和误差），这样，就有可能会破坏密封。

热钢化安全玻璃

这种玻璃通常被称作钢化安全玻璃。普通玻璃被均匀地加热到它的转换点（最小640℃），然后在冷空气中进行淬火。也可以采取其他形式的冷却（图2.1.13）。结果是，玻璃的表面比内部冷却得快，收缩得快。这就在表面产生了附加的压应力，使玻璃更强了（图2.1.10）。最终抗弯强度增加，同样，热疲劳强度也增加了，大概在200K左右。

施加荷载后，钢化安全玻璃表面可以承受更高的拉力（由于存在预压力）。一旦预压力超出范围，就会发生断裂（图2.1.11）。如果钢化安全玻璃的负荷超标，就会破裂，形成许多无锐角的碎片。一块放在平面上不受任何额外应力的试验玻璃断裂后在50mm×50mm计算区域内的最小颗粒数和尺寸见图2.1.12。钢化玻璃因其较高的极限抗弯强度和断裂花纹，被归为一种安全玻璃。破碎玻璃的小颗粒可以降低伤人的危险。

钢化安全玻璃不能进行进一步加工，如钻孔或打磨等。任何磨边工作都必须事先做好，而且要参照欧洲标准DIN EN 12150第一章的规定进行。表2.1.14列出了钢化安全玻璃碎片的最小数量。根据DIN EN 12150第二章，钢化安全玻璃碎片玻璃的性能与作用在表面的压应力大小有关。碎片的性能不取决于玻璃板的尺寸。

 a 带棱角的边缘
 b 带气孔的磨边
 c 不带气孔的磨边
 d 抛光边缘

图2.1.8 玻璃的磨边类型

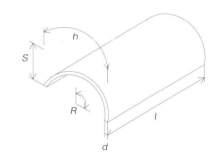

b 展开长度（弧的长度）
S 拱高
R 半径（内表面）
l 长度/宽度
d 板厚

图2.1.9 弯曲玻璃板的参数定义

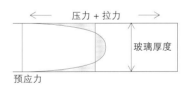

图2.1.10 钢化安全玻璃的应力分布

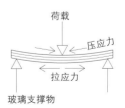

图2.1.11 负荷玻璃表面的应力分布

表2.1.14 钢化安全玻璃碎片数量最小值

材料	玻璃厚度/mm	碎片数量最小值
浮法玻璃和		
窗玻璃	3~12	40
	15~19	30
压花玻璃	4~10	40
（压延玻璃）		

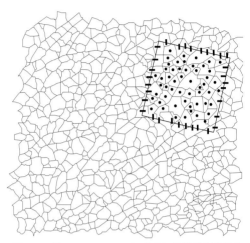

图2.1.12 按DIN EN 12150标准进行数学模拟计算的断裂的热钢化玻璃测试片，中心区与非中心区

如果钢化玻璃是使用塑性夹层连接起来的，或者是使用层压安全玻璃生产的，断裂花纹就会有微小变化，这取决于夹层的刚度和胶黏剂的种类。在DIN EN 12150第一章所能查到的断裂花纹只适用于简单支撑的玻璃板，而且该玻璃板不受任何外加作用的影响。如果用这种玻璃板制造中空玻璃或与夹层黏结在一起，就会因内力与外力相互抵消而不会使玻璃破裂。安装后的玻璃也一样不会破裂。

钢化安全玻璃随着用途不断增加而变得越来越重要。也正因为此原因，热浸热钢化安全玻璃产品现在才有了自己的标准。DIN EN 12150第一章正在进行修订。修订工作包括使与生产相关的变形的定义更加精确，以及减少允许值的范围。

生产后钢化安全玻璃就不能再进行进一步处理（如打磨和磨边），这个古老的警告现在已经作为一项规定被加在了标准中。由于缺乏关于断裂所致相关危险的知识，导致在层压安全玻璃和钢化安全玻璃生产过程将近结束时进行重复的磨边工作。这种用错误方法生产的玻璃甚至还被当作安全护栏使用。钢化安全玻璃工作量最小的磨边方法是将其磨成圆边。如果需要其他的磨边方式，必须在钢化工艺之前处理。

DIN EN 12150第二章定义了验证一致性的要求（见336页"CE认证"）。

钢化玻璃板的破裂几乎都是由外力、玻璃损坏和不正确的设计引起的，如与应用不匹配以及玻璃类型选择错误。

热钢化安全玻璃的极限抗弯强度就是能经受人的冲击而不破裂，这是普通玻璃无法做到的。但是，玻璃的固定件必须能够承受这种负荷。

作为一种安全玻璃，其性能可以根据

DIN EN 12600通过摆锤冲击试验进行测试。测试中用一对预先施加了压力的轮胎来作为冲击体，使其下落砸向玻璃。传递给玻璃的能量可以通过下落的高度计算出来。根据下落的高度和断裂的特点并结合应用范围来确定玻璃类型（见66页"层压安全玻璃"）。

热浸热钢化安全玻璃

在玻璃内部包含了一些肉眼和显微镜都无法观察到的物质，例如硫化镍（NiS）。当对玻璃进行常规冷却的时候，这些物质对玻璃的功能和强度都不会产生影响，但是在热钢化安全玻璃中却对玻璃有影响。钢化安全玻璃的生产过程中需要将成型的玻璃板加热到600℃以上的温度并突然使用低温空气对其降温（淬火过程）。加热过程会使硫化镍全部转变成小的晶体结构，但这些硫化镍小晶体却不会在骤冷的过程中快速变回原来的大晶体结构。为了让小晶体变回大晶体，要对晶体长时间提供能量。因为后期的能量提供（例如太阳辐射）不可避免，因此某些情况下在这些玻璃板被最终安装在建筑物上（如建筑立面）之后，其包含物质的体积会再次增加。而这种体积的增加会使得玻璃的截面产生应力导致玻璃最终的破裂。这种破坏受到很多因素的影响，以至于人们无法预测那些含有硫化镍的热钢化玻璃什么时候会坏掉。

热浸热钢化安全玻璃的生产过程是在最初的骤冷处理之后将玻璃板再次加热到290℃（±10℃），并且维持这个温度最少两个小时的时间。在这一过程中，所有硫化镍的混合物都会发生反应并迅速地变回其最初的结构状态，从而在生产过程中就使不合格的玻璃断裂。

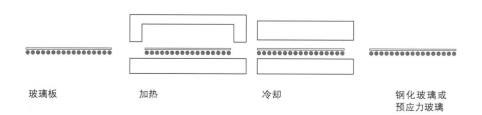

玻璃板　　　　　　加热　　　　　　冷却　　　　　　钢化玻璃或
　　　　　　　　　　　　　　　　　　　　　　　　　　预应力玻璃

图2.1.13 制造钢化玻璃的几个主要步骤

为了使整个过程按照计划进行，让玻璃的每个部分都达到290℃的临界温度，需要满足一些基本条件。例如所使用的炉子需要进行校正，并且在校正过程中不能一次加热多块。如果在这一过程中发生了断裂，炉子的入口和出口不得使用破损的玻璃碎片进行填塞。除此之外，每块玻璃都要保证有持续的多方位的通风，这就要求在热浸过程中玻璃板之间一定要预留出足够的空间。在DIN EN 14179的第一章里列出了这些要求，第二章则规定了验证与欧洲标准的一致性制造商所必须采取的措施（见336页"CE认证"）。

热浸热钢化安全玻璃为设计者和使用者提供了一种安全的保障：统计表明，热浸处理能够降低含硫化镍的安全玻璃的破损概率，平均每400吨玻璃才会出现一例。然而统计数字并不意味着每800吨的安全玻璃只有两块破损或是300吨的安全玻璃就一定没有破损的。

钢化安全玻璃的双折射

当观察立面中的钢化安全玻璃的时候，随着观察的位置和角度的不同，能够看到小圆环或直线形状的颜色效应。这种现象是由于各向异性的热钢化玻璃对阳光的双折射所造成的。

常规冷却的玻璃在物理结构上是各向同性的。其物理性质，例如对可见光的传播、反射和折射都与方向无关。而由机械应力所产生的各向异性，却能使玻璃呈现出双折射的现象。

热钢化玻璃是通过将玻璃板加热到600℃以上的高温并迅速冷却而得到的。玻璃表面比内部冷却得更快，这就使得表面产生压应力的同时内部存在拉应力。淬火过程中对玻璃吹冷空气的处理在改变了玻璃局部密度的同时也将玻璃从各向同性变成各向异性。由于密度的局部波动，使得可见光在经过这些地方的时候产生了分裂，从而形成了双折射现象。双折射意味着一道入射波在界面处分裂成两道，也就是在密度发生变化的地方产生了光线的分裂。这使得光线在经过该点时传播速度发生了变化。而这种密度的局部变化是随着玻璃的厚度进行分布的。

普通的光束通常是由大量与垂直于其传播方向进行振动的光波所组成的。其振动的光束可以分成垂直方向和水平方向两部分。

当光束穿过普通各向同性的玻璃时，传播方式不会发生改变，各个方向的传播速度保持相同。但是当光束通过密度发生波动也就是各向异性的材料时，就会出现双折射现象并产生映像。光束各个方向的传播速度也不再相同。在出现极光的时候这种现象更加明显，这时的光线只在其传播方向的平面内进行振动。

光学的双折射还意味着入射波将被分裂成不同的颜色，也就是众所周知的从红到紫的光谱。这种现象通过车辆上使用的钢化安全玻璃已经为大家所周知。这种由玻璃的表面张力所引起的现象是不能消除的。半钢化玻璃也会出现相同的现象。

半钢化玻璃

表面应力足够大，可确保破裂时边缘之间只产生放射状的裂痕，这样的玻璃被称为半钢化玻璃。这种玻璃不应有大块玻璃碎片脱落。

半钢化玻璃和它的断裂花纹形式在欧洲标准DIN EN 1863"半钢化玻璃"中有具体的规定和定义。半钢化玻璃的生产与热钢化安全玻璃的生产相似，玻璃都须先加热然后用空气冷却。但是，半钢化玻璃冷却得很慢，因此表面上产生的压应力比热钢化安全玻璃的要小得多。

这两种玻璃的主要差别在于它们完全不同的断裂花纹。半钢化玻璃比浮法玻璃抗弯强度要高一点，热疲劳强度也要好（100K，浮法玻璃大约是40K）。但是，半钢化玻璃不属于安全玻璃。

半钢化玻璃用于单层玻璃时，四边应加上外框，以利用其特殊的断裂特点。还可以用在层压（安全）玻璃上，它的断裂性能和较高的抗弯强度（与浮法玻璃相比）是非常有利的。

如果半钢化玻璃用黏结夹层连接，一旦玻璃断裂，就会产生较大的玻璃碎片。这些破碎的玻璃片仍可能会连在固定件处，就像用在层压安全玻璃上的热钢化安全玻璃板一样，尽管有黏结夹层，也会破碎成很小的玻璃碎片。

半钢化玻璃不能进一步加工，如钻孔或打磨等。浮法玻璃、热钢化玻璃和半钢化玻璃的表面应力的示意图见图2.1.14。不同类型玻璃之间是逐渐转变的，控制分类的是玻

图2.1.14 浮法玻璃、热钢化玻璃和半钢化玻璃的表面应力

图2.1.15 半钢化玻璃的断裂花纹

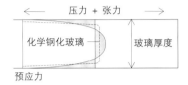

图2.1.16 化学钢化玻璃和半钢化玻璃表面应力分布比较

1 玻璃
2 夹层/塑料片

图2.1.17 层压（安全）玻璃的结构

璃的断裂花纹。半钢化玻璃的断裂花纹见图2.1.15。

如果半钢化玻璃板由塑性夹层连接起来或被制成层压安全玻璃，断裂花纹就会根据夹层的刚度和胶黏剂的种类而发生变化。在DIN EN 1863第一章中所能查到的断裂花纹只适用于简单支撑的玻璃板，而且该玻璃板不受任何外加作用的影响。如果用这种玻璃板制造中空玻璃或与夹层黏结在一起，就会因内力与外力相互抵消而不会使玻璃破裂。安装后的玻璃也一样不会破裂。半钢化玻璃的内力小于钢化安全玻璃的内力，这是因为断裂花纹形式任何微小的变化都会对其产生巨大的影响。对由半钢化玻璃制成的层压安全玻璃进行测试时，这些物理关系通常不被考虑在内。

化学钢化玻璃

平板和弯曲玻璃都可以用化学方法进行钢化处理。玻璃的预应力可以用离子交换的化学方法来实现。玻璃需要被浸入热的熔融的盐中。玻璃表面较小的钠离子与熔融的盐中较大的钠离子发生交换，就会在表面产生压应力。但是，钢化区域不是很深。

浸入的步骤还强化了玻璃的边缘。化学钢化玻璃对机械荷载和热荷载有很高的抵抗能力。

它的断裂原理与浮法玻璃相同。极限抗弯强度在200N/mm^{2}左右的范围内。

化学钢化玻璃具有可切割性，但是，切割边缘只有普通玻璃的强度。

化学钢化玻璃在欧洲标准DIN EN 12337中有规定。化学钢化玻璃的应力分布及其与热钢化玻璃的比较见图2.1.16。

层压玻璃

层压玻璃是一种至少有两片玻璃和一个夹层的玻璃构件，在制造过程中，玻璃被粘到夹层上。欧洲标准DIN EN 12337第三章中有层压玻璃的定义。厚度、尺寸的容许误差以及可能出现的瑕疵在该标准中都有具体的规定。

层压（安全）玻璃中，玻璃片与夹层的结合可以用DIN EN 12600中所列的方法测试。不具有安全性能的层压玻璃可以用来隔声

或起装饰作用。这种玻璃的夹层可以用浇铸树脂和有机化合物或无机化合物等制成。但是，还有具有两种功能的夹层（见下面"层压安全玻璃"）。

玻璃构件厚度和尺寸的误差源于夹层的结构以及玻璃的层数。玻璃应该可以抵御潮湿和太阳辐射，即，它们的机械性能和光学性能在受特定辐射或受潮时不会改变。采用在电压的作用下可以改变性能的夹层，可以生产特种层压玻璃。这使得玻璃可以透明和半透明相间，但是都能使光通过（见131页图2.3.42）。这种玻璃可能会有进一步发展。

层压安全玻璃

层压安全玻璃至少包括两片玻璃和一个牢固黏结在两者之间的夹层（图2.1.17）。在欧洲标准DIN EN 12337第二章中有层压安全玻璃的定义，同时还列举了玻璃厚度和尺寸的容许误差以及存在的缺陷。与钢化安全玻璃一样，层压安全玻璃在生产后也会表现出平面几何偏差。

它是一种安全玻璃——玻璃破碎时仍然保持为一个整体。但是玻璃必须同时满足一定的要求，如承受冲击荷载。

现在已经发布了标准DIN EN 12600，标准规定要根据50kg重的双料轮胎的冲击效果来对玻璃进行分类。这种新测试的目的在于消除以往一直使用填充铅块的皮袋所带来的变形影响。测试的下落高度也进行了修改，这是由于在新测试中转移到玻璃上的动能增加了。除了根据玻璃是否能够承受冲击来对其分类以外，如果冲击物体完全穿透玻璃，那么玻璃碎片的组成也将成为分类的标准，这种标准与某些欧洲国家现有的安全要求相符。在德国，以前安全等级的划分就使用了相似的测试描述。例如走廊端部的玻璃要能够承受住一个人快速奔跑所产生的冲击，相当于测试中的重物下落。而在狭窄的阳台就不需要承受如此高速的冲击。因此玻璃等级的测验也可以使用人体从很低的高度下落来完成。实践中人们采用了700mm的高度落差。然而，不同的测试对象之间要有所区别。例如1200mm的高度落差适合于测试建筑栏杆及其附属玻璃。层压玻璃和层压安全玻璃的适用标准正在修订，目标是能够适合实际的经验。对材料边缘性质的界定是一个

难题；在玻璃表面，只有在边缘出现瑕疵是可以接受的，而且没有相对于这些材料边缘的设计图。

使用PVB（聚乙烯醇缩丁醛）膜、适合的浇铸树脂或其他的有机或无机材料作为夹层，将其与玻璃连成一体，能够满足必要的安全要求。相应的测试可以在标准DIN EN 12543和DIN EN 12600中找到。

玻璃构件必须能够经受太阳辐射的考验。其机械性能和光学性能不会因受到特定辐射和湿气的影响而改变。

使用PVB夹层时，塑料片被放置在两块玻璃板之间，然后在高压蒸锅内在热和压力的作用下整个构件被压在一起（图2.1.18）。

具有PVB夹层的层压安全玻璃边缘处的胶黏剂如长期曝露在湿气之中可能会受到影响。由于塑料片很干燥，它可以吸收湿气，从而削弱边缘处胶黏剂的性能。因此，同中空玻璃一样，边缘必须放置在可以保证蒸汽压力平衡的框槽内，防止持久的潮湿。但是这种办法却不能长期地完全消除这种现象。即使在运输和储藏过程中，也必须小心保护边缘不受过度潮湿的影响。不过这仅仅是在光学方面的缺点，而对作为一个整体的构件的功能却没有影响。

浇铸树脂可以用几种方法放置在玻璃之间。它会自然硬化或在紫外线辐射作用下硬化。在边缘处使用浇铸树脂时，需要特别小心。密封材料的软化剂可以穿透边缘挡板，渗入树脂中并发生化学作用。

安全玻璃

因为能够把玻璃碎片黏结在一起，并且结构为单个玻璃板中间夹塑料片，因此层压安全玻璃是在一段时间内能够防止笨重物体或抛射体撞击的理想材料。

向玻璃投石块或用斧头砸，是大质量和低速度的，但枪的子弹则是小质量高速度地作用在玻璃的小块区域上。在选择玻璃和塑料片时，必须将以上这些情况考虑在内。

在对这种玻璃板进行说明时必须牢记，只有窗户结构符合要求并与玻璃相匹配，窗玻璃的真正性能才能够实现。

为了具备有效的防盗性，设计窗户时必须保证窗户不能被整体抬起，也不能在不破坏玻璃的情况下将玻璃拆卸下来。建议应当参考欧洲标准DIN EN 1522和DIN EN 1523。

防破坏玻璃

这种玻璃在DIN EN 356中分类为P1A至P5A，可以防止石块扔到上面击穿玻璃。这种性能可以通过采用从不同的高度连续三次向玻璃表面扔下一个4.11kg的铁球的方法来测试。DIN EN 356描述了这种测试方法。玻璃是根据铁球下落但不穿透玻璃的不同高度进行分类的。实践中就意味着一楼的玻璃应选择具有高抗破坏性等级的玻璃，真正地耐冲击，而高层采用低防护等级的玻璃就够了，因为抛出的石块的冲击能量已经减小了。夹有多层塑料片或合适的树脂材料的层压安全玻璃可以提高防破坏等级。

防盗玻璃

这种玻璃在DIN EN 356中分类为P6B至P8B，可以防止在短时间内用斧头在玻璃上砸开一个超过400mm×400mm的开口。过去这种性能的测试是根据DIN 52290第三章的规定进行的，但是今天则要满足DIN EN 356的要求。玻璃是根据在玻璃上破坏一个400mm×400mm的开口所花费的时间进行分类的。

在机器上安装一个长柄斧模拟破坏条件，可以提供客观的可比较的测试结果。在

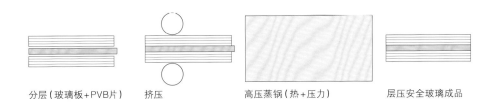

分层（玻璃板+PVB片）　　挤压　　　　高压蒸锅（热+压力）　　　层压安全玻璃成品

图2.1.18 内含PVB胶片的夹层玻璃的基本生产步骤

表2.1.15 安全玻璃的防爆等级

等级	压力波特点		
	压力波的最小正压 Pr/kPa	特定正脉冲 i_+/(kPa·m^{-1}·s^{-1})	正压持续时间 t_o/(m·s)
ER1	50 < Pr < 100	370 < i_+ < 900	> 20
ER2	100 < Pr < 150	900 < i_+ < 1500	> 20
ER3	150 < Pr < 200	1500 < i_+ < 2200	> 20
ER4	200 < Pr < 250	2200 < i_+ < 3200	> 20

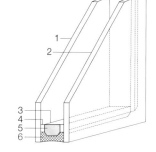

1 外层玻璃板
2 内层玻璃板
3 金属隔离件
4 第一道密封
　（丁基橡胶密封）
5 干燥剂
6 密封层
　（聚硫胶密封）

图2.1.19 中空玻璃的边缘密封

玻璃/塑料片或玻璃/树脂的几种组合中，弹性的夹层连接在一起，并受玻璃的保护。整个系统的弹性可以让玻璃吸收由于冲击而产生的震荡。

防弹玻璃

这种玻璃在DIN EN 1063中分类为BR1至BR7，对于猎枪则分为SG1或SG2两类。

手枪和来福枪射出的子弹高速作用在面积很小的区域上。在这方面起玻璃保护功能的关键因素是玻璃的质量，而不是它的弹性。因此，防弹玻璃都有很好的质量。DIN EN 1063规定了可以产生可比结果的一些测试步骤。分类是基于武器的类型和所使用的火药而定的。

射出物不会穿透玻璃，并且没有玻璃碎片飞出，这样就可以获得最大的安全性。根据弹性冲击理论，冲击能量可以通过材料传播，并在另一端释放。玻璃的外层，特别是通过热或化学方法强化的外层，以及保护膜或塑料层等，都可以防止碎片脱落。

这种玻璃被称为"零脱落"（SN）玻璃；在射出物冲力的作用下从后部喷射出碎片的玻璃被恰当地称为"有脱落"（S）玻璃。对于使用这种玻璃的窗户或幕墙来说，为了保证有效的抗冲击性，框架必须具有相同的或略好的性能。

防爆玻璃

这种玻璃用来防止来自外部爆炸装置的侵袭。层压安全玻璃可以用在这种环境中。

这种玻璃的性能测试方法在DIN EN 13541中有介绍，是假设一种球面压力波垂直地作用在玻璃上。欧洲标准DIN EN 1099将其分为三个等级：E1、E2和E3。

DIN EN 13541根据超压阶段持续一段时间后反射冲击波的最大超压（表2.1.15）对玻璃进行分类，分类为ER1至ER4。玻璃的弹性性能，尤其是层压安全玻璃的弹性性能此时非常重要。当然，支撑玻璃的框架必须做适当的设计，并且固定在砖石结构或立面上。在测试期间，玻璃须用14±3N/cm^{2}的压力固定在试验台上。

报警玻璃

在层压安全玻璃内部放置优质的银金属丝。如果玻璃被击穿，或发生严重的变形，

这些金属丝中的一根断裂，就会引起电路中断，发出警报信号。欧姆电阻的大小取决于玻璃板的尺寸。如果在热钢化玻璃的某一个角内设置一导电闭路装置，也可以获得同样的效果。如果玻璃被破坏，玻璃的导电能力就丧失了。因此，连接电缆的位置要精心考虑和布置，为防止排水受阻或导电线路受潮，最好把闭合回路安在顶部。

加热玻璃

加热玻璃可以通过在玻璃表面放一个导电膜或在层压（安全）玻璃的内部置一个优质的金属丝等方法来生产。如果采用镀膜的方法，玻璃的尺寸就决定了电阻的大小和加热能力。如果采用加金属丝的方法，加热能力则可以通过对导体进行适当的系列/平行电路设计来确定。必须使用与特定加热系统相匹配的元件。

中空玻璃构件

概述

中空玻璃构件至少包括两块分开的玻璃，它们用周边安装的隔离件保持距离。隔离件与玻璃之间设置第一道密封，这可以防止湿气进入玻璃板之间的空腔。此外，在隔离件后面、玻璃之间还有另一道密封，它起次级密封和胶黏剂的作用，保证玻璃和隔离件连接在一起（图2.1.19）。隔离件含有一种可以去除空腔中湿气的吸附物质，通常与外界空气隔绝密封起来。这就会把封闭的空气的结露点降低到-30℃。这种密封系统可以防止空腔与外部的空气之间的气体交换，同时可以防止湿气进入空腔。如果密封被破坏，湿气就会进入空腔，干燥剂一旦饱和，空腔内就会产生相对的湿度。当空气在结露点以下冷却时，潮湿的空气就会冷凝：我们把这种玻璃称为"结雾的"或"有水蒸气的"玻璃。空腔空气和外界空气的湿度不同就产生了蒸汽压力梯度。因此，必须精心制作中空玻璃构件，安装时，要确保框槽中没有充满密封剂，不但没有密封剂还要干燥，这可以采用功能性的蒸汽压力平衡和排水设计来获得。无论如何，都必须避免永久性的潮湿。中空玻璃构件的边缘密封如果不是用硅树脂制成的，就必须采取措施防止太阳辐射。没有安装进框槽的玻璃需要上釉或镀上其他类型的

膜，来为密封系统提供必要的遮阳作用。当采用硅树脂作边缘密封时，不能填充氩气、氪气、氙气等气体，因为对硅树脂来说，这些气体的渗透性太强了。有些在特殊条件（必须经过生产商的确认）下生产的中空构件系统通过边缘密封就可以达到气密性。有了这种类型的边缘密封，由丁基橡胶制成的第一道密封加上转角处的连接就完全能够保证密封效果，甚至能保证填充气体的空腔的密封效果。六氟化硫（SF_6）现在在欧洲已经被禁止用作空腔填充气体了。如果生产和安装中空玻璃构件时特别小心，例如保证框槽内没有密封剂，那么适当的蒸汽压力平衡（没有永久的湿气）以及在边缘密封上没有其他额外的机械荷载这些条件就都能保证玻璃的使用寿命达到30年或更长。

空腔中的空气压力与生产过程中的大气压力是相当的。安装后，当大气压力升高，超过空腔中的气压时，两块玻璃就都会向内挤压；当外界压力下降时，玻璃就会向外凸出（图2.1.20）。这些运动可以看作是变形。在设计有反射性能的大片玻璃时，应特别注意这种"抽吸"动作。只是根据结构的需要优化玻璃厚度是不能解决这种问题的。当前计算玻璃厚度的方法是把荷载分配给两块玻璃。这样做的结果是玻璃更薄，导致强度更低，抽吸运动更大。一种尝试过并经过测试的弥补方法是使外层玻璃板（如带有反射膜的玻璃板）更厚而内层玻璃板更薄。后者的适当性必须由计算来证明。优化玻璃厚度不是简单地选择最薄的玻璃，而是采用与所期望的不同物理现象相一致的玻璃厚度。专家们的知识比以往更多，他们已经懂得这些现象之间的相互影响，这对今天的玻璃应用和结合使用来说至关重要。这亦即说明了这样一个规律，不是所生产的任何产品都可以无限制地用于任何地方。

中空玻璃构件的边缘密封

图2.1.19展示了中空玻璃构件常用的边缘密封细节。例如，密封在丁基橡胶内的金属隔离件构成了中空玻璃构件的主密封层。隔离件材料决定了中空玻璃构件在框架区域内的热传递；同样重要的还有框架自身的热传递。因此玻璃构件需要单独地将玻璃的U_g值表示出来，而线性的边缘保温值是由框架自身的材料决定的。除了金属隔离件的隔热

性能得到了改良（例如带有热障的薄不锈钢构件），还可以使用塑料隔离件。隔离件的颜色多种多样。目前使用的密封体系还有以下几种类型。

全玻璃边缘密封

过去，生产全玻璃边缘密封的常用方法是把彼此隔开的玻璃的边缘连接在一起，并在空腔内填充干燥的空气。这样就会产生坚硬的边缘密封。这种全玻璃边缘密封可能会随着"真空中空玻璃"的发展而又一次变得流行起来，其空腔仅0.2mm就够了。

硬化的丁基橡胶边缘密封

硬化的丁基橡胶边缘密封已经有二十多年的历史了。这里隔离件不再是管状的剖面，而是垂直放在玻璃上的一个薄的金属条。结合了吸附剂的丁基橡胶密封可以固定在金属条的周围吸收空腔中的潮气。金属条还起到空腔密封的作用。再增加一种密封剂就可以提高机械强度（图2.1.21a）。

没有硬化的丁基橡胶边缘密封

固体丁基橡胶边缘密封已经用了不止25年了，经历过一段反复过程。结合了吸附剂的丁基橡胶趁热被注入边缘中。一个次级蒸汽屏障被应用到密封的外部。这种边缘密封通常是黑色的（图2.1.21b）。密封剂可以保证边缘的稳定。

物理性能

中空玻璃的物理性能是由测量方法和计算方法决定的，并受生产中遇到的常见不利因素的影响。玻璃的组成部分、厚度，可能还有膜，都是决定性的影响因素。所列明的数据应该慎重对待。

隔热

中空玻璃的隔热效果主要取决于空腔厚度和它的填充物，镀膜浮法玻璃还取决于膜的类型。

传热系数（U值）*

通常中空玻璃构件包括两块浮法玻璃和一个12mm空腔，它的传热系数（U值）是3.0W/m²K。如果空腔被扩大到20mm，U值就会降到2.8W/m²K。把空腔分成两个独立的

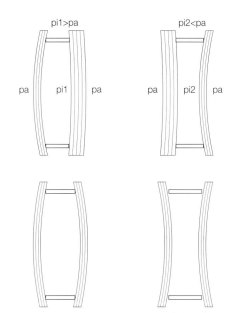

图2.1.20 气压波动对相同和不同厚度中空玻璃构件的影响

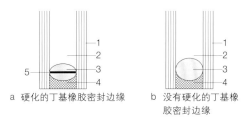

a 硬化的丁基橡胶密封边缘　　b 没有硬化的丁基橡胶密封边缘

1 玻璃板
2 空腔
3 结合了吸附剂的丁基橡胶隔离件（第一道密封）
4 第二道密封与胶黏剂
5 加固金属片

图2.1.21 软性边缘的中空玻璃

---

* 中空玻璃的传热系数U值是由以下物理现象决定的：
- 空腔内的对流（$1/\Lambda$）
- 通过玻璃的热传导（d/λ）
- 玻璃表面之间的辐射交换（$1/\Lambda$——取决于膜的辐射率）
- 玻璃与室外/室内空气间的热量传送（α_a，α_i）
  $1/U = 1/\alpha_i + d/\lambda + 1/\Lambda + 1/\alpha_a$

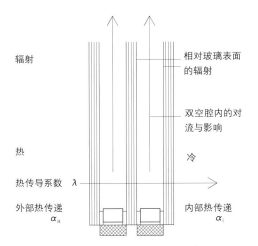

图2.1.22 具有双空腔的中空玻璃构件U值的物理关系

表2.1.16 不同中空玻璃构件的U值

浮法玻璃制成的中空玻璃说明	填充空气的空腔	传热系数U值/$(W \cdot m^{-2} \cdot K^{-1})$
2层（1个空腔）	6 mm ＜ 空腔 ≤ 8 mm	3.4
2层（1个空腔）	8 mm ＜ 空腔 ≤ 10 mm	3.2
2层（1个空腔）	10 mm ＜ 空腔 ≤ 16 mm	3.0
2层（1个空腔）	20 mm ＜ 空腔 ≤ 100 mm	2.8
3层（2个空腔）	6 mm ＜ 空腔 ≤ 8 mm	2.4
3层（2个空腔）	8 mm ＜ 空腔 ≤ 10 mm	2.2
3层（2个空腔）	10 mm ＜ 空腔 ≤ 16 mm	2.1

以上值取自DIN 4108第四章表3。

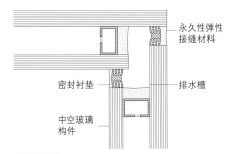

a 阶梯形的

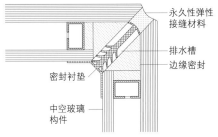

b 斜接的

2.1.23 中空玻璃构件无框角部连接例子

部分，切断对流，就可以减少能量传递。但是在大空腔发生的对流会降低隔热效果。

包括三层浮法玻璃和两个8mm空腔的中空玻璃的U值为2.4W/m²K。如每个空腔扩大到12mm，U值就降到2.2W/m²K（图2.1.23；表2.1.16）。可以使用一个合适的遮阳塑料片取代中间的玻璃来分隔空腔。

隔热膜和气体填充结合起来可以产生的U值大约为0.5~0.8W/m²K。这方面的关键因素是玻璃的辐射率和填充气体的影响。为了获得与其他材料或产品可比较的结果，计算要根据DIN EN 673进行。

如果将玻璃格条和其他构件插入中空玻璃构件中，就会改变原先计算出的U_g值，需要对其进行测试从而得到真实的数值。它们对建筑和室内空间的影响都必须分别进行调查研究。

对流——气体媒介内的能量传递

由于两层玻璃和空腔的温度不同，空腔内的气体会发生流动。结果产生了能量从热玻璃到冷玻璃的流动。这种热量传递用1/Λ表示，可以在空腔内填充导热系数较低的气体来降低热传递。

热传导——主体部分内的能量传递

玻璃主体部分的边界层的温度不同，可以产生从热的一边向冷的一边的能量传递。玻璃的热传递用λ表示。这就规定了边界层温差为1K时，一种材料会有多少热能传递。单位是W/mK。

不改变玻璃的组成成分，就不可能降低热传导（图2.1.24）。

辐射率

两个相对的玻璃表面还可以利用辐射交换能量。起关键作用的是玻璃表面的温度和特性本质。Stephan-Boltzmann法则解释了辐射发生的原理。未处理过的表面会再辐射几乎所有吸收的能量。辐射率很高，大约为96%。为了减少辐射率，可以在玻璃上镀膜，这种膜可以把辐射率降低到2%~12%。

热传递

吸收热的能力和空气的流动会在玻璃/空气边界处（内部和外部）引起另外一种能量传递。凸出的或凹进的角部会对能量传递产生局部影响，即所谓的吸热效应。

充气水平

对于长期的影响，标准DIN EN 1279规定中空玻璃构件在有效适用期内其U_g值不得超过0.1W/m²K。超过适用期之后，认为其充气水平从90%降低到85%。而目前90%的充气水平成为普遍的计算基础。

无框连接

无框连接中框架的消失意味着玻璃的边缘要直接与外界空气相接触。这种情况下就要求隔离件材料要有隔热性能（见69页"中空玻璃构件的边缘密封"）。由于内部额外的加固件在温度较高的一侧，所以有助于减少玻璃内表面冷凝的形成。

无框角部连接

独特几何形状的角部本身就会产生冷桥现象（图2.1.23）。中空玻璃构件的角部连接也会发生此类问题。在外界温度为−7℃时，内层玻璃表面的温度可能只有0℃左右。只有在结构内部或连接本身进行保温处理才能消除这一不利现象。

隔声
概述

隔声指数R_w用分贝（dB）表示，仍然是理论测量值的整数值，在DIN EN 20717第一章中有完整描述。所有建筑材料和构件都有确定该值的加权等级。待测试构件的隔声指数R_w只有在1/3信频器波段100~3200Hz的频率范围内才可以被测量到，而且要根据预先规定的方法与需要的曲线进行对比。该值对说明整体建筑材料的隔声能力非常适用，但却不足以说明空腔很小的中空玻璃构件的隔声能力。

单层玻璃幕墙的隔声量由它的质量决定。质量越重，作为隔声体的效果越好。厚8mm的单层玻璃板的R_w值为32dB；厚15mm的单层玻璃板的R_w值为35dB。对于一个有二到三层玻璃板的中空玻璃构件，玻璃不是只作为一种物质，而是作为一种以自然频率振动的mass-spring-mass隔声系统，具有相应的隔声值。这一事实可以通过在一定频率内中空玻璃构件的隔声效果会大大降低这一现象证明。图2.1.25所示为中空玻璃构件的隔声曲线，在大约200Hz时曲线突然回升。

隔声曲线表明根据玻璃构件的组成，在高频区域频率越大，R_w值也越大，即使在外界恼人的嘈杂噪声最小的低频区域内，隔声效果也不好。实践表明，这种方式会提高噪声级，使外界的噪声在内部得到扩大。考虑到这种效果，新的欧洲标准DIN EN 20717第一章引进了不同噪声源的玻璃修正因数（见下面的"玻璃修正因数"）。

每块玻璃板厚度为4mm，填充空气的空腔的厚度为12mm，这样的中空玻璃构件的隔声指数R_w为30dB左右。一块玻璃板4mm，另一块玻璃板6mm，填充空气的空腔16mm，这样的中空玻璃构件的隔声指数比33dB高一点。

层压玻璃和层压安全玻璃的结合有时可以提高R_w值，这取决于单块玻璃板的连接（树脂或塑料片）。必须记住，由两块4mm的玻璃制成的层压玻璃的隔声性能不会与一块8mm的玻璃相同，而是与两块4mm的由一个分隔层分开的玻璃板相似。连接应该尽可能"软"。

声音强度，即噪声级，在表示交通噪声时用dB（A）表示。后缀的（A）描述了最像交通噪声的噪声强度频率分布。

玻璃修正因数

玻璃的隔声性能，特别是有空腔的中空玻璃构件，不会像整块墙体那样在100~3200Hz频率范围（这是声学领域最感兴趣的频率）内线性增加。相反，隔声效果会根据空腔的大小，在125~250Hz范围内急速下降。

但是，削弱噪声要根据噪声来源进行。例如，快速的铁路交通产生的噪声在800Hz以上的频率范围内会表现更高的强度，公路交通产生的噪声强度在100~500Hz范围内非常高，而在这之上则几乎是恒定的。公路表面、交通工具和速度都起决定性作用。货车接近红绿灯时，在低频范围100~500Hz内会表现很高的强度。但是，玻璃组合的隔声作用一直保持相对的恒定性。由于空气压力和温度起伏导致空腔发生变化（图2.1.20）会改变隔声性能±1~±2dB。如果在低频范围内且外界噪声强度很大，玻璃组合的隔声指数突然下降，那么建筑物内的噪声级在这

一频率范围内将会更高。玻璃构件的隔声值必须经过测试，但不能计算。在指定的条件下才能进行这种测试。在实践中，由于空腔的尺寸、安装和抽吸运动的不同，因而获得的测试数字应当只是作为一种指导，允许的误差为±2dB。修正因数C和C_{tr}越高，这些特殊频率范围内的隔声值下降越大。

例如，中空玻璃由两块4mm的玻璃板和一个12mm的填充空气的空腔构成，它的隔声指数R_w为30dB。交通噪声的因数C_{tr}为–3，修正的R_w（C_{tr}）值为27dB，这与我们现实中关于声音的认识是一致的。

填充空气的4–16–4组合玻璃构件的R_w值为36dB。交通噪声的因数C_{tr}为–6，所产生的R_w（C_{tr}）值为30dB。

有软浇铸树脂夹层的填充空气4–20–9组合玻璃构件的R_w值为42dB。如果我们取交通噪声的因数C_{tr}值为–5，修正的R_w（C_{tr}）值就降为37dB。

修正因数C和C_{tr}是从玻璃构件的测量中计算出来的，并且在低频范围内的隔声效果是一个下降指数。数字越高，下降越大，即对这些频率的隔声效果越差。

室内的影响

声音穿透外围护结构的量，是实际的室内噪声级的一个决定性因素。根据室内装修、房间大小和吸附表面的不同，声音会进一步减小不等的量。因此，我们可以推测出现代办公室将削弱进入室内的噪声3~5dB。

这一事实可以用以下两个例子说明：

例一：室外测量的交通噪声的平均噪声级L_m=69dB（A），填充气体的隔声玻璃，R_w=38dB（图2.1.26）。

例二：室外测量的交通噪声的平均噪声级L_m=69dB（A），但是在低频范围内有较大的声音强度，填充气体的隔声玻璃，R_w=38dB（图2.1.27）。

在使用的隔声玻璃和室外平均噪声级完全相同但各种频率的声音强度分布不同的条件下，例二中的室内噪声级大约比例一高7dB（A）。为了获得经济的和功能的最大化，调查实际的噪声情况是很重要的。玻璃构件的隔声功能与玻璃的厚度和空腔大小之间的关

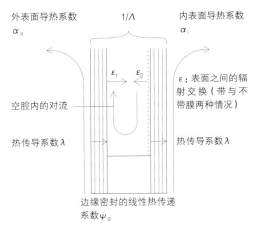

图2.1.24 中空玻璃构件U值的物理关系

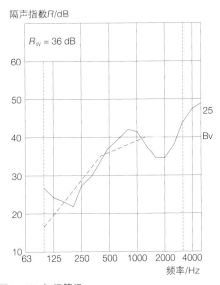

图2.1.25 加权等级
R_w=36dB、填充空气的8–16–6中空玻璃构件的隔声指数与声音频率关系图

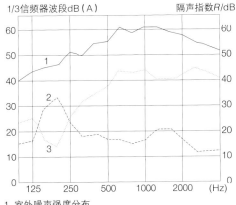

1 室外噪声强度分布
2 隔声
3 与频率有关的室内噪声计算

图2.1.26 例一 降低交通噪声

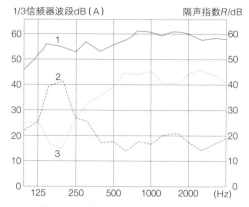

1 室外噪声强度分布
2 隔声
3 与频率有关的室内噪声计算

图2.1.27 例二 降低公共汽车及货车的交通噪声

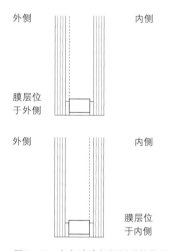

图2.1.28 中空玻璃低辐射膜的位置

系不是线性的。玻璃构件的隔声质量必须与外部的噪声源相匹配。

外墙的隔声

外墙总的隔声效果与单个构件的隔声性能、它们的连接和起决定作用的迂回传播路径等有关。起关键作用的是单个构件的面积比率，比如，隔声效果较差的构件可以通过使用面积更大的隔声效果良好的构件来弥补其不足。

但是，泄漏路径不能用这种方法消除。DIN 4109中介绍的"构件方法"对于在现存的建筑物上增加隔声功能是很有帮助的；把窗户换成具有更高隔声性能的构件，有助于声音效果达到最佳状态。DIN EN 20717第一章中介绍的修正因数必须考虑进去。在外部的卷轴式百叶帘处发生的泄漏路径是无论如何都要避免的。

辐射的物理参数

辐射的物理参数与所用的玻璃颜色或镀膜材料有关，还与可以进行分析的太阳辐射的分布有关。这种分布可以按每个构件的各自辐射范围进行测量，还有一种比以前更常用的方法是通过所使用的玻璃板和各层的单个数据进行计算。欧洲的计算基础是欧洲标准DIN EN 410。但是，必须记住所获得的结果是平均值，是在全球辐射（直接的或散射的）的相关"光谱"分布的特定频率范围d λ之上，玻璃的光谱曲线的产物。单块玻璃含有1.42cm的水蒸气和0.34cm的臭氧（空气质量=1）。玻璃厚度和层数的误差以及玻璃的"绿色色彩"会导致已经确立的值的波动。计算的平均值的每面误差范围为2%~3%。

当取上述的水蒸气和臭氧指数计算物理辐射参数时，欧洲的空气质量=1的地面上的辐射可以作为一个参考辐射水平。这在国际照明委员会（CIE）的CIE No.26出版物中已经有规定。利用不同边界条件下采用的不同计算机程序比较计算出的数据时，这是很重要的。例如，由于采用不同的方法，同样的玻璃所得的数值要偏差5%或更多。专业人员必须根据它们的实际重要意义来衡量偏差的情况，同时注意计算机程序的边界条件和玻璃数据，因为只有在同等条件下确定的数据才可以用来比较，或者必须对误差进行正确的估计。使用中的实际条件可能与假想的理

论边界条件不同，尽管这不会对整体效果产生很大的影响。如果差别为大约±3%，甚至±5%，就可以认为是等同的。

太阳辐射应分为以下几种类型：
· 紫外线辐射波长280~380nm
· 可见光波长380~780nm
· 红外线辐射波长780~2500nm

浮法玻璃可以吸收波长小于300nm和大于2500nm的所有太阳辐射。

反射辐射

这是在空气与玻璃交接处发生反射的太阳辐射的数量。可分成全反射的辐射ρ_e和可见光波长范围内的辐射ρ_v。

反射常常发生在气体材料和固体材料的交接处。镀膜玻璃还与膜镀在哪一侧有关，因为膜有两个交接处：一个是与玻璃的，一个是与空气的。在这些交接处的折射率是关键因素。因此，玻璃的一面可以产生与另一面完全不同的反射和颜色。如果将膜镀在中空玻璃构件的不同位置，就必须把这种效果考虑进去。如果将膜镀在与制造商的目的不同的地方，就要向制造商咨询，例如，是应该镀在在内层玻璃上还是应该镀在外层玻璃朝着空腔一侧的表面上（图2.1.28）。

玻璃反射与入射角度有关。但是，玻璃的说明书中只包括入射角为90°时的信息。原因之一是当决定与角度有关的反射值时，在测量中要考虑玻璃和膜的极化现象。

实际应用中，这意味着带有倾角的入射比垂直入射强度略为差一点。为了获得更大的精确度，把物理辐射作为一个常数，仅考虑与角度有关的全年的照射是不够的。归根结底，实践中真正发生的效果才是实际应用的关键因素。

太阳光直接透过率

这是穿透玻璃或玻璃构件的入射太阳辐射的数量。可以分成全部的能量透过τ_e（能量透过）和可见光波长的透过τ_v（光线透过）。像反射辐射一样，太阳光直接透过率与入射角有关。

太阳光直接吸收率

这是被玻璃吸收的入射太阳辐射的数

量。可以分成所有波长的太阳光α_e和可见光波长范围内的太阳光α_v。

总太阳能透过率（太阳因数）

这个数值表明了实际上有多少入射在玻璃上的太阳能可以穿透玻璃进入内部。要考虑直接穿透的数量和吸收穿透的数量。一般来说，吸收、透过和反射的总和等于100%，即$\alpha_e+\tau_e+\rho_v=100\%$。

透光率

这个值说明了在可见光波长范围内（380~780nm）有多少辐射可以穿过玻璃，它考虑到了人眼对可见光的敏感度$V_{(\lambda)}$。日光因数是房间照明的关键，这个数值规定了在房间的每个点应有多少日光。待考虑的点离窗户越远，日光越少。关键是从一个特定的点能看到多大的"天空"。如果必要，可以使用能使光改变方向的玻璃（见76页"改变光线方向"）。

低辐射玻璃

低辐射玻璃是在空腔内至少有一个镀膜表面的中空玻璃；镀膜的位置与玻璃的U值并没有太大的关系。镀膜的位置可以改变大约5%的总能量透过率，也可能轻微改变玻璃的颜色和颜色的一致性。

低辐射玻璃的空腔通常填充气体，如氩气、氪气、氙气或氪气/氩气混合物和氙气/氩气混合物等。传热系数为1.0~2.2W/m²K。

三层玻璃包括三块玻璃和两个填充气体的空腔，传热系数为0.5~0.8W/m²K。关键是这些值是在DIN EN 673的基础上计算的，很清楚地确定了空腔中使用的膜和玻璃的辐射率的基本值。这是获得客观的可比较的结果的唯一方法。制造商有责任保证这些已经计算出的值。

由于气体的特殊性能，每种气体都有一个最适宜的空腔尺寸。DIN EN 673采用了公称辐射率ε_n而不是全球辐射率ε_n值；DIN EN 673中列出了修正因数。计算中的基本数字要经过验证和检查，这是很重要的。用于被动获得能量时，玻璃应吸收尽可能多的太阳能，如表现出较高的总能量透过率g值和透光率τ_v值。g值应当在65%左右的范围内，而τ_v值应当在60%左右。

从光学角度看，低辐射玻璃应当与标准的中空玻璃相当。近来，镀膜已经可以真正做到无色，因此是不可见的。表2.1.17和表2.1.18列出了双层和三层中空玻璃的U值和辐射率之间的关系。

遮阳

现代建筑立面追求最大透明度的时尚使得建筑师必须关注建筑的热工性能和遮阳能力。遮阳意味着要尽量减少射入建筑内部的阳光以防止由于过量阳光照射而引起的过热现象，例如需要较低的g值。与此相对，热工性能意味着要在外界温度较低的时候（例如冬天）减少室内的热量损失以及降低相关的供暖能源需求。

在白天，可以通过太阳得热的方式获得太阳能来加热房间，也就是较低的U_g值和较高的g值。在任何一座特殊的建筑中，为了防止由于太阳辐射而可能出现的过热现象，都要对太阳得热进行控制。

室内空气的温度不仅仅取决于太阳光的入射辐射，也和房间的布置、内表面对温度的吸收能力和室内自身热源有关。机械遮阳与光照控制玻璃结合使用能够有效地降低入射辐射的峰值。其目的在于根据房屋的设计、使用以及当地情况对建筑的热工性能和遮阳进行优化。

通过玻璃控制太阳辐射意味着要减少太阳辐射透过玻璃进入建筑内部的量。有很多方法能够达到这样的效果（按照从外到内的顺序排列）：
- 光照控制玻璃
- 外部百叶帘
- 空腔内安装百叶帘
- 空腔内加入塑料片
- 玻璃之间加入玻璃丝（无纺织织物）
- 玻璃的内侧安装内部百叶帘
- 玻璃上附着塑料片
- 通过上釉或丝网印刷法在玻璃表面形成图案

选择光照控制系统通常是控制能量获得与采光的最好的折中办法，因为光是整个能量的一部分。建筑所处的位置、建筑的朝向以及建筑的用途都是主要的考虑因素。

光照控制玻璃

与低辐射玻璃相比，光照控制玻璃必须尽可能防止大量的入射太阳辐射进入内部。像太阳辐射这样的外部影响可以作为内部的热源创造舒适的室内气候。但是，为了获得大量日光，透光率又要高。

此外，光照控制玻璃还应当完成它的美学功能。反射的颜色和玻璃本身的颜色在设计立面时可以被利用。光照控制玻璃的总能量透过率（g）应小于50%，透光率L（t_V）应大于40%。在实践中，这些值3%~5%的波动对内部环境来说是无关紧要的。

有色玻璃能比高反射镀膜玻璃吸收更多的能量，尽管近来吸收膜也被用于光照控制目的和营造彩色效果方面。因为，在透光率恒定的条件下，反射、颜色和总能量透过率的每种应用的具体的值，都与玻璃表面镀的膜是什么材料有关。g值可以根据DIN EN 410计算得出。

镀膜玻璃或有色光照控制玻璃

光照控制玻璃包括镀膜玻璃或有色玻璃，在我们所处的气候条件下被用作中空玻璃构件。向玻璃熔液中加入少量的添加剂能使玻璃呈现出灰色、青铜色、绿色甚至是蓝色。通常使用的玻璃镀膜方法在61~62页进行了介绍。

能够对玻璃表面进行镀膜主要是根据膜的性质决定的。辐射的物理参数可以根据上述的原理得到确定，除了膜的功能方面，还要考虑其颜色和光学一致性问题。只有制造商能够提供玻璃表面以及镀膜位置的细节，这是由于只有他们知道膜的组成、功能及其耐久性。关于膜耐久性的定义和测试方法，在欧洲标准DIN EN 1096中有详细说明。

如果在镀膜时加入了塑料片或浇铸树脂共同形成完整的构件，就必须考虑膜与塑料或树脂之间的边界关系。这既适用于玻璃的外观也适用于辐射的物理参数。

通过镀膜来控制光照的效果可以保持恒

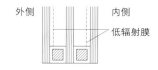

表2.1.17 双层玻璃窗U值与辐射率的关系

辐射率	传热系数/(W·m⁻²·K⁻¹)				空腔
	10%空气				
	空气	氩气	氪气	氪气/氩气 70:30	
	100%	90%	90%	90%	
$\varepsilon_n = 0.16$	1.9	1.7	1.5	1.5	12 mm
	1.8	1.6	1.5	1.6	14 mm
	1.7	1.5	1.5	1.6	16 mm
	1.8	1.6	1.5	1.6	20 mm
	1.8	1.6	1.5	1.6	22 mm
$\varepsilon_n = 0.04$	1.6	1.3	1.1	1.2	12 mm
	1.5	1.2	1.1	1.2	14 mm
	1.4	1.2	1.1	1.2	16 mm
	1.4	1.2	1.2	1.2	20 mm
	1.4	1.2	1.2	1.2	22 mm
$\varepsilon_n = 0.03$	1.6	1.3	1.1	1.1	12 mm
	1.5	1.2	1.1	1.1	14 mm
	1.4	1.1	1.1	1.2	16 mm
	1.4	1.2	1.1	1.2	20 mm
	1.4	1.2	1.1	1.2	22 mm
$\varepsilon_n = 0.02$	1.6	1.2	1.0	1.1	12 mm
	1.4	1.1	1.0	1.1	14 mm
	1.3	1.1	1.1	1.1	16 mm
	1.4	1.1	1.1	1.1	20 mm
	1.4	1.1	1.1	1.2	22 mm

表2.1.18 三层玻璃窗U值与辐射率的关系

辐射率	传热系数/(W·m⁻²·K⁻¹)				空腔
	10%空气				
	空气	氩气	氪气	氪气/氩气 70:30	
	100%	90%	90%	90%	
$\varepsilon_n = 0.16$	1.7	1.4	1.1	1.2	2×6 mm
	1.5	1.2	0.9	1.0	2×8 mm
	1.3	1.1	0.8	0.9	2×10 mm
	1.2	1.0	0.8	0.8	2×12 mm
$\varepsilon_n = 0.10$	1.7	1.3	1.0	1.1	2×6 mm
	1.4	1.1	0.8	0.9	2×8 mm
	1.2	1.0	0.8	0.8	2×10 mm
	1.1	0.9	0.6	0.7	2×12 mm
$\varepsilon_n = 0.04$	1.6	1.2	0.9	1.0	2×6 mm
	1.3	1.0	0.7	0.8	2×8 mm
	1.1	0.9	0.6	0.7	2×10 mm
	1.0	0.7	0.5	0.6	2×12 mm
$\varepsilon_n = 0.03$	1.6	1.2	0.8	1.0	2×6 mm
	1.3	1.0	0.7	0.8	2×8 mm
	1.1	0.9	0.6	0.6	2×10 mm
	0.9	0.7	0.5	0.6	2×12 mm
$\varepsilon_n = 0.02$	1.5	1.2	0.8	0.9	2×6 mm
	1.3	1.0	0.6	0.7	2×8 mm
	1.1	0.8	0.5	0.6	2×10 mm
	0.9	0.7	0.5	0.5	2×12 mm

定不变,能保证玻璃所有区域的透明度。能量透过会随着吸收和反射的增加而减弱。

印花光照控制玻璃

增加不透明区域(格栅、花纹)可以降低玻璃的透光率。用丝网印刷法可在玻璃表面形成不透明图案,如在制造钢化安全玻璃的过程中,在玻璃上高温烧结釉料。光照控制,即降低透光率,可通过在玻璃表面增加图案来遮阳的方法获得。这样,只有一部分玻璃是透明的,因此,太阳辐射透射的面积就减少了。光照控制效果取决于透明与不透明区域的比例,包括它们对阳光的吸收率。

室外遮阳设备

有效的室外遮阳设备可以防止过多的太阳能照射到玻璃上,并进入房间。这种遮阳设备可以机械地调整,但阻挡了外部的景物,并且如果遮阳效果太好的话,可能另需非自然光照明。

室外遮阳设备必须能够承受强风、大雪和雨水,并且不能引起任何因风引起的噪声。除此之外,还必须能够清洗,不应当附着在玻璃压条上。室外遮阳设备的固定件与幕墙连接必须保证在内部不会产生冷桥。

固定遮阳设备

倾斜的或水平的百叶可根据相应的太阳高度角遮住透明的区域来进行遮阳。这些百叶通常是凸出的,可以由金属、木头、塑料或玻璃制成。具有低透光率和高耐候性的镀膜玻璃或有色玻璃,可以以钢化安全玻璃或层压玻璃形式用作遮阳板。虽然较硬,但仍可用作可移动的百叶。选择钢化安全玻璃还是层压玻璃,取决于玻璃固定件以及建筑用途、建筑所处位置等方面的特殊安全要求。

活动室外遮阳设备

活动室外遮阳设备能够通过调整位置以适合各种需要。不透明材质的水平遮阳构件、半透明织物遮光帘甚至活动玻璃构件等都可达到这种效果。当使用不透明水平遮阳构件时,如果构件角度只能使间接辐射进入,就能保证最小的太阳辐射。但是,它阻挡了大部分的室外景色,因而需要人工照明。当使用半透明织物遮光帘时,必须保证它们可以防止恶劣天气的影响,并且能够防风。活动

玻璃构件安放在窗户的前面,可以由具有低透光率的有色玻璃或镀膜玻璃制成。不使用时,它们位于拱肩镶板前,而在需要时,就可以移动到窗户前面,提供遮阳。因此,透光率是与透明度相关的。

中空玻璃构件空腔内的遮光帘或百叶

卷轴遮光帘或百叶遮光帘可以结合在中空玻璃构件内。此时,空腔必须足够大,给遮阳设备留有足够的空间,还要容纳可预期的玻璃板的移动(见68页"中空玻璃构件——概述")。空腔内要安装百叶或遮光帘的导轨,以防止遮阳构件接触玻璃。吸收材料能增加空腔内的温度,加剧抽吸效果。控制遮光帘和百叶移动的电机一定不能破坏密封层。如果可以,必须对中空玻璃构件进行单独的测试。

中空玻璃构件的宽度和高度决定了应使用内置遮光帘还是使用内置百叶。如有需要,必须根据不同的情况在中空玻璃构件内做出不同的设置。

中空玻璃构件必须垂直安装,否则百叶或遮光帘及其导轨会与玻璃发生摩擦。如果玻璃必须安装在斜面上,那么倾斜的百叶则是唯一的选择。必须对特殊类型遮阳设备的控制方式加以设计,建筑使用者的要求也必须考虑在内。在这方面至关重要的一点是正确选择控制遮阳帘或百叶升降的电动设备。现在有不同的系统可以使用,但是应将其作为一个整体而非单独考虑。

在空腔中加入遮光帘或百叶会改变不带这种遮阳设备的中空玻璃的U值。

中空玻璃构件空腔内的光电模块和构件

太阳能电池叮以安装在两块玻璃板中间的空腔内。这些电池能将入射的太阳能转换为电流。浇铸树脂常常作为太阳能电池的背衬材料。

非结晶太阳能电池或结晶太阳能电池都可以使用。非结晶电池的外观颜色从红色半透明或深灰色到不透明多种多样,结晶电池则是蓝色不透明的,电池之间有透明的空隙。光电模块的设置方式可以保证它们像传统玻璃或中空玻璃构件一样被加工处理。它们的效率取决于使用的材料。最新的发展关注的是效率更高、成本更低。光电模块还可以幕墙或冷/暖立面的形式使用。

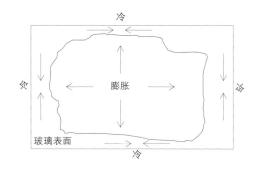

图2.1.29 玻璃表面冷热交汇点的应力。拉应力发生在较冷区域。

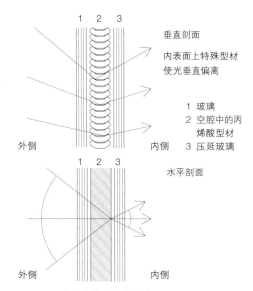

图2.1.30 改变光线方向的玻璃

中空玻璃构件空腔内的固定箔片

反射箔片可填满空腔。真正的遮阳设备安放在宽的空腔的中间，形成两个狭窄的腔，结果产生了一个较低的传热系数（U值）。两个腔被连接起来以防止产生压力差。使用的箔片有选择地反射太阳辐射，因此，不同的反射方式会产生不同的颜色。从外面观察，可发现第三个表面也会产生反射。

有夹层的玻璃

玻璃丝、无纺织织物、毛细管系统或泡沫可以集成在玻璃之间。玻璃构件辐射的传热系数和物理参数的改变与所选材料有关。其中有许多都可以根据不同的设计不同程度地散射光线。

玻璃丝和无纺织织物具有高（漫射）透光率，因此，还具光照控制功能。直接透过玻璃看到对面的景象是不可能的。用在屋顶采光天窗上时，漫射光线可以通过反射直接更深地射进室内，例如通过天花板或墙壁反射。毛细管层和泡沫还可以被用作"透明保温层"，其U值很低（约低于0.3W/m²K），尽管会产生漫射，但仍可使光线进入室内，从而获得能量。玻璃类型应根据是用作拱肩镶板还是用作斜面玻璃来决定。

室内遮阳设备

室内遮阳设备不受直接外部负荷的影响。它只能通过玻璃向后反射太阳辐射，吸收的能量仍保存在室内。如玻璃板和遮阳设备之间的空间不够，则会导致热积聚，从而增加玻璃的热负荷。因为被框架覆盖的玻璃边缘温度仍会保持较低，所以为了获得较好的热疲劳强度，以免玻璃破碎，一般选用钢化或半钢化玻璃（图2.1.29）。室内遮阳设备更多的是"阻止眩光"，防止使用者直接受到强光的干扰。

附着在玻璃上的塑料片

反光或吸光塑料片可贴在中空玻璃的外表面。可直接通过吸收改变玻璃的温度。将塑料片贴到既有窗户上时，必须特别小心。附着在内表面的高吸收塑料片在太阳辐射的影响下，可以产生巨大的热积聚（图2.1.29）。

防眩光保护

一个能漫射光线的表面无论是玻璃本身还是室内/室外遮阳构件，都能够在室内散射日光。这会减少玻璃与工作桌上的光线强度的巨大差别，降低眩光现象，从而不会使人直接受强光的影响。

单向玻璃

只有从黑暗的一面向明亮的一面看，才能看见对面的景物。如果照明的关系颠倒过来，那么，视物的方向也会改变。这种效果可以用增加反射或吸收来放大。但是，决定视物方向的是照明，而不是玻璃。

散射光线

一块透明的玻璃可以不受任何影响地让直射光束穿过。但是，由于它们表面"粗糙"，如压花玻璃（压铸玻璃或压延玻璃），因此对光束有发散作用。发散程度越高，玻璃后面的物体就越模糊。一块漫射玻璃就意味着入射光或多或少要被散射。透过它的光的亮度是很均匀的，而且与太阳高度角无关。内含玻璃丝或无纺织织物的玻璃可以获得同样的效果。

改变光线方向

采用特殊的压花玻璃，以利用通过窗户的光来提供更多日光，这种简单的方法已经有多年历史了。在生产过程中，对表面进行很大的塑性变形处理，以便使照射到第一个表面的光线以一定的方式改变方向射到第二个表面上，从而照射到天花板上，然后从那里照到房间内，靠近窗户的倾斜的天花板能够帮助光达到更远的内部。最近，研制出了越来越多的中空玻璃，它们能使光线更大程度地改变方向。为了做到这一点，加入了弯曲的塑料构件，它可以把光的方向改变为照到天花板上（图2.1.30和图2.1.31），从而使光照射到房间内更深的地方。中空玻璃构件像扇形窗一样是改变光线方向的理想构件，因为它们的设计能保证尽可能多地改变通过构件的光线的方向，而跟太阳入射角度无关（图2.1.32）。

防火玻璃

防火玻璃主要分成两大类：

E类玻璃

这种玻璃能够长时间地阻挡火焰和浓烟的蔓延。然而，这种玻璃不能隔热，不能阻挡热辐射的传播。

EI类玻璃

这种玻璃除了能够长时间地阻挡火焰和浓烟的蔓延，还具有隔热效果，也就是说它不传播热量。

EW类玻璃

EI类玻璃的细分类别，利用膜来减少热辐射的传播。

门作为防火的构件，必须与相关的EI玻璃一起分别进行测试。根据几分钟内的抵抗时间，以字母"T"分类。由于结构特殊，大多数防火玻璃都可以满足安全标准，例如作为安全护栏，与根据DIN EN 12600进行的摆锤冲击试验相一致。对于每个独立的应用，不同类型玻璃试验的摆锤下落高度必须进行测试。

为了提供防火保护，防火玻璃必须安装在合适的框架内，并使用合格的固定件和密封材料。整套构件包括玻璃和框架两部分，需要根据DIN EN 13501第一章和第二章的规定进行测试，由德国建筑技术研究所（DIBt）定级和分类。测试报告中所列材料如果发生改变，必须经过特殊的批准和测试。选用不适合的材料无法阻止烟雾的穿透，从而会使火焰蔓延或者产生烟雾。

带有EI玻璃的构件含有随着温度的升高和转变吸收能量而不释放能量的物质。防火玻璃的一个关键性的因素是玻璃的防火性能持续的时间；玻璃的防火等级分为30、60、90和120分钟等。测试应根据DIN EN 13501第一章和第二章，使用标准时间-温度曲线进行测试。这些测试是在测试炉内针对安装在标准缝隙内的整套构件进行的，包括框架、密封和玻璃。根据标准时间-温度曲线，炉膛内的温度会相应地升高，15分钟后达到700℃，30分钟后达到825℃，45分钟后达到900℃，60分钟后达到920℃，90分钟后接近1000℃。

为检验玻璃在烟火中的完整性（E类玻璃），在玻璃后面直接放一块棉毛衬垫。它不应自燃，也不能引起火焰。在检查隔热能力（EI类玻璃）时，玻璃背对火焰一面的平均温

度在测试前不应升高到超过室内温度140K以上，玻璃上任何一点的最高温度也不能达到同样初始温度的180K以上。如果在距镀膜玻璃1m的地方测试，辐射强度不超过15kW/m²，则该玻璃满足EW类玻璃的要求。防火玻璃可应用在建筑的内外两侧。应用在建筑外部的时候要保证材料不会因吸收太阳辐射和受低温的影响而改变性质。对于倾斜的玻璃窗应该进行特殊的测试。

特殊功能玻璃的几种组合形式

这里所描述的各种用途的不同类型玻璃的组合能力很强。专家会根据每个方案所必须具备的功能选择适合的玻璃。

应用

玻璃是一种常用的建筑材料，但是，基本材料的深加工和相关潜在应用领域等方面的快速发展，使不断研究并确立其物理性能成为一项迫在眉睫的任务，在不同的应用领域内，同样也要开发各种玻璃与其他材料的可能组合等。在确定不同玻璃的物理参数方面，首先须注意各自的边界条件。在某些建筑实例中，我们已经把玻璃的性能用到极限，成分的细微改变都有可能改变其性能。因此，不能把玻璃当作一个孤立的实体，而应与周围的环境联系起来。我们不能轻易地认为，人们生产的任何一种东西都可以无限制地使用。

市场上有大量的玻璃产品，所以，专业人士可以为某种特殊用途选择最佳的产品。专业人士能够根据给出的设计参数，推断在实践中这种材料将如何发挥作用。为特定的场合选择玻璃时就必须规定材料的先后次序。能满足各种要求的情况很少见。相应地，在选择和组合各种类型的玻璃时，必须做一些折中。

窗户与立面

根据建筑主管部门的规定，窗户作为一个构件，无须具备额外的功能，如作为安全护栏等。玻璃是一种透明的填充物，它不对框架的稳定性和结构起任何作用。如果还需要具备其他功能，在计算玻璃的厚度和选择玻璃的种类时要将其考虑在内，因为玻璃要

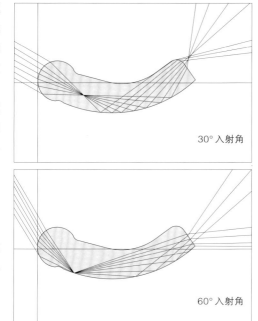

30°入射角

60°入射角

图2.1.31 使用特殊构件改变光线方向

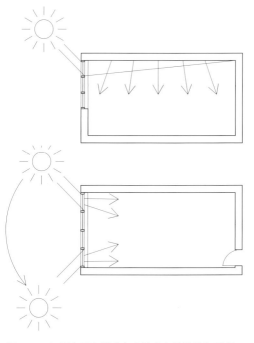

图2.1.32 运用立面上能改变光线方向的构件和反光屋顶来分散光线

保护性玻璃板

承重层压安全玻璃结构

图2.1.33 不限制上人的层压安全玻璃剖面图

受到外力的影响。窗户和立面是垂直安装在建筑外围护结构上的，因此起到分隔室内外的作用。

隔热

如今，人们对隔热材料的要求越来越高了。德国的国家《保温隔热法案》对此有规定。DIN 4108规定了基于物理性能参数的最低要求，而《保温隔热法案》中的要求是根据《德国能源保护条文》和《能源保护法案》制定的。

隔声

窗户或立面的隔声效果与框架、玻璃和安装方法有关，也与框架和窗扇之间的密封以及周围各构造的密封有关。密封程度对隔声起决定作用。即使一点的泄漏路径也会对整体的隔声和隔热效果有较大影响。像卷轴式百叶帘盒和窗台等穿过建筑物的辅助构件对隔声会产生重大的影响。声桥通常是看不见的，但并不是听不见的！只有精心的设计和完美的工艺才能确保完全隔声。

安全

根据安全要求，如防止受伤、防止跌落、防破坏、防入侵者以及防弹等，可选择适当类型的玻璃。重要的是框架和建筑物能正确匹配，且应确定其安全性。

倾斜玻璃窗和屋顶玻璃窗

垂直玻璃安装在框架内的垫块上，垫块承担玻璃的自身重量和其他荷载，如短期的风荷载等，并且可以把荷载传递到框架上。如果玻璃以一定角度固定，玻璃的重量和风、雪荷载在转移到支撑结构上之前由边缘和侧面框架承担。这与垂直的安装不同，在设计中必须考虑。

支撑物必须有一定的弹性和稳定性，以传递荷载；同时玻璃的边缘必须能够自由旋转。垂直玻璃窗所用的普通塑性边缘胶条此处不能使用，而需要具有适当弹性的硅树脂或三元乙丙橡胶。

可上人的玻璃

呈一定角度安放的玻璃需要清洗，因此要有支撑清洗人员荷载的能力。但是，在计算玻璃的厚度时，一般不考虑这些荷载。玻璃负荷过重会导致玻璃断裂和伤人的风险。玻璃厚度通常是在均布荷载（风、雪）的基础上进行计算的，而不是根据人站立或行走的集中荷载进行计算的。这种点荷载会对玻璃产生附加应力。即使嵌丝玻璃也不能承担这种荷载。必须相应地设计能支撑人体重量的玻璃。我们把它分成以下两类：

限制上人的玻璃

在这种玻璃类型中，可以上到玻璃表面的人（维护或清洗目的）必须充分了解安全操作步骤。不要直接踏到玻璃的中心，而应靠近玻璃边缘，这样荷载就可以直接转移到支撑结构上，而不会引起玻璃自身的挠曲变形。人员不应当携带引起过多荷载的沉重物体。与斜面相对应的安全措施必须可以防止人员滑倒。人员还需要佩戴安全带，建筑法中有相应条款。这些人员必须明确所采用的是何种玻璃，必须确保他们鞋底上没有附着尖锐的硬物。如果有必要，设计玻璃时可以考虑在玻璃中心增加1kN的点荷载。要采用断裂碎片会附着在一起的玻璃（如层压安全玻璃）而不采用热钢化安全玻璃。

不限制上人的玻璃

沿着边缘支撑且经常上人的玻璃必须满足像一般悬挂楼板一样的要求。因此，一般常见的外加荷载取5kN/m²；在特殊情况下需要采用更大的设计荷载。玻璃一旦安装后，便可能会有较大的荷载在玻璃上移动或施加在玻璃上，特别是玻璃楼梯，这一点必须牢记。任何（无论是受限制的或不受限制的）上人玻璃都必须使用层压安全玻璃，因为这种玻璃破裂时不会发生坍塌，而且还存在一定的剩余承重能力，这取决于支撑条件是两面或四面支撑还是点支撑。玻璃厚度是根据荷载和长期负载下，玻璃的最终抗弯强度计算出来的。在承重的层压安全玻璃顶部应该增加另一块至少6mm厚的玻璃，作为耐磨层或起保护作用，这块玻璃的断裂不会破坏整个系统的稳定性。这种保护性的玻璃可以是彩釉玻璃或丝网印刷玻璃，以获得装饰效果或防滑饰面（图2.1.33）。

玻璃的坡度

玻璃倾斜的角度不宜小于7°。这并不意

味着小坡度是不可能的，而是使用者必须知道后果，并想好处理办法。玻璃表面变脏的程度会随着角度的变小而增加。由于玻璃板的挠曲变形，玻璃表面仍然有不能被冲刷掉的树叶，甚至还有水，导致玻璃表面发生腐蚀和渗滤。

建筑物的排水系统要保证有较浅的屋顶排水沟，否则中空玻璃的边缘密封就会受到侵蚀，潮气会进入空腔，甚至框架本身也会受到影响。如果屋顶排水沟坡度小于7°，就必须考虑上面所述的这些后果。

玻璃的类型

单层玻璃窗

在选择玻璃类型时，应当确保如果断裂，没有玻璃碎片掉下来，不会对下面的人员造成伤害。玻璃的倾斜角度越小，断裂的玻璃在重力方向上的分力就越大，玻璃碎片越有可能脱落。垂直的玻璃断裂后仍然保持在框架内（见《标准德国建筑法规》）。

保证断裂碎片不脱落的玻璃可以满足这种要求。这种情况可以采用层压安全玻璃，如带有PVB夹层或等效浇铸树脂的玻璃等。也可使用嵌丝玻璃，但要有一些限制。

在一些经常有暴风雪的地方，选择玻璃时要考虑风雪荷载。两块半钢化玻璃组成的层压安全玻璃可以在这种场合提供足够的安全性。一旦断裂，所采用的玻璃必须具有足够的剩余承重能力，以防止断裂时玻璃与雪一并落入房间内。工作或生活场所的屋顶、窗户的设计也应考虑到这一点（见95页"极限状态设计"）。

中空玻璃构件

中空玻璃构件中，外层玻璃应当承担一切荷载，断裂时内层玻璃应保持所有的碎片不脱落。外层玻璃可以是钢化安全玻璃，以便在暴风雪期间具有足够的稳定性。因其关键是只抵抗外部荷载，因此，内层玻璃要在玻璃断裂时防止碎片下落（见96页"剩余承重能力"）。

拱肩镶板、栏板

这些构造可以起到防止人从高层落到低层的作用。如果这些构造是由玻璃构成，它们必须能够达到与其他材料相同的要求，即玻璃必须能够承担人的冲击。根据DIN

52337（软冲击）进行的摆锤冲击试验可以测试这一特点。45kg的物体从高度分别为300mm、700mm、900mm或1200mm处下落时，玻璃不会被完全撞碎或击穿。要求是玻璃在经受从指定高度下落的50kg重物的冲击后，不能完全破碎或被其穿透。由于浮法玻璃的碎片很大，因此不适于作为这种栏板使用。

为使玻璃发挥其正常功能，必须保证与玻璃连接的支撑结构能够满足同一标准。该结构必须与玻璃相匹配。钢化安全玻璃、层压安全玻璃以及由钢化或半钢化玻璃制成的层压安全玻璃都可考虑使用，与所使用的固定件有关。单独使用半钢化玻璃是不够的。

安装在楼梯两边的栏板的固定件在楼梯使用时可能会彼此相对地移动。设计时必须防止此类问题发生，因为这样会引起对玻璃的附加应力（图2.1.34，又见97页"安全护栏的剩余承重能力"）。

隔墙

玻璃可以安全地在楼层内部作为隔墙使用。出于安全的考虑，这种玻璃应该具有足够的厚度，至少是8mm的钢化安全玻璃，因为它有很高的抗弯强度，所以可以承受人的冲击力。如果这种玻璃真的断裂了，那么，由于它破裂后会形成比较钝的小碎片，因此使人受伤的可能性比通常的玻璃要低得多。在某些情况下，隔墙必须达到一定的防火要求，整个结构也必须能同时具备这种功能。具有足够厚度的层压安全玻璃可以代替钢化安全玻璃。

全玻璃门及门组合件

由于钢化安全玻璃具有很高的抗弯强度，所以它是理想的自承重全玻璃门组合件。玻璃内门可以根据DIN 1810标准安装在标准的金属或木材框架上。独立的玻璃门扇的厚度与尺寸有关，但不应当低于8mm。安装玻璃门的配件时，金属配件与玻璃之间应放置弹性垫片。这样，玻璃就被牢固地连接在它的金属配件上（图2.1.35）。全玻璃门底部安装或不安装轨道都可以。

全玻璃门组件包括门的边窗和扇形窗，必备的门的五金配件必须螺旋固定到玻璃上。还需要玻璃肋，提高结构的稳定性，避免受荷玻璃面板发生挠曲变形。门扇合页的

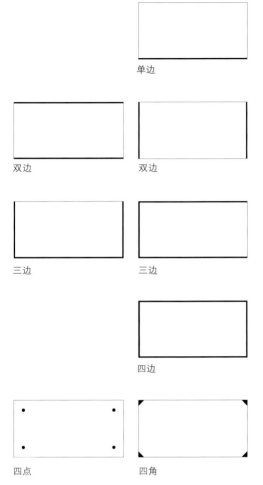

单边

双边　双边

三边　三边

四边

四点　四角

图2.1.34 玻璃栏板和拱肩镶板的固定方法

a 180°旋转门，可往两边开

b 90°旋转门，一边开（右）

c 90°旋转门，一边开（左）

图2.1.35 门轴的安装方法

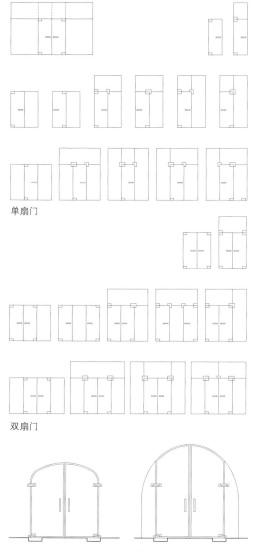

单扇门

双扇门

图2.1.36 全玻璃门及门组合件

安装必须稳固。玻璃门可以设计成十字旋转门、推拉门或180°旋转门。前厅可以完全由玻璃构成。

可变的房间分隔物有几米长，可以是折叠、卷动或多重折叠等多种形式。没有底部轨道的滚动系统设计时要特别小心，确保上部门夹在操作时，玻璃板不会发生振动并伤害操作员的脚部。不使用时，独立的玻璃门扇处在节省空间的位置；使用时，它们形成一个扁平透明的隔板。玻璃至少要10mm厚（图2.1.36）。

玻璃门的构成可以是浮法玻璃、透明玻璃、半透明玻璃、压花玻璃、有色玻璃或一侧带有彩釉、酸蚀图案或印刷图案的玻璃等。由透明玻璃制成的门应利用酸蚀或其他处理方法使其带有图案标志，以防止人不小心撞在门上。

玻璃楼梯踏板

玻璃制成的楼梯踏板和其他材料制成的踏板受相同的安全要求的限制。楼梯踏板不仅要承受人在上面行走的荷载，而且还要承受重物的搬上搬下，如家具等。玻璃楼梯踏板可以采用层压安全玻璃。

如果踏板的四边都有支撑，由于跨度很小，不会产生大的挠曲变形。但是，如果它们向外伸展到整个楼梯宽度，由最大荷载引起的挠曲变形必须很小，以避免蹦床效应。这种变形应当小于2.5mm。如果有必要的话，可以采用适当的测试来证明其稳定性。在踏板有两边支撑的情况下，玻璃断裂时应保证整个承重能力足够到不使玻璃踏板滑出固定件的程度。

提供一个具有充分稳定性的支撑结构也是很重要的。如果有必要，在设计玻璃和结构时，要把使用楼梯时产生的动荷载考虑进去。最上面的玻璃应当有一层防滑饰面（如利用丝网印刷法）。

养鱼缸的玻璃

在给养鱼缸提供玻璃或设计全玻璃养鱼缸时，要注意以下几点（图2.1.37）：

·养鱼缸中的水荷载表现为对玻璃和接合处的永久荷载。

·水荷载是以三角形分布在玻璃上面（随深度而增加）的。为简化分析，可以采用可产生同样效果的替代荷载（图2.1.37）。

·玻璃不与水接触的表面受拉应力的影响。太薄或划痕严重的玻璃可能会破裂。

·玻璃必须有足够的厚度，从而可抗弯曲，以避免大的挠曲变形。

·浮法玻璃不应超过允许的最大抗弯强度8kN/mm^2。

玻璃厚度与水荷载和支撑条件有关。玻璃板是四面都有一个框架支撑，还是三面或两面？如果是两面，那么是顶部和底部，还是两端？这一点非常关键，因为较大的水荷载会对玻璃的厚度和接合处的密封情况有决定性的影响。

浮法玻璃制成的层压安全玻璃十分适合以上情况。由于这类应用允许的变形低，所以，无须使用具有较高强度的玻璃。一旦断裂，浮法玻璃制成的层压安全玻璃的残余强度要比热钢化玻璃制成的层压安全玻璃要高一些。底板玻璃如果没有平面支撑其整个区域，也将同上述情况一样。应当采用永久荷载下的允许应力来计算所需的厚度。必须弹性安装玻璃，并做好密封。边缘支撑物的宽度应大致与玻璃的厚度相等。

在全玻璃养鱼缸中，玻璃厚度和胶合边缘的耐用性两者是关键（图2.1.38）。水荷载产生的力通过胶黏接合处从一块玻璃传递到另一块玻璃。要避免垂直的重叠平接，因为在这种情况下，胶黏剂会受到单纯的轴向力或剪应力的影响。斜接口要更好些，因为它们只受50%的剪应力的影响。密封材料必须是防水胶黏剂而不是普通的密封剂。当用于养鱼缸时，层压安全玻璃的边缘会受大量潮气的影响。因此，在边缘处的影响不会被根除（见66页"层压安全玻璃"）。

透明隔热玻璃

透明隔热玻璃通常不是完全透明的，而是半透明的（不如其名）。除了起隔离的作用，由于它具有辐射穿透性，还可以起到提高能量获得的作用。最简单的"透明隔热玻璃"是U值大约为0.7W/m^{2}K的中空玻璃。这种构件由于具有透明性，所以可用于窗户。

但是，通常透明隔热玻璃都直接放置在坚固的外墙前面，经太阳辐射加热，热量分散进入另一边的房间内。某些类型的透明隔热玻璃可以直接用作建筑物立面填充板，帮助储备日光。可以将很薄的塑料毛细管、

薄壁玻璃管或气凝胶（泡沫状的二氧化硅颗粒）放置在两块玻璃之间形成透明隔热玻璃。其他构件在后部有附加的吸收器来吸收过多的太阳能。夏季，透明隔热玻璃构件应当进行遮阳处理，从而避开太阳直射。

结构密封玻璃

结构密封玻璃（图2.1.39）这种系统中，玻璃不是机械地固定在框槽内，而是使用结构胶黏结在可调节框架上，这些框架悬挂或以其他机械方式固定在立面上。这种技术可以用于单层玻璃或中空玻璃（见158页"线性支撑"）。

中空玻璃构件的边缘密封是专为此而特别研制的防紫外线的硅树脂制成的。对玻璃的黏着力必须要特别测试和验证。在德国，在生产期间与独立监测连在一起的整套玻璃与框架系统要有批准证书。

胶黏接合只可以承担风的压力和吸力。如果玻璃的重量会在接合处引起剪应力，就必须利用机械手段来承担玻璃的重量，这样胶黏剂就不会受永久剪力荷载的影响了。如果在接合处确实产生了长期的剪力，那么胶黏剂就无能为力了。如果考虑到这些剪力，就必须用完全不同的安全概念来设计胶黏剂。工厂中生产的结构密封玻璃构件是在受控制的条件下进行的。必须遵守胶黏剂供应商的处理要求。在处理过程中，玻璃构件不能移动，这是为了避免给接合处施加荷载。生产必须在清洁、条件恒定的地方进行。

在德国，结构密封玻璃安装在超过8m的高度时，必须有额外的护圈，确保如果胶黏剂失效，玻璃在残余安全系数大于1的负荷下仍然能保持在框架内，必须获得建筑主管部门的批准。承重胶黏接合处所需的宽度和深度必须根据具体情况进行计算；接合处的大小受必要的硬化时间和其他材料的性能的限制。宽度是由有充分硬度的隔离胶带预先决定的，不会由于玻璃的重量（后期硬化的水平生产）而在生产期间发生变形。硬化必须在无外力的情况下进行，即胶黏接合处在硬化工艺完成前不可以加载。结构密封玻璃必须要有建筑主管部门的批准或单个工程的批准证书。在欧洲，通用的批准条款和测试方法以及玻璃标准正在由欧洲技术批准组织（EOTA）进行起草。玻璃在建筑立面上的应用要考虑防火方面的要求。*

物理现象

玻璃是一种透明的、能够吸收和反射光与热的建筑材料。因此，那些普通的有时很恼人的物理现象常常很容易看见，通常又错误地归因于材料，尽管其他不透明的建筑材料也会有这样的情况发生。

中空玻璃板的弯曲和凹陷

中空玻璃构件的空腔是密闭的，是同外界的空气隔离开的。空腔内的压力与生产时空气的压力一致。如果外部的大气压力升高，玻璃板就会向内凹陷，而大气压力降低又会使它们向外凸出（图2.1.20）。玻璃较大、空腔较宽时，这种效果更加明显。边长小于700mm的小块玻璃刚度很大弯曲很小，但是，玻璃的弯曲应力会增加。

这种弯曲和凹陷是最令人烦扰的，因为它会产生光学畸变效果。这种情况下，玻璃厚度的选择不应当仅仅根据结构性的分析，而是要考虑整体的物理性能。如果玻璃的厚度只是根据非线性的方法决定的，那么就充分开发了玻璃的弹性，可以接受玻璃产生较大的挠曲变形。

除了玻璃板的厚度，中空玻璃构件的尺寸及其变形情况也是影响建筑外表面的主要因素。方形的玻璃板在内外发生扭曲的时候呈现出曲面，进而对周围的玻璃板产生变形影响。长宽比大于2：1的矩形玻璃板根据其在建筑立面上的位置，在玻璃板的横向或纵向会表现出规则的挠曲变形。

干涉现象

在某些光照条件下，中空玻璃构件有时会微微发光、带有颜色和从圆形变成椭圆形图案。这些干涉现象的产生是由于光直接穿过玻璃产生叠加现象和光在平行的玻璃表面发生反射。这种效果是不可避免的，主要与光线的入射角度和视角有关。

---

* 在建筑获得欧洲技术批准组织（EOTA）的许可证之后，玻璃的使用基础将遵循prEN 1302第一章至第四章内容。这四章定义了分析玻璃的基本方法、对玻璃的要求、玻璃与胶黏接合的类型，这里并未指出特定的构造方法。

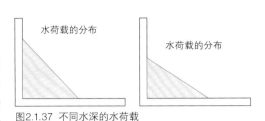
图2.1.37 不同水深的水荷载

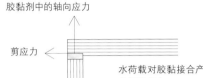

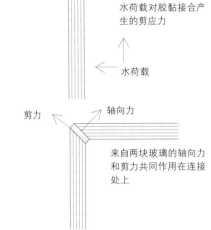
图2.1.38 全玻璃养鱼缸的转角详图

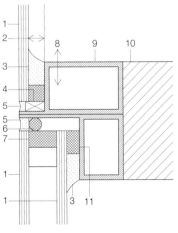

1 玻璃	7 边缘密封
2 框槽宽度	8 框槽深度
3 黏结表面	9 框架型材
4 垫块	10 结构
5 耐候胶	11 隔离件
6 填充棒	

图2.1.39 带承重胶黏接合的玻璃结构（结构密封玻璃）垂直剖面

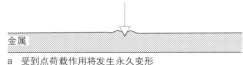

a 受到点荷载作用将发生永久变形

b 小碎片从玻璃中飞出——表现出脆弱的特性

图2.1.40 金属和玻璃的机械特性

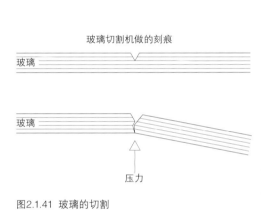

图2.1.41 玻璃的切割

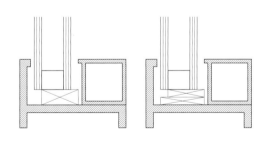

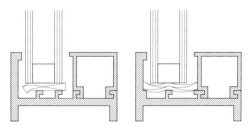

图2.1.42 玻璃垫块不正确的安装

内层玻璃的冷凝

如果玻璃表面温度比附近空气的结露点温度低，就会有露水（即潮气）凝聚。这通常在潮湿、温暖的室内空气遇到外墙构件较冷的表面时发生。玻璃的表面温度主要与玻璃隔热的有效性有关。外层玻璃具有很好的隔热性，很冷，而室内的还很热——它们都具有周围环境的温度。但是，还有其他一些决定性的条件因素，如，玻璃和它的边缘附近的空气流动。凸出的玻璃格条、凹槽和窗帘都可以打断空气的流动，改变玻璃附近的空气循环。如果这些边界条件暂时背离理论设想，中空玻璃构件的内层玻璃就会暂时出现冷凝现象，但是，一旦边界条件再一次稳定，冷凝就消失了。

外层玻璃的冷凝

中空玻璃良好的隔热值还可以在内部温度与外部温度不同时，引起外部和内部玻璃表面温度更大的差异。物体之间的温度差异常常会引起热辐射。在天空晴朗时，外部的玻璃把能量向太空辐射，太空中的温度极低（−273℃）。因此，玻璃就会冷下来。如果相对湿度较高，外部空气的温度就会降至结露点以下。这就会引起在外层玻璃上的冷凝——抗外界影响的良好隔热性能的标志。如果外界温度低时，窗户是向内开的，内部空气的湿度高，外层玻璃较冷，中空玻璃构件的外部表面就会立即出现冷凝。许多其他建筑材料可以吸收这种湿气，因此就看不到了，但是玻璃表面就会出现冷凝现象。

湿度

由于（中空玻璃的外层表面）沉淀、雨水或清洗操作等的原因，潮湿的玻璃表面的不同地方会表现出不同的湿度。湿度就是玻璃上附着有一些水滴或潮湿的膜。干燥的表面，如在生产过程中施加了滚筒压力，这种效果就不太明显。这并不代表玻璃的性能发生了改变。残余物（如清洁剂的残余物）也会在玻璃表面产生相同的效果。

对玻璃的几点建议

玻璃或玻璃构件原则上整个结构就是一个构件。因此，作用在玻璃上的力必须要明确认识。在玻璃的厚度和类型需要优化

时，这一点尤其重要。例如，需要简单支撑物的玻璃就不会用严格受限制的支撑物来安装，因为这样会产生玻璃的应力分布情况与设计过程中想象的情况不同，会导致断裂。维护所有边界条件是非常重要的，这些边界条件是在玻璃全寿命周期中对玻璃进行分析的基础。除了结构上的考虑，整个构造的不透性和产品的使用寿命也要考虑在内。硅树脂密封剂不能修正设计和工艺中的错误，最多只能很好地掩盖错误。

玻璃的保护

玻璃板必须能防止施工阶段的湿混凝土和灰泥产生的潮气，因为尽管相对坚韧，但不会完全免于破坏。碱溶液侵蚀表面会引起玻璃分子结构的破坏。随pH值增加，玻璃的溶解性也增加。如果玻璃的碱溶液很快就被太阳晒干了，反应的产物并没有消失，随之产生的潮气就会对玻璃产生更严重的破坏，从而造成腐蚀。

如果成堆的玻璃在建筑工地上在没有保护的情况下储存很长时间，也会发生这种情况。毛细管作用会导致冷凝水渗透到玻璃的深处，这种水会与玻璃发生反应。反应产物不会分散，随之而起的潮气会加重破坏程度。因此，成堆的玻璃不应当在空气循环不好的情况下储存很久。

尽管反应产物已经被雨水或清洗操作冲洗掉了，但是玻璃在使用时，过一段时间还会发生类似现象。窗户内缩式的设置或玻璃上的泛水板可以解决混凝土或抹灰立面上的这种问题。

运输框架很少有适合长期储存几个星期或几个月的。因此，在露天环境或室内，玻璃必须防止潮气的影响。但是，密封包装也会在温度波动的情况下发生冷凝积聚，并且潮气不会蒸发，这样也会损坏玻璃。运输框架或包装通常都不适合用于长期储存，特别是在户外。

垫块

玻璃的垫块必须安装在玻璃框架内的位置，这样通过垫块的固定支座或节点，或通过可开启窗悬挂的几个点把荷载（如自身重量）承担起来。必须防止金属和玻璃之间的接触。框槽边缘一定不能接触任何螺丝帽或结构的其他部分。必须确定实际的框槽深

度。对于普通浮法玻璃或由浮法玻璃制成的中空玻璃，垫块要装在至少离各角20mm处，最低长度应当为80~100mm。整个玻璃构件的厚度都必须坐落在垫块上；实践中，垫块要比玻璃构件的厚度至少宽2mm。密封硬木或塑料垫块最好。必须验证垫块对长期压力荷载和它们与所用其他材料的兼容性。

重的构件（大于100kg）应当放在聚酰胺、三元乙丙橡胶、聚乙烯（不是PVC）或邵氏硬度大约为75°的硅树脂垫块上，以便降低单块玻璃边缘上的压力，如在硬材料上的层压安全玻璃构件。在此期间必须要保证在使用过程中可开启窗和框架不会扭曲变形，保证可开启窗可以使用。这常用于倾斜翻转窗户和水平/垂直滑动的窗户。再者，框架中的一块正常大小的玻璃不会承担没有设计的任何承重功能。

为了正常工作，垫块必须有一个平面支承件。如果框槽的形状不允许这样，就必须使用不会阻碍蒸汽压力平衡的桥梁垫块（图2.1.42和图2.1.43）。如果从构造中省去垫块，就必须找到耐用的替代物。

玻璃的支承件

玻璃边缘支承件的选择要根据用途来决定。在垂直安装时，标准的边缘胶条可在加密封剂之前放在玻璃和框架间。一些特殊的玻璃系统需要弹性材料。对于倾斜安装，要选择能适应玻璃和雪等长期恒载的有足够弹性的支承件。这些材料必须有闭合的孔隙，这样，它们就不会吸收能导致长期破坏的潮气。

在选择支承件时，不要忘记整个结构必须保持密封。接触压力和材料必须始终与特定的应用相一致。还有一点很重要，就是要考虑到所有的物理因素而不只是单个的因素等。不同类型的玻璃支承件的条件必须考虑进去，如具体的应用产生的一些限制等。例如，对中空玻璃来说，荷载作用下，边缘密封层的挠曲变形应不大于玻璃边缘长度的1/300，这样边缘密封就不会因挠曲变形的增大而受更多剪力的影响，剪力会很快沿着边缘导致泄漏的发生。个别的应用原理上的要求在92页有阐释。

蒸汽压力平衡、排水

除浮法玻璃外，其他玻璃边缘也都需要

一个框槽以保证与外部的蒸汽压力平衡，即排水的框槽。它能保证蒸汽压力不会升得很高，不会发生冷凝，还能保证从外部进来的潮气能够被排除，这样就不会侵蚀和以化学方法破坏中空玻璃、层压（安全）玻璃或嵌丝玻璃的边缘密封系统。

由于沿着整个框槽和它的接合处100%的密封在实践中是不可能的，并且外部的漏水会发生渗透，因此保证蒸汽压力平衡和框槽能够排水是绝对必要的。在各种类型的结构中，尤其是在倾斜玻璃窗上，应当保证密封层位于排水层之上。长期受水压力影响的密封会发生泄漏。

平接

蒸汽压力平衡和排水的一般要求（见上）也适用于水平的或垂直的平接以及无框架转角细部。因此，中空玻璃、层压（安全）玻璃和嵌丝玻璃中的平接必须设计得能保证稳定的蒸汽压力平衡，以允许潮气从框槽或空腔溢出。力图用密封剂完全填充空腔的做法在实践中总会出现缺陷，水会存在边缘处并且破坏边缘（见164页"无支撑边缘处的接缝"）。

倾斜玻璃的屋檐细部

为避免热应力和冷凝，中空玻璃构件的边缘区域应当放置在室内，并与房间内的空气相接触（图2.1.44）。中空玻璃构件的外层玻璃可能会伸出超过实际的边缘密封。伸出部分应该超出200mm，同时向外伸出的玻璃应当由热钢化玻璃制成。边缘密封应当防太阳辐射，特别是紫外线，或使用的边缘密封必须适用于结构密封玻璃的密封。

玻璃结构的黏结

工程上可以通过黏结的方法将玻璃与其支撑结构或其他的玻璃连接在一起。在几十年前玻璃胶的使用标志着这项技术的开端，而后又在中空玻璃构件的边缘密封中使用了胶黏剂。两种方法的不同在于玻璃胶是一种结构连接，即传递力，因此没有弹性，而中空玻璃构件的边缘密封是一种弹性连接。这种区别在今天对玻璃结构黏结的讨论中仍然十分重要。

用于玻璃家具和玻璃桌面的UV连接是

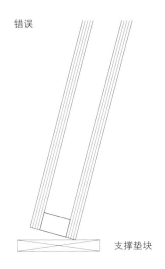

错误

支撑垫块

正确

支撑垫快
设置楔子来支撑垫块

图2.1.43 玻璃垫块的正确和错误用法

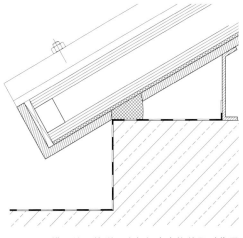

图2.1.44 错误的屋檐详图（中空玻璃构件同时位于较冷和温暖区域）

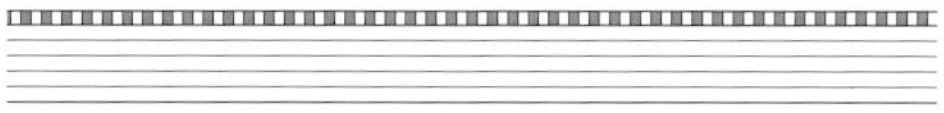

a 碱溶液
玻璃表面形成的水膜

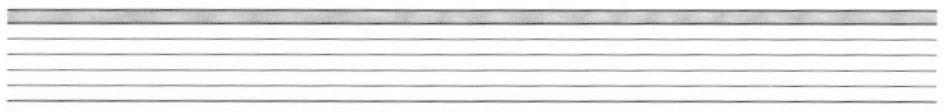

b 碱作为溶液中的反应产物
碱从玻璃表面进入水中（渗滤）

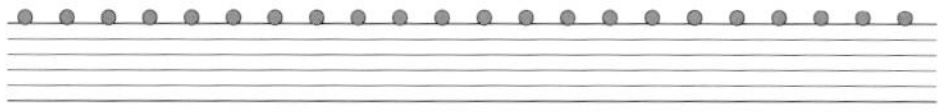

c 碱作为溶液中的反应产物
碱溶液干后在玻璃表面留下的反应

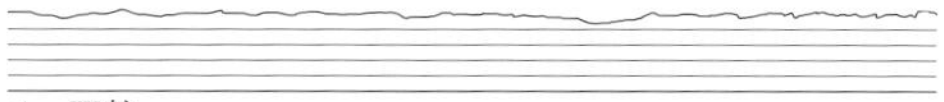

d 颗粒
碱造成（腐蚀）的玻璃横截面草图

图2.1.45 碱性腐蚀引起的反应

一种刚性连接。事实上，在玻璃结构中使用的层压玻璃和层压安全玻璃，在整个接触面都使用了胶黏剂。

胶黏接合能够很好地调节结构中的张力与压力，但是对剪力的作用却很弱，对这种性质应该加以注意。在多数的结构中，玻璃的自重都由机械固定件来承受，除非胶黏接合宽度相应地增加，但是这一方法的外形并不美观。

刚性胶黏接合需要使用硬化的玻璃板，这是由于刚性的连接不能容纳任何位移。另一方面，弹性的胶黏接合能够接受一定的变形。使用中玻璃与其他材料和胶黏剂之间必须相互匹配。

区分胶黏剂和密封剂是很重要的，因为两者是完全不同的。虽然密封剂也有黏结性，但是却不能替代胶黏剂在玻璃结构中发挥作用。

结构密封玻璃（SSG）一词显示了胶黏剂的一种使用方法，即将玻璃构件黏结到可调节框架上。这种框架使用机械固定件与支撑结构相连接。由于人们对玻璃的清洁性和清洁生产的要求较高，因此这种胶黏接合必须在干净且有特别规定的工厂条件下生产。对于那些传递荷载的胶黏连接来说，在胶黏剂没有充分起效之前是不能承受荷载的。用于黏结的玻璃表面的性质与胶黏剂的性质都对最终的连接有很大的影响。

如果匹配的材料不合适或者材料表面不清洁，那么即使是世界上最好的胶黏剂也不能发挥其作用。不仅如此，清洁剂和清洁方法的影响也不能低估，在设计过程中一定要将这些因素考虑在内。

出于外观的原因，现在流行更多地使用胶黏接合来代替机械固定件。窗户的中空玻璃构件有时是与框架黏结起来的。这种情况下要对与框架进行黏结的接触面特别注意。例如使用木质框架时，就需要考虑木材的纹路、状态、纹理和吸潮等因素。在使用塑料和金属材料时也有相似的问题。边缘密封的类型和中空玻璃构件中玻璃的类型需要互相匹配以便于进行黏结。用玻璃压条安装的中空玻璃构件与使用胶黏接合安装的中空玻璃构件在使用时有所不同。在玻璃和框架所组成的独立系统中所有的材料都要为了匹配其他的材料而进行调节。在这里不再有标准的玻璃构件了。

所有的黏结体系都有一个共同点，就是中空玻璃构件的边缘密封和层压（安全）玻璃的边缘都必须避免遭到破坏，例如受到永久潮气的影响以及在一些密封剂或其他材料中加入增塑剂。中空玻璃构件框槽内的潮气的积聚只是引起冷凝，影响玻璃的透明度，相比之下承重胶黏接合的问题更加严重，甚至会引发整个结构的损坏。

这种玻璃结构体系几乎只在几个特定的项目中才得到了应用。胶黏接合是机械固定件的一种替代，但是却要在设计、施工和维护方面投入更多。

清洁与维护

在显微镜下可以看到，玻璃表面是粗糙的。脏东西和水滴必须定期清除。倾斜玻璃比垂直玻璃更要求经常地清洁。玻璃必须用一定量的水来清洗，以保证灰尘和脏物在玻璃表面不会因干燥地划来划去从而造成对玻璃的损害。必须对玻璃进行很好的润湿后再擦去脏物颗粒。宽阔尖锐的刀锋只可以有限制地用来清除表面上顽固的脏物块。

无论如何，要避免大面积刮擦，因为这样会导致从粗糙表面（显微镜下观察）伸出的和沿着刀锋表面的玻璃颗粒被磨掉。由于刀锋被向后拉，这些锋利的硬颗粒在玻璃表面被来回摩擦会产生在直接光照下可见的、薄的、平行的、很浅的细缝划痕。情况严重时，这些划痕会影响通过玻璃的视野。

在清洁过程中，必须小心保证使用的湿布不会把干燥的灰尘颗粒和沙粒推到前面并在玻璃上产生划痕。因此，事先润湿玻璃是至关重要的。

建筑工地的第一步清洁必须特别小心仔细地进行，以确保灰泥或混凝土变硬的斑点不会在玻璃上产生划痕。

如果发生破坏，划痕的效果应当从1~2m的距离开始评估，要在分散的光照条件下始终从内部向外面看。直接照明和聚光灯会暴露更多的光学缺陷和损害，这些会阻碍正确地评估划痕。对建筑内部装配的玻璃进行评估也应如此。

通常人们使用侵蚀性的清洁剂来清洗框架。如果这些清洁剂残留在玻璃上，随之而来的雨水会再次激活侵蚀玻璃的成分。水平的玻璃比倾斜的或垂直装配的玻璃更容易脏。在这种情况下，积存着的水会引起渗滤（图2.1.45）。在水平设置窗户时，必须把这种化学-物理效应考虑进去。所用的清洁剂必须不会侵蚀密封和接缝。

自清洁

当讨论到玻璃的自清洁效果时，我们应该区分材料的疏水性和亲水性，前者使得水分形成单独的水滴，而后者使得表面的水形成水流并带走灰尘和污垢。莲花效应表示材料的表面对水分吸收程度很小，这是由于表面微小而排列紧密的表层结构引起材料的疏水性质。现在可以通过在玻璃表面镀膜获得亲水性从而达到自清洁的效果。在玻璃的生产过程中，光催化膜通常是以加热的方式应用在玻璃上的。钛晶体结构中的二氧化钛（TiO_2）具有在紫外线的照射下分解有机物质的能力。

由于玻璃表面的亲水性，水流带走表面所有的灰尘和污垢流向下水道。这与传统方法中使用大量的水冲刷玻璃表面的灰尘和污垢是同一个道理。

在玻璃表面镀上疏水膜能够减少其表面的灰尘和污垢。雨水落在玻璃表面形成水滴或是水流，而不是一层流动的水膜。这就使得玻璃表面仍然残存着大量的灰尘和污垢。在这里膜的厚度是至关重要的。当对玻璃进行处理以求达到自清洁效果的时候，一定要严格遵守制造商的使用说明，并且确保对于该膜所使用的密封剂是符合生产商批准的。如果有必要应该与生产商进行磋商。

实际工程中对于玻璃表面的清洁普遍使用的不是水，而是化学试剂。这些化学试剂能够有效地溶解玻璃表面的油脂和其他杂质，但是却不能去除试剂留下的痕迹。它们会在玻璃表面形成一层很薄的膜，在阳光的照射下呈现出朦胧的蓝色。

有人宣称微纤维布料能够去除砂土颗粒和灰尘，能够在不使用水的情况下清洁玻璃表面。但是这种清洁过程是通过干燥的布料和玻璃表面进行摩擦来实现的，会在玻璃表面留下擦痕。

面对这一问题唯一的解决方法就是使用大量的水对玻璃表面的灰尘和污垢进行冲刷。当清洁大面积的玻璃表面时还要考虑施工的时间，清洁地毯或木地板也是一样。玻璃是一种高质量的建筑材料，而这也是唯一适合的方式。如果需要，在施工过程的中间进行一次清洁，可以在对建筑没有安全影响的前提下使用大量的水一次性地清除大部分的灰尘和污垢。如果玻璃表面还不能清洁干净，在不能大量使用水时，刮痕和损坏就不可避免了。

对性能参数的影响

所有性能参数都是根据在标准中给出的规定尺寸决定的，并且受确定的外部环境的影响，与具体的构造有关。这些值用来作为产品描述的基础，因此，在设计过程中可以与其他建筑材料相比较。

在实践中，边界条件和尺寸与标准中所列的不同，这就会导致与理论值有较小的差异。例如，中空玻璃构件的"抽吸"作用对性能参数会产生影响，尽管这是暂时的。这些一般性的观察结果可以应用在许多建筑材料上，不只是玻璃。但这些影响在某些环境下在玻璃中更易观察到，也更复杂，更常见。必须防止"超精确的计算"。许多参数有助于整体地考虑不同影响下的变量，同时进行个案研究。但是，实际情况会与这些结果背离——这一事实通常只能在很晚的时候才能展现出来。

无框连接细部和转角细部在164～165页有很好的对应例子。玻璃结构的无框连接和转角不同的几何布置会使得理想边界条件（例如空气的循环）产生很大的差异，并对室内温度产生影响。即使是中空玻璃构件也不能改变玻璃这方面的性质。

玻璃设计——强度与承重性能

Wener Sobek, Mathias Kutterer, Steffen Feirabend, Wolfgang Sundermann

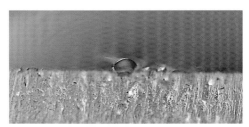

图2.2.1 抛光玻璃边缘破裂（显微镜下观看的断裂花纹）的成因，放大20倍

图2.2.2 玻璃表面上的格里菲思裂纹。这种破裂可以用钠蒸气来检验，是由于玻璃表面的磨损等原因造成的

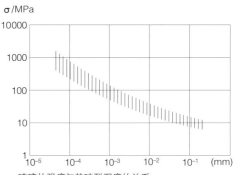

a 玻璃的强度与其破裂深度的关系

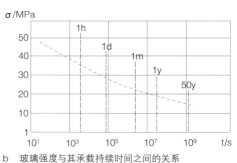

b 玻璃强度与其承载持续时间之间的关系

图2.2.3 玻璃强度的减弱

玻璃建筑

玻璃设计

近年来随着玻璃技术的不断发展，玻璃作为建筑材料已经日益普遍。由于玻璃的机械性能不断增加，与建筑学相关的性能得到了显著改善，因此这种建筑材料应用范围非常广泛。更值得一提的是玻璃作为结构工程材料的使用。

设计玻璃时需要对这种强度大而又具有脆性的材料的机械性能有足够的了解。由于它会表现出极大的弹性和无塑性，因此玻璃可以承受的最大应力是由裂纹、有缺口的边缘或裂纹顶端产生的局部应力峰值决定的。因此，玻璃的"强度"从材料参数看只具有有限的适用性。更重要的是可用强度、最大应力应当被理解为根据内在破损程度而变化的统计变量，当然，构件的大小也是如此。认识到这个事实可以使建筑业在设计玻璃制成的构件时，开发一些至今未知的方法；另一方面，还可以促进完善所有的设计原理。

围护或承载功能

像在汽车、容器制造和仪器工程等其他行业中一样，玻璃在建筑业的应用大多数情况是作为一种透明的或半透明的构件，在温度、声音等方面使室内外分隔开。玻璃在两个空间之间起过滤作用。建筑物的外墙装配玻璃可以防潮、减少热流动和阻隔声音传递，但是还可以允许一些可见光进入。

几年以前，大多数情况下玻璃在结构功能方面只充当不够重要的角色。这是因为，一方面，玻璃作为一种工程材料被忽视了很多年，使人们对其材料性能了解甚少，这种知识的缺乏意味着利用玻璃作为主要和次级构

件是绝不可能的。另一方面，玻璃被人们列为"特别脆弱"的材料，因而被认为承载力弱。随着较大玻璃的使用越来越多，应用领域也在不断扩展，再后来玻璃可以不限制上人，此时人们才开始将玻璃作为承重材料对其进行更细致的研究。同时，我们有必要研究通过哪些方式对具有单一结构性能的玻璃进行开发，使其作为结构构件或作为结构系统的一部分。尽管我们在理论和实践上已经取得了一定进展，但是仍不能将所有的关系都研究到。

材料

微结构及断裂性能

玻璃是通过将二氧化硅、碱性氧化物和碱性土氧化物的混合物加热超过1100℃而得到的。这种熔融体的特点是其无定形的凝结，即不形成任何晶体结构，而正是由于这种无定形的结构使得玻璃没有固定的熔点。温度升高时玻璃变"软"，而当温度下降以后变得越来越有黏性。

玻璃的这种结构性质与液体和熔融材料有几分相似，这些材料和玻璃一样性质不随方向而改变。因此玻璃也被称为是一种过冷液体。大多数类型的玻璃的转换点，即从固态转变到熔融态的熔点都在600℃左右。由于具有强大的原子结合力，所以，有完整微结构和十分光滑表面的玻璃具有很好的机械强度。但是，在玻璃主体内对微结构的破坏以及表面的裂口和划痕会产生格里菲思裂纹（图2.2.1），在将机械力施加于玻璃上时，会产生极高的应力值。

玻璃与许多其他材料不同，不能利用塑性变形的方法使这些应力转移。在边缘或钻

孔周围的表面裂纹是不可避免的，在建筑物的各种构件中，只有一小部分材料的强度被利用到了（图2.2.2）。在超过"临界（拉）应力"时，在缺口或焊口的尖端就开始出现裂纹。在某些情况下，这种增长幅度很小，且中间会有一些停顿。

在断裂处的机械性能方面，这种缓慢或"稳定"的裂纹增长幅度被认为是亚临界的，主要由负荷的持续时间决定。短期的负荷会产生比长期负荷更高的允许应力。亚临界的裂纹增长受裂纹顶端的化学反应的影响，例如，外界环境湿度大会促进爆裂，但是还要注意其他"裂纹弥合"效果。一旦超过临界裂纹增长速度，裂纹就变得"不稳定"了，即扩展过程快速加剧，这会导致玻璃构件突然爆裂。由于亚临界裂纹增长随着长期的机械荷载而增长，在裂纹顶端发生化学反应后，必须从实质上把使用多年的构件的最大实际应力值降至在短期测试中决定的值以下（图2.2.3）。

表面结构

因在施工过程中会产生多种荷载，玻璃构件须在整个生命周期内承受各种机械力，如刮擦、清洁、风蚀等的破坏（图2.2.4）。而且，机械的或化学的处理方法，如切割、打磨、喷砂、酸蚀、镀膜或印花等，也影响玻璃表面结构和它的强度。在玻璃边缘，特别是钻孔的边上，会产生更严重的内在破损，随后的抛光也不能对此做出弥补，因为抛光不能充分接触玻璃产生断裂的地方。

为了抵消（"超压"）玻璃表面的裂纹，可以采用对其预先施加压应力的方法（见88页"预应力"）。合适的预加压力能够减弱由外界引起的拉应力或拉伸弯曲应力。因此玻璃表面的裂纹扩展得到了控制，而玻璃的可用长度也得到了增加。在生产过程中增加外力或使用加热和化学的方法能够在玻璃表面预加压力。

在现代生产过程中，由钠钙硅酸盐玻璃制成的浮法玻璃被大量应用到建筑工程中，这种基本的玻璃产品展示了平滑没有扭曲的建筑表面。根据DIN 1294-3中的规定，浮法玻璃被认为是抛光的平板玻璃。

在浮法玻璃的制造过程中，熔融玻璃从锡池中连续流入并漂浮在相对密度大的锡液表面上，成型的玻璃在空气和锡液两面都形成高质量的表面。在后续制造层压安全玻璃的过程中，有时就需要注意这些表面（空气面和锡液面）。例如当使用SGP夹层材料时，锡液面经常与夹层粘在一起，而为了改良热工性能和辐射反射性能则应在空气面镀膜，这样就能避免最终的镀膜玻璃出现颜色不均匀的现象。玻璃靠锡液的一面在紫外线的照射下会呈现出轻微的乳白色，可以以此来区分玻璃的两面。

浮法玻璃的高温回火使得玻璃的表面出现细小的褶皱。这是在使用圆筒或滚筒将玻璃从高温炉中取出的时候，由于玻璃表面的迅速降温而引起的微小褶皱。除此之外，由于使用强劲的冷空气来给玻璃降温，会使玻璃表面局部压缩，因此在特定的光照条件下，能够看到玻璃板表面的暗斑。

强度

正如已阐述的，玻璃建筑构件的可用强度不是纯粹的材料性能，而是一个与玻璃表面（包括边缘和钻孔）的破损程度有关的变量。只有利用统计方法进行的设计才允许由机械荷载产生的局部应力与临界内在破损（裂纹深度）是一致的。

基于断裂可能性的相应设计方法已在众多相关的实际案例中得到运用。微观裂缝的大小和分布在这里起了关键性的作用。断裂测试评估的方法把这一点表现得十分清楚。即使玻璃刚刚离开生产线也会表现出各种强度，但一般都相对较高。直到安装时和在结构的生命周期过程中，玻璃的表面破损才会"积聚"，这样玻璃形成临界裂纹的可能性会上升。因此，有内在破损的玻璃具有较低的平均强度，还有比直接从工厂出来的更狭窄的统计分布。

同样的关系也适用于观察（测试）表面的大小：尽管通常使用全新的玻璃用于玻璃强度的试验测定，但是，最好在评估强度预测值的可靠性时，检测一下有内在破损的老玻璃。

如果内在破损是真实的，即与大多数不想看到的表面破损相一致，那么这些测试会产生较真实的强度指数。平均值一般较低，但分布也狭窄（图2.2.4）。长时间增加表面破损所产生的玻璃构件强度的降低，必须与由于上面所述的永久荷载产生亚临界裂纹增长所造成的强度降低区别开来。

-    < 0.01 mm, 45 MPa
-    0.01 mm, 40 MPa
-    0.02 mm, 35 MPa
-    0.05 mm, 30 MPa
-    0.10 mm, 25 MPa
-    > 0.10 mm, 20 MPa

a 不同玻璃表面破损的分布图

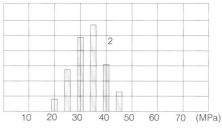

b 断裂测试确定的老化玻璃的强度频率分布图

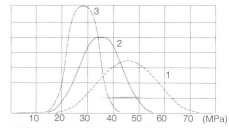

c 断裂测试确定的正常的强度分布曲线

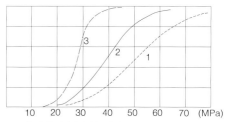

d 累加频率曲线（分布的累加）

1 新玻璃
2 老化玻璃
3 带有内在破损的玻璃

图2.2.4 由于表面破损引起的玻璃强度分布统计图

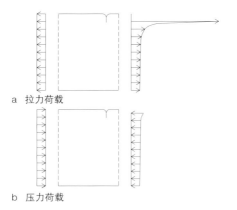

a 拉力荷载

b 压力荷载

图2.2.5 在拉力荷载和压力荷载作用下，开叉玻璃的
应力分布

a 钢化安全玻璃　　b 半钢化玻璃　　c 化学钢化玻璃

图2.2.6 不同预应力玻璃的应力分布

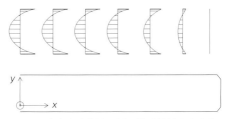

图2.2.7 玻璃边缘或钻孔侧面放射状的应力分布

a 普通（退火）玻璃

b 半钢化玻璃

c 钢化安全玻璃

图2.2.8 各种玻璃的断裂花纹

预应力

裂口和碎片（当然只是在玻璃表面受张力影响时），会导致上面所说的裂纹蔓延。单纯受压的玻璃情况就会好很多（图2.2.5）。玻璃表面一旦发生拉应力，玻璃构件的可用强度或最大应力只能通过事先预压表面的方法来提高。预压应力会使玻璃表面的裂纹和破损出现"超压"。裂纹的上部边缘仍然是闭合的。于是，在预压的玻璃板中，构件或其表面的拉应力首先会引起预应力的降低。只有在受拉表面的预压应力被完全抵消的情况下，玻璃才会发生拉应力。因此，玻璃构件可用（抗拉）强度只能通过精确增加表面预压应力来提高。

利用所谓的机械预应力，可将玻璃的整个截面超压缩。这可以利用如沙囊（恒载）或弹簧装置等手段压缩玻璃来实现。通过热或化学方法施加预应力，会在玻璃表面产生预压应力，而拉应力则出现在玻璃中间。拉力与压力是平衡的（图2.2.6和图2.2.7）。

对于热钢化玻璃，已切成最终尺寸（如有需要，已钻孔）的玻璃，首先被加热到620℃，然后，在冷风的作用下淬火，在此期间，外层表面立即硬化但内层的核心仍然很热。在后续冷却过程中，核心有收缩的趋势（实际上同其他所有建筑材料冷却时的情况一样），但已经硬化的表面会妨碍这一过程的进行。随后发生的限制意味着核心会有预拉应力，表面有预压应力。

生产工艺对钢化玻璃的内部应力水平会产生一定的影响。应力分布主要受数量、温度和冷空气流动的影响。根据玻璃内施加的热预应力的程度，可将玻璃分为半钢化玻璃和钢化安全玻璃。钢化玻璃表面的最大压应力是$90 \sim 120 N/mm^2$，半钢化玻璃的最大压应力是$40 \sim 75 N/mm^2$。应力在这些玻璃的边缘分布更大一些。从钢化安全玻璃向半钢化玻璃的过渡特点是断裂花纹形式有显著的变化。在断裂时，钢化安全玻璃比半钢化玻璃具有更小的碎片。一块玻璃产品应被归类为钢化安全玻璃还是半钢化玻璃，还要根据在指定范围内断裂玻璃碎片的数目来确定（见表2.1.14）。

钢化安全玻璃有可能因为硫化镍杂质的膨胀而造成破损。这些杂质的含量很少但却能造成材料突然间的断裂，特别是在玻璃的拉应力区域。为了减少这种断裂的可能性，

钢化安全玻璃可以在生产后再次加热（见64页"热浸热钢化安全玻璃"）。在这个过程中要将玻璃放在炉子中至少四个小时，将其加热到290±10℃的温度（根据DIN 18516的规定）。在德国，经过这种处理的玻璃板被贴上ESG-H的标志。

如果是用化学方法强化的玻璃，表面的预压应力可以达到$300 N/mm^2$，但是这只能在划痕轻易就可以穿透的很薄的边界层发生。通过化学方法施加预应力主要适用于很薄的玻璃板。

耐用性

玻璃由于含有丰富的硅酸盐成分，因此对很多物质都表现出良好的化学抵抗性。因此，建筑中所用的钠钙硅酸盐玻璃对于酸和碱具有很强的抗腐蚀性，但可以微溶于水，在不好的环境下，如在雨水积聚的水平玻璃上，会由于碱的渗滤而导致"结雾"。在存留水或永久受潮的地方，钠离子会首先从玻璃微结构中渗滤出来。碱性环境会加剧这一过程。

盐酸对玻璃的侵蚀很严重，这也是为什么常常使用盐酸来制造无光泽的效果（酸蚀）。在玻璃构件的安装过程中，由于新搅拌的混凝土和砂浆的碱含量很高，应该避免玻璃与这些物质的接触。因为玻璃可能被飞射的火花所损坏，所以应该避免在玻璃的周围进行焊接作业。

再循环

对玻璃进行熔化不会使其质量有任何损失，这一特性使玻璃成为理想的再生材料。破损的玻璃（玻璃碎片）可以在生产过程中加入到玻璃熔液中。为了保证质量和纯度，并不是所有的碎玻璃都能够再循环生产玻璃。然而，使用碎玻璃来制造泡沫玻璃或玻璃棉能够节约能源和原材料。

构造细部

与大多数建筑材料一样，玻璃构件只能以预制的形式被生产、运送到工地，并以限定的尺寸在现场安装。在施工现场玻璃构件或者单独安装到承重结构上或者连接起来形成一个紧密的自支撑结构。在此过程中，玻璃构件必须在保证过滤和密封功能正确发挥的情况下连接起来。由于材料的透明性，接

合处的不连续性是特别明显的，所有构造细部都要认真处理。

应力的传递

玻璃的固定件和玻璃构件之间的承重连接件会在玻璃的边缘或主体上产生力。为了避免产生额外的应力峰值，必须保证应力传递区域总是具有一定的最小尺寸。

无论如何，一定要在玻璃结构中避免因无意识的与其他表面坚硬的构件（钢、玻璃）的接触或在支撑处发生扭曲而产生局部应力峰值。玻璃构件传递应力的机制和相关的典型断裂形式将在下面进一步阐明。

接触

只有在压力垂直作用在接触表面时，才可以通过接触传递力（图2.2.9）。预压力接触表面能容纳外部拉力直到将预应力中和掉。接触表面的大小必须保证发生在应力传递区域的应力能够保持足够低。如果使用了坚硬的支承件（玻璃与钢或玻璃与玻璃接触），或者必须容纳位移或者构造的或几何的不足之处时，插入一个弹性衬垫就非常有必要了。

由于压力荷载导致接触材料自身损坏，或者因为振荡或严重变形，接触表面彼此之间错位（如弯曲的玻璃从玻璃压条中滑落），只有在这两种情况下接触固定件才有可能损坏。

摩擦

玻璃构件中的力可以通过摩擦传递，即两个接触表面的微观表面不足之处的机械互锁连接（图2.2.10）。轴向力和可以利用摩擦传递给玻璃构件的推力/剪力之间的关系大致是线性的。由于玻璃不能直接放在钢表面上，插入的衬垫的弹性和疲劳强度对摩擦点的质量来说是至关重要的。插入的缓冲垫可以是软金属材料（纯铝、软退火铝）、塑性材料（硅树脂、三元乙丙橡胶）或由天然材料（软木、皮革、纸板）制成的产品。所有这些材料在使用时都必须在应力限制曲线的弹性区域内保持稳定。

摩擦连接可能因为以下原因而失效：接触表面摩擦性能的改变可能会导致玻璃从固定件中滑出；潮气渗透或夹紧力减弱会降低摩擦力，夹紧力减弱的原因有很多，如层压安

全玻璃的夹层发生蠕变，或者夹固板或夹紧杆的预应力松弛等。外部拉力是另一个引起玻璃从固定件中滑出的因素。

玻璃断裂的原因可能是与太坚硬的固定件的连接发生热膨胀，或者对过软、过硬或形状不适宜的夹固板来说夹紧力过高。

材料的结合

力还可以通过把两个玻璃构件或把玻璃与框架构件结合到一起的方法来传递。这种材料的结合可以通过熔接（玻璃与玻璃）或焊接（金属与玻璃）方法实现，过去用在中空玻璃构件等的全玻璃边缘密封上。但是现在熔接和焊接不再用于建筑承重玻璃构件。这是因为在制造过程中和安装以后，待连接的构件温度应力分布不均，这样会导致几乎无法克服的问题发生。

胶合是最通用的将材料黏结到玻璃结构上的一种方法。这种黏结可以是整个材料表面也可以是线性的或分散的点，前者的例子是层压玻璃或层压安全玻璃的生产，后者的例子是中空玻璃构件的生产和结构密封玻璃立面的安装。在胶黏接合中，力是以附着或结合机制为基础，垂直或水平地传到连接表面上的。物质分子之间的分子引力通常叫作聚合力。不同物质分子之间的交互作用也是可能的，这就是我们所说的物质的黏结。玻璃构件的胶黏接合通常都具有相对较大的接触表面，并使用弹性胶黏剂。在多数的胶黏接合中，力的传递是明显受到温度、湿度以及荷载持续时间影响的。这样的连接通常遇火会失效。

使用胶黏接合的全玻璃立面被称为结构玻璃（SG）和结构密封玻璃（SSG）系统，这样的立面都使用胶黏剂（通常是硅树脂）来承受风荷载。有些这样的立面系统在德国受到了建筑主管部门的嘉奖。为了保证这些胶黏接合的性质，对在可控工厂条件下生产某些表面之间的连接进行了规定，例如玻璃和金属铝。

与欧洲的大部分国家和美国不同，在德国超过8m的玻璃板必须增加机械固定件。由于很多建筑管理部门反对这种玻璃立面系统的使用，在德国到目前为止这种形式的结构很少被采用。除了玻璃与金属铝的黏结，建筑性能和减轻自重等方面的考虑促进了在玻璃胶黏接合中使用玻璃纤维增强塑料

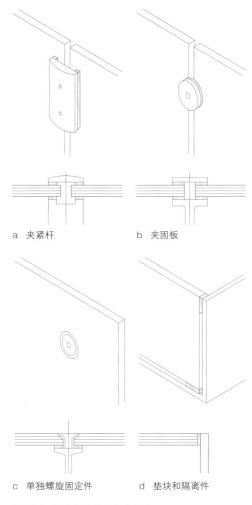

a 夹紧杆　　　　　　b 夹固板

c 单独螺旋固定件　　d 垫块和隔离件

图2.2.9 通过直接接触传递应力

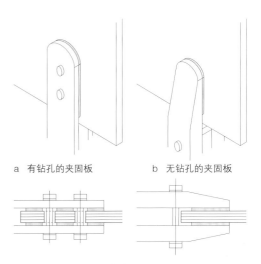

a 有钻孔的夹固板　　b 无钻孔的夹固板

图2.2.10 夹固板通过摩擦传递应力

图2.2.11 "斯图加特玻璃罩"，轻型结构和概念设计学会（ILEK），斯图加特大学

（GRP）的研究。对玻璃胶黏剂的研究还包括对没有（金属）紧固件的结构进行测试。平接胶黏接合的最小宽度为玻璃设计和结构提供了一条新的路径。主要的金属固定装置可以去掉，使用平接胶黏接合的玻璃板的线性支撑保证了力以一种适合于材料的方式进行传递，特别是在拱形结构和壳体结构的建筑中（图2.2.11）。

对于胶黏剂最新的研究和发展主要围绕着以下四组材料展开：聚氨酯、丙烯酸酯、硅树脂和环氧树脂。实际工程中硅树脂胶黏剂是最为普遍使用的，但是其强度却相对较低。除了在高强度、更好的耐久性和可使用性方面的研究之外，胶黏剂的透明性也同样重要。黏结系统的高透明度有助于建筑外围护结构的进一步隐形。

另一个重要标准是玻璃与胶黏剂完全不同的热膨胀性能，这能够引起胶黏接合产生巨大的应力，甚至最终造成连接失效。胶带的使用及其与液态胶黏剂相比的优缺点也是最近所研究的课题。半刚性胶带多用于夹紧的玻璃栏板和钻孔固定件的荷载转移区域。通过注射和填充，这种连接能够弥补装配误差和建筑设计的不精确。胶黏剂硬化后就形成了结构连接。其缺点在于这种连接只能容纳很小的变形，因此在某些情况下会产生约束应力。

接触表面准备不充足或所用材料不兼容常常会导致胶黏接合失效，如PVB与某些硅树脂之间的连接。胶黏接合尤其会受这两个问题的影响。用硅树脂胶黏剂连接到其他构件上的玻璃，只要用手接触玻璃表面就足以降低胶黏剂的结合力。热膨胀会给用坚硬的胶黏剂制成的连接增加过大的负荷。

连接

装配玻璃构件必须利用胶黏剂、密封垫圈等在边缘处连接到一起。连接意味着仅仅是产生功能性的联系，即，构件自身不得不具有的许多功能在结构必需的连接处也必须得到满足。因此，最好的装配玻璃是连接处不但具有相同的水密、气密以及隔音功能，同时，还像玻璃本身一样是透明的。然而，这实际上是不可能在实践中实现的；连接总表现出薄弱点，即在不透水性、热传递或力的转移等方面都较弱。

以下原则适用于密封连接。

接触密封

玻璃表面的密封通常是利用由永久性弹性材料制成的预制密封衬垫来实现的（图2.2.12）。我们将其分为固体衬垫和唇形衬垫两种。

接触面的不透水性要求在玻璃和密封衬垫之间以及光滑的玻璃表面之间有一定的接触压力。一般来说，密封衬垫是以利用径向叶片接触而不是完全在表面上接触的方式来成型的。

通过叶片的变形或利用玻璃表面叶片的滑动可以容纳吸收玻璃的变形。叶片必须保持永久弹性，并拥有一定的回弹力，这样，它们在没有削弱密封效果的情况下，就能容纳玻璃的变形。叶片的准确排列与玻璃的大小和厚度有关。较厚的玻璃有较大的厚度误差，设计叶片时必须让其能容纳这种误差。

腻子

使用在框槽中添加腻子的传统固定方法，可以完全利用腻子/玻璃界面的接触来实现密封（图2.2.13）。连接处相对较硬，这意味着在实践中，腻子会出现细小的裂纹，导致通过毛细管作用吸收潮气。装配误差和建筑设计的不精确性可以利用现场填充腻子来弥补。腻子连接可以传递压力，但不能传递拉力。这种连接只能容纳很少的相对变形。

胶黏密封

在连接处的整个长度和宽度应用胶黏剂，无须使用外部接触压力就会产生一个密封的连接（图2.2.14）。连接是以胶黏剂为基础的，因此在拉力荷载的作用下也能发挥作用。胶黏剂也能传递力（见89页"材料的结合"）。连接处的回弹力可以通过选择胶黏剂的弹性和接缝的宽度来控制。玻璃构件之间的移动发生在胶黏剂的延长方向或者与连接交叉的方向。如果预计有大的变形发生，应该在连接的上部黏结合适的弹性衬垫。

搭接

搭接，如玻璃瓦搭叠或迷宫式密封的搭接，只能抵抗非静水压力或降低空气流速（图2.2.15）。由于构件之间不需要接触，即使是相对较大的运动也可以适应。因此，这种密封是灵活结构理想的防雨材料，也可在建筑不同部分之间作为伸缩缝使用。

装配玻璃

装配玻璃体系的特点是材料与条件特定，玻璃正是在这些特定的条件下插入框架中或其他承载构件中，单独构件的功能也正是在这些特定的条件下定义的。在这里，玻璃在框架中插入的部分叫作框槽。这个框槽或者是使用密封剂进行填充，或者是设计成用来通风和排水的开放形式。

装配玻璃原理

装配玻璃分为以不同方式相互连接的四个主要的功能性构件：

· V ——装配玻璃构件：单层玻璃板，中空玻璃构件，包括有进一步整体功能的带有框架的封闭构件，如遮阳、隔声、提供私密性、透明隔热、带光电材料等。

· T ——承重结构：玻璃板和装配玻璃构件固定到其上，所有荷载也转移到其上。

· B ——固定件：传递荷载的构件。

· F ——连接：含密封的构件。

把这些构件联合起来的主要可能性包括：

结合功能

——如经典的干镶玻璃窗布置

两个功能链紧密地相互连在一起，不能分开安装或单独拆除（图2.2.16）。

密封功能链：V F B F V

承重功能链：V–F–B–T

双重功能

——如结构密封玻璃

固定件和密封构件是同一个，即硅树脂同时发挥两种功能（图2.2.17）。

密封功能链：V–FB–T–FB–V

承重功能链：V–FB–T

分离的功能

——如点驳件

功能被分开，可以分开安装或拆除（图2.2.18）。

密封功能链：V–F–V

承重功能链：V–B–T

铅条镶嵌玻璃窗

带有铅条的玻璃窗代表了一种用较小的手工制作的玻璃片生产更大的互相黏结的玻璃的古老工艺（图2.2.19）。独立的玻璃片被插在工字形铅条内，然后轻扣使其就位。装配玻璃的牢固性取决于玻璃片的搭接量以及是否充分嵌入，有时可以利用后续添加腻子来改善。

腻子嵌条填充的框槽

另外一种传统的装配玻璃工艺是在腻子嵌条的帮助下，将玻璃嵌入一个排水框槽中（图2.2.20）。框槽或者是含有框槽的木材，或者是一个压铸/挤压的金属框架，还可能是塑料的或其他成分的框架。

为安装这种装配玻璃，首先要把玻璃定位和固定，然后用腻子嵌条填充框槽。这种方法用于简单的、不十分复杂的工作间和温室的装配玻璃已经多年了。填充薄的小规格玻璃很便宜，易于修理。

这种装配玻璃可用作填充板，腻子连接托住玻璃，同时起到密封的作用。人们一次又一次，但始终或多或少以经验为主地和直觉地用玻璃来支承支撑构件。

玻璃压条填充的框槽

铅条镶嵌玻璃窗和腻子嵌条填充的框槽发展的下一步就是将固定功能和密封功能明确地区分开（图2.2.21）。因此，为了保证将玻璃安全地固定在支撑结构上以抵抗风吸力，引进了玻璃压条。这不可避免地导致内部和外部密封平面之间产生差别，因此就出现了有覆盖物的框槽。我们将其分为有密封材料的框槽和没有密封材料的框槽。填充密封材料的框槽今天只能在单层装配玻璃中见到；不填充密封材料的框槽是所有其他类型装配玻璃的标准。它们总是有一个通道可以控制水（雨水、冷凝水等）从框槽中排出。

带压入式夹紧杆的干镶玻璃窗格条

随着玻璃从传统的窗户向现代的建筑物立面的演化，即从穿孔立面到幕墙的演化，我们发现了安装在支撑结构上的特殊干镶玻璃窗格条（图2.2.22）可以取代框架（有玻璃压条）使用在砖结构上。这使得大面积使用玻璃成为可能。为代替玻璃压条，我们现在使用的是一种夹紧两块邻近的玻璃的压入式夹紧杆。

用夹紧杆装配的玻璃通常采用预制的永久性弹性硅树脂或三元乙丙橡胶衬垫，或其他与这两种材料密封性相当的合适的材料。

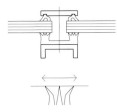

图2.2.12 接触密封：为便于结构活动，叶片可以滑动和变形

图2.2.13 腻子嵌条：仅允许有限的活动

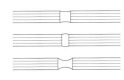

图2.2.14 永久性弹性胶黏剂（硅树脂）的密封：为便于活动，对材料进行压缩和拉伸

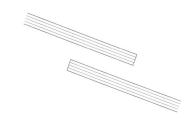

图2.2.15 搭接：自由活动，密封性有限

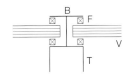

图2.2.16 结合了压入式夹紧杆的功能

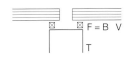

图2.2.17 结构密封玻璃中硅树脂接缝的双重功能

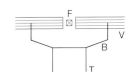

图2.2.18 与单独固定件分离的功能

图2.2.19 铅条镶嵌玻璃窗

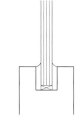

图2.2.20 腻子嵌条填充的框槽

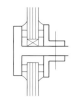

图2.2.21 玻璃压条填充的框槽

图2.2.22 带压入夹紧杆的干镶玻璃窗格条

夹紧杆将衬垫紧压在玻璃表面。密封设计中设计的唇形或长条的叶片能够防止渗水。

大面积装配的玻璃必须区分垂直和水平的接缝，并将这些接缝结合在一个普通的排水系统中，这个排水系统面向外部空气开放，可以朝外排水。在水平的连接处，玻璃必须支撑在架高的垫块上，以维持排水通道畅通。相应的结合处必须在转角和横截面处进行预制。

中空玻璃会有更多的差别：夹紧杆必须同玻璃格条进行热隔离。可开启窗的活动构件、合页和把手，通常要结合到装配玻璃系统内的固定框架中。

两侧都不带夹紧杆的线性支撑

在某些水平的或垂直的装配玻璃系统中，玻璃只能在两边支撑。无支撑的边缘可以通过填充硅树脂来密封。层压安全玻璃必须要保证只使用与PVB兼容的硅树脂，或保证PVB夹层利用合适的边缘胶条与硅树脂隔离开。如果使用这种胶条，胶条产生的气隙必须被疏通，否则，潮气积聚可能会导致沿着边缘的PVB夹层"结雾"，然后PVB和玻璃之间的黏附力就会丧失（分层）。中空玻璃应该使用两个密封的玻璃板，并在两侧的边缘胶条上增加硅树脂连接。同样，胶条产生的气隙必须被疏通。

在某些类型的结构中，玻璃四边都有支撑，但是，在某几个点，却用夹紧杆或夹固板将玻璃向下压（防止风的抽吸作用），也就是使用两个结构系统，一个承担风的抽吸力或其他向上的荷载，另一个承担风的压力、恒载或雪荷载。

边缘独立支撑

玻璃边缘支撑构件和螺旋夹紧杆尺寸的不断缩小，最终导致玻璃板只在边缘几个独立的点上有固定件支撑（图2.2.23）。这一设计要求独立的边缘固定件在承担平面内作用（平行于玻璃）时使用狭窄的垫块支承托架，而在承担平面外作用（垂直于玻璃）时使用夹固板。无支撑的边缘不能传递力，但是这些边缘必须是密封的。

独立钻孔固定

这种方式是在玻璃本身的钻孔中插入螺钉或螺栓来固定玻璃板（图2.2.24）。在这种固定方式中，承重功能（固定）与密封功能是分离的。独立的固定件由玻璃的平面承担，密封功能则在无支撑的边缘上。这种有意识的功能分离使得两者都被大大优化，因此使设计师有了更大的设计自由。当然，在固定件处的密封的质量一定要与沿着无支撑边缘的密封质量相同。

除了众所周知的点式固定体系，还可以使用扩底式锚固方式（图2.2.25）。与现有的点式固定玻璃构件的体系相比，扩底式锚固只在玻璃上钻一个很小的孔。以这种方式进行固定降低了玻璃在固定件处的密封和冷桥问题发生的几率。胶黏点式固定现在正在研究当中，目标是避免在玻璃上钻孔。

胶黏固定

胶黏固定是玻璃板通过胶黏剂固定到支撑结构或框架上，无须插入夹紧杆（图2.2.26）。术语"结构玻璃"或"结构密封玻璃"是指胶黏接合具有承重功能。这里必须强调的是结构玻璃的连接处应当只能承担短期的荷载，如风荷载、地震荷载等。结构玻璃系统的玻璃自重必须由机械固定件（通常是隐藏的）承担。

在单独玻璃板之间采用胶合平接的方式中，胶黏接合本身就具有保持、传递力和密封的功能。这种平接的方式保证了玻璃板是沿着其边缘被支撑的，也就是线性支撑（图2.2.27和图2.2.29）。这样的结构布置下玻璃板之间的荷载通过薄膜作用来传递。在受压的承重体系中，特别是在拱结构和壳体结构体系中，这是一种符合玻璃和胶黏剂各自的性质的结构原理。

填片密封嵌镶

玻璃格条、压入夹紧杆及其相关的密封装置可以由一个预成型衬垫取代，这种衬垫包在玻璃构件外，在现场通过互锁方式或胶合方式连接到支撑结构上（图2.2.28）。这种衬垫通常是由具有永久性弹性的合成材料制成的。这种连接方法已经很好地确立起来并广泛用于汽车工业挡风玻璃的固定中。在建筑业中，这种方法偶尔用于建筑立面。与汽车相比，在建筑中使用这种衬垫需要有很长的使用寿命，这意味着必须保证良好的排水。

水平装配玻璃

玻璃表面的坡度十分小，如果四边都使用夹紧杆，就会阻碍雨水的排出，这样的玻璃我们称之为水平装配玻璃。由于存水的腐蚀作用，完全水平的装配玻璃很少使用。推荐最小坡度为1°～2°，这样，水就可以以事先安排好的控制方式流走。

装配玻璃表面的任何一点都不应有任何障碍物，以利于水的流走。与水流方向垂直的盖缝条应当沿着上部边缘被压平，这样就不可能有大量的积水。如果这一点不可行，应当省去与水流方向垂直的盖缝条。在这种情况下推荐的解决办法是使用在两边连续支撑的玻璃，盖缝条与水流方向平行，硅树脂胶黏接合与水流方向垂直。单独的固定件不能妨碍雨水流走。

受正常天气条件影响的坡度小于10°的装配玻璃不能保证足够的自清洁效果，灰尘、脏物、落叶会停留在玻璃表面。但使用印花或毛面散光玻璃可以大大降低"脏"玻璃的负面印象。

在玻璃表面添加一层抵抗污垢的膜就能够有效地改善其沾污性能。这些膜都是具有疏水或亲水性质的。其中亲水性的膜往往发挥其光催化效应来去除玻璃表面附着的有机杂质。由于其表面的张力很小，降雨时能够在玻璃表面形成很薄的一层水膜，进而冲刷掉原本残存的污垢。

镀有疏水性膜的玻璃表面上的水分聚集成单独的水滴。其中的道理与自然界中莲花的叶子和花相同，表面布满了粗糙而具有疏水性的物质。其表面的巨大张力使得水分迅速凝聚成水滴，从而非常轻易地去除表面的

灰尘和污垢。这种被称为莲花效应的原理被应用到很多的立面构件上。然而，这些膜的耐久性目前还很有限。

中空玻璃构件

工程中应该重视中空玻璃构件中边缘密封对紫外线的抵抗。边缘密封主要用于隔绝水蒸气和气体扩散，其主要任务是防止外界湿气的渗入和空腔内气体的散失。最普遍的方法是使用人造聚异丁烯橡胶和丁基合成橡胶。这种方法需要将与玻璃和金属都有很好的黏结性的橡胶衬垫挤压到涂有干燥剂的金属隔离件的两侧（不锈钢、铝材），并将其压实。在隔离件的背面和玻璃板之间进行第二道密封，以达到密封的效果。硫化物和硅树脂密封剂是二道密封的理想材料。硅树脂具有抗紫外线的性能，但是其气密性不好，这会使向中空玻璃构件中填充惰性气体失去意义。现在具有气密性的硅树脂正在研究和开发中。

另一方面，使用硫化物密封剂的中空玻璃构件虽然具有气密性，但是却容易受到紫外线的影响。所以要对边缘密封进行覆盖，但如果使用盖缝条进行覆盖的方法由于结构和建筑的原因不可行，就可以使用印刷或相似的方法保护边缘密封不受紫外线的影响。

如果使用硅树脂对中空玻璃构件的接缝进行填充，那么在黏结处应该设置暂时的背衬材料和边缘胶条。如果中空玻璃构件中使用的玻璃是层压安全玻璃，就要求保证所使用的硅树脂与内部的夹层（通常是PVB材料）兼容。如果不能满足兼容性的要求，就应该在PVB夹层和硅树脂之间增加合适的边缘

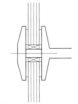

图2.2.23 边缘独立支撑

图2.2.24 独立钻孔固定

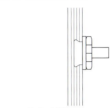

图2.2.25 扩底式锚固

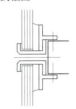

图2.2.26 胶黏固定（结构密封玻璃）

图2.2.27 胶合平接

图2.2.28 填片密封嵌镶

图2.2.29 "斯图加特玻璃罩"，轻型结构和概念设计学会，斯图加特大学

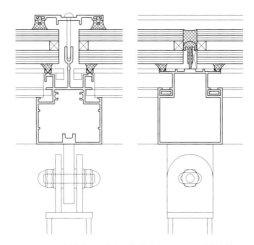

图2.2.30 水平装配玻璃，管理大厦，圣日耳曼昂莱
建筑师：Brunet & Saunier，巴黎

图2.2.31 木框架中中空玻璃的通风框槽

胶条。如果在中空玻璃构件中决定使用硅树脂材料，那么就要确保连接处两边的边缘密封和PVB夹层都不会受到冷凝水和雨水的影响。而这在现实工程中并不容易达到。中空玻璃构件应该使用两道密封，硅树脂的两侧都要贴上边缘胶条，并且要避免由胶条所造成的气隙。

当气密性十分重要时，在连接底部设置开放的排水框槽是最好的选择，也更适用于两侧黏结的情况（图2.2.30和图2.2.31）。

安全与设计

变形与应力的计算

玻璃是一种在建筑典型的温度下表现完全弹性的一种材料。尽管玻璃常常被认为是一种过冷的液体（见86~87页"材料"），它的黏度很高，以至于在实际建筑中，生命周期内不会发生流动。因此，玻璃表现出没有蠕变，没有张弛（表2.2.1）。

第一顺序理论（其中结构性能被认为是线性的）常常被用来计算受外力影响的玻璃板的内力。也常常基于这种理论计算两边支撑的矩形玻璃上的外力产生的应力；对于四边上支撑的矩形玻璃的应力，可以从表格或巴赫（Bach）方程中查得。圆形和三角形玻璃的表格也可以查到。最近，玻璃板还常常用有限单元法（FEM）进行分析。

根据第一顺序理论计算的较大玻璃的应力通常比第二顺序理论（其中同时还考虑几何非线性）给出的要高一些，因为在后一理论基础上计算时，要考虑玻璃中的薄膜效应——膜通常具有较低的弯曲应力。这些薄膜效应对玻璃设计十分有益，但是在第一顺序理论中不考虑。因为拉伸弯曲应力对玻璃设计通常都是十分重要的，因此根据第一顺序理论计算会导致玻璃厚度较大。

由于在荷载转移点承重和应力情况复杂，在这些点人工计算应力分布实际上是不可能的。因此，使用有限单元法既有变化又是惯例，不但适用于检查力转移问题，而且还适用于分析和设计完整的玻璃构件。在将有限单元法应用到玻璃设计上时，有许多必须严格遵守的规定，特别是应力集中的区域必须十分仔细地模拟出来。荷载转移只能用适当的细节模型方法来模拟，模型中必须包括弹性干涉层（如垫块）。解决方法表提供了

粗略的应力集中区大小的概念，涵盖了大量的标准固定件、玻璃规格和荷载等。玻璃同所有非塑性材料一样，在钻孔周围的永久应力峰值相当于基本应力的2.5~3倍。玻璃板上钻孔的位置是受约束（最小边距和最小坡度）决定的。特别是通过加热和冷却的物理措施得到的钢化玻璃，相对于普通的玻璃材料，其在边缘和钻孔周围的预应力条件得到了改善（图2.2.7）。

设计方法

描述玻璃机械性能的方法各种各样，同时这些方法中衍生出来的设计方法也很多。下面大致描述的三种方法各有具体的理论，但是却不矛盾，因此，可以结合起来使用。

现在在德国对于玻璃板的设计没有一个统一的标准。但使用从实践中得到的信息来编制设计的工作正在进行，并且已经形成草稿（标准prEN 13474-1）。与钢材、木材和钢筋混凝土目前的设计方法一样，玻璃的设计原理是在作用与反作用一侧的计算公式中加入一些安全系数，以此来反映玻璃的材料性质以及单独荷载联合发生的可能性。目前在德国，对于装配玻璃的设计规范主要是根据允许应力设计的标准制定的。这种方法限制了使用层压安全玻璃的结构体系中剪切黏合的使用。

允许应力的设计

该设计是在允许应力的基础上进行的。这种方法的优势是它与现有的方法相似，而且简洁。但是这种方法对材料性能的分析不是十分合理的，因此，在许多情况下，会导致实际结果不准确。为说明所有的可能性和未知因素，并且同时获得足够的安全水平，必须具有相对较高的安全系数。在标准类型的玻璃中，这些安全系数比在弯曲测试中确定的特征强度要高2.5~3倍。在德国，这种设计方法在最近得到了推广：边缘支撑（TRLV）和点支撑（TRPV）的玻璃构件的技术规范仍处于起草阶段。这两种规范规定了所使用玻璃类型的最大允许张拉应力（表2.2.2）。这些由恒载和外部作用（包括雪荷载、风荷载、外加荷载以及气候荷载）等特征变量所引起的应力，都要对应各种情况的最大允许应力进行检查。

根据断裂的可能性设计

这种方法主要是建立在 Kurt Blank 的作品基础上的，使用了断裂机制来评价和描述可用强度的统计性能，以及负荷持续时间、受应力作用区域的大小和外界湿度等的一些影响。对每个负载个案，都增加了在负荷下玻璃断裂的可能性和荷载持续时间。这种方法正确考虑到了应力长时间作用在大面积区域上的一些不良影响。

Blank 基于这种观念研究的设计方法在前面已经简单描述了一下。在 Blank 的方法中十分接近地模拟了玻璃的真正性能。这种方法比允许应力设计更加准确，但是不足之处就是太复杂了。对于标准构件，如受风和雪荷载影响的矩形玻璃，这种方法可以采用用户熟悉的表格形式。

极限状态设计

极限状态设计方法利用了材料一侧（强度）和承载一侧（如风和雪）上的不同统计分布。另外，这种方法还考虑到了各种极限状态或断裂形式。此时，负载个案发生断裂的可能性、荷载持续时间，以及构件对于整体结构稳定性的重要性（即构件无效的后果）等，都要考虑。

在美国，"标准实践决定建筑中玻璃的承载能力"的标准（ASTM E 1300-00）中，设计计算包括了荷载持续的因素。该标准将风荷载这样的短期荷载结合在玻璃的设计计算中，加入了一个有利的计算系数。除此之外，如果玻璃结构中使用了层压安全玻璃，根据荷载持续时间的不同是允许使用剪切黏合的。迄今为止，建筑物中使用钢材、木材或钢筋混凝土的设计概念，都是根据在整体结构内不考虑其单独构件的作用的情况下，无条件保证不发生事故这一要求产生的。这种设计哲学的严格要求，在航空业被称为"安全寿命概念"，结构的所有构件都有一个统一的安全水平，实际上，这已经不再是最先进的了。此外，在能发生偶然断裂的地方，建筑构件的安全寿命概念是不现实的。由于玻璃强度分布极端，热钢化玻璃突发断裂以及玻璃构件的断裂比较容易，玻璃正好可以归为不可能具有无条件安全保障的建筑材料/构件一类。

因此在建筑物采用玻璃时，制定的设计策略应当允许单个玻璃构件发生断裂，也就是说，玻璃构件应当按照能够保障安全寿命的方式来设计。但是，采用现有的一切手段，无条件安全保障几乎是不可能的。

至今为止，允许单个构件发生断裂的设计策略在建筑中实际上还不为人知。这使得适合玻璃的设计概念的研究更加困难。相比之下，航空工业正在力图节约重量和成本，很早之前就已经认识到必须把构件分成两部分，一部分需要无条件安全保障，另一部分可能会引起局部断裂，但不会导致整个结构发生不适当的断裂（自动防故障概念）。

自动防故障概念不但要求对整体结构系统进行检查，而且还要求以所谓的想定方式在结构内系统地分析独立的玻璃构件。每种想定方式都设想了一种或几种玻璃构件的断裂，其目标是证明整体结构在没有这个构件的情况下仍然稳固，即有一种"残余稳定性"。由于一种结构只会临时放在一个破损的环境中，因此在分析残余稳定性时，可以接受较大的变形或某种意义上来说最低的安全水平。

这一概念能够在德国对于边缘支撑玻璃的技术规范（TRLV）中找到。该规范提到，"上层玻璃板断裂"后，下层由抛光玻璃板制成的层压安全玻璃的允许拉伸弯曲应力可能会增加 50%。

极限状态方法包括了工程中经常使用的适用性和极限状态（全部的结构构件都保持完好）的分析。这意味着在满足最大变形极限的条件下，所考虑的构件要尽量调节其所受到的应力。这对于破损程度的分析（一个或是多个玻璃构件的破损）也十分重要。通过这种方法，能够对破损玻璃构件的剩余承重能力及其预先确定的断裂形式进行检查。另外，一旦单个构件发生断裂，就必须考虑整体结构的残余稳定性。在这种条件下是允许破损构件和整体结构发生较大变形的。

剩余承重能力

一块单独的破损玻璃的板承重能力只能通过其内部单独碎片之间的相互支撑和扭曲实现。因此破损的单块玻璃板的剩余承重能力很有限，甚至可以忽略不计。

包含两块甚至更多块玻璃板的层压安全玻璃是通过黏性的夹层连接的。即使其中的一块玻璃遭到破坏，层压体系仍具有一定的剩余承重能力。有很多因素影响着破损的

表2.2.1 一些普通建筑材料的材料参数

	钠钙硅酸盐玻璃	混凝土	钢	不锈钢	铝
弹性模量/(N·mm^{-2})	70000	26700	210000	200000	70000
泊松比	0.2	0.2	0.3	0.3	0.3
极限/(N·mm^{-2}) 屈服点	–	–	360	190	160
极限/(N·mm^{-2}) 抗拉强度	45	2.6	510	500~700	215
极限/(N·mm^{-2}) (抗压强度)	(700)	(25)			
断裂性能	脆弱	脆弱	可延展	可延展	可延展
密度/(kN·m^{-3})	25	25	78	78	27
热膨胀系数 α/K^{-1}	0.9×10^{-5}	1.0×10^{-5}	1.2×10^{-5}	1.6×10^{-5}	23.5×10^{-6}

表2.2.2 允许的拉伸弯曲应力

允许拉伸弯曲应力/(N·mm^{-2})	高窗	垂直玻璃窗
抛光玻璃板制成的钢化安全玻璃	50	50
抛光玻璃板制成的上釉钢化安全玻璃（拉伸一侧上釉）	30	30
压花玻璃制成的钢化安全玻璃	37	37
抛光玻璃板制成的半钢化玻璃	29	29
抛光玻璃板制成的半钢化玻璃（拉伸一侧上釉）	18	18
抛光玻璃板（浮法玻璃）	12	18
压花玻璃	8	10

图2.2.32 钢化安全玻璃制成的加固和未加固层压安全玻璃体系剩余承重能力比较

图2.2.33 碳纤维加固层压安全玻璃体系

层压安全玻璃体系维持在支撑物上的时间长短，因此很难对其进行预测。这些影响因素包括所使用玻璃的类型（浮法玻璃、半钢化玻璃和钢化安全玻璃）、玻璃构件的支撑物类型、玻璃板的几何形状、黏性夹层的类型（PVB、浇铸树脂、SGP夹层）、荷载的种类和应用级别、层压安全玻璃中各层玻璃的温度以及玻璃破碎后的断裂花纹。如果其中几个因素共同作用，就有可能使得整个结构的剩余承重能力完全丧失。而对于高窗和可上人的玻璃，剩余承重能力就显得更为重要。在这样的结构中要防止破损的玻璃与其支撑结构脱离而全部摔落到地上。这种要求也适用于高窗、可上人玻璃以及交通区域上方的垂直玻璃窗。在这些地方，每块独立的玻璃都应该具有剩余承重能力，这就是为什么高窗都使用层压安全玻璃的原因。在层压安全玻璃中，每块玻璃都要同时具有承受其他破碎的玻璃板（甚至多块）的全部重量和相关外部荷载的能力。在这种情况下允许大的变形和较低的安全系数。即使由层压安全玻璃制成的高窗中所有的玻璃都遭到破坏，也要保证在规定的时间内不与其支撑结构或点驳件分离。

高窗的剩余承重能力

偏离垂直方向超过10°的玻璃构件可以被归为高窗一类。由于在这个高窗玻璃构件下面的人员可能会被落下的玻璃碎片严重伤害，因此，断裂后的高窗玻璃必须能够在规定时间内承担自身重量和较小的雪荷载。

在德国，边缘支撑（TRLV）和点支撑（TRPV）的玻璃结构的设计技术规范仍处于起草阶段，但已经能够保证边缘连接玻璃板的需求。遵守这些规范就避免了每个工程设计都须得到批准的麻烦。高窗系统中的层压安全玻璃只能由普通退火玻璃和/或半钢化玻璃或嵌丝玻璃制成。根据规定，嵌丝玻璃的主方向跨度不得超过0.7m。规定要求层压安全玻璃周围的支撑跨度要大于1.2m，而且其长宽比不能超过3:1。中空玻璃构件中的底层玻璃也同样要满足这些要求，因此上层玻璃可以使用浮法玻璃制成，不过这只能用在不上人玻璃上。在TRLV最新的草拟规范中对于层压安全玻璃中PVB夹层的厚度也进行了规定。因此PVB夹层0.76mm的最小厚度能够改进高窗的剩余承重能力。只有在玻璃

为四边支撑，最大跨度达到0.8m时，才允许其厚度降为0.38mm。

到目前为止，在实践惯例和建筑规范中都没有表示高窗可以使用点固定的玻璃板，因此要想使用这样的结构就必须能够提供特殊结构形式的批准证书。但是点支撑的玻璃结构（TRPV）的设计和结构规范将会填补这一空白，至少在标准情况下是允许的。对于点支撑的高窗的要求更为严格。例如在新的规范中就要求层压安全玻璃必须由半钢化玻璃制成，夹层厚度不得小于1.52mm。在过去，德国的一些联邦州政府（例如巴登-符腾堡州）发布了自己的"关于禁止非标准玻璃结构使用的通告"，其中就包括了这种点支撑的高窗。而可以通过试验的方法确定特殊结构的冲击强度和剩余承重能力使其获得了使用批准。试验方法是使40kg的重物从0.8m的高度落下撞击玻璃。这一重量可能不会完全穿透玻璃。如果受损的玻璃结构能够支撑半数的外加荷载超过30分钟，我们就认为其剩余承重能力是满足要求的。

提高剩余承重能力

为了改善不良的剩余承重能力，近来人们正在对层压安全玻璃体系的加固进行研究。加固后的结构体系要求即使在不利环境下受到破坏仍要具有足够的承重能力。剩余承重能力的加强包括提升结构内多数情况为PVB膜材料的夹层对于应力的抵抗能力。解决方法要么是将内部夹层与加固结构相结合，要么是提高夹层自身对于应力的抵抗能力和抗拉强度，例如可以使用SGP产品。可以使用的加固材料包括高强度的合成纤维、不锈钢金属丝或是更薄的穿孔金属片。还可以使用玻璃纤维和碳纤维的产品来对夹层进行加固。在正常的观测距离用肉眼是看不到这些编织材料的。事实上，如果选择合适的纤维、金属丝和金属网的尺寸，就能够同时满足增加夹层强度和透明度的要求，这意味着材料的加固在保证遮阳的情况下还能够给建筑增加特点（图2.2.32和图2.2.33）。

交通区域上方的垂直玻璃窗

交通区域上方的垂直玻璃窗（如直接与人行通道接近的多层立面）具有与高窗相似的危险。但是，作用在玻璃板上的荷载比高窗上的重要性要差一些，这是因为由于垂直

玻璃窗的自重而没有永久弯曲应力。因此，偶然或蓄意破坏通常是突发断裂的唯一原因。边缘支撑玻璃结构（TRLV）的技术规范和标准DIN 18516第四章"背面外墙的覆层材料：钢化安全玻璃；要求、设计和测试"中给出了设计和所使玻璃类型的建议与指导方针。当温室和交通区域的垂直玻璃窗不作为安全屏障使用，上部边缘高于交通区域不足4m时，不适用该技术规范。这意味着大多数的商业展示窗都不适用上述的技术规范。

关于大多数带有钻孔的、黏结的、曲面的或加强的玻璃板的玻璃体系的规定目前在前面提及的规范中还没有涉及，每种情况都需要进行审核，每种结构形式都需要得到建筑主管部门的认证。

安全护栏的剩余承重能力

立面、窗户、门、拱肩镶板、护栏填充板和隔墙，在它们把交通区域与较低水平位置分开时，起到安全护栏的作用。交通区域和较低水平位置之间高度差大于1m时，玻璃板就被明确定义为"安全护栏"。在德国，起安全护栏功能的玻璃构件要遵守安全护栏玻璃的技术规范（TRAV），其中包括玻璃的选择和测试的实施等。

玻璃安全护栏主要分为三类：
- A 由装配玻璃自身提供安全护栏功能，即护栏的上方没有承重横杆，护栏前面没有扶手。
- B 单独的玻璃板与连续栏杆连接的装配玻璃发挥安全护栏功能。
- C 安全护栏功能在扶手高度不能承受水平荷载，只靠简单的一层填充板进行保护；这一大类还分为C1、C2和C3三小类。

A 类要求单层装配玻璃使用层压安全玻璃，或在中空玻璃的内层（受冲击的一面）使用钢化安全玻璃。如果在中空玻璃受冲击的一面使用层压安全玻璃，那么在另一侧则可以随意地使用任何类型的玻璃。B类和C类同样要求单层装配玻璃要使用层压安全玻璃。只有在玻璃的四个边缘完全被支撑的情况下才能够使用C1和C2类的玻璃结构代替钢化安全玻璃。A类的要求适用于中空安全玻璃构件。种类的选择是通过承重能力和冲击荷载来决定的。通常采用摆锤冲击试验来

检验材料对于冲击荷载的承受能力。试验是使用摆动的小球来对玻璃进行冲击，通过其下落高度和冲击玻璃的位置进行分类。在对材料进行承重能力的测试时，一定要附带诸如夹具或螺栓等固定装置。以前的试验中使用压力为4bar的轮胎充当摆动的冲击荷载。与TRLV规范相似，在"关于建筑中安全玻璃结构的美国国家标准"（ANSIZ97.1）中，使用的是塞满的皮球作为柔性冲击。

可上人的玻璃

可上人的玻璃分为不限制上人和限制上人两类，后者只有专业人士维护和清洁的时候可以使用，而且在可以踩踏的地方不能超过其可承受的最大荷载。通常情况下，玻璃表面只能承受一个穿着清洁鞋的工人附带4kg工具和10L装满水的塑料桶的重量。除此之外还应该在玻璃承重的不利位置取出100mm×100mm区域承受1.5kg的集中荷载，以此对玻璃的承重能力进行测验。其他例如安全带的磨损、防滑处理和交通区域的安全措施的要求可以在相关的规定中找到。所有的水平玻璃表面要易于维护和清理。

通常不限制上人的玻璃表面都要承受较大的荷载，还要受到土壤和刮擦的影响。这样的玻璃表面大多采用可上人高窗的形式，如悬挂玻璃楼板、楼梯以及楼梯平台等等（图2.2.34）。为了满足要求，实际工程中大多数的玻璃结构使用至少三层的层压安全玻璃，其中最上面一层的玻璃板通常仅仅作为耐磨保护层，而不起结构作用。需要对结构受到破坏时其剩余承重能力发挥作用的时间及其破坏条件进行确定。

不限制上人的玻璃应当检查其防滑特性（尤其是在潮湿的时候）和防磨损特性。因此，最上面一层的玻璃总是要有防滑印花层或表面进行粗糙处理。

中空玻璃构件的设计

玻璃板之间封闭的气体意味着中空玻璃构件受静力学影响变量的影响。当温度发生变化、大气气压波动以及结构制造地与使用地海拔压力不同的时候，中空玻璃构件会受到压力变化的影响，这种影响不容忽视。这种附加的影响应该作为外部因素考虑到结构设计中。在这种情况下，对于四边支撑的方形或矩形中空玻璃的内外层玻璃板，应根据其

图2.2.34 玻璃楼梯，苹果店SoHo，纽约普林斯大街
建筑师：Bohlin Cywinski Jackson
结构工程师：Dewhurst Macfarlane & Partners

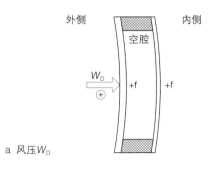

a 风压W_D

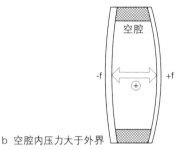

b 空腔内压力大于外界

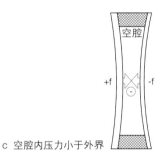

c 空腔内压力小于外界

图2.2.35 不同因素对垂直中空玻璃构件的影响及其发生的挠曲变形

所占总弯曲刚度的比例和长宽比来分配各自的承重能力。如果在中空玻璃构件中使用了层压玻璃或层压安全玻璃，那么在受力分析的时候要将玻璃板之间完全非剪切黏合的弯曲刚度考虑在内，在分析过程中应该考虑剪切黏合的两种极限状态。到现在为止，在带有单独固定装置和非矩形玻璃的中空玻璃构件中，荷载是如何分配的问题还没有定论。根据TRAV的建议，在适用性极限状态分析中不对中空玻璃构件边缘密封的剪切黏合进行考虑。为了确保边缘密封的耐久性和非渗透性以及防止玻璃板结雾和填充的惰性气体的流失，必须考虑中空玻璃构件的挠曲变形。结雾现象是由于湿气渗透到中空玻璃构件的空腔中并发生凝结而产生的，对玻璃的透明效果产生影响。当采用灵活的支撑结构时，应该考虑单独中空玻璃构件的最大挠曲变形和扭曲，以保证边缘密封不承受过大的荷载（图2.2.35）。

安全玻璃

大量客户对透明而安全的结构形式不断增长的要求促进了安全玻璃体系的发展。欧洲标准根据多种情况对其进行了分类：

· 防破坏玻璃——P类玻璃
· 防盗玻璃——P类玻璃
· 防弹玻璃——BR类玻璃
· 防爆玻璃——ER类玻璃

安全玻璃有很多层，通常为非对称的层压安全玻璃，可由钢化玻璃、塑性和黏性夹层组成，精确的结构组成取决于整体结构的预期载荷。框架结构也要满足相同的要求。应使用较深的边缘盖条与夹固装置将玻璃固定到框架结构上。

当玻璃爆炸的时候，即使处于一个相对较远的距离还是有很大的可能被飞溅的玻璃碎片所划伤。而使用层压安全玻璃体系在减小玻璃碎片威力的同时还能使结构具有一定的剩余承重能力。这一方面是为了利用加强的玻璃构件和框架结构承受巨大荷载，同时具有弹性的索网立面的有利影响也在爆炸试验中得到了证实。压力波的能量遇到立面转变成动能，产生了减振的作用。但是再合理的玻璃结构也只能减小冲击的效果而不能避免其发生。

结构体系

不同的结构体系

建筑物内的每个构件都有能力承担荷载和传递力。一个轻的隔离物可以承担自身的重量和可能较轻的冲击荷载，窗户的玻璃可以把风荷载转移到自身的框架上。实际上，建筑物的核心筒起到承担施加在结构上的风荷载、地震荷载和一部分恒载的作用。所有承重结构和相互连接的单个结构体系形成了一个高度复杂的整体。

分级体系

为把这个复杂体系变得更容易理解、易于分析，整个结构被分成分级的若干子结构。主结构包括承担一切作用在建筑物上的力（包括恒载）的部分。主结构的损坏会导致整个建筑物的坍塌。大量的次级结构被结合在或附着在主结构上。这些结构之一的损坏只会产生局部坍塌，而整体结构还保持稳定。较大的或更复杂的建筑物甚至可以在它们的等级结构中加入第三级结构。

标准的结构工程等级分为主结构、次级结构和第三级结构：

主结构包括承重核心筒，所有柱子、墙体、楼板和需要将水平和垂直荷载传递给基础的支撑。

次级结构包括不属于主结构的构件，如内置构件、隔墙、屋顶构造及附属构造、立面构件。

第三级结构包括属于次级结构的一部分的构件，但它们的稳定性对这些次级结构的稳定性不是至关重要的，如立面中的窗户。

离散工作体系

结构体系可以设计成只是某些构件需要承担一定的荷载。结构体系中每一个单独构件或子结构只承担清晰明确的功能，这种体系被称为离散工作体系。例如，在建筑物中，由柱子来承担垂直的荷载，由墙体来承担水平的荷载。在一个具有垂直玻璃肋的悬挂玻璃幕墙中，（垂直的）恒载由玻璃面来承担，（水平的）风荷载由玻璃肋来承担。

这种结构体系经常出现在玻璃结构中。单独构件的承重功能定义清晰，因此能够避免玻璃发生约束应力。尽管在结构部分损坏后不再能承担全部荷载，但是在修理前的短期内，有限制地使用仍是可以接受的。因此确定剩余承重能力的大小对于这种构件来说十分重要。

冗余体系

体系构件发生损坏时，其功能可以由其他构件代替，这样的体系就被认为是冗余体系。因此在这种情况下，损坏机制要与自动防故障原理相一致。很显然，有意识地在设计中包含冗余体系或故意产生冗余的效果，对包含玻璃构件的结构是至关重要的。

其他体系

一般来说，如果在子结构中没有分级体系或离散工作体系，各构件是不可能达到最优化设计的。静力模糊的结构就是一个很好的例子：因负荷不同而在单独构件上产生的应力和断裂形式只能通过耗时的计算来确定。另外，它们对热负荷和变形荷载引起的约束应力高度敏感。

然而由于玻璃构件硬度很高，因此如果引起约束应力，玻璃就会断裂。在包含玻璃构件的静力模糊的结构中，必须保证不会有约束应力传递到玻璃上，同时没有多余的或不受控制的冗余产生，它会使玻璃构件负荷过重。

这一原理的一个例外是19世纪精致的铁–玻璃棕榈屋。它们脆弱的金属土结构被无数小块玻璃包围起来。这就产生了一个强大且复杂的结构，具有高度非静定性，不可能用计算机建模。

这些构造中的单独的玻璃被嵌在坚硬的但有一点弹性的腻子中，因此，形成了无数内部相互联结的负荷路径。这些玻璃屋的结构在我们今天看来是冒险的，因为金属拱肋是用玻璃和腻子以一种从工程学角度来看不能评估的方式来稳定的。

如果我们考虑到冗余和残余稳定性，就可以认为这种有目的的建筑形式是非常成功的。冗余能够被保证是因为单层玻璃发生断裂只会导致外壳发生不重要的结构缺陷。

这样一种结构体系的残余稳定性是巨大的，因为如果断裂，小块玻璃会附着在腻子嵌条上，并且对下面的人员产生很小的危险性。但是，试图证实断裂的连锁反应效果，无论是模拟或实验，都要耗费大量的工作。

承重玻璃构件

线性构件：杆、棒、柱子

线性构件在两个方向上尺寸很小，在另一个方向上大，即长度大，它们只受轴向荷载的影响。在框架和大梁中，系杆和压杆只分别受拉力和压力的作用。拉索结构内的受压构件被称为支撑，而垂直受压构件则被称为支柱或柱子。设计受压构件时，构件的稳定性通常是关键因素，而设计受拉构件时，材料的强度则是最重要的，尤其是用于连接处的材料的强度。

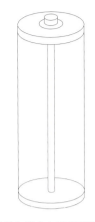

图2.2.36 集中施加预应力的玻璃管

单层线性玻璃构件

条形的浮法玻璃能够达到19mm的厚度，在某些情况下甚至可以达到25mm。根据最大的长细比1：50，由单层浮法玻璃制成的受压构件的最大高度大概不能超过1m。因此玻璃管或实心的玻璃柱更加适合用来制作抗压构件。

多层线性玻璃构件

单独的条形玻璃或玻璃部件结合在一起能够创造出高强度的抗压玻璃构件。通过玻璃与玻璃的黏结、条形玻璃与金属接头的黏结以及使用单独固定件对条形玻璃的连接，能够将单独的条形玻璃连在一起形成一个复合截面的整体。

结合其他材料的线性玻璃构件

尽管近年来玻璃取得了一些进展，但是玻璃仍然局限于系杆和压杆。这是因为半成品的尺寸有限，在断裂时承重能力会消失。因此，一种替代方法就是把玻璃和塑料、金属或木材结合到一起，克服只使用玻璃的结构的特有劣势，同时大大提高设计强度。

对整根玻璃管或由弯曲玻璃板制成的玻璃管集中施加预应力是另一种把玻璃材料的应用前沿向前推进的方式。集中施加预应力（图2.2.36）使整个玻璃横截面承受压力，单块玻璃之间通过直接接触实现平接。轴向拉力荷载可以通过中性的内置压（预）应力得到中和。这种预应力玻璃管已经应用在建筑中庭的立面、玻璃连接桥和无尺寸限制的结构中（图2.2.37）。

梁

从几何学角度看，梁就相当于线性构

图2.2.37 中庭立面，塔形建筑，伦敦
建筑师：福斯特及合伙人建筑事务所，詹姆斯·卡彭特
结构工程师：Ove Arup工程公司

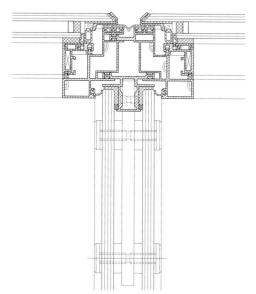

图2.2.38 室外玻璃肋，欧盟部长大厦，布鲁塞尔
建筑师：墨菲/扬建筑师事务所
结构工程师：维尔纳·索贝克工程公司

图2.2.39 带承重玻璃肋的中空玻璃立面，欧盟部长大厦，布鲁塞尔
建筑师：墨菲/扬建筑师事务所
结构工程师：维尔纳·索贝克工程公司

图2.2.40 玻璃幕墙及带钢构件的玻璃肋，航站楼"Façade Ville"，巴黎戴高乐机场
建筑师：ADP
结构工程师：RFR

件。但是，与后者相比，梁会受到弯曲和剪力的影响，此外还会有轴向力。

根据荷载的方向，我们将其分为纵向弯曲和横向弯曲，不过两种形式也可能同时发生。如果荷载作用不集中，梁还会受到扭力的影响。

平板玻璃梁、玻璃肋

玻璃梁主要是通过围绕主轴进行弯曲而获得应力的，大部分应力都分布在边缘。普通浮法玻璃边缘的强度通常比玻璃主体的强度要低。因此，通常采用钢化玻璃。尽管张拉弯曲力可以通过增加梁高来降低，但会由于侧向压曲而增加断裂的危险。

十分长的玻璃肋（竖框）必须由几部分接合在一起组成，如通过摩擦接合、单独紧固件或胶黏剂连接（图2.2.38和图2.2.39）连接起来。

通过在整体系统内重新分布力，可以获得较高的残余稳定性，比如把有玻璃肋的玻璃立面与细长的钢构件结合在一起。RFR给巴黎附近戴高乐机场新航站楼设计的"Façade Ville"的玻璃肋有12m高，其中每一个玻璃肋都包括三层钢化安全玻璃，每层有19mm厚，并且用夹固板接合在一起。主结构通过一个极其精致的立柱横梁结构得到补充（图2.2.40）。玻璃的断裂会导致系统发生严重变形，但还是能够承担系统的恒载加上一般的风荷载。外侧边缘在风压的作用下受压力的影响，因此在这一点唯一容易发生问题的就是稳定性而不是强度。所以，玻璃肋是受水平梁（横梁）制约的，会产生有特点的波浪压曲形状。

复合玻璃梁

单独的整块玻璃构件结合在一起，可以产生十分有趣且高效的横截面（图2.2.41）。采用这种方法，可以制造出适合处理弯曲应力的理想的工字形截面构件和箱形截面构件（图2.2.42）。有这样截面的构件不仅给张拉区域分配了更多的材料，而且由于它们较大的宽度和实际较高的侧向抗弯强度，或更大的扭转刚度，它们还远比单层玻璃梁要稳定得多。复合玻璃梁由推力支座支撑，二者接触的地方使用了耐久的弹性中间垫，并通过点驳件或摩擦夹紧连接固定，尤其是在梁腹位置。

结合其他材料的玻璃梁

如果脆弱的玻璃抗压强度足够大，再配以高抗拉强度的延展性材料，那么玻璃梁中的拉力（尤其是在断裂的条件下）就可以被安全地承载。只有通过这种方法，众多的玻璃结构才能得以实现。玻璃基本上承担了梁受压区的压力和梁腹上的拉力和压应力。在玻璃中施加预应力可以保证玻璃在断裂时仍具有承重能力。设计形式有许多种（图2.2.42）。

其中之一是将玻璃梁分解成多个独立的玻璃部件，这些部件通过几个点连接在一起，并配有金属或纤维增强塑料桁架。另一种形式是梁由多层层压安全玻璃制成，底面是弯曲的（"鱼腹"形式），凹槽内牵拉一根缆索，或在夹层中加入条形的金属或碳纤维增强塑料张拉构件。在这种梁中，梁腹和张拉构件之间没有连接点，拉力只能通过支撑达到稳定。把拉力传回玻璃梁（自固定梁）或传递到支撑（支撑固定梁）中需要特别注意。支撑物的垂直力通常是通过推力支座（通过一个中间衬垫接触）传递到支撑结构上的，必须防止推力支座翻转（叉形支座）。

使用玻璃和其他材料制成的复合梁结构是当今正在研究的一个课题。对于结合高性能混凝土（HPC）、木材、不锈钢、金属钛和塑料（例如玻璃纤维增强塑料）复合梁的研究也正在进行中。

平板

平板是扁平的结构，它的尺寸在两个方向上大，另一个方向小，即厚度小。平板受垂直作用在平板平面上的力的影响。因此，平板具有与板材同样的几何形状，但是荷载作用的方向不同，所以，它们具有明显不同的承重性能，表现为弯曲应力。

单层平板

单层平板，即单块浮法玻璃、钢化安全玻璃或半钢化玻璃，这些玻璃板是平板玻璃最广泛的用途。每个窗玻璃在风荷载作用下都是一个平板（而不是板材）。玻璃通过弯曲承担外部（风）荷载，并把力传递到由框架提供的连续的支撑上。但是，作为弯曲构件，玻璃板是特别脆弱的，能承受平均0.8kN/m²风荷载的1m×1m的浮法玻璃厚度仅有6mm——跨高比为1:160。

矩形的平板在四边有连续的支撑，其长宽比大于1:2时，平板仍为双向板。当长宽比接近1:2时，平板中间开始变为单向，平板上具有相应较高的应力。因此，从结构的角度出发，四边具有线性支撑的玻璃长宽比超过1:2较好。

如果四边支撑的平板的挠曲变形很大，即比平板自身的厚度要大，那么玻璃就开始变得像膜一样。玻璃边缘形成周边受压区域——受压环。平板不再单纯受弯曲的影响，荷载逐渐变为轴向力，像一个拉伸的膜或悬挂的织物（图2.2.43）。同时，形挠曲变形缓慢增加增加，平板一旦开始像膜一样发挥作用，就会明显变硬。

对这种平板的计算是在线性弹性平板理论的基础上进行的，所得出的结果偏离实际情况太远。拉伸弯曲应力过大就意味着必须使用相对较厚的构件。Hess是详细证明这一点的第一人。他指出，采用第二顺序理论会导致更小的尺寸和十分经济的设计，特别是对较大且相对较薄的玻璃板。

只在两边有支撑时，薄膜效应不能自己产生，除非两边完全是刚性固定（垂直和平行于边缘固定），而这种情况是应该避免的。支撑物一旦允许玻璃运动，平板就仅受到弯曲的影响。

点支撑的平板表现出比线性支撑的同样尺寸的平板更大的弯曲和剪应力，以及更大的变形。较大的剪力出现在支撑点附近。相同条件下，点支撑玻璃一般要比线性支撑玻璃厚。

多层平板

多层或层压平板是单层平板松散地放置在彼此的顶部或用胶黏剂在整个表面内结合在一起组成的（图2.2.44）。

在其他形式的复合结构（如轻质结构中的木夹层结构）中，带有抗剪连接的玻璃板的机械性能完全由夹层的抗剪刚度和抗剪长度决定。然而，夹层也面临着两难的选择：最大的刚度有利于控制结构弯曲，而一个黏性更大的夹层能够在一层或更多层玻璃板破碎的情况下仍将碎片黏结在一起。

我们只有在需要层压构件满足一定的黏结玻璃碎片要求的时候才会谈论到层压安全玻璃。如果不是这种情况，玻璃只需设计成层压玻璃。

夹层（通常是透明的）的特性在很大程度上是可以控制的，但是高强度往往意味着抗冲击性能和玻璃碎片黏结性能的降低。在层压安全玻璃中最常用于夹层的材料就是PVB（聚乙烯醇缩丁醛）。由于这是一种热塑

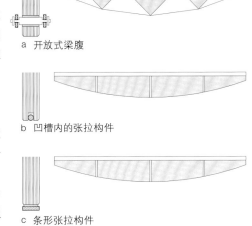

a 开放式梁腹

b 凹槽内的张拉构件

c 条形张拉构件

图2.2.42 加固玻璃梁

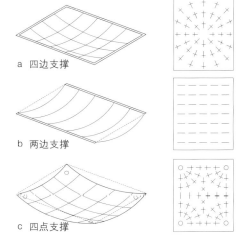

a 四边支撑

b 两边支撑

c 四点支撑

图2.2.43 平板变形特性与主应力方向

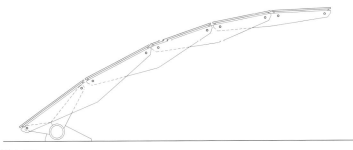

a 剖面图，比例约1:125

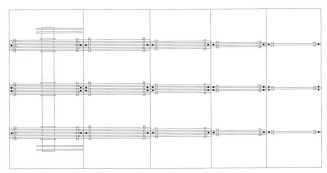

b 平面图，比例约1:125

图2.2.41 玻璃屋顶的悬臂长约9m，东京国际法庭
建筑师：Rafael Viñoly；结构工程师：Dewhurst Macfarlane & Partners

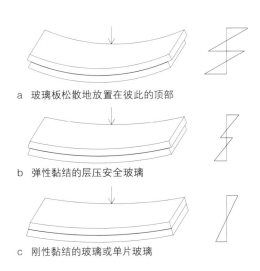

a 玻璃板松散地放置在彼此的顶部

b 弹性黏结的层压安全玻璃

c 刚性黏结的玻璃或单片玻璃

图2.2.44 不同形式玻璃变形特性与应力分布

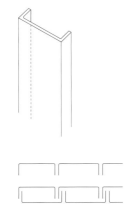

图2.2.45 异型玻璃

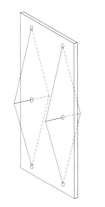

图2.2.46 两侧桁架支撑的玻璃（平）板

性材料，其承重性能及因其而导致的层压构件的承重性能主要与荷载的作用时间和构件的温度有关。

如果平板松散地放置在彼此的顶部，那么每块平板会根据其弯曲强度承担相应比例的荷载。例如，两块平板厚度分别为t_1和t_2，跨度l为一个方向，它们将按$(t_1/t_2)^3$的比例承担外部荷载q。最大应力（对称排列$t_1=t_2=t/2$）将是$\sigma =1.5q(l/t)^2$N/mm^2。生产半透明或乳白色的玻璃可以在玻璃之间松散地放置一张纸或一块纱布，并且只在边缘进行黏结。

如果利用抗剪连接将两块平板玻璃叠放连在一起，那么它们就不再按强度比例承担荷载，而是由复合的整体共同承担。最大应力将是$\sigma =0.75q(l/t)^2$N/mm^2，变形降低的系数为4，这将大大提高玻璃的承载效率。

引进层压安全玻璃的本意，是希望单层玻璃断裂后还能有残余稳定性。但是，将玻璃结合在一起也会导致玻璃产生内在承重能力，正如前面描述的一样。例如在现有的复合玻璃板的设计方法中已经考虑到与温度和时间相关的剪切黏合和薄膜承重效应的交叉影响。这样的方法引出了一种更为经济的设计。虽然在德国原则上禁止将PVB夹层黏结的玻璃板的内在承重效应考虑在内，但其他很多国家却都在利用这一经科学证明了的事实。尤其是高窗（在德国，高窗必须使用层压安全玻璃）更能从这种效应（或是根据荷载作用时间和构件温度变化的玻璃板之间的剪力传递）中受益，因为这种效应有助于减小玻璃的厚度。在现在大多数的工程中，层压安全玻璃中的夹层材料使用的都是均质PVB，加固后其剩余承重能力能够得到进一步提高。例如加入不锈钢纤维来增强黏弹性PVB夹层的应变刚度和抗拉强度。另一种提高剩余承重能力的方法是使用具有更好应变刚度和抗拉强度的新型夹层材料（例如SGP）。相对于构件之间简单搭接或黏结的系统，中空玻璃构件内部的多块玻璃板都在边缘使用了边缘密封，从而在玻璃板之间形成了一个空腔。空腔内可以使用气体或液体介质进行填充。

带有边缘密封的多层平板

边缘密封可以产生两种机械效果。第一，它会产生一种扁平中空的盒子，该盒子在结构方面很有利，但是对支撑结构的变形尤其是扭曲反应灵敏。由合成材料制成的新型塑性边缘密封体系现在正在研制当中，在研究中对其变形能力和渗透性进行了探索。因此，中空玻璃构件也同样能够在变形极大的精致索网支撑立面中使用。

第二，空气密封后产生的气垫起到结构性作用，既有优点也有缺点。例如，在中空玻璃构件中，可以利用封闭的空气或其他气体把单独的玻璃组合起来，以此来使其具有承重能力。这被称作导管效应，以Boyle-Mariotte法则为基础。根据这一法则，只要温度不变，填充气体的压力×体积的结果就会保持恒定。导管效应不会受荷载作用速度的影响，因此，可以用于解决所有这类的设计问题。

另一方面，由于生产和使用安装的地区不同，与天气有关的压力和温度波动以及地理纬度的差异等也很大，这会导致密封的中空玻璃构件上的外加荷载大大增加。空腔内压力的波动能够通过结构体系的弹性而减弱。但是当结构具有玻璃板面积小、厚度大和空腔体积大的特点时，这种荷载就非常危险。当结构通过钻孔单独固定的时候情况会更加恶化，这是因为在这些点处的内外层玻璃板被刚性地连接在一起，产生了巨大的约束应力。

风荷载也能够在单独固定件周围产生很大的应力。如果只在边缘部位对中空玻璃构件进行点固定，就会在玻璃板、边缘密封甚至是隔离件处（通常为金属材质）产生巨大的应力集中。

带肋和刚性构件的平板

较长跨度（当然只受生产尺寸的制约）或更有效的结构可以通过结合带肋或刚性构件的平板来实现。肋的设置增加了构件的结构高度，因此大大降低了构件内的应力和变形的可能。只有接合处力的传递非常连续，带肋平板才会产生整体的承重效果。但是，利用胶黏剂、焊接或熔接等方法产生连续的力传递是很难的。不过用胶黏接合的方式将肋和梁黏结到玻璃平板上已经非常普遍了。将玻璃纤维增强塑料等部件黏结到玻璃上将产生高硬度和高强度的自支撑复合玻璃材料。

某些建筑立面上使用了单独的金属紧固件，将玻璃平板的荷载传递到玻璃梁上。在这种情况下，玻璃梁被称为肋或竖框。一个很成功的带肋板形式就是异型玻璃,这种槽形的玻璃构件的肋条和平板是由一块浮法玻璃通过热处理制成的(图2.2.45)。该结构形式的优点是跨度大且连续、装配简单以及能够创造出多层的中空玻璃构件。这些特点主要体现在工业建筑中的半透明玻璃构件上。到现在为止,透明的异型玻璃构件还没有被普遍使用。

桁架支撑的平板

在这种结构中,玻璃平板承担压力,有一个或两个轴的桁架承担拉力(图2.2.46)。桁架通过支撑或玻璃梁腹连接到玻璃上。如果桁架设在玻璃平板的两侧,就可以承担两个方向的荷载。Robert Danz采用了一种只在平板一侧有桁架支撑的有趣的解决方法(图2.2.47,见工程实录37,314~316页)。层压安全玻璃被用于连接拉杆桁架和沿着一个轴设置的承压柱,承压柱和桁架都附着在使用单独固定件固定的玻璃上,创造出自固定的整体。只要不产生压曲问题,施加在弯曲应力上的压应力对玻璃就是有益的。

板材

板材被理解为扁平的结构,它的尺寸在两个方向上大,其他方向即厚度小。板材受作用在构件本身平面上的作用力的影响,即只受轴向应力的影响。

板材形式的大块玻璃在建筑物中是罕见的。建筑内部和外部结构的大多数玻璃主要承受垂直于玻璃的荷载,因此平板效应对设计来说是至关重要的。表现出单纯板材效应的较大的构件都被限制设计为纵长的玻璃板,这种玻璃板实际上是发挥玻璃梁的功能。即使板材效应主要与平板效应同时发生,但讨论和理解板材自身的效应也是非常重要的。

单纯受张力影响的板材是最容易处理的。残余稳定性要求在每种情况下层压安全玻璃都至少包括两块单层玻璃。板材内的应力转移受到张力影响,当然是较麻烦的,因为除胶黏剂以外,只能考虑点驳件或摩擦夹紧连接。点驳件常常会导致荷载转移区的应力集中。因此,沿着边缘的摩擦夹紧连接对受一个或两个轴向张力影响的板材是尤其具有优势的。

受一个或两个轴向压力影响的板材容易

支撑;力可以通过接触来传递(垫块对于小荷载足够了)。但是,压应力会在板材内产生稳定性的问题,这会限制板材的尺寸。出于残余稳定性的原因,受压的玻璃构件应当采用至少包括两块单层玻璃的层压安全玻璃。

平板或板材的支撑

在考虑玻璃的支撑时,首先要确定该支撑是在玻璃平面内还是垂直于玻璃作用,这一点非常重要(图2.2.48)。在平面内支撑时,玻璃板的自重是主要的荷载来源。一定量的雪荷载和外加荷载可能会通过摩擦相切作用于玻璃平面,即平行于玻璃表面。

最有效也最简单的支撑方式就是在玻璃边缘处通过接触来支撑。相对较短的、具有一定弹性的支承条是传统的解决方法,这些支承条可以由硬木、三元乙丙橡胶、硅树脂或类似的材料制成。

一般来说,单独的固定件还可以通过孔洞侧面的支承来传递平面内的力(图2.2.49)。只有夹紧连接不是通过边缘接触,而是通过摩擦来发挥作用的。

静力确定的玻璃板平面内支撑是通过底部边缘两个刚度相对较大的支承条(垫块)实现的边缘支撑。中空玻璃和层压安全玻璃垫块的宽度应该仔细选择,确保每块单独的玻璃板都得到支撑。为了降低玻璃破损的可能性,通常使用硬度为60°~70°、长度为80~100mm的垫块,而且垫块不能直接放置在玻璃的角部。侧向的弹性定距块能够防止玻璃发生侧向移动(图2.2.50a)。由于玻璃板的硬度很大,因此要保证支撑结构不受任何约束,而为了防止无法控制的约束应力产生,不允许支撑结构发生变形。这也同样适用于由单独固定件固定的玻璃,但是这种玻璃的平面上可以承担悬挂荷载或固定荷载。静力确定的玻璃需要三个支撑,它们反作用的作用线不应当是平行的,也不应当在一点相交(图2.2.50b和c)。

垂直作用在玻璃上的荷载分为风荷载、雪荷载、外加荷载以及倾斜或水平玻璃板部分或全部的自重。所有这些荷载都必须被传递到支撑结构上。传统的固定方法是使用周边框架来固定玻璃:墙内的暗槽、有框槽的框架或玻璃格条。力可以通过玻璃与框架侧面的接触来传递。点驳件(如果使用的话)也正好遵循同样的原理——通过围绕紧固件的

图2.2.47 一侧桁架支撑的玻璃板,提洛尔南部城堡遗址上的玻璃屋顶;建筑师: Robert Danz;结构工程师: Delta-X

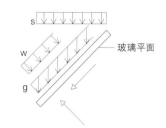

图2.2.48 荷载及其作用方向

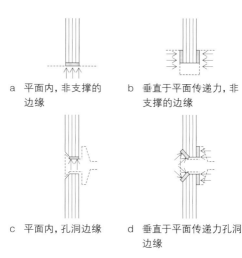

a 平面内，非支撑的边缘　　b 垂直于平面传递力，非支撑的边缘

c 平面内，孔洞边缘　　d 垂直于平面传递力孔洞边缘

图2.2.49 玻璃板的支撑

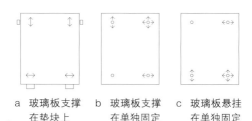

a 玻璃板支撑在垫块上　　b 玻璃板支撑在单独固定件上　　c 玻璃板悬挂在单独固定件上

图2.2.50 玻璃平面内移动

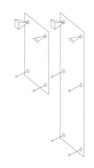

图2.2.51 垂直于玻璃平面的支撑

孔洞内的支承衬套。埋头固定件也一样（图2.2.49）。

支撑要么沿着玻璃板至少两个相对的边缘线性支撑，要么采用点驳件通过至少三个单独的点支撑。四个或更多的支撑也是可行的，因为玻璃通常具有较大的柔韧性，因此垂直于玻璃板系统的支撑结构的变形可以被弹性变形所吸收（图2.2.51）。但是，在进行结构分析时必须将这种扭曲考虑在内。

壳体

壳体构件主要受平面内应力的影响。我们要区别自身弯曲的玻璃构件和那些扁平但被装配成一个弯曲表面的玻璃构件（有多个小面的表面）。

弯曲玻璃

在炉子中（大约640℃）对平面玻璃板进行弯曲可以得到想要的形状。无定形的玻璃在这一温度软化并在合适的模具中形成满足要求的形状。圆柱、圆锥、球形和其他的曲面形状都能够实现。还能够生产弯曲钢化玻璃，对其进行再加工还能得到层压安全玻璃和中空玻璃构件。根据玻璃的类型、厚度、玻璃板尺寸、弯曲半径和弯曲角度可以得到可行的几何形状。RFR在2000年博览会汉诺威展览场的天桥（Skywalk）玻璃的设计中，在拱形框架上使用了圆柱玻璃系统（图2.2.52）。考虑到承重壳体效应，设计师大大减小了玻璃的厚度。2.00m×2.50m的装配玻璃构件包括由两块6mm浮法玻璃制成的层压安全玻璃。在确定残余稳定性的测试中，使用非钢化弯曲玻璃被证明是极具优势的。即使玻璃断裂，承重壳体效应仍然保持充分有效。

玻璃还可以弯曲成双曲率形式，但是大型玻璃构件的弯曲半径将非常大。双曲率壳体的承重效果比单曲率的玻璃板更合人意，因为在这种情况下，不均匀的荷载还可以在没有弯曲的情况下被作为轴向力来承担。Heinz Isler已经假定了一个单片玻璃圆屋顶。斯图加特大学轻型结构和概念设计学会圆屋顶就是使用玻璃板平接在一起构成的，连接处使用了胶黏剂（图2.2.11和图2.2.29）。由8mm厚浮法玻璃和2mm厚化学钢化玻璃组成的层压安全玻璃体系被用来制造球形弯曲玻璃板。直径8.5m、厚度10mm的玻璃结构其长细比为1:850，甚至比鸡蛋壳（0.3mm）还要小。

多部件玻璃壳体

由玻璃构件制成的大型壳体的曲率半径与单个构件的尺寸关系非常大。因此，这些壳体可以包括一些平的、有多个小面的表面。小面的几何问题与格构壳体的相同（见107页"格构壳体"）。在全玻璃壳体中，各构件承受的压应力相对较高，这意味着必须检验它们的稳定性。像砌砖一样使用砂浆黏结并只轻微加固，这样连接的压铸玻璃砖组成的圆屋顶在过去是很普遍的，但是，今天却已经基本被人们遗忘了。今天，像巴黎贝尔维尔街的波浪形雨篷（图2.2.53）或巴黎香榭丽舍大街的入口大厅上方的圆屋顶（图2.2.54）那样精致的壳体在今天已经是稀有之物了。这种壳体不符合标准的装配玻璃标准，在今天的建筑中已经消失了，因为它们需要大量的劳动力才能生产出来。

独立的点式固定件可以取代全部砂浆层来连接独立的小平面。根据这一原理所设计的一个有趣的案例是位于奥格斯堡的马

图2.2.52 汉诺威人行天桥的层压安全玻璃
　　　　建筑师：Schulitz & Partner
　　　　结构工程师：RFR

图2.2.53 加固玻璃雨篷，巴黎贝尔维尔街

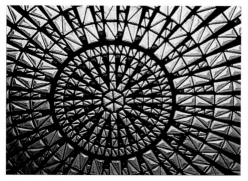

图2.2.54 自支撑玻璃砖圆屋顶，巴黎香榭丽舍大街

克西米利安博物馆内部庭院的曲面屋顶（图2.2.55）。每块方形的玻璃板都通过连接在其角部的连接支架来传递筒形拱顶的压力。下面的缆索桁架保证了结构的稳定性。令人惊奇的是，该结构中使用的厚玻璃板在出现破裂甚至是严重破坏时对整体的稳定性是有利的。但是，我们在这方面的经验还很少。斯图加特大学对一些拱形结构进行了试验，其中包括由特殊的三层层压玻璃组成的缆索桁架拱形结构（图2.2.56）。

膜构件

由玻璃制成的膜建筑从建筑和工程两方面无疑都具有较高的诱惑性。除了受拉力影响的平板玻璃的特殊情况以外，玻璃膜在实践中很难采用，原因是由于强度值较分散、表面瑕疵（格里菲思裂纹）不可避免，只受单轴或双轴拉力影响的玻璃构件必须始终进行非常细致的处理。另一个原因是在两块邻近的玻璃板之间传递拉力目前只能通过单个固定件或夹固板实现，这会在固定件所在的单块玻璃板内产生应力集中。另外，层压安全玻璃等传统玻璃产品的剩余承重能力无法满足较高的拉应力要求。

装配玻璃的结构体系

在下面讨论的结构体系中，玻璃不再是主要构件，而是集成在自支撑结构中。于是玻璃构件只具有局部承重功能。实际的承重结构是由钢、铝、木材、混凝土或其他材料制成的。下面将介绍的结构体系是根据承重性能进行分类的。

关于结构性能的细节和单个玻璃构件的残余稳定性或承重玻璃构件对整个体系的贡献，读者可以参考前面的部分。

受弯结构体系

大多数立面和屋顶玻璃结构的构件都是垂直和/或水平跨越，并受弯曲的影响。梁在两个墙板之间或在两个独立的建筑部分之间（通常在两个支撑之间），从一个楼层跨越到另一个楼层，从地板跨越到天花板。这两个支撑始终具有某种弹性或可移动性。此外，梁在温度作用下可以延长，因此，如果它们不受支撑结构变形施加的荷载的影响，就不会受到约束（图2.2.58）。只有在很少的例子中，受弯玻璃构件的支撑才可能受到约束。

自支撑垂直玻璃

在短跨度的最简单的例子中，玻璃板是在洞口处支撑其自身的。这是标准楼层高度和在楼板和天花板上直接支撑的情况。装配玻璃构件可以垂直支撑（在垫块上面）或利用夹具或点驳件通过上部边缘悬挂（图2.2.50）。悬挂会产生很多变化，但是在结构方面却很有利，因为它避免了玻璃自重引起的压应力和后续稳定性等问题。通常必须牢记，相邻楼板会发生完全不同的挠曲变形。因此，必须根据固定的类型，在玻璃的顶部或底部设置一个滑动接缝。

在承担作用于平板玻璃上的风荷载方面，玻璃板只需在两边固定，但这会限制玻璃板的跨度（图2.2.58a）。

带垂直梁（柱）的玻璃

较长的跨度由起到梁作用的垂直肋支撑。垂直肋只承担垂直于玻璃平面的荷载（风荷载）。平面内的荷载（自重和支承荷载）由玻璃自身承担。加入柱子意味着玻璃板现在在四边都有支撑（图2.2.58b）。很高的玻璃板通常是悬挂的。如果玻璃被水平打

图2.2.55 玻璃屋顶，奥格斯堡马克西米利安博物馆
建筑师：奥格斯堡建筑部
结构工程师：Ludwig & Weiler

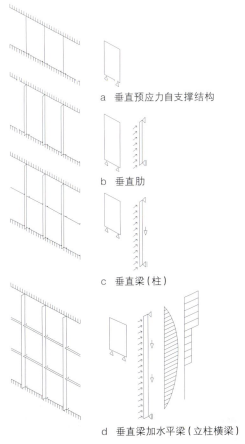

a 垂直预应力自支撑结构

b 垂直肋

c 垂直梁（柱）

d 垂直梁加水平梁（立柱横梁）

图2.2.56 玻璃拱一，斯图加特轻型结构和概念设计学会

图2.2.57 玻璃拱二，杜塞尔多夫国际玻璃技术博览会，轻型结构和概念设计学会

图2.2.58 受弯曲作用影响的结构体系

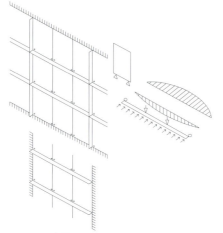

图2.2.59 水平梁

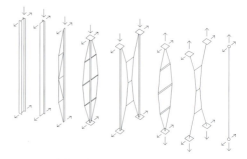

图2.2.60 有与没有受压弦杆、大梁和压延梁的缆索桁架比较

断（平接），那么平面内的荷载也必须由垂直梁承担（图2.2.58c）。于是，每块玻璃的自重就被传递到悬挂的或独立的梁上。垂直梁的标准结构形式有实木构件、混凝土构件、中空或压延金属构件。空腹桁架或大梁、缆索桁架都很常见（图2.2.60）。

缆索桁架分为两种结构原理：如果缆索在顶部和底部支撑处张拉，则被称为牵索。由于（通常）会产生巨大的力，所以需要尤其坚硬的支撑物。（风）抽吸缆索和（风）压力缆索都是必要的，尽管两者都可以几乎随意地并且彼此互相联系地定位在桁架平面内。

抽吸缆索和压力缆索由垂直构件联结在一起，根据配置情况的不同，这些垂直构件可以只承担拉力或压力，或者在两者之间交替承担。

结合受压构件的缆索桁架是一种自锚固结构，其中的支撑不由缆索中的预张力承担，因为它被整体受压构件中和掉了（图2.2.61）。缆索自身不使用受压弦杆固定，而是使用支杆，支杆由于长度短，因此可以很纤细。围绕桁架轴的旋转可以被解释为侧向压曲，这可以通过采取相应设计将牵索设置在玻璃平面内或其他的方法来防止。

当梁不位于玻璃平面内，而是固定在前部或后部时（这是很常见的情况，尤其在缆索桁架中），玻璃的自重通常由额外的固定件（支架）承担。风荷载可以通过能承担拉力和压力的构件从玻璃传递到梁。自支撑玻璃幕墙在结构上的作用恰好与悬挂在缆索上的玻璃幕墙相似。但是，这里玻璃只是起主要承重构件的作用，因此，在安全方面必须采取不同的对待方法（图2.2.62）。

带有水平和垂直梁的玻璃（立柱横梁结构）

很宽的玻璃板要求插入水平横档以支撑垫块和密封，另外还要插入垂直的柱子。这就是经典的立柱横梁结构（图2.2.58d）。横档会导致发生水平耦合，这样就需要在较大的间隔处设置伸缩缝。较高的立面也需要平面内支撑，特别是在能预见到有侧向风力（作用在外部肋上的风力、风的摩擦等）或地震荷载的地方。

如果水平跨度很大，以至于玻璃需要被进一步分割，就不再使用横档或横梁，而是水平梁（图2.2.59）。这些水平梁不仅要承担风荷载，还必须要承受它们自身及玻璃板的重量，在这些荷载的作用下，水平梁会发生挠曲变形。这种梁偏离它们的次轴的问题可以通过在一点或多点悬挂梁的方法来解决。

除了刚才提到的影响外，梁的水平和垂直跨度所受到的影响是一样的。因此，上述提到的带有垂直梁（柱）的玻璃的结构问题也适用于水平梁。

支柱

这种结构可以省掉承担水平荷载的梁。玻璃板所产生的水平压力被转移到建筑物的其他部分，通常是通过能承担拉力和压力的支柱传递到楼板和柱子上。现在，承重构件已不是通常玻璃平面内的梁，而是建筑物内部的核心部分，如剪力墙之类的构件。在这种结构形式中，玻璃板的自重由支架来承担，或在玻璃上方悬挂由玻璃自身来承担。不推荐在玻璃板下方支撑玻璃自重，因为玻璃平面内会产生相应的压应力（图2.2.63）。

图2.2.61 带有受压构件的缆索桁架，巴黎雪铁龙公园
建筑师：Patrik Berger
结构工程师：RFR

图2.2.62 自支撑玻璃幕墙，巴黎蒙田大道
建筑师：Epstein, Glaiman, Vidal
结构工程师：RFR

拱形结构

拱形结构经常用于玻璃屋顶，有时也用在立面结构中。同样，在这里，承重构件跨越两侧，但在两侧都有刚性支撑物或支墩。支撑结构中的移动或玻璃窗的热膨胀都是通过拱形结构在压力下的轻微变形来调节的。

壳体

壳体结构是一种弯曲的薄壁结构，可承担其自身重量以及外部荷载，这种荷载几乎唯一的形式就是壳体中轴上的轴向力。这就可以使材料得到最合理的利用。

在局部力传递区（也就是支撑点上），往往会出现弯曲应力，因其在结构上存在不合理性，应尽量避免。在下面的探讨中，壳体结构被认为是一种三维曲线结构，并且受压力的影响。承受拉力的"壳体"实际上是一种膜。壳体结构可能会沿着单轴（如柱形）或双轴（如球形）弯曲。这种弯曲的类型和程度通常用高斯曲率$k=1/(R_1 \times R_2)$来描述，R_1和R_2是主曲率半径。

格构壳体

可以将格构壳体看成是一种虽然有大量大型孔洞，但并不削弱其承重性能的壳体。如果格构壳体是由独立的线性构件预制而成的，那么通过设置适当的网眼几何形式和节点处连接的连接特性来使壳体具有承重性能绝对是切实可行的。这样一般会产生三角形或正方形的网眼。正方形网眼要求斜撑形式的加固件必须能承担拉力和压力，或使用X形支承，只承担拉力。如果不想要斜撑，那么接缝必须要设计成能抵抗弯曲的形式。这样，

结构就会更精美，但是它的效用却比那些有斜撑的结构要差。因此这种形式在小跨度结构中较为流行。

在近几十年中，很多玻璃圆屋顶结构的框架都是刚性连接，也就是无斜撑，大多数都采用了钢材作为支撑结构。玻璃止动件由铝制成，并设置在结构钢框架之上，这就产生了此类设计典型的双层结构。当然，这种双层结构有一个优点，就是铝构件可以做得比常见的结构钢框架误差更小。这样，就可以在低精度的钢框架上设置高精度的玻璃结构。但任何好事都有代价：这种结构从外表看起来非常杂乱。

直到20世纪80年代，建筑界才有能力建造和组装高精度的钢框架，可以通过塑料配件直接承担玻璃窗结构（图2.2.65和图2.2.66）。约格·施莱西和汉斯·史科布尔二人更是令大跨度玻璃屋顶向前迈进了一大步。他们设计的网状圆屋顶——方形网眼的格构壳体带有铰接接缝和细钢索制成的X形支承——生产精度非常高，玻璃可以直接设置在钢框架上，之间只有一个三元乙丙橡胶支承。标准化水平高（所有线性构件都是一样的），组装过程简单，因此虽然结构几何形式复杂，但是成本却并不高昂。纤细的线性构件和细钢索在这里得到利用，并省去了过去常用的玻璃格条，这使建筑结构显得非常精致。

任何形状的双曲面壳体都可以由三角形网眼组成，但是与正方形网眼结构相比，这种结构在经济性和透明度上都略逊一筹（图2.2.67）。在由正方形网眼组成的双曲面结构中，每块玻璃板的角部都应该设置在同一平

图2.2.63 支柱，邮政大楼，波恩
建筑师：墨菲/扬建筑师事务所
结构工程师：维尔纳·索贝克工程公司

图2.2.64 连接细部，德意志银行大厅的圆屋顶，汉诺威；建筑师：LTK；圆屋顶设计和施工：维尔纳·索贝克工程公司

图2.2.65 细部照片，汉堡城市历史博物馆
建筑师：冯·格康、玛格及合伙人建筑师事务所；结构工程师：施莱西-伯格曼及合伙人工程设计事务所

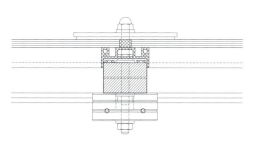

图2.2.66 细部图，汉堡城市历史博物馆

面内。否则，不但玻璃板自身要具有调节扭曲的能力，还必须使用弯曲玻璃板。但是玻璃的扭曲仅仅是一个制约因素，因为中空玻璃构件中的边缘密封和弯曲玻璃板都是很昂贵的。为了更加经济地获得自由的结构外形，建筑师使用平移表面或者鳞片式平移表面来达到要求。这两种尝试都是以两个平行向量总能形成一个平面的数学原理为基础的。在平移表面中，通过沿着同一准线平行滑移等长的向量产生三维曲线。母曲线和准线因此能够形成任意的三维曲线。于是使用统一长度标准的方形平板玻璃能够创造出由平面正形网眼组成的圆屋顶表面。这种平移表面原理在建造玻璃格构壳体时能够显示出其经济性。当平行移动的两根向量长度不等的时候，我们称之为鳞片式平移表面，它可以创造出几乎任何形状的表面，网眼仍为平面，但是构件长度不等。

非常典雅的建筑设计方案，即使没有斜撑，也是可行的，特别是对小跨度格构壳体来说，前提是接缝设计具有足够的刚度。汉诺威一个银行大厅的圆屋顶就是一个很好的例子（图2.2.64和图2.2.72）。在这个圆屋顶中，所有的构件都是用类似球形的石墨铁制成的，并且这些构件仅靠螺丝将接缝和部件连接在一起，圆屋顶安装时也没有定中心。中空玻璃构件直接置于铁件之上，中间只有一个三元乙丙橡胶垫。止动板设置在外，以防玻璃被风掀起。

绕单轴弯曲的柱形格构壳体或大跨度双曲率壳体是一种非常薄的结构，必须依靠额外措施来解决其稳定性的问题（挠曲变形）。设置桁架或拉索是一个可行的解决方法。早在19世纪末期，工程师弗拉基米尔·苏克夫（Vladimir Šuchov）就使用拉索连接的方法

图2.2.67 三角形网眼，大英博物馆大庭院，伦敦
建筑师：福斯特及合伙人建筑事务所；结构工程师：布罗·哈帕德

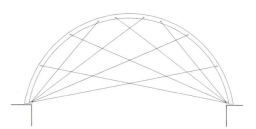

图2.2.68 拉索拱，俄罗斯机械展览大厅，1896年，弗拉基米尔·苏克夫

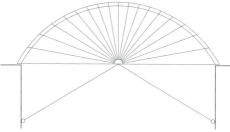

图2.2.69 拉索筒形拱顶，汉堡城市历史博物馆
建筑师：冯·格康、玛格及合伙人建筑师事务所；工程师：施莱西-伯格曼及合伙人工程设计事务所

图2.2.70 GUM百货公司，莫斯科，弗拉基米尔·苏克夫

图2.2.71 支承"轮辐"，汉堡城市历史博物馆

图2.2.72 德意志银行大厅的圆屋顶
建筑师：LTK；圆屋顶设计和施工：维尔纳·索贝克工程公司

建立起了难以置信的筒形拱顶壳体玻璃结构（图2.2.68和图2.2.70）。在汉堡城市历史博物馆内部庭院的屋顶结构中，约格·施莱西使用了相似的预应力缆索"轮辐"来增加筒形拱顶壳体结构的承重能力（图2.2.69和图2.2.71，见工程实录42，332~335页）。当然，对绕双轴弯曲的壳体结构进行桁架或拉索固定也是可能的。但是最有效改善结构稳定性的方法是选择与该格构壳体相适应的结构曲率。

索网和缆索立面

索网结构与膜结构的规律和原理是相同的。因此网可以被认为是特殊的膜。索网结构的组成材料不再是连续的薄层材料，而是分离（离散）构件组成的网架。索网形成的是很普通的三维曲面，并且能够仅仅通过材料的拉应力来支撑其自重和外部荷载。这种只存在拉应力的结构形式非常有效，因为所有用来保证稳定性的额外大体块构件已不再需要。平面的或单曲率的索网常常会发生严重变形，甚至在受到平面外作用时会产生振动。根据其承重性能，索网不能被随意地设计成各种三维形状。其结构形式必须能够平衡外部的拉力。这些问题都可以通过鞍形面得到解决，这是一种反向的双曲面，其表面的高斯曲率k小于零。因此这种网结构的几何形状必须要通过特殊的被称为结构找形的设计程序来确定。

索网根据其网眼结构的不同，承重性能有较大的差异。网眼为三角形的索网具有类似于连续薄膜的结构性能。

弯曲玻璃索网

在这种结构中，通常由钢索组成的网承担最基本的承重功能。索网中的玻璃可以用来加固整个结构，但现实中还没有人用过这种方法。通常，玻璃的功能只是作为覆盖和围护材料。

实际上，因预制和组装要求的提高，所有的索网已被建成规则的正方形网眼结构。三维弯曲和预应力的作用使正方形变成了菱形，只是每一个菱形的形状都稍有不同。如果网眼中要安装玻璃板，那么每块玻璃板也将有所不同。用现代计算机控制生产就能实现这一目标，但在现场却会导致难以置信的、令人头痛的物流问题。

目前的设计已经克服并缓解了玻璃覆盖的问题：

· 使用较大块的玻璃，每一块都能覆盖一组网眼。

这种结构的优点在于必须按尺寸切割和安装的特殊几何形状的单块玻璃板数量相对较少。另一方面，平板玻璃意味着这种原理仅限于半径相对较大的网结构。而且，将玻璃板固定在索网中，必须保证由外部荷载导致的索网变形不会在玻璃内产生应力。因此，玻璃必须悬浮装配，例如使用点驳件和人造橡胶制成的适合的中间垫片。1972年建成的慕尼黑奥林匹克体育场屋顶就是一个最好的使用大型玻璃板的例子（虽然使用的是人造聚甲基丙烯酸甲酯PMMA）。

· 使用对称旋转网。

这种方法能极大地减少不同玻璃板的数量。一个杰出的例子是利雅得外交俱乐部花园的索网展亭，索网中的玻璃板带有手绘图案（图2.2.75）。

图2.2.74 奥林匹克体育场，慕尼黑
建筑师：班尼奇及合伙人事务所
结构工程师：LAP公司
顾问：弗雷·奥托（及其他人）

图2.2.73 玻璃屋顶，多特蒙德威斯特法伦公园

图2.2.75 索网展亭，利雅得
建筑师：贝蒂娜和弗雷·奥托

图2.2.76 平面缆索–网格屋顶，办公大楼，格尼贝尔
建筑师：Kauffmann Theilig及合伙人事务
所；结构工程师：Glasbau Seele

· 引进玻璃瓦概念

这一原理于1996年开发出来，首次应用在巴特诺伊施塔特医院内庭院的玻璃瓦索网屋顶结构中（图2.2.77和图2.2.78，见工程实录41，330~331页）。

瓦片概念的引进使玻璃和网眼的几何形状彼此分离。网眼尺寸为400mm，但每个网眼的几何形状是不同的。这些网眼上面覆盖着22 000多块完全相同的正方形层压安全玻璃瓦，每块尺寸为500mm×500mm。它们夹在专利不锈钢框架内，这些框架依次连接在索网的节点上。这些玻璃瓦每次只能安装一个。

玻璃瓦的几何形状和网眼的菱形（每个都是唯一的）之间的差异可以通过调整索网上每个点驳件处的框架来消除。上面的固定件刚性地连接到节点上，而下面的固定件有两个框架端，长度大约150mm，必须螺旋固定在下面的节点上。这样框架就可以跨越对角线长度不同的网眼。

为了使玻璃板能稳固在索网上，还用上了单独的固定件或紧固夹板。它们都必须与网眼中的节点相连，而不应该与钢索上的点驳件相连。这样既可以有效地将力传递到索网中，又可以使结构形式简单明了，自然也节省了成本开支。

平面玻璃索网（索网墙）

这是一种特殊形式的玻璃网。它是一种平面的结构体系，承载垂直于结构本身的荷载的能力只有通过容纳钢索内较大的变形及因此产生的较大的力才能获得。为了控制这些体系的变形特性，钢索事先要施加预应力。尽管预应力通常都很高，还是很可能在风荷载的作用下产生$l/50$的挠曲变形。这就意味着玻璃与网的连接处必须能够允许移动。网中的每一个网眼都会随着整张网的变形而发生扭曲。这种结构中的玻璃必须或者同时发生扭曲，或者固定在固定件处，固定方式必须保证网会随着玻璃的变形而变形。已经投入使用的固定件体系是一种斗形的止动件，如慕尼黑凯宾斯基酒店中的用法（图2.2.82），或是点驳件固定的钻孔玻璃，可以容纳较大的旋转和位移，如格尼贝尔某办公大楼的屋顶（图2.2.76）。

对玻璃网进行结构计算总是建立在以下基础上：确定每个相关负载情况下每块玻璃的扭曲和变形，将这些数值与允许变形值进行比较。这种允许变形值是由玻璃的类型和规格决定的。中空玻璃构件仅允许少许的变形。德国格尼贝尔办公大楼的中庭是使用平面索网作为屋顶的一个有趣的例子。这是一个平跨的缆索支撑结构，外部椭圆形的钢结

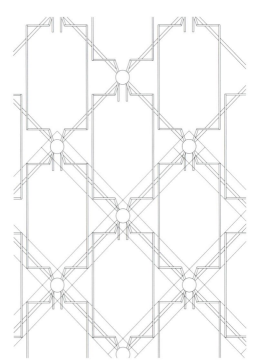

图2.2.77 玻璃瓦索网结构示意图，医院，巴特诺伊施塔特；建筑师：Lamm, Weber, Donath
结构工程师：维尔纳·索贝克工程公司

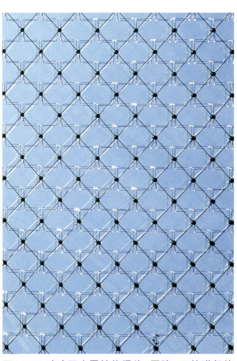

图2.2.78 玻璃瓦索网结构照片，医院，巴特诺伊施塔特

图2.2.79 桁架平面索网，Rotonde Neuilly，巴黎
建筑师：D. Feichtinger
结构工程师：RFR

构压力环能够抵消缆索的应力。其外形和承重性能让人联想到网球球拍。网球球拍的原理和局部桁架的结合产生了一个更加精致的结构设计（图2.2.79）。

一个早期但现在看来仍然出众的平面玻璃索网结构的例子是位于慕尼黑的凯宾斯基酒店（图2.2.82）。其40m×25m的中庭玻璃立面在左右两边都锚固到钢筋混凝土结构中，上下两侧则锚固在屋面结构与基础中。直径为22mm的不锈钢缆索形成了1.5m×1.5m的网格，承担玻璃构件的重量。就像由安德·范西贝和彼得·赖斯（Peter Rice）在巴黎所设计的拉·维莱特公园中的玻璃立面和拉索一样，为凯宾斯基酒店所设计的立面是在20世纪80年代建筑立面隐藏浪潮中的另一个里程碑（图2.2.83）。只有在两组缆索都能够连接到主体结构上时才能够使用索网立面。这就是为什么这种结构往往是设置在重质结构之间的中庭位置的原因。为了减少变形和排除弹簧阻尼机制，在缆索中要尽可能施加最大的预应力。将这种立面用于结构角部几乎是不可能的。

竖向平行缆索玻璃立面

省略两组缆索中的一组能够使平面索网的原理得到进一步的发展和简化。这种玻璃立面结构采用平行的、通常为竖向的预应力缆索和拉杆作为承重结构，表现出最大程度的结构透明度。相对于索网结构，这种结构不需要周围的刚性主承重结构来吸收缆索的应力。这种玻璃结构形式最早出现在海默特·扬（Helmut Jahn）和维尔纳·索贝克工程公司为柏林索尼中心的艾司普拉内达酒店受保护遗迹所做的设计中（图2.2.80）。建筑设计中使用了60m×20m的"橱窗"式建筑立面，而该结构仅由间距为2m的竖向缆索组成，通过弹簧保证缆索中预应力的稳定（图2.2.81）。尽管受到温度波动和主结构支撑部位位移的影响，缆索中的预应力还是能够在弹簧的作用下保持稳定。高温时典型的结构"软化"在这里并不明显，使缆索和所有的连接构件的设计得到了优化。尺寸为2m×2m的玻璃板通过单独的钻孔固定件直接与缆索相连。

在不莱梅大学中央入口的大厅结构中能够看到这种竖向缆索玻璃立面的进一步发展（图2.2.86），该结构中竖向缆索的间距为

图2.2.80 带有弹簧预应力的平行缆索玻璃立面照片，艾司普拉内达酒店，柏林
建筑师：墨菲/扬建筑事务所；结构工程师：维尔纳·索贝克工程公司

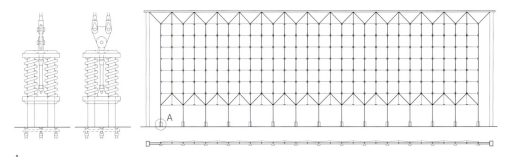

A

图2.2.81 带有弹簧预应力的平行缆索玻璃立面示意图，艾司普拉内达酒店，柏林

图2.2.82 索网玻璃幕墙，凯宾斯基酒店，慕尼黑
建筑师：墨菲/扬建筑事务所；结构工程师：
施莱西-伯格曼及合伙人工程设计事务所

图2.2.83 拉·维莱特公园，巴黎
建筑师：安德·范西贝
结构工程师：RFR

1.8m。同样在这个立面中，弹簧的使用能够保证缆索承受稳定、较小的预应力。这意味着可以在主结构（屋顶层的梁网格）中使用更为轻质的设计，从而促进了建筑立面的"消失"。玻璃板通过相应的夹具固定到竖向缆索上，所使用的夹具能够同时承担玻璃的自重和外界的风荷载。缆索的中心线和玻璃平面之间偏心150mm造成了夹具处缆索微小的弯曲，几乎看不到。与艾司普拉内达酒店不同，这里的玻璃板之间的接缝使用硅树脂进行密封。在这15m高的建筑立面上产生了最大350mm的变形。建筑立面刚性部分的过渡通过两个平行玻璃肋实现，其中一块固定到刚性立面上，而另一块与缆索立面相连。在玻璃肋之间的连接处使用橡胶滑片保证了过渡区域的密封性能。位于勒沃库森的拜尔总部大厅立面的角部过渡使用了另一种方法——密封连接。在角部起片弹簧作用的加肋钢板减小了缆索的误差和玻璃板的扭曲。

使用中空玻璃的竖向平行缆索立面最早用于法兰克福的汉莎大厦（图2.2.84和图2.2.85）以及芝加哥奥黑尔机场扩建结构中。在这些结构中，通过加大预应力减小了玻璃的最大变形。由于自身良好的变形能力，索网和平行缆索立面能够很好地承受外界冲击，这在为奥黑尔机场立面结构和纽约7号世贸中心的索网立面所做的防爆实验中表现得十分明显。

对于竖向平行缆索立面和平面索网最关键的设计标准是其负荷条件下的变形情况。单块玻璃板的支撑和建筑立面的不规则几何形式，都应该在设计中予以考虑，从而容纳结构的预期变形，并且减小玻璃结构中的约束应力。这些非常透明的立面体系通过减少钢材的使用突出了玻璃的重要性。总之，主要是玻璃的透明度、反射性和其本身的颜色决定了建筑的外观。

图2.2.84 汉莎大厦，法兰克福
建筑师：Ingenhove Overdiek & Partner
结构工程师：维尔纳·索贝克工程公司

图2.2.85 汉莎大厦立面近景，法兰克福

图2.2.86 中央入口大厅，不莱梅大学
建筑师：奥尔索普与施托姆
结构工程师：维尔纳·索贝克工程公司

玻璃与能量——建筑性能

Matthias Shuler, Stefanie Reuss

玻璃可以使阳光照射到室内,但同时又排除了诸如风雨和冷空气等气候的影响。玻璃有一个特性值得我们注意,那就是玻璃在辐射穿透性方面具有选择性,短波太阳辐射可以穿透玻璃,而长波热辐射却被玻璃反射回去。进入室内的短波辐射被途经的表面吸收,转变为长波辐射。长波辐射不会从室内跑掉,开始对室内加热,因此我们称其为"温室效应"。

玻璃的这一选择特性使我们可以把热带植物移植到寒冷的中欧,在玻璃房内培植。伴随着结构工程的发展,19世纪后期出现了大量的棕榈屋。

提高玻璃的品质,使其从半透明(光渗透性)变成完全透明(提供无遮挡的视野),就能让建筑内的人看到外面的世界。由于玻璃的出现,人们用窗户代替了窥视孔,窗户能让光线进入室内,还能利用太阳得热对室内进行加温。

今天,玻璃成为了优质建筑材料,它的物理性能绝不比其他的材料差。这一节将根据玻璃的各种应用,对其物理的和与能量有关的性质进行介绍。先向读者介绍玻璃的基本性能,随后再介绍能量的获得、热损失和日光。再下一部分将就玻璃作为屋顶、立面以及系统构件方面的具体运用和实际效果进行探讨和评析。

与能量问题和建筑性能相关的玻璃性能

为方便起见,首先对使用玻璃这种建筑材料的原理和效果进行说明解释。

透明性

根据牛津英语词典的说法,透明性指的是"可以透明的性质或条件",它可以解释为"具有传输光的性能……允许辐射热或任何其他辐射通过"。但这并不能完全解释光辐射透过的物理性质,穿透性总是与某种辐射、某种波长或光谱波长有关。透明的玻璃构件允许视线的无障碍穿过,而半透明玻璃构件允许光辐射穿过却不能允许视线穿过。传输现象表明,辐射穿透性与玻璃构件后面物体成像的质量无关。

为了更好地说明问题,在解释玻璃的性能之前,让我们先来解释辐射的性能,因为许多结果都源于热辐射和太阳辐射的边界物理条件。

辐射光谱

从建筑目的来看,辐射光谱通常可以分为三类:紫外线辐射(UV, 0~380nm)、可见光辐射(380~780nm)和近红外线热辐射(780~2800nm)。晴朗的日子,地球表面的光谱分布如图2.3.1所示。主要包括可见光(47%)和热辐射(46%)。占比例相对较少的紫外线(7%)是由对生物有影响的UV-B辐射(280~315nm)和长波UV-A辐射(315~380nm)组成的。整体辐射总量使地球大气层外的太阳常数为1353W/m^2。除了太阳光谱外,人眼对可见光的敏感度也对玻璃的使用起到了重要的影响作用(图2.3.2)。

为了确定可获得的太阳辐射值,首先一定要知道玻璃板的光谱透过率。图2.3.3所示为三氧化二铁(Fe_2O_3)平均含量为0.1%的不同厚度浮法玻璃的透过率与波长的关系。图表显示了玻璃的选择性:可见光区域透过率

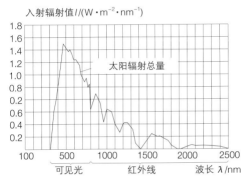

图2.3.1 根据DIN EN 410, 太阳辐射总量标准的相关光谱分布

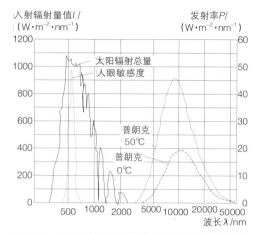

图2.3.2 人眼敏感度与热辐射同太阳光谱的关系比较

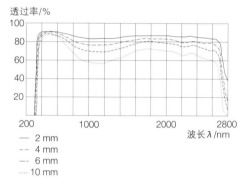

图2.3.3 三氧化二铁平均含量为0.1%的不同厚度浮法玻璃的光谱透过率

曲线表明了可见光在玻璃中的透过率最高，近红外区较低，长波红外线区则完全不能透过。

波长为2800nm左右的辐射与800℃物体的热辐射相当。这可以解释玻璃隔墙的一个防火问题，即为什么当玻璃本身温度不超过700℃时，由火产生的超过800℃的热辐射却可以穿透玻璃，引起对面物体发生自燃。

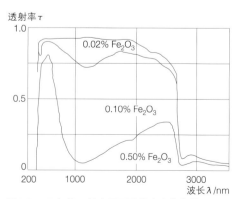

图2.3.4 三氧化二铁含量不同的玻璃的光谱

高，接近2800nm的近红外区透过率有所降低，而在长波红外区则不具有透过率，在这个范围内热表面会发生热发射（图2.3.2）。

在紫外线区域，我们可以看到，浮法玻璃实际上可以防止生物紫外线辐射穿透，而且厚度超过5mm的玻璃也完全可以把长波紫外线辐射吸收掉。这种作用在温室的建造和运营中变得非常重要，因为紫外线辐射不仅具有生物影响作用，而且还是害虫的天敌。而在另一方面，玻璃背面只要有一点点紫外线就能使材料褪色和变脆。玻璃负责吸收和降低太阳辐射的物质成分中，其中有一种就是三氧化二铁（Fe_2O_3）。这种物质使玻璃呈现出淡绿色，另外还可以吸收波长为1000nm左右的光辐射。减少玻璃中三氧化二铁的含量，玻璃对紫外线的吸收能力就会减弱，紫外线的穿透量就会增多。这种现象对可见光来说表现得尤为明显，这就是为什么低铁玻璃透明度较高的原因。图2.3.4表明了三氧化二铁含量不同的玻璃辐射穿透性与太阳光谱的关系。可透过紫外线辐射的玻璃在医疗上的运用，只有在完全没有三氧化二铁的浮法玻璃或石英玻璃中才能实现。

日光透射

可见光也称日光，波长为380~780nm，在室内照明方面，是窗户尺寸以外另一个重要决定因素。光线的分布取决于窗户的布置和室内表面的反射程度。在这里，关键的参数就是透光率。值得注意的是，可见光辐射也是一种能量，被吸收时可以转换为热辐射。

透光率τ_v（DIN EN 410）

透光率或光学透明度是可见光范围中（380~780nm）可见光辐射直接穿透玻璃比率的衡量标准，它与人的视觉敏感度有关。透光率可以用百分比来表示，它会受到玻璃厚度及其他因素的影响。为了与DIN 5034和《德国工作场所法案》相符，应根据建筑功能与内部环境来选择透光率。扩大窗户的面积也是提高透光率的一种方法。透光率对光照控制玻璃来说尤其重要，因为有遮阳功能的玻璃g值较低而透光率较高，这样就无须使用人造灯光来替代自然光。由于整个辐射光谱与其所包含的可见光部分的穿透率有所不同，所以在描述玻璃时分透光率和能量透过率两个概念。

辐射透射率σ_e（DIN EN 410）

辐射透射率也就是我们所知道的能源透射率，是用来描述太阳辐射能直接穿透玻璃的比例，它与300~2500nm范围内的太阳光谱有关。这里采用了简化的假设条件，不考虑它们之间的各种关系，假设所有太阳辐射的光谱分布与太阳高度角和空气质量（如灰尘、烟雾和水蒸气含量）无关，所有的太阳辐射像光束一样几乎垂直地穿透玻璃。

紫外线透射率τ_{UV}（DIN EN 410）

紫外线透射率对应的是太阳光谱中波长在280~380nm的紫外区域内的光线传播强度。这一玻璃参数对于博物馆建筑是很重要的，例如需要在阳光下展出对于紫外线照射很敏感的作品时。而玻璃结构内部的植物却需要大量的紫外线辐射。

总能量透过率g（DIN EN 410）

g值是波长为300~2500nm的光线的总能量透过率。这个变量对于计算供暖、通风、空调系统很重要，用百分比来表示。g值是由辐射透射率σ_e、热发射率（来自玻璃吸收辐射，该辐射为热辐射和室内对流形式）即二次热发射指数q_i共同构成的，即$g = \sigma_e + q_i$。当对中空玻璃构件进行g值计算时，必须考虑多层玻璃表面的多次反射以及镀膜和填充气体的影响。

辐射平衡（透射率、反射率、吸收率）

由于整个系统中没有能量损失，因此必然有一个数学方程可以描述入射能量的平衡。入射到玻璃板上的所有能量或穿过玻璃板（透射），或折回（反射），或被材料吸收并转化为热（吸收）。玻璃又以热辐射和对流的方式把它的热量释放到周围环境中。图2.3.5用一块4mm厚的浮法玻璃为例来说明两种波长辐射的平衡。它说明了光谱范围内不同光线的透射率是不同的，这是由吸收率和反射率的变化引起的，因此对于浮法玻璃来说，太阳辐射以及可见光的透射率也不同。

后果：温室效应

不同光谱光线造成浮法玻璃透射率不同的后果是会产生温室效应。强烈的短波太阳辐射可以穿过玻璃进入室内。一旦它进入室内，一部分直接被其他物质吸收，而另一部分经过反射后被吸收。还有一部分以短波辐射的形式反射到室外。被吸收的太阳辐射在物体表面转化为热能。不过，物体表面温度升高会发射长波热辐射，其中一些撞击到玻璃上，大部分被玻璃表面吸收，一些被反射回去，但是不会穿透到室外。由穿透玻璃进入室内的热辐射引起的热流约为500W/m²，而从一个比室外温度高20K的室内损失的热量仅有120W/m²。从这一点可以明显看出，室内温度在强烈太阳光的照射下会升高，产生温室效应。这就解释了为什么在外界温度很低的时候玻璃房间仍然会出现过热的现象（图2.3.6）。

在地球大气中所发生的相应变化与玻璃房间的情况相同，地球表面的温度上升也是由于大量的热量不能排到地球之外。由于化石燃料的燃烧造成了大气中二氧化碳数量的增加，以长波辐射形式传播的热量在从地球向太空传播的时候被其吸收。这引起了温室现象或全球变暖。太阳辐射向地球提供热量，而持续减少的化石能源造成的大气浑浊增加了对长波辐射热量的吸收，更加快了地球表面变热。

除了上述提到的方面，下面所列出的参数也很重要。

选择率

这是透光率与总能量透过率的比率。对于光照控制玻璃来说，这个数值是较高的透光率与较低的总能量透过率的成功结合。选择率数值越高表明越有利，即光线充沛但热量少。但在选择玻璃类型时，必须考虑它在市场上是否容易获得。

遮光率b（VDI 2078）

遮光率（或因数b）是特定玻璃g值与标准双层玻璃g值的比率。这一中空玻璃的g值取常量80%。这个新参数取代了1994年10月设定的旧的3mm单层玻璃标准（g值为87%）。

旧$b=g/0.87$
新$b=g/0.80$

带有遮阳设备的玻璃构件的总能量透过率g_{total}

根据DIN 4108第二章，玻璃的总能量透过率为玻璃的g值和相应遮阳设备的折减系数F_c的乘积（$g_{total}=F_c \times g$）。

这个折减系数既可以根据DIN 4108第六章给出的方法计算得出，也可以通过查表的方法得到。表格中该系数处在0.25和0.94之间，前者表示的是透过率小于10%的室外百叶窗，后者表示的是室内遮光帘。F_c值取决于很多因素，包括遮阳类型与玻璃类型的结合，即使同一个或同一类产品，是否使用低辐射玻璃或光照控制玻璃这一点也会使F_c值不同。很多遮阳系统的生产商都意识到了这一点，并且使最普通的玻璃结构具有不同的F_c值（可以通过测量得到）（表2.3.1）。

显色指数R_a（DIN EN 410）

显色对于人们的心理和审美都是十分重要的。举个例子，在使用日光照明的博物馆内就需要很高的显色指数（R_a大于97~98）。当入射光的光谱发生变化的时候，房间内部的颜色也会发生改变。

因此，$R_a D$值描述的是日光照明条件下室内的颜色识别，$R_a R$值用于评定观看一侧的显色情况。根据标准DIN EN 410，显色指数R_a决定玻璃材料的显色质量。显色指数R_a的最大值为100，而玻璃材料的最大值能达到99。通常R_a值大于90表示材料具有卓越的显色质量，R_a值大于80表示显色质量良好。需要注意的是，材料的真实显色是与观看角度有关系的，而前面的定义是在不同辐射峰值条件下进行的。所以即使材料的R_a值大于90，当你从侧面对其进行观察的时候还是会发现颜色的畸变。

前面提到的辐射透射都是垂直于玻璃表面的，当光线以一定的角度照射到玻璃表面时会产生光学变化。图2.3.7以单层和多层玻璃为例，说明了透射率与入射角的关系。

折射

当光束从一种介质（比如空气）以某种角度进入另一种介质（如玻璃）时，其中的一部分光在两种介质的交界处会以相同的角度反射回去，而剩余的光改变方向后穿过另一种介质，这就是折射。当光从密度较小的空气进入密度较大的玻璃时，折射线向垂直方向偏转，也就是折射角小于入射角。折射光线离开玻璃表面时，出射角要变得稍大一些（图2.3.8）。不同的材料有不同的特定折射

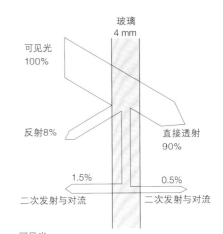

a 可见光

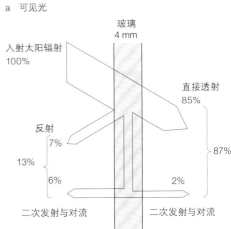

b 太阳辐射

图2.3.5 4mm玻璃板的能量与日光平衡

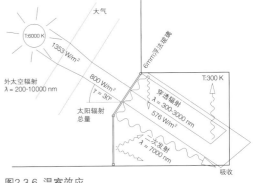

图2.3.6 温室效应

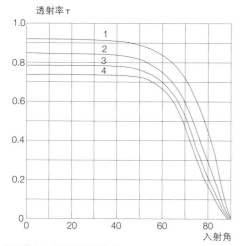

透射率与入射角呈函数关系
单层和双层玻璃透射率与入射角的关系是一个曲线图。玻璃的多次反射已考虑在内。

图2.3.7 一至四层浮法玻璃的透射率与入射角的关系

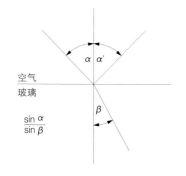

图2.3.8 光束在玻璃表面处的折射，根据斯聂耳定律

率。与此相应，每两种介质都有一个临界角度；当光从密度大的介质进入密度小的介质时，如果光的入射角大于此临界角，折射角就会大到不离开材料表面。这就是反射。浮法玻璃的折射率为1.52，水为1.33，钻石为2.42。

对于无镀膜玻璃更为重要的参数还有如下几种：

发射率（0.837）
这一参数表示的是材料将能量以辐射的形式释放的能力。理想的能量发射体是黑色物体，其发射率为1.0。玻璃材料的发射率越高意味着其吸收长波辐射的能力越强，尽管温暖的玻璃表面很容易发射热。玻璃表面的上层是由碱金属和碱土氧化物（绝缘体）组成的，这是其发射率产生的原因。因此可以在玻璃表面增加金属镀膜改变其发射率，进而改变玻璃的热学性能。例如向普通的双层无镀膜玻璃窗上添加一层金属镀膜能够实现湿气的沉积，进而减小玻璃的发射率，某些情况下能够降低到0.02。这种做法能防止外层玻璃（冬季的温度很低）和内层玻璃（温度较高）之间的辐射交换，进而改善该玻璃结构的保温性能。

导热系数λ（W/mK）（CEN/TC 89，附录B）
导热系数是用来描述热流在内外温度差为1K的有一定厚度（单位为m）的物质里的传递状况。

如果我们比较玻璃与38级的结构钢（75W/mK）或矿棉（0.04W/mK）的导热系数，就会发现虽然玻璃的导热系数很低，但是如果使用标准的厚度为4mm的玻璃，就会达到相当高的导热效果——250W/mK。因此，不能说玻璃是隔热材料。单层玻璃有隔热作用只是由于它两侧的玻璃与空气的过渡表面有阻热功能，这能使它的传热系数达到5.8W/m²K。

热膨胀系数（$9.0 \times 10^{-6} K^{-1}$）
这一数值表示玻璃受热后体积和长度的变化量。在温度变化无常的环境下使用玻璃，热膨胀系数是一个很重要的参数。热膨胀的平均线性系数α用1/K来表示，表示温度

变化1K时每单位长度的尺寸变化。

体积的热膨胀系数β大致为$3 \times \alpha$。通过对其他建筑材料热膨胀特性的比较发现，钢（$11 \times 10^{-6} K^{-1}$）和混凝土（$9 \times 10^{-6} K^{-1}$）非常相近，所以它们可以在高温差下作为复合建筑材料使用。

比热容（840J/kgK）
比热容表示对重量为1kg的物体进行加温1K所需要的热量。作为一种矿物质，玻璃与钢（800J/kgK）和混凝土（880J/kgK）的比热容基本相同，但却比水（4180J/kgK）差得远。这个值对较厚的玻璃来说更有意义，因为它与玻璃的热惯性是有关的。

隔热
玻璃的隔热功能使它像不透明的墙体一样，把室内外分成两种完全不同的气候，这一功能的基础是材料和表面的阻热能力。因为玻璃的导热性能比较好，因此必须使用多层玻璃来提高隔热性。单层玻璃上有冷凝和结霜现象时，表明它的隔热性较差。

传热系数（U值，DIN EN 673）
传热系数是决定建筑构件热损失的重要参数。传热系数表示在内外空气温差为1K时，通过1m²构件的总热量。U值（W/m²K）越小，表明隔热性就越好。根据DIN EN 673的定义，U值是用于表示玻璃中心区域热传导性能的参数，即不计玻璃边缘的影响。传热系数由玻璃的总传热系数h_t和玻璃内外表面的传导系数h_i和h_e计算得出：

$$1/U = 1/h_e + 1/h_t + 1/h_i$$

外表面的传导系数还由风速和外层玻璃的发射率以及其他因素决定。正常情况下，该系数为23W/m²K，其倒数$1/h_e = 0.04$m²K/W。

内表面的传导系数由辐射系数h_r和由对流引起的导热的系数h_c根据公式$h_i = h_r + h_c$计算得出。

如果面对房间的内层玻璃板的发射率很低（$\varepsilon < 0.837$），就要对辐射系数进行调解，以满足对应的发射率。通常情况下，h_c值为3.6W/m²K，若镀膜玻璃的镀膜面不面向房间一侧，则内表面传导系数为8W/m²K（$1/h_i = 0.13$m²K/W）。玻璃构件的总传热系

数h_t是由玻璃板之间空腔与每块玻璃板的表面阻热能力的倒数决定的。在水平玻璃构件的计算中,应该将对流所造成的热传递通过修正因数考虑进去:

对于4mm的单层玻璃,其U值能够达到5.75W/m²K:

$$R_g = s/\lambda = 0.004m/1W/mK$$
$$= 0.005m^2K/W$$
$$R_{total} = R_i + R_g + R_a = 0.13 + 0.004 + $$
$$0.04 = 0.174m^2K/W$$

$$U = 1/R_{total} = 5.75W/m^2K$$

这里的重点是使用组合热传递的方法进行数值计算,也就是同时考虑了热量的对流和辐射两种情况。

对流引起的热损失

一块处于热流中的玻璃板内部纯粹由对流引起的热传递的值为2~3W/m²K,这表示该热流的辐射交换(大约5W/m²K)的发射率为0.85。玻璃外表面的传导系数主要受风速的影响,尽管对流热损失也与风有关,计算方程如下:

$$h_e = 2.8 + 3.0 \times v \ (W/m^2K)$$

v的单位为m/s,根据Watmuff在1977年的理论

这个方程适用于无中断的表面。出挑等中断能够造成局部热流降低和局部乱流现象,而这会减少窗户外围的热传递。由于损失到室外的热量不能从房间内部迅速得到补充,导致玻璃温度下降,从而造成冷凝现象的发生。

辐射引起的热损失

外界的辐射情况主要是根据发射物体的热辐射确定的,这里我们指的是天空。晴空的热辐射取决于假定的天空温度,根据斯威巴克的理论,这一假定的天空温度可由无云天气里的周围温度计算得出:

$$T_{sky} = 0.0552 \times (T_{amb})^{1.5}$$

温度T的单位为K,根据斯威巴克理论得到的天空温度

例如当周围温度为0℃(272K)时,天空温度为247K,也就是-24.4℃。这表明没有云彩遮挡的情况下,面对天空的水平玻璃表面具有很大的辐射损失。而有云彩的时候,平均温度是由天空温度和云彩温度或者是由外部空气的露点温度决定的。这产生了朝向天空的热量约为4.8W/m²的辐射。因此在没有短波太阳辐射的无云夜晚,流向天空的热量能够达到141W/m²(周围温度为0℃,玻璃表面温度为5℃的情况下)。如果我们假定风速为1m/s,所产生的对流热量则为29W/m²。当玻璃的U值较大时,来自内部的热量不能够对其进行持续的补充,导致表面温度下降。而对于具有良好保温性能的玻璃板来说,其温度能够降低到外界温度以下,于是在外层玻璃板上就产生了冷凝或结霜。在冬天阴冷的气候条件下,具有较大U值的屋顶窗户和

表2.3.1 永久遮阳设备折减系数F_c的标准值(根据DIN EN 4108第二章)

南向

西向

东向

类别	遮阳设备[a]	F_c
1	没有遮阳设备	1.0
2	设在室内或玻璃板之间[b]	
2.1	白色或低透明度的反射表面	0.75
2.2	浅色或低透明度[c]	0.8
2.3	深色或高透明度	0.9
3	设在室外	
3.1	旋转百叶,背后通风	0.25
3.2	低透明度的遮光帘或织物,背后通风	0.25
3.3	普通遮光帘	0.4
3.4	卷轴式百叶帘、铰接遮光帘	0.3
3.5	雨篷、凉廊、独立百叶[d]	0.5
3.6	遮阳篷,上下通风	0.4
3.7	普通遮阳篷	0.5

[a] 遮阳设备必须永久安装。定制的装饰窗帘等不属于遮阳设备
[b] 设在室内或玻璃板之间的遮阳设备的折减系数值应精确计算,因为有时可能会得出过于好的数值。
[c] 遮阳设备透明度小于15%则属于低透明度
[d] 必须或多或少地保证窗户不会受到日光直接照射。这适用于以下情况:
· 朝南立面的覆盖角度$\beta \geqslant 50°$
· 朝东或朝西立面的覆盖角度$\beta \geqslant 85°$或$\gamma \geqslant 115°$
每个朝向都可以有±25°的偏差。中间朝向的覆盖角度要求$b \geqslant 80°$。

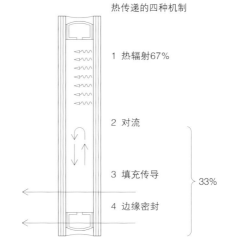

热传递的四种机制

1 热辐射67%

2 对流

3 填充传导 } 33%

4 边缘密封

图2.3.9 中空玻璃构件的热传递

1 2 3 4

外侧　　　内侧

图2.3.10 中空玻璃构件的标准编号

玻璃立面会一直结冰。另一方面，外界风速较大能够引起温暖空气与冰冷玻璃表面之间的对流。由于辐射损失，当玻璃表面温度降低到内部的露点温度以下时，那些保温效果不好的玻璃结构内就会出现冷凝。这种情况经常出现在单层玻璃温室的屋顶。

等效传热系数 U_{eq}

为了确定玻璃结构是如何以太阳辐射的形式来补充室内热量的，豪瑟（Hauser）和卢瓦尔（Rouvel）提出了等效传热系数 U_{eq}。该值是由玻璃可获得的太阳辐射、方向和总能量透过率g值决定的：

$$U_{eq} = U - (g \times S)$$

式中

U——玻璃的U值

g——总能量透过率

S——根据方向获得的辐射量：

南向	2.4W/m²K
东西向	1.8W/m²K
北向	1.2W/m²K

方程表示了计算的等效传热系数和材料性质之间的紧密关系。然而，具有较低U值的玻璃构件并不一定意味着较低的等效传热系数 U_{eq}。

提高隔热性——中空玻璃构件

为了提高玻璃构件的阻热能力，可以使用双层或更多层玻璃，并在每块玻璃板之间填充气垫。

图2.3.9显示了中空玻璃构件通过玻璃板及其边缘进行的热传递机制。热传递在空腔中进行传导和对流，在玻璃之间进行辐射交换。一层空气层的导热系数取决于玻璃之间的距离，空气层的最小值为17mm（图2.3.15）。这使对流和传导达到了最佳的结合点，因为当空腔增大时，对流增强而传导减弱。当空腔超过50mm时U值将会再次增大。这就是多层玻璃的隔热性较好的原因。中空玻璃构件的密封边缘——玻璃板之间的静态连接——是一个冷桥，通过传导进行热传递。两块相隔15mm、厚度为4mm的浮法玻璃组成的玻璃窗的U值为2.8W/m²K。最常见的空腔不密封的双层玻璃窗的U值比中空玻

图2.3.11 确定玻璃层数的打火机测试

璃窗的U值要大，因为非密封隔离层和25mm或更大的空腔会导致对流增强。

使用中空玻璃构件的效果

为了避免密封空腔内的冷凝问题和清洁难题，现代边缘密封的隔离件都使用吸湿性物质（如沸石）来吸收密封空腔中空气的湿气。吸湿物质如果没遭到破坏，使用寿命可以与玻璃一样长达30～35年。中空玻璃构件空腔的气密密封（不是真空！）意味着玻璃窗的生产地和使用地高度差超过500m时必须要将这一点考虑在内。这一点尤其重要，原因是气压和玻璃的"抽吸"作用影响非常大（见81页"中空玻璃板的弯曲和凹陷"）。打个比方，如果中空玻璃构件产地的海拔高度比玻璃安装地的海拔高度高出几百米，那么高气压会使玻璃窗在中间产生接触，并且必须允许这种现象的存在。在某种特定的周围环境下，这会降低隔热效果，并在玻璃窗的内层表面出现冷凝点。除了这些热学效果外，气压差异所造成的变形（弯曲和凹陷）也会使它产生光学和声学上的改变。厚度较大的玻璃确实能减少变形，但玻璃窗边缘密封所受到的压力也会更大。

更加完善——多层玻璃窗和多层膜

如果我们仔细观察各种热传递机制的比例（图2.3.9）就会马上明白，为进一步减少热传导，必须减少热辐射传输。可以用三层玻璃窗来实现这一要求，原理是减少相对辐射体的温差。这是因为内层的暖玻璃板是直接跟中间的玻璃板而不是跟外面的冷玻璃板进行热量辐射交换的。带有两个15mm空腔的三层浮法玻璃窗的U值刚好低于2.0W/m²K。热损失减少意味着太阳辐射将使中间玻璃板温度升高很多，为避免因热膨胀造成的断裂，这块玻璃通常是钢化玻璃。

提高隔热效果的镀膜中空玻璃构件

0.01～1μm厚的膜可提高玻璃的物理辐射性能。辐射传输被反射或吸收，即发射率减少，这取决于玻璃的厚度和膜的成分。镀膜的部位也很重要，因为它可以造成各种不同的折射，或根据辐射的方向把热量吸收到室内或释放到室外。膜包括磁控溅射惰性金属，如铜、银、金，或使用热解方法应用的半导体膜，如氧化锡。20世纪70年代生产的银

色和金色低辐射玻璃内的膜如今已被无色膜所取代，这种膜只有用打火机才能测试出来（图2.3.11）。与另外三种颜色不同的反射颜色就是膜反射的颜色。

在3处给中空玻璃内层玻璃板的内侧增加IR反射（低辐射）膜，就可以使隔热性能增强，并获得最多的太阳得热。图2.3.10是中空玻璃的标准编号。合理使用低辐射玻璃可以减少从内层构件传递到外层玻璃的热辐射。同时，内层玻璃板的膜多吸收的二次热辐射可以使g值得到优化。另外一个特点就是同一个玻璃窗的总能量透射率会随着玻璃窗安装方向的不同而发生变化。因此，当膜从3处移到2处时，低辐射玻璃的g值也会相应地从65%下降到56%。减少的这9%是绝对值，实际上却是15%的相对值，这就是为什么低辐射玻璃在出厂时就必须贴上"此面朝内"的标签的原因。可以利用微软6.0版本的操作系统在互联网上精确地计算出材料的这些参数（见137页"玻璃参数的计算方法"）。

对于填充空气和在3处镀有低辐射膜的中空玻璃构件，对其传热系数的影响可以通过近似计算的方法得到：

无膜的中空玻璃：$U=2.8W/m^2K$
67%辐射=0.85=$1.88W/m^2K$
33%对流=$0.92W/m^2K$

带有低辐射膜的中空玻璃：
7%辐射=0.1=$0.2W/m^2K$
33%对流=$0.92W/m^2K$

理论值　　　$U=1.12W/m^2K$
实际值　　　$U=1.61W/m^2K$

带有低辐射膜的玻璃（低辐射玻璃）理论U值和实际U值之间的背离是由于引起玻璃板之间温度差的隔热效果造成的，不过它也反过来加强了对流和辐射交换。

要改善隔热效果，只有减少总能量透射率（表2.3.2）。低辐射玻璃吸收一部分的太阳辐射，这些辐射甚至通过二次热辐射也不能增加太阳得热。透光率也受到了削弱。

单层玻璃的低辐射膜

防擦膜，即硬质膜，也适用于单层玻璃窗。可用于升级单层玻璃窗或替换双层玻璃

窗的一层。如前所述，如果注意严格密封空腔，U值实际上可以减半。这种创新型单层玻璃窗的另外一种应用就是用在只有很少供暖设备的房间中。因此隔热效果是建立在朝向天空的辐射基础上的。特别是在晴朗无风的夜晚，大量的热量从玻璃窗外面通过辐射散失到了天空中。因为玻璃窗温度下降，在单层玻璃的内外两面就形成了冷凝。如果在玻璃窗的外表面有一层低辐射膜（$e=0.1$），长波辐射值就会下降到10%。玻璃窗仍然保持温暖是因为它还跟周围的物质进行热辐射交换，冷凝的危险也大大降低。与无膜光滑玻璃相比，尽管低辐射玻璃的外表总有点粗糙，但它不吸尘，因为其冷凝可能性已大为降低，在荷兰所做的测试已经证实这一点。

在保温隔热措施良好或带有热缓冲区的玻璃屋顶及立面的外表面上增加硬的低辐射膜，可降低结雾的可能性。

单层玻璃镀膜部位的影响

如果低辐射玻璃的镀膜面朝内，隔热效果将更好，因为风速低就意味着大约有50%的热传递都是通过辐射发生的。因此，单层玻璃窗的传热系数可以从常见的$5.8W/m^2K$下降到$4.0W/m^2K$，在斯图加特建筑性能学院所做的测试已证实了这一点。然而，室内辐射交换的减少会使玻璃窗的温度更低，这是因为玻璃与外部的辐射交换仍没有改变。因此，内侧冷凝的可能性显然会更大，即使自我调节功能确实发挥了作用。如果湿气在玻璃内表面凝结（即在膜上），那么它就会使热辐射消失，从室内产生的热辐射会使玻璃的温度升高并且变干。当所有的冷凝水都消失时，低辐射膜完全恢复作用。在冬天，这种作用很不利，而在其他季节又十分有利。例如在美国，为了不让热辐射进入室内，提高室内舒适度，光照控制单层玻璃窗一般都镀有低辐射膜。在德国所处的气候中，则更注重低辐射玻璃在冬季条件下的优化。这就使带有最少供暖设施的玻璃缓冲器概念的出现成为可能，就像作者在研究中为Glasbau Seele办公大楼所做的设计一样（图2.3.12~2.3.13，表2.3.3）。

然而即使在中欧的气候条件下，朝向内侧的低辐射膜也能改善内部的热舒适度。例如，在中庭的屋顶玻璃上增加硬的低辐射膜（因为其朝向房间并且不适合用密封的空腔

表2.3.2 无膜中空玻璃与低辐射玻璃的比较

玻璃类型	U值/(W·m^{-2}·K^{-1})	g值	透光率/%
无膜中空玻璃	2.8	73	81
低辐射玻璃	1.61	65	78

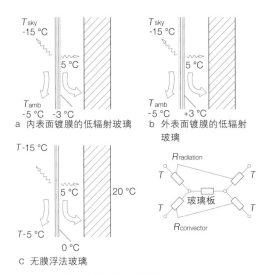

a 内表面镀膜的低辐射玻璃

b 外表面镀膜的低辐射玻璃

c 无膜浮法玻璃

图2.3.12 单层玻璃窗的辐射平衡

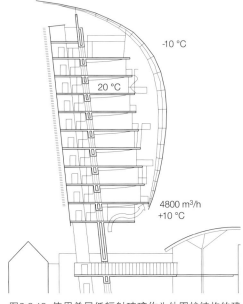

图2.3.13 使用单层低辐射玻璃作为外围护结构的建筑概念

表2.3.3 单层玻璃窗不同镀膜的比较

	无膜浮法玻璃	低辐射外膜	低辐射内膜
厚度/mm	4	4	4
辐射透射率	0.83	0.79	0.79
g值	0.85	0.811	0.808
透光率	0.89	0.84	0.88
外部光反射率	0.081	0.1	0.081
外部能量反射率	0.075	0.13	0.075
遮光率	1.0	0.95	0.94
U值/$(W \cdot m^{-2} \cdot K^{-1})$	5.63	5.34	3.8

来防止侵蚀）就能够改善温度状况。在夏天，它能够防止与温暖玻璃屋顶之间的辐射交换。玻璃屋顶能反射密封表面较低的温度。与地下制冷系统结合使用时其效果更好，这是因为此时玻璃屋顶反射了凉爽地面的表面温度。与此类似，在冬季屋面反射的不是冰冷的玻璃温度，而是带地热地板温暖表面的温度。这种地下供暖/制冷系统与屋顶低辐射玻璃的设计也用在了柏林艺术学院的五层上（建筑师：班尼士·班尼士及其合伙人建筑师事务所，图2.3.14，见工程实录23，266~269页）。

加热玻璃板

和车辆的加热后窗玻璃一样，建筑中的玻璃构件也可以用电加热。这种效果的实现不是必须在玻璃板之间加入层压的金属丝，而是通过湿气沉积和磁控溅射的方法在玻璃上镀上一层看不见的金属氧化层。只要对该层通电就能够对玻璃起到加热的效果。这些使用在水平玻璃构件上的系统可以用来去除表面的积雪。

中空玻璃构件的填充气体

减少对流和传导的热损失，可以更进一步地降低传热系数。一个好的办法就是在中空玻璃构件的空腔内填充惰性气体。这种气体的大原子对玻璃板温差的反应非常慢，所以可以减少对流和传导。另外，因为它们导热性差，因此可以减小玻璃板之间空腔的宽度。当空腔宽度大于12mm时，密封气体的大体积可能会使边缘密封所受到的压力增大，因为温度和气压的波动使玻璃产生抽吸作用。如上所述，玻璃板的厚度决定了气体的膨胀是否会导致玻璃变形或边缘密封压力增大。因此，出于结构和安全原因，使用厚度较大的玻璃时，必须加强边缘密封，否则会造成玻璃的破碎和密封带的损坏。表2.3.4列出了应用在中空玻璃中的填充气体的特性。六氟化硫（SF_6）的特点与惰性气体的特点相似，它是一种极好的隔声材料，但却因为环保方面的原因如今还很难用于新的玻璃。氪气也是一种很好的隔声材料，并将有可能取代六氟化硫。因为它们的特性不同，因此适用的空腔大小也不一样。图2.3.15阐明了垂直中空玻璃中不同填充气体的理论U值和空腔宽度的关系。最佳宽度也做了说明。选择

填充气体必须在考虑技术问题前先考虑经济问题。含氩1%左右的气体容易提取且价格便宜。而氪气和氙气很难提取，价格贵且不容易找到，需求的增长也使价格居高不下。

真空玻璃窗

在真空中，对流和传导降为零。但是，即使玻璃之间有一点点的负压，外面的气压就可以使玻璃向内凹陷产生接触，如果玻璃变形很大，就会破碎。因此，如图2.3.16所示的真空玻璃窗只有使用支撑方法，使两块玻璃结构连接在一起后才可以运用。对于平面玻璃窗来说，这种机械支撑或者会以单独隔离件形式产生独立的冷桥，或者需要较大的半透明抗压隔离材料支撑，如气凝胶。真空玻璃窗的边缘必须密封完全，通常使用玻璃或软焊玻璃。在这些地方会发生较大的冷桥热损失。美国科罗拉多州玻璃中心测出，两块玻璃均镀有低辐射膜、中间隔离球直径为0.5mm的中空玻璃构件的U值为0.6W/m²K。真空玻璃窗中也可以填充一种抗压隔离材料，叫作气凝胶，这是一种多微孔硅晶格材料。它可以作为支撑材料，在非真空态下，传热系数可以低至0.017W/m²K。因此，玻璃板之间的热传导几乎可以忽略不计，而波长小于可见光波长的细硅石构件在肉眼看来只是均质的透明材料。

玻璃管可以传递很大的几何力，在真空状态下，这种玻璃管可以组成单层或双层圆柱体作为太阳能收集器使用（见149页"主动利用太阳能"）。

对流屏障

除了可以用气体来减少对流外，还可以用机械屏障来减少对流热传递。在这里，我们可以将它分为四种类型：平行和垂直分隔，腔室型系统和真实均质填充物。这里，我们只考虑平行系统，因为这种系统可以保证视线通透，玻璃保持透明。

平行对流屏障通常由玻璃或塑料片制成。玻璃和塑料片需要满足的机械要求较低，还可以在上面额外镀膜。这就产生了额外的空腔，可阻断对流。数年前，瑞典一个厂家已开发出了这种产品，g值为0.1~0.5，透光率可以达到0.15~0.65。根据塑料片和膜的类型，玻璃的U值可达0.4~0.6W/m²K。这种结构的劣势就是厚度过大——整个玻璃窗

构件的厚度达到了130mm。图2.3.17是带塑料片玻璃窗的示意图。

20世纪80年代，美国也发展了类似的概念，这种窗户叫作"超级玻璃窗"，经过了劳伦斯·伯克莱（Lawrence Berkeley）实验室的测试。今天，带有一两层塑料和膜的低辐射玻璃和光照控制玻璃已在世界范围内合法生产，膜的发射率低至0.09。因此，再结合氪气和氩气，使玻璃的U值达到0.4W/m²K已轻而易举。薄塑料片意味着玻璃的总厚度只有23~27mm，玻璃的g值是0.43，日光因数为0.58。塑料片与边缘密封的固定件可用作热障。图2.3.18是超级玻璃窗的剖面图。

三或四层玻璃窗中对流屏障的优势是重量小，不会出现中间层玻璃温度过高问题，并且整个窗户非常薄。以上所引用的值指的是玻璃的中心部分，没有考虑边缘的影响。因此，表2.3.5所列的玻璃类型的特性仅与玻璃中央部分有关。边缘密封的影响是不能忽略的，特别是在小玻璃窗上，这个问题将在下面介绍。

温差作用的U值——DIN值和其现实性

根据DIN EN 673的规定，计算玻璃结构U值的边界条件是内外玻璃表面的温差为15K。

在过去，U值的确定普遍利用DIN 52619第二章描述的测试——"使用热性能测试测定窗户的内表面阻力和传热系数，试验在构件上完成"，其规定的温差为10K。

由于分析方法的变化，玻璃构件的U值大概增加了0.1W/m²K。然而在中欧的冬季，玻璃板的内外温差远大于15K，如室外−14℃，室内22℃，内外温差约为35K。对于这样大的温差，空腔内的对流过程发生了变化，内表面的热阻也相应地降低。图2.3.19表示了不同类型的玻璃结构中传热系数和温差之间的关系。可以看到双层低辐射玻璃结构对于温差特别敏感，而且相对于DIN值小了25%。图2.3.20中对水平和垂直的玻璃结构的U值进行了比较。

边缘密封对能量参数的影响

中空玻璃两块玻璃板之间的隔离件出于结构目的的考虑是非常必要的，但它会引起常见的冷桥现象。通常用金属制造的（比如铝）隔离件，不考虑传热系数，导热系数为0.9~2.2W/m²K，这取决于其形状。因为边缘密封的热阻性较差，边缘部分的玻璃温度相对于中心部分较低，使平行于玻璃面的方向上产生热传导，因此必须将整个玻璃构件的热阻性作为一个二维问题来考虑。

在《ASHRAE基础手册》中，边缘区域的定义是60mm宽，并被指定具有统一的传热系数U_edge。这个值取决于边缘密封、隔离件的类型以及玻璃的U值，因为只有大约12~20mm厚的玻璃结构才直接使用隔离件。图2.3.21说明了边缘区域是如何决定U值的。对于特殊的玻璃，可以通过其U值和隔离件的类型进行计算。通过下列方程可以根据未受影响的中心区域和边缘区域及其各自的几何权重计算出玻璃结构的U值：

表2.3.4 10℃时的气体特点

填充气体	热传导性能/(W·m⁻¹·K⁻¹)	密度/(kh·m⁻³)	动态黏度/(kg·m⁻¹·s⁻¹)	比热容/(J·kg⁻¹·K⁻¹)
氪气	1.684×10⁻²	1.699	2.164×10⁻⁵	519
氩气	0.900×10⁻²	3.56	2.34×10⁻⁵	345
氙气	0.540×10⁻²	5.897	2.28×10⁻⁵	340
空气	2.53×10⁻²	1.23	1.75×10⁻⁵	1007

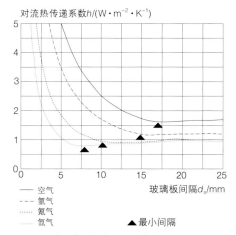

图2.3.15 U值、填充气体和空腔宽度的关系

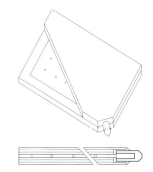

图2.3.16 真空玻璃窗示意图

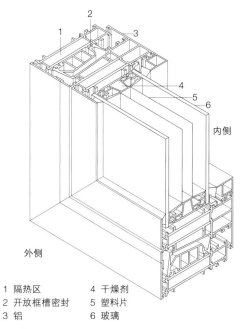

1 隔热区　4 干燥剂
2 开放框槽密封　5 塑料片
3 铝　6 玻璃

图2.3.17 有隔离塑料片的玻璃窗剖面图

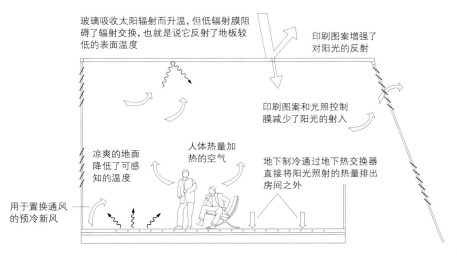

图2.3.14 气候概念，夏季白天的运行，柏林艺术学院五层

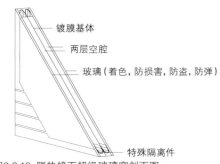

镀膜基体
两层空腔
玻璃（着色，防损害，防盗，防弹）

特殊隔离件

图2.3.18 隔热镜面超级玻璃窗剖面图

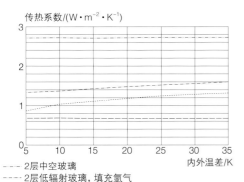

传热系数/(W·m^{-2}·K^{-1})

内外温差/K

- - - 2层中空玻璃
- - - 2层低辐射玻璃，填充氩气
······ 3层低辐射玻璃，填充氩气
—— 3层低辐射玻璃，填充氪气

图2.3.19 U值与温差的关系

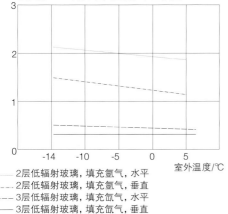

室温为22℃时的U值由温度和位置决定

室外温度/℃

······ 2层低辐射玻璃，填充氩气，水平
- - - 2层低辐射玻璃，填充氩气，垂直
—— 3层低辐射玻璃，填充氪气，水平
—— 3层低辐射玻璃，填充氪气，垂直

图2.3.20 水平、垂直玻璃的U值与室外温度的关系

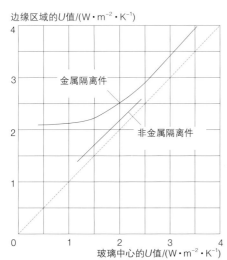

边缘区域的U值/(W·m^{-2}·K^{-1})

金属隔离件

非金属隔离件

玻璃中心的U值/(W·m^{-2}·K^{-1})

图2.3.21 边缘区域的传热系数

$$U_{comp} = \frac{U_{SM} \times A_{SM} + U_{edge} \times A_{edge}}{A_{SM} + A_{edge}}$$

式中

SM——玻璃中心区域

edge——边缘区域

例如对于尺寸为1m×1m、边长U_{gl}为4m的优质低辐射玻璃板，其U_{SM}=0.9W/m^{2}K：

U_{edge}=U_{gl}×0.06m=0.24m^2 U_{edge}=2.1W/m^{2}K

$U_{edge} \times A_{edge}$ = 0.504W/K

$A_{SM} = A_{compare} - A_{edge} = 0.76m^2$

$A_{compare} = 1.00m^2$

U_{SM} =0.9W/m^{2}K　　　$U_{SM} \times A_{SM}$=0.684W/K

$U_{compare}$ = 1.188W/m^{2}K

这能够明显增大25%的玻璃结构传热系数。上述的方程是根据几何划分的，随着玻璃板尺寸的变大，其受到边缘区域的影响在逐渐变小（表2.3.6）。

对于边缘连续支撑的玻璃，这种影响被

与边缘密封相交叠的窗户框架的隔热作用所抵消。而那些点固定的建筑立面，则不能在结构的计算中忽略这种边缘区域的影响。除了热量损失增加，隔离件处的局部温度下降和玻璃边缘可能出现的冷凝也必须考虑在内。如果冷凝水不能容易地排出，就可能造成边缘密封的渗透。一旦管式隔离件处干燥剂失去效用，就可能产生水汽（见139页"内部冷凝"）。

对于U值为0.7W/m^{2}K或0.4W/m^{2}K的隔热性能更为优良的玻璃构件，应该考虑使用热障或者在隔离件处使用隔热材料。对于尺寸为2m×2m的玻璃板，在边缘密封中使用铝质隔离件能够将玻璃板中心区域的U值从0.4W/m^{2}K变为0.58W/m^{2}K，产生高达45%的变化率！而在U值为1.2W/m^{2}K的边缘区域使用隔热隔离件只能变化22%（图2.3.22）。

现在可以使用热障作为新型的隔离件，它是热塑性塑料使用整体干燥的方法制成的。这种新型的隔离件改善了边缘（"暖

表2.3.5 可用的玻璃窗类型及其中心区域的能量参数

		DIN EN 673中规定的U_g值	日光透射率	DIN EN 410中规定的g值
单层玻璃窗	浮法玻璃	5.8	0.9	0.85
	超清晰玻璃	5.8	0.92	0.92
	带有光照控制夹层的层压玻璃	5.8	0.75	0.52
双层玻璃窗	低辐射玻璃，填充空气	1.4	0.8	0.63
	低辐射玻璃，填充氩气	1.1	0.8	0.63
	无色光照控制玻璃，填充氩气	1.1	0.7	0.41
	无色光照控制玻璃，填充氩气	1.1	0.62	0.34
	无色光照控制玻璃，填充氩气	1.1	0.51	0.28
	无色光照控制玻璃，填充氩气	1.1	0.4	0.24
	无色光照控制玻璃，填充氩气	1.1	0.3	0.19
三层玻璃窗	低辐射玻璃，双层膜，填充氩气	0.7	0.72	0.5
	低辐射玻璃，双层膜，填充氪气	0.5	0.72	0.5

表2.3.6 参数研究：面积和边缘细部对窗户总传热系数的影响（没有入射辐射）。正方形窗户边缘长度已给出。

边缘密封	边缘/mm	TBc/(W·m^{-1}·K^{-1})	玻璃边缘长度/m							
			0.6	0.8	1.0	1.2	1.4	1.6	1.8	2.0
无铝	0.5	0.115	1.091	1.040	0.999	0.966	0.939	0.917	0.899	0.883
钢	0.5	0.112	1.081	1.031	0.991	0.959	0.933	0.912	0.894	0.879
不锈钢	0.5	0.105	1.057	1.011	0.973	0.943	0.919	0.898	0.882	0.867
不锈钢0.2	0.2	0.096	1.027	0.984	0.950	0.922	0.900	0.881	0.866	0.853
无塑料	1.0	0.068	0.931	0.901	0.877	0.857	0.842	0.829	0.818	0.808
铝Pu1O	0.5	0.056	0.890	0.866	0.846	0.830	0.817	0.806	0.797	0.789
不锈钢0.2 Pu1O	0.2	0.049	0.867	0.845	0.827	0.813	0.802	0.793	0.785	0.778
铝Pu3O	0.5	0.035	0.819	0.804	0.791	0.781	0.773	0.766	0.761	0.756
不锈钢0.2 Pu3O	0.2	0.031	0.805	0.792	0.781	0.772	0.765	0.759	0.754	0.749
塑料PU3O	1.0	0.024	0.782	0.771	0.762	0.756	0.750	0.745	0.742	0.738

注：冷桥系数(TBc)与冷桥连续长度相关

边")的隔热效果,并且保证了边缘密封在抵抗紫外线辐射的同时还能防止气体的泄漏。冷凝是由隔离件产生的线性冷桥现象,而隔离件的温度变化是由内层玻璃板所使用的玻璃类型决定的。表2.3.7列出了室温为20℃、室外温度为0℃的条件下各种尺寸玻璃板的实际U值。

框架与边缘盖条的影响

玻璃边缘区域和框架在隔热效果方面彼此影响,经过边缘密封的热流可以得到削弱或增强,这取决于框架和边缘盖条的类型(玻璃插入框槽的深度)。

表2.3.8说明了边缘盖条对使用铝隔离件的木框玻璃窗U值的影响。可以看出,如果这种玻璃的中心U值(U_{SM})为1.55W/m²K,铝隔离件的U值(U_{SR})为2.00W/m²K,木框的U值(U_R)为1.5W/m²K,那么当边缘盖条的顶端与边缘密封一致时,其总传热系数(U_F)为1.64W/m²K。与中间相比,其增长率为6%的U值只增长了3%,这可以通过把框架与边缘密封重叠10mm来达到。

根据规范CEN/TC89/W67"门窗的热工性能"和规范ISO/TC160/SC2/WG2,窗户的总U值U_F根据下列方程计算:

$$U_F=(A_g\times U_g + A_R\times U_R + U\times\psi)/(A_g+A_R)$$

式中

A_g——玻璃面积(m²)
A_R——框架面积(m²)
U——玻璃周长(m)
U_g——玻璃板中心的U值(W/m²K)
U_R——框架的U值(W/m²K)
ψ——边缘密封的线性导热系数(W/mK)

对于低U值(0.4~0.7W/m²K)的低辐射玻璃来说,框架的影响更加显著。除了框槽深度大,还在边缘密封上覆盖了隔热条(图2.3.21),Wolfgang Feist在设计克拉尼西斯坦被动能源房的过程中对此做了精心的研究。表2.3.9列出了不同隔离件材料和边缘长度的玻璃窗的边缘U值和玻璃U值。

框架材料与窗户参数

当然,框架的材料对评价一个窗户是有一定作用的。表2.3.10表明了窗户框架材料

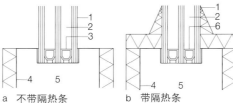

a 不带隔热条　　b 带隔热条
1 内层镀有选择性膜的4mm玻璃
2 8mm氩气
3 0.5mm金属隔离件
4 10mm PU泡沫
5 木框
6 边缘密封上的30mm玻璃盖条,边缘密封带有整体PU泡沫楔入

图2.3.22 边缘细部

表2.3.7 边缘密封材料对非重叠框架玻璃窗的影响

U_{PC}值/(W·m⁻²·K⁻¹)		1.3	0.9	0.4
尺寸	金属隔离件	带有边缘密封的玻璃窗实际U值		
0.6×0.6 m	带热障的铝	1.61	1.27	0.76
		1.48	1.12	0.58
1.0×1.0 m	带热障的铝	1.56	1.21	0.70
		1.45	1.08	0.55
2.0×2.0 m	带热障的铝	1.46	1.09	0.58
		1.39	1.01	0.49
3.0×3.0 m	带热障的铝	1.41	1.03	0.53
		1.36	0.98	0.46

表2.3.8 边缘盖条对使用铝隔离件的木框玻璃窗U值的影响

U_F 窗户　U_R 框架　U_{SM} 玻璃板中心　U_{SR} 玻璃板边缘(60mm×100mm)

隔离件类型	铝	铝	铝
玻璃边缘盖条/mm	20	25	30
空气温差/℃	20.4	20.4	20.4
U值/(W·m⁻²·K⁻¹)	U_F U_R U_{SM} U_{SR}	U_F U_R U_{SM} U_{SR}	U_F U_R U_{SM} U_{SR}
	1.64 1.50 1.55 2.00	1.62 1.50 1.55 1.93	1.60 1.50 1.55 1.85

表2.3.9 窗户的平均U值(模糊U值,-10℃~20℃)

部位		宽度/m	高度/m	面积/m²	长度/m	U值/(W·m⁻²·K⁻¹)	TBc/(W·m⁻¹·K⁻¹)	损失/(W·K⁻¹)
玻璃	3 Ws Kr	1.000	1.000	1.000		0.700		0.700
框架	1 PU + 6 H + 1 PU	0.120	0.120	0.538		0.700		0.376
边缘	no Al	1.000	1.000		4.000		0.115	0.460
窗户	总量	1.240	1.240	1.538		0.999		1.536

注:TBc=热障系数

表2.3.10 窗户U值与框架材料、隔离件和玻璃参数的关系

框架	隔离件	玻璃窗		
U_F (W/m²K)		低辐射,2层,充氩气 U_G = 1.8 W/m²K	低辐射,3层,充氩气 U_G = 1.2 W/m²K	低辐射,3层,充氪气 U_G = 0.8 W/m²K
铝 U_F = 3.4	铝材或任选	2.25	1.68	1.42
		2.17	1.58	1.32
PVC U_F = 2.3	铝材或任选	2.09	1.59	1.36
		2.01	1.50	1.26
木材 U_F = 2.1	铝材或任选	2.02	1.54	1.32
		1.92	1.43	1.20

窗户大小:1.2m×1.2m
隔离件:普通铝材或任选,λ=0.3W/m²K
框架截面不同,框架结构不同,价格也绝对不同,但趋势相似

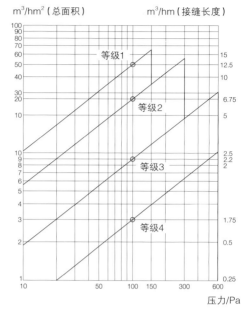

m³/hm²（总面积）　　　　m³/hm（接缝长度）

等级1
等级2
等级3
等级4

压力/Pa

图2.3.23　DIN 12207规定的不同等级玻璃立面其接缝渗透率和风压之间的关系图

和隔离件对玻璃中间U值以至整块玻璃的U值升高带来的影响，这些窗户尺寸的大小在市场上可以找到。表2.3.11列出了不同框架材料的不同导热系数，以及它们给玻璃窗U值带来的影响。

EN ISO 10077第一章规定，玻璃窗的U值可以根据玻璃的U值、框架的U值以及框架所占比例计算出来。表2.3.12列出了框架所占比例为30%的不同玻璃和框架组合的玻璃窗的U值。该表清楚地表明，必须使用质量好的框架，特别是当框架所占比例不足以收集能量时。

边缘密封和框架概要

前面所提到的考虑事项说明边缘密封和低辐射玻璃窗框架削弱了它们的隔热性。同时也可看出边缘密封和框架并没有使窗户获得能量。相反，玻璃板有一部分无法见光，受光面积减少了。

因此从能源角度来考虑，与其用许多小窗户来减少热散失增加热吸收，倒不如用一些具有最小框架比例的大尺寸窗户更有利。固定窗的边框较窄，所以开启窗的数量应严格控制。有风压作用在玻璃立面上时，气密性不好也会对能量的传递有很大影响。气密性是由接缝渗透率决定的。

窗户的接缝渗透率

除了通过构件的热传导外，因缺少气密性而造成的热损失也应考虑到，特别是对于可开启立面构件。建筑物周围的气流使建筑侧面产生受压力和吸力的区域，这两种力可高达40Pa，这可以把室外的空气注入室内或把室内的空气抽出。立面构件的气密性，换句话说也就是接缝的气密性，是由接缝渗透率及接缝渗透率系数a来表述的。此系数——单位m³/（h·m·Pa$^{2/3}$）——定义了在1Pa的气压差下每米接缝在每小时内通过的空气体积。DIN EN 12207有对窗户的接缝渗透率的规定说明。

表2.3.13列出了DIN 4701第二章规定的窗户的接缝渗透率系数。例如窗户尺寸为1m×1m，接缝长度为4m，接缝渗透率为4m×0.6m³/hmPa$^{2/3}$=2.4m³/hmPa$^{2/3}$。这就意味着，根据DIN 4701的设计压力，位于风速较低的标准区域的一室联排住宅，在1.6Pa风荷载的作用下，通过1m×1m窗户接缝的空

气流量为3m³/h。对于−10℃的供暖温度和20℃的室内温度这样的设计温度来说，温差为30K，热损失为1W/m²，这与温差和窗户大小有关。这说明接缝的密封在防风方面具有重要作用。从卫生角度考虑，还是需要一点风来驱散室内的湿气。现代立面结构的高密封性要求永久性通风孔等洞口来提供新鲜空气。新鲜空气供应不足、冷桥、构件隔热值低、室内湿度高，这些问题将会导致建筑物遭到损害。20世纪70年代曾经有这样一个例子，虽然房屋重新安装了新的密封窗户，但其隔热性没有改变，其结果是翻新的房屋又出现了发霉现象。表2.3.15说明了每米接缝的接缝渗透率与压力差的关系（根据DIN EN 12207）。

能量和日光透射的双重隔热效果

随着我们力图优化U值，能量参数（总传热系数U、总能量透过率G和透光率τ）的相互独立性会使太阳得热和日光获得量无法取得最佳值。因此，选择玻璃窗时，无论用途、结构类型、几何形状和朝向如何，都要保证整体的优化。过去，有效U值只是被简单地当作玻璃本身的评价方法，而没有把邻近房间的具体影响考虑在内。对于热量平衡来说，这个参数不仅要考虑传输耗损，还要将区别玻璃与不透明墙体构件的太阳得热考虑在内。这个定义（以豪瑟之名命名）被引进了德国第三版《保温隔热法案》（见118页"等效传热系数U_{eq}"）。计算方程如下：

$$U_{eq} = U - (g \times S)$$

式中

$S = 2.4W/m^2K$南向
　　$1.8W/m^2K$东西向
　　$1.2W/m^2K$北向

可以看出，当g值相应减小时，U值的减小并不一定会导致U_{eq}值减小。表2.3.14清楚地表明了这一点，特别是那些能够获得大量日照的朝向上，例如东西向和南向。

在供暖期，隔热值高的玻璃窗可以通过太阳得热弥补传输耗损，如果朝向好，玻璃窗本身就能成为热源。特别是在南立面，把U值从第三类玻璃的数值改善到第四类玻璃的数值（表2.3.14），对整个平衡会产生负面

图2.3.32~2.3.35的四个图说明了取决于窗户比例、朝向和结构类型的供暖要求。这里给出了两种建筑功能的曲线图。热流在只带有一面外墙的房间里的流入与流出数据说明，补充供暖并不能弥补所有损失的热量，它只是增加了室内得热和太阳得热。商业建筑和住宅建筑中室内得热水平不同，这决定了可利用的太阳得热的量。只有太阳辐射才有助于减少对补充供暖的需求，剩余的太阳得热必须通过通风设备来调节，否则它们将导致室内温度过高。这里不能使用控温遮阳设备来减少入射太阳辐射。图2.3.36的数字说明了办公楼太阳得热效率不高的原因是室内得热过高。解决办法就是用自然光代替人造光，以降低室内温度。

图2.3.33~2.3.35没有详细说明热量的获得和损失，而是说明太阳得热在提高和降低供暖需求时的可用性。由于各方向上的太阳辐射量不同导致窗户朝向是很敏感的，而窗户比例和通过大面积窗户损失的热量就显得不那么重要，因为具有标准隔热措施的玻璃质量相当好（1.1W/m^{2}K）。这在设计玻璃窗面积方面导致了一定的自由，但是必须要保证足够的遮阳措施，如在封闭条件下减少辐射率至25%以下。隔热标准减少了热损失，从而大大降低了供暖需求。因此，可以利用的太阳得热绝对值降低，从补充供暖、室内得热和太阳得热中获得的总热量获得比率也会减少，因为太阳得热不能被遮阳设备隔断，而室内得热又无以散发。建筑结构的影响，不管是轻质的还是重质的，都会通过较大结构的蓄热介质增强对太阳得热的利用。

表2.3.18中的入射辐射总量表明，垂直的东、西和南立面在春夏两季具有极高的辐射吸收能力。如果不加以约束，将会导致过热问题的发生。图2.3.37显示了无遮阳设备（室内遮阳设备及室外遮阳设备）情况下的温度分布，显而易见，遮阳设备很有必要。

由于前面所提到的原因促使了《德国节能法案》的出台，其根据规范DIN 4108第二章强制规定了太阳得热指数的最大计算值（表2.3.1）。根据DIN标准的规定，如果南向或东西向的窗户所占比例超过20%，北向的窗户比例超过30%就应该对夏季的热工性能进行检查，必须对其太阳得热指数进行计算。这个指数包括窗户比例、包括遮阳设备的g值以及由框架构件所引起的修正因数。

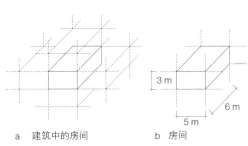

a 建筑中的房间　　　　b 房间

此处考虑的建筑只有一面外墙，其他边界墙的温度相同。这使外墙的能量吸收效果大大增强。

图2.3.31 中间楼层例子

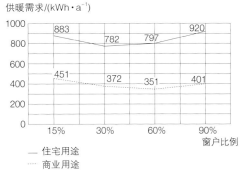

图2.3.33 取决于窗户比例的太阳得热可用性

— 住宅用途
⋯⋯ 商业用途

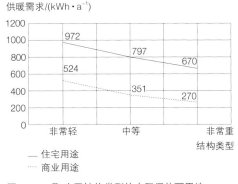

图2.3.35 取决于结构类型的太阳得热可用性

— 住宅用途
⋯⋯ 商业用途

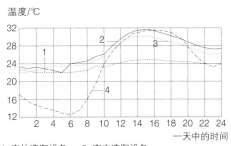

1 室外遮阳设备　3 室内遮阳设备
2 无遮阳设备　　4 周围温度（℃）

图2.3.37 夏天不同类型遮阳设备的比较

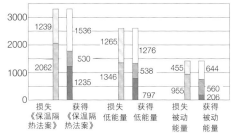

Q_{trans}（传输耗损）
Q_{vent}（通风热损失）
Q_{heat}（补充供暖）
$Q_{int.gains}$（可用的室内得热）
$Q_{sol.gains}$（可用的太阳得热）

图2.3.32 取决于隔热措施及隔热标准影响的供暖需求，以中等质量结构、窗户比例60%、南向住宅建筑为例

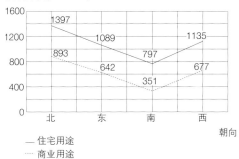

— 住宅用途
⋯⋯ 商业用途

图2.3.34 取决于朝向的太阳得热可用性

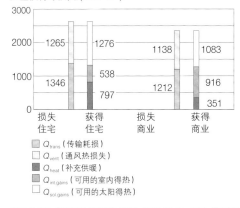

Q_{trans}（传输耗损）
Q_{vent}（通风热损失）
Q_{heat}（补充供暖）
$Q_{int.gains}$（可用的室内得热）
$Q_{sol.gains}$（可用的太阳得热）

图2.3.36 取决于使用类型的供暖需求，以中等质量结构、窗户比例60%、低能量隔热标准的建筑为例

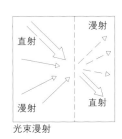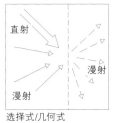

光束漫射　　　　　　　选择式/几何式

图2.3.38 遮阳设备的不同设计方法

外侧　　　　内侧　　外侧　　　　内侧

1 遮阳设备
2 对流
3 反射和吸收

图2.3.39 由遮阳设备的位置决定的能量平衡

遮阳设备种类及其作用

如果在夏季晴朗天气里在一块水平玻璃板上测试入射辐射的组成，就会发现主要的辐射是光束辐射。因此，能量获得主要由光束辐射产生，从而可以通过减少光束辐射来控制能量获得。太阳高度角，即水平玻璃板和太阳所形成的角度，就显得非常重要。

根据遮阳功能划分，可以把遮阳设备分为两种（图2.3.38）。那种可以"削弱"太阳辐射的遮阳设备，即在玻璃上印刷图案和镀膜或带有不透明材料，不能减少辐射成分，只能降低入射辐射的最大强度。选择式或几何式遮阳设备是针对部分辐射（通常是光辐射）的，并反射或转换成漫射辐射。两者都可以减少太阳辐射量，仅从能量角度来看，它们的差别无关紧要。但是这对舒适度的评估很重要，因为第一，光束辐射与漫射辐射的权重不同，第二，从视觉舒适度方面来看，光束辐射转变为漫射的时候很容易产生眩光。

遮阳设备位置的影响

遮阳设备的类型决定了入射太阳辐射转换为热能的多少，其位置在为室内遮阳中起重要作用。在这里，温室效应是一个不利条件，室内的热辐射不能传到室外，因此玻璃窗内表面通过热发射使内墙的温度升高，并直接通过热对流使室内空气温度升高。尽管这种室内防眩遮阳设备的副作用在供暖期间是人们希望得到的，但却会在夏季使室内温度过高（图2.3.37）。因此，室内遮阳设备应具有高反射性，以便尽可能防止短波太阳辐射进入室内，并使部分辐射能再次回到室外。当使用隔热值较高的玻璃时，这方面要特别注意，因为辐射方向不同，这种玻璃的总能量透过率也是不同的。因此，我们可以在图2.3.9中所示的3处加低辐射膜，提高内层玻璃板的温度，这在冬天比较有利，但在夏天则不受欢迎。光照控制玻璃正是利用了这种效果（见118页"提高隔热效果的镀膜中空玻璃构件"）。图2.3.39说明了与遮阳设备位置相关的能量平衡。

各种遮阳设备的评价

用遮阳设备来减弱辐射强度的同时也会减少日光进入室内。因为漫射辐射对室内照明很重要，所以在选择遮阳设备的时候就要特别注意，也就是要控制好透光率和总能量透过率的比例。关闭遮阳设备使室内光线太暗时，就必须使用人工照明。除了必要的耗电外，额外产生的热负荷必须考虑在内，因人工照明与日光相比每单位能量输出的光亮较低（单位lm/W）。

德国技术规范VDI 2078给用于计算热量的遮光率做了明确定义。这个因数是与g值为0.8的透明中空玻璃构件比较所得出的遮阳设备减少的总能量透过率。如果只想描述遮阳设备，我们可以利用DIN 4108第二章规定的折减系数F_c，其中没有遮阳设备的玻璃窗的折减系数是"1"。标准中的表格包括单层和双层玻璃窗。低辐射玻璃和光照控制玻璃的效果是完全不同的，所以要慎用折减系数！如果必要，应根据EN 13363第一章"与玻璃结合的遮阳设备——阳光透过率和透光率的计算——第一部分简化方法"进行个案分析。新的DIN 18599标准中"建筑节能——供暖、制冷、通风、家用热水和照明所需的净能量、最终能量、初级能量的计算"与第二章"建筑区域供暖和制冷所需的净能量"是相对应的，列出了不同玻璃和遮阳设备组合的g值（表2.3.19）。

如果要使室外遮阳设备可靠地工作，就不能不考虑天气对它的影响。如果风速超过某个程度，活动百叶或雨篷必须缩回，以防被风破坏。但是，这意味着遮阳设备对房子已经没有了保护作用，容易导致室内温度过高。这方面对多风地区和高层建筑来说尤其重要。

具有可变总能量透过率的玻璃

许多建筑师和工程师的梦想就是建造可根据当前状况或室温来调控总能量透过率的玻璃。比如在冬天可以利用太阳能取暖，春天、夏天和秋天可自动或手动控制防止室内温度过高。其真正的目的就是把这些性能用于玻璃或玻璃窗上。这将克服耐候性问题和抗风性问题，以及传统遮阳设备的维护问题。根据不同的功能可把玻璃分为两类：无色纯漫射玻璃和有色无漫射玻璃。其控制因素包括温度（热学相关）和辐射（光学相关），即与天气相关的方法，以及电压（电力学相关）和空腔内的气体（空气力学相关），即用户控制的方法（表2.3.20）。

图2.3.40说明了热致变色材料层的物质构成，图2.3.41中说明了电致变色玻璃结构

的结构和作用原理，而图2.3.44则说明了电致变色玻璃的组成。

现在市场上唯一可以使用的产品是电力转换玻璃。这是一种由两块双面为液晶面的玻璃板制成的玻璃构件。通过对玻璃表面通电，其分子排列发生变化从而呈现透明状态。而切断电源后，分子重新以不规则的方式进行排列，玻璃表面变成了散射面，透明性消失。到目前为止，这种材料还主要用于室内的隔断，但是这种材料也适合用于建筑立面，例如可以用作夜间的投影屏幕（例如位于柏林的VEAG）。

所有的大型玻璃生产商都开始对不同类型的电力转换玻璃进行研究，可以想象在不久的将来就会有新产品的问世，甚至能够出现双层玻璃板之间附带不透明夹层的玻璃投影屏。这种屏幕能够同时满足上百万人的观看需求。

这些使用LED（发光二极管）的媒介立面与层压玻璃组合使用。断电之后的玻璃表面呈现出很好的透明性，而通电之后LED的表面能够成为展示广告和图片的屏幕。在位于波恩的新德国电信大楼（Peter Schmitz Architekten，科隆）和Lumino公司位于德国城市克雷费尔德的总部上就使用了这样的媒介建筑立面。

日光

除了考虑热学因素外，使用玻璃的另外两个重要原因是与外界的联系和室内空间的采光照明问题。除了与室外的视觉联系具有三维特质之外，使用日光还能节能，因为它可以取代人造光从而减少电力消耗，同时还可防止室内产生多余热量。后面部分将解释日光利用的原理。首先将介绍日光质量的要求，然后描述日光通过的洞口的几何形状问题、日光概念的概述、能量相关问题（可以客观测量和评估），并将讨论如何设计日光。

建筑物对外视野

DIN 5034第一章"建筑内部日光"对从建筑内部向外观看的视野进行了规定，这种

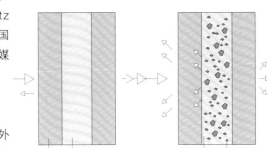

透明情况（低温） 转换条件（高温）

均质的混合物

覆盖层

分散的材料

底层基质材料

图2.3.40 热致变色材料层构成

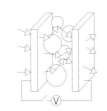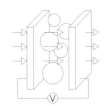

图2.3.41 微胶囊式液晶

表2.3.19 多种玻璃和遮阳设备组合的g值一览表（DIN 18599-2）

玻璃窗类型	不带遮阳设备的参数				带室外遮阳设备					带室内遮阳设备						
					室外遮光帘[b]（10°位置）		室外遮光帘（45°位置）		垂直遮光帘		室内遮光帘[b]（10°位置）		室内遮光帘（45°位置）		织物卷轴遮光帘	箔片
					白色	深灰色	白色	深灰色	白色	灰色	白色	浅灰色	白色	浅灰色	白色	灰色[c]	白色
	U_g[d]	g	τ_B	τ_{D65}	g_{tot}[a]	g_{tot}	g_{tot}	g_{tot}	g_{tot}	g_{tot}	g_{tot}	g_{tot}	g_{tot}	g_{tot}	g_{tot}	g_{tot}	g_{tot}
1层	5.8	0.87	0.85	0.9	0.07	0.13	0.15	0.14	0.22	0.18	0.30	0.40	0.38	0.46	0.25	0.52	0.26
2层	2.9	0.78	0.73	0.82	0.06	0.10	0.12	0.10	0.20	0.14	0.34	0.43	0.40	0.47	0.29	0.51	0.30
3层	2.0	0.7	0.63	0.75	0.05	0.07	0.11	0.08	0.18	0.11	0.35	0.43	0.40	0.47	0.31	0.50	0.32
IU[e] 双层	1.7	0.72	0.6	0.74	0.05	0.07	0.11	0.07	0.18	0.11	0.35	0.44	0.41	0.48	0.30	0.51	0.32
IU[e] 双层	1.4	0.67	0.58	0.78	0.04	0.06	0.10	0.06	0.17	0.10	0.35	0.43	0.40	0.47	0.31	0.49	0.32
IU[e] 三层	0.8	0.5	0.39	0.69	0.03	0.04	0.07	0.04	0.13	0.07	0.32	0.37	0.35	0.39	0.30	0.40	0.31
IU[e] 三层	0.6	0.5	0.39	0.69	0.03	0.03	0.07	0.03	0.12	0.06	0.33	0.37	0.36	0.39	0.30	0.40	0.31
SC[f] 双层	1.3	0.48	0.44	0.59	0.02	0.02	0.06	0.02	0.11	0.05	0.32	0.37	0.35	0.39	0.29	0.39	0.31
SC[f] 双层	1.2	0.37	0.34	0.67	0.03	0.05	0.07	0.05	0.11	0.07	0.27	0.29	0.29	0.30	0.26	0.31	0.26
SC[f] 双层	1.2	0.25	0.21	0.4	0.03	0.05	0.06	0.05	0.09	0.07	0.20	0.21	0.21	0.22	0.20	0.22	0.20
光照控制玻璃的遮光率 $\tau_{e,B}$ 和反射率 $\rho_{e,B}$	0 / 0.74	0 / 0.085	0 / 0.74	0 / 0.085	0.22 / 0.63	0.07 / 0.14	0 / 0.74	0 / 0.52	0 / 0.74	0 / 0.52	0.11 / 0.79	0.30 / 0.37	0.03 / 0.75			

[a] g_{tot}值根据DIN EN 13363-1（2003年10月版）计算，箔片值根据DIN EN 410计算。

[b] 百叶系统的百叶位置处于45°时评估最适宜；百叶为10°时的值根据加权方程$g_{tot,0°}$ +1/3$g_{tot,45°}$ 计算得出。

[c] 这些系统不能提供足够的防眩光保护；新型的新增防眩措施能减少透光率，但很难影响g_{tot}值。

[d] 设计值根据DIN V 4108-4计算（包括修正因数值0.1W/m²K）。

[e] IU指中空玻璃构件

[f] SC指光照控制玻璃

a 透明

b 不透明

图2.3.42 玻璃具有两种模式的研讨会议室

表2.3.20 具有转换功能的玻璃的性质

	g值	透光率	玻璃窗系统的U值/ $(\mathrm{W \cdot m^{-2} \cdot K^{-1}})$	
热致变色低辐射窗户	0.18 ~ 0.55	0.21 ~ 0.73	1.28	白色透明
电致变色窗户	0.12 ~ 0.36	0.2 ~ 0.64	1.1	蓝色中性
气致变色低辐射窗户	0.15 ~ 0.53	0.15 ~ 0.64	1.05	蓝色中性

向光玻璃、向电（电光）玻璃和热致变色玻璃还处于测试阶段，无法量化。这里所列的数据可能会随着进一步的发展而发生变化。

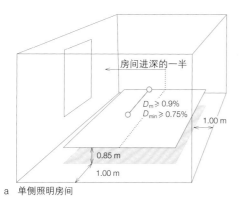

a 单侧照明房间   b 双侧照明房间

图2.3.43 日光入射要求

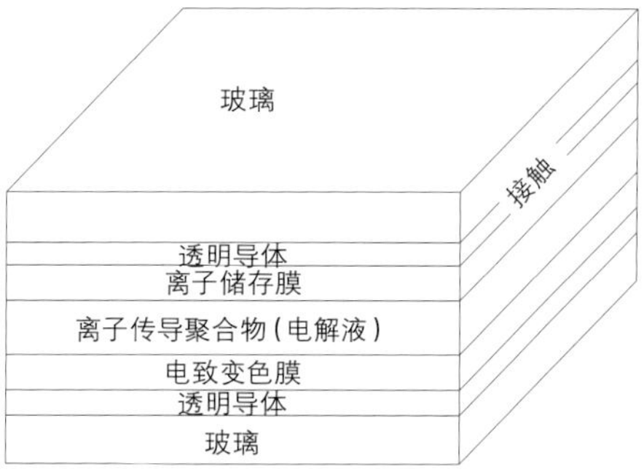

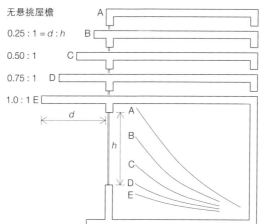

图2.3.45 悬挑屋檐长度不同的侧光照明房间的日光入射情况

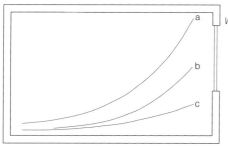

图2.3.44 电致变色玻璃的组成

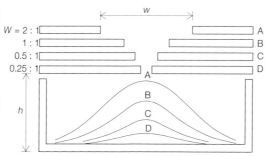

a 窗户面对太阳，晴朗天气
b 任何朝向，多云天气
c 窗户不面对太阳，晴朗天气

图2.3.46 侧光照明房间的日光入射情况

图2.3.47 屋顶天窗宽度不同的房间的日光入射情况（多云天气）

对周围环境的了解满足了人的心理需要。在德国是不允许建造对外封闭的永久性工作场所的，而在美国也有开放式办公场所的相关规定。

根据DIN 5034的规定，窗户的上边缘最少要比地面高2.20m，下边缘不得高过0.90m。窗户透明部分的宽度或窗户宽度的总和至少要达到房间宽度的55%。除此之外，窗户的面积不得少于建筑外墙面积（房间宽度与房间高度的乘积）的30%。

在德国，另一个关于建筑物对外视野的文件是《工作场所法案》，文件规定窗户的下边缘距地面的高度应该在0.85~1.25m，使人们无论是坐着还是站着都能够看到建筑外面。而窗户的高度至少为1.25m，宽度至少为1.00m。对于纵深为5m的房间，窗户的面积不得少于1.25m²，纵深超过5m的房间其面积为1.50m²。除此之外，窗户的面积应该相当于小于600m²的房间面积的10%。

照明的等级

日光因数被引入到房间内日光照明的等级评定中。该因数是房间内照明与相同条件下户外照明的比率，应使用水平的玻璃板对其进行测量。日光因数的确定只与漫射日光有关。多云的天气其照度为5000~20 000lx。这意味着外界照度为10 000lx、日光因数为5%时，办公桌上的照度为500lx，这个值在德国是作为人工照明的设计基础。

对于单侧照明的房间，DIN 5034中规定在距地面高度为0.85m、房屋纵深的一半并且保持距边墙1m的地方，其标准日光因数为0.9%。办公桌上照明最差的两点使用这种方法所测得的日光因数不得低于0.75%。对于双侧照明的房间，其日光因数能够从0.75%提高到1%（图2.3.43）。

然而，当设计如何使用日光的时候，不能忽略了DIN 5034中规定的值是最小绝对值。举个例子，日光因数1%表示外界10 000lx的照度在办公桌上只有100lx，这意味着只需要补充20%的人造灯光。

DIN 5034考虑到了人们相对于人造灯光更喜欢自然光的现实，于是认为应将日光照明减少到人工照明的60%。这意味着办公建筑如果500lx的人造灯光，那么使用日光就只需300lx。

然而研究表明，只有当照度超过1000lx

时人才有"白天"的感觉。低强度的光照会使人的身体处于夜晚状态。而其他的一些调查也显示光照对于人体具有生物影响，建议照度保持2500lx的强光照。

日光概念、成分和系统

建筑几何学概念

利用日光的常规途径就是利用建筑外围护结构的洞口，即墙体和屋顶（分别为侧光和顶光）。近几年来建筑中庭很盛行，即玻璃室内庭院，特别是办公和商业建筑。人们关注的焦点是在这些室内庭院中不同楼层上的垂直照明。如果没有其他因素的干扰，传统建筑中的照明效果是为大家所熟知的，而且也相对容易预知（见142页"从玻璃屋到中庭"）。

侧光照明

最常见的建筑光照构件就是窗户。日光的定量分布使得单侧照明的房间能够反映出外界的光照情况（光照侧和非光照侧的窗户，图2.3.46）。多云天气时户外的照度特征值为10 000lx，而在阳光曝晒的无云天气照度却能够达到80 000lx。在图2.3.48中列举了窗户的合适尺寸，也就是房间高度与窗户高度的比值，图中表明窗台一定程度的降低并不能增加房屋内日光的入射量。

很重要的一点就是近窗口的地方照度过大，因此会产生眩光和过热问题。相反，室内几米远的地方往往太暗。日光因数是在多云天气里在一块水平玻璃板上的室内照度与同一时刻室外无遮挡照度的比值，在距窗户3m距地面1m的地方这个值为1%或更低。利用任何传统的个人电脑都能够计算出准确的数值。既然日光可作为一个独立的领域，

因此可用模型来研究日光（见137页"设计日光"）。

在照度不一致的侧光照明房间中都会出现相似的情况，即，使用遮阳构件来减少窗户附近的高照度。但是在照明条件本来就不好的房间的深处，遮阳构件的使用会导致更多电灯的开启，即使外面阳光普照也无济于事。于是人们开发了新型的光线改向构件来保证建筑内部更加均衡的照度。在这里将对其中的一些进行介绍。

挑檐遮住整个窗户，遮挡光束辐射和眩光（图2.3.45），而导光板能保证室内均衡的光线梯度，甚至能照射到房间的深处（图2.3.49）。

顶光照明

如果天花板上有洞口，照度和日光因数就会大大提高（图2.3.47）。顶光照明对于室内照明来说显然比侧光照明有效得多。屋顶洞口的形式为天窗或北向采光屋顶。通常不会产生强光，但最好能屏蔽或反射光束辐射，保证均衡的照度和舒适的室内温度。

中庭

图2.3.50所示为标准中庭的剖面图以及与其相邻的每一楼层的照度分布示意图。由于大多数中庭的设计都是不同的，所以这里建议用计算机来确定照度分布。线性中庭的光线质量与其大小及结构有关，如图2.3.87（143页）所示。

光线的被动改向

建筑外表面总是有足够的日光给室内提供光亮，即使是很糟糕的天气。假设一个水平表面上有10 000lx的光线（大致相当于

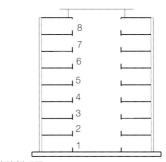

a 建筑剖面图

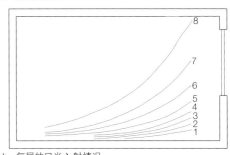

b 每层的日光入射情况

图2.3.50 带有中庭的高层建筑中不同楼层的平均日光水平

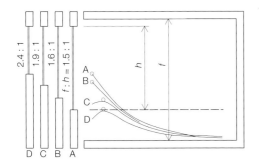

图2.3.48 拱肩镶板高度不同的侧光照明房间的日光入射情况（多云天气）

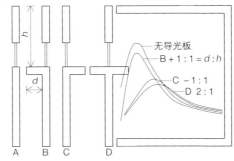

图2.3.49 导光板几何形状不同的侧光照明房间的日光入射情况

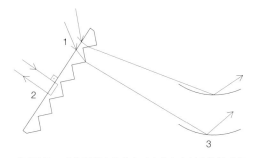

透过棱镜百叶的漫射光线的穿透（1）和直射光线的选择性反射（2）。通过部分穿孔金属导向百叶照射到天花板上和进入室内深处的漫射光线的改向（3）。

图2.3.51 有光照控制功能的棱镜和最亮光线的改向

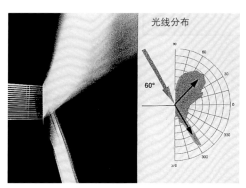

光线分布

图2.3.52 带有折射板和气泡的玻璃窗示意图

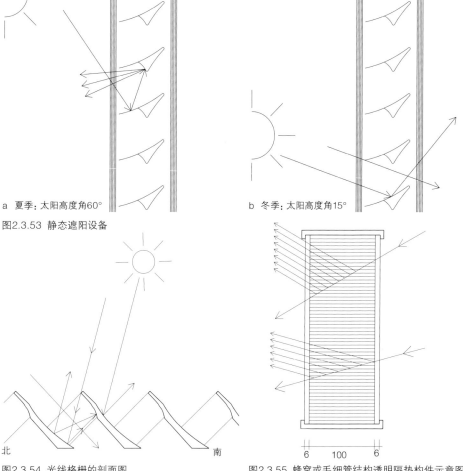

a 夏季：太阳高度角60°

b 冬季：太阳高度角15°

图2.3.53 静态遮阳设备

图2.3.54 光线格栅的剖面图

北　　　　南

图2.3.55 蜂窝或毛细管结构透明隔热构件示意图

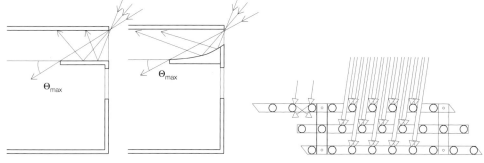

Θ_{max}　　　Θ_{max}

图2.3.56 传统导光板和Anidolic技术导光板

图2.3.57 管状光照控制格栅的示意图

入射辐射100W/m^2），洞口面积占房屋面积的7%～10%即可使室内照度达到500lx。因此，顶光照明概念通常能够满足照明需要。但是大多数房间还是靠侧光来照明的，因此，安装通过改变室外光线的方向从而照亮室内的装置是一个很好的方法。人们采用了各种各样的配置方法，并且一直都在尝试新的概念。百叶用来遮阳，并且结合在垂直窗户中或安装于其前面。但是如果百叶有一个反射面且置于合适的角度，它也可用于使光线改向。为了避免眩光问题，改向百叶应置于高窗上。若安装百叶时使其弯曲的面朝下（有利于稳定性），则可达到更好的偏光效果。

另一种设计是将特殊形状的金属百叶与玻璃窗构件相结合，适用于立面和屋顶，即使在冬天太阳位置较低的时候，特殊的形状也能令光线没有阻碍地进入室内，并将其偏转照射到天花板上，但在夏季，大部分光线都会被反射（图2.3.53）。将这种结构结合在坡屋顶内能反射掉所有的光束辐射。

固定的水平百叶十分适合用在南向立面上，如果想在东西向的立面使用需要根据不同情况进行调查。玻璃板之间的多次反射也会引起过量吸收和升温的热学问题，造成过高的玻璃温度。低辐射膜的位置一定要与遮阳系统相适应。外层的玻璃板应该尽可能透明，这有利于百叶反射回去的光线能够不受阻挡地被排出建筑之外。这意味着应该在3位置使用热学或遮阳镀膜。使用低辐射玻璃或低铁超透明玻璃作为建筑表面的外层玻璃能够增加对太阳辐射的反射。

可调的棱镜体系能够阻挡直射光线的入射并且将漫射光线调整到最佳的方向，如图2.3.51所示。然而透过玻璃获得无遮挡的视野是不可能的。激光切割和折射玻璃是一种有机材料或类似的板材，它们带有薄薄的平行切口或平行的气泡。这些会通过折射改变光线的传播方向，但是不会妨碍对外的视野。由于生产方法灵活，可以使用带有非固定角度和隔离件的金属板来改变光线的传播方向（图2.3.52）。

全息涂层是另一种用于改变光线传播方向的方法，应用在气窗中，通过改变入射角将直射进来的日光引到天花板上从而反射到房间的内部（图2.3.60）。

以上所介绍的线性系统也有一定的缺点，即它与太阳的高度有关，而与方向无关。

二维系统可克服以上缺点。它具有最佳设计的格栅，专为屋顶而设计，可确保无论何时都能够反射光束辐射（图2.3.54）。一个著名的例子是赫尔佐格及其合伙人事务所设计的林茨展览与会议中心。用透明的隔热材料制成的采光部件具有良好的光学性能及较低的U值。半球形的标准蜂窝结构（图2.3.55）的透光率约为玻璃的75%，对于照明目的足够了。另外，该结构还具有改变光线的作用。对双层窗户直接观察（左半面是中空玻璃，右半面是透明隔热蜂窝结构）能看出，透明的隔热构件所透过的光线比中空玻璃还高了大约35%。目前有两种系统可以使用：毛细管结构或是蜂窝结构。它们都可由PC或是PMMA制成，而且两层玻璃板之间是密封的，以防止灰尘进入（图2.3.55）。结构中发生的所有的反射都被改变了方向，因此没有损失。这就解释了为什么它具有较高的透光率。应当注意的是，较高的偏光性能使表面在光束辐射作用下十分明亮，所以安装时要非常仔细以防止造成可能的眩光问题出现。

在大多数地区，其中包括中欧，一天中太阳照射的时间是比较短的，因此我们需要采取一些方法使改向的漫射光线成为好像直射光线一样。这样，只有总照度会有一定的损失，但这是可以接受的，因为总的说来，进入室内的日光尺经足够了。

最常用的方法是用非成像的会聚器改变光束路线。图2.3.56显示了带有传统导光板的光线改变原理，这使得离窗户较远的地方也能被照亮，而窗户附近又不会过亮。

光线的主动改向
单轴跟踪系统通常包括安装于建筑外围护结构（墙体、屋顶）前面的大型百叶及

几组百叶。它由计算机控制，可沿一水平轴旋转，跟踪太阳的高度角，从而将直射光线屏蔽掉或使其改向。漫射光线可以顺利通过。要特别注意保证看向外界的视野不受阻碍。有很多技术可以实现：从单层玻璃到棱镜玻璃，从透明隔热材料到高反射金属管结构。不透明玻璃或漫反射百叶常用于高窗上。图2.3.58为单轴跟踪的百叶窗系统，安装于玻璃坡屋顶上，作为光照控制构件及漫射器。

慕尼黑机场登机大厅（建筑师：Busso von Busse）的采光系统引起了人们极大的兴趣。该系统包括三层格栅，格栅由平行的带有白色涂层的铝管组成，它们之间可前后移动。图2.3.57所示为这种管状光照控制格栅的结构示意图。这三层格栅的定位由计算机控制，使得光线不会直射进登机大厅。相反，直射的光沿格栅表面发散，作为漫射光线传播到大厅内。

定日镜是双轴跟踪系统，通常装有固定的镜子。在一天当中，直射光线由旋转的定日镜以固定的角度反射。如图2.3.59，光线被改变方向后可以在中间楼板下或平行于中间楼板进入每一个需要光线的工作桌。定日镜很有趣，因为它可以会聚太阳光并且进一步反射以达到所需要的照度。一个面积为明信片大小的定日镜便可照亮一个工作桌达500lx。而且所有平行的太阳光理论上都是可以进行无限反射而进入房间内部的。但是跟踪系统的准确性是限制其发展的关键因素。图2.3.62是装于慕尼黑宝马公司展馆屋顶上的一组定日镜。另一种使光线进入无法利用顶光或侧光的建筑内部的方法是通过衬有高反射材料的所谓的"光管"来传播光线。光线由定日镜反射至光管，并以漫射或直射的方式到达不同的地方（图2.3.61）。

图2.3.58 玻璃屋顶上的单轴跟踪百叶，作为光照控制构件和漫射器

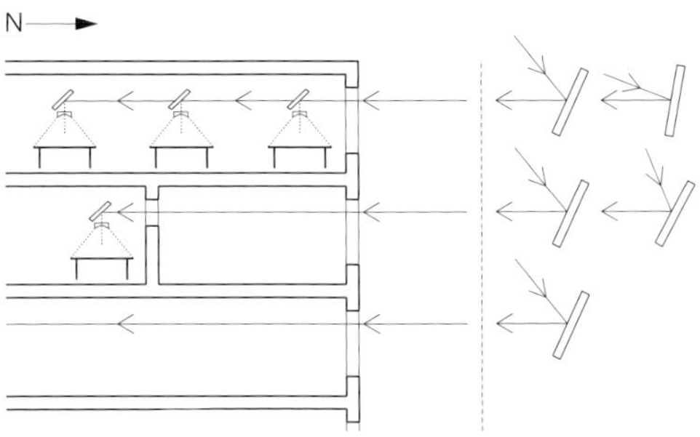

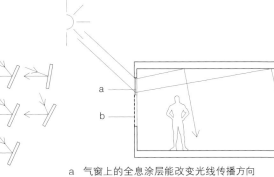

a 气窗上的全息涂层能改变光线传播方向
b 具有合适遮阳设备的窗户丝毫不阻挡视线

图2.3.59 通过定日镜系统照亮工作桌的原理

图2.3.60 气窗使用全息涂层来改变光线的传播方向

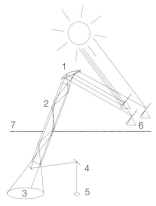

1 聚光镜
2 光管
3 光锥
4 反光镜
5 光点
6 定日镜
7 气候调节膜

图2.3.61 光管：原理及应用

图2.3.62 德国慕尼黑宝马公司展馆屋顶上的定日镜

日光与建筑能量需求

在大多数办公及商业建筑中，照明所需能量只是总能量消耗的一部分。此外用于照明的能量与供暖/制冷所需的能量也有一定的联系。

图2.3.63表明了建筑总能量需求与窗户面积的关系。从完全不渗透的外围护结构开始，随着窗户面积的增大，电能消耗逐渐下降，因为用于照明的电力减少了。在冬季（供暖期）这意味着供暖需求会增大，因为灯光产生的余热微乎其微（见图2.3.63a）。较大的窗户会导致建筑外围护结构U值也较高（即保温性差），因为会产生额外的热损失。我们可以看出，在供暖期确定日光照明是否能够节能时，窗户的热工性能是非常关键的。而在夏天情况则相反（图2.3.63b）：照明所需能量的下降意味着制冷系统所需的能量也下降。所需要的总能量需求随窗户面积的增加而显著下降，但是当窗户的面积增加至一定的值就不会再对照度有什么影响。因此，任何入射辐射的增加都意味着额外的制冷荷载。在夏季用透光率较高的窗户更好一些。但是，日光照明对能量平衡有一定的负面影响，这一点也是显而易见的。在气候条件极端的地区，设计日光是非常重要的，因为供暖与制冷的影响都很大。在中欧就要综合考虑这两个因素。要达到最优化非常难，因为不但要防止眩光，还要保证遮阳设备与日光照明能够互相匹配。

日光如何影响建筑内的能量与舒适度

室内照明最有效的方法是直接利用日光，用这种方法所达到的光效（140～160lm/W）比人工照明的光效（20～100lm/W）要好。

视觉的舒适度与限制眩光

在黑暗环境中，照明强度较高的房间会产生眩光，这种情况是很常见的。眩光通常是由光源直射出的光线太亮、太强或遮挡不够而引起的。对于灯光所引起的眩光现象已有大量的研究。

直接眩光G的等级表示如下：

$$G = \frac{L_s^m \times \omega^n}{L_b \times P^m}$$

式中

L_S——眩光光源亮度

L_b——观察区域的平均亮度

ω——从观察者位置看眩光光源的立体角

P——位置指数，从本质上表示了光源位置与产生刺眼眩光之间的关系

指数m和n根据不同的方法使用。根据设计者或使用者的不同，m在1.6至2.3之间取值，n在0.5至0.8之间取值。根据使用方法的不同，G值被转变成一种"眩光指数"，一种"视觉舒适度概率"（VCP）或一个亮度边界曲线体系。后者主要是被照明设计师用于灯具的准确无眩光安装。眩光指数G值为0时表示没有眩光，G值为2时表示有可见眩光，G值为4时表示有干扰眩光，而G值为6时表示有无法忍受的眩光。当然，窗户除了提供光亮还具有其他的功能，外界令人愉快的风景就能够部分弥补恼人眩光所给人带来的内心的不适。眩光变得可接受的边界值是人们可以接受的照度的上限。而照度的下限是由相关照明设计标准规定的。

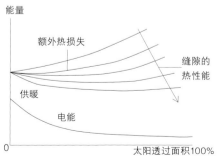

a 供暖情况

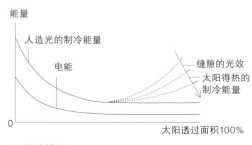

b 制冷情况

图2.3.63 建筑物总能量需求和为窗户（或洞口）面积之间的性质关联

对感觉的重视，是照明设计未来的发展趋势。该领域的一位先驱理查德·凯利（Richard Kelly）定义了三种光线：环境光、焦点光及闪耀的光。理查德·凯利对环境光的定义较简单，即所需要的光。若光线能够充足分布，可使我们能够在周围环境中组织大量信息，这就是理查德·凯利所定义的焦点光。闪耀的光指光线代表自身信息及设计因素的结果，可充分照亮房间内部、家具以及周围环境。

William Lam对"行为需要"与"生理需要"做了比较，前者与所需要的照度差不多，后者代表视觉舒适度，包括在任何时间与地点都要放松神经的需要，以及人们交流需求与私密需求之间的平衡需要。照明有助于满足这些需要。

设计日光

在自然和人造天空条件下进行模拟的方法充分利用了日光不受具体比例影响的特性。展示和研究建筑概念的一个广泛使用的方法是利用建筑的成比例模型。这种模型可置于开放的场地中，也可置于"人造天空"下，这是一个大的半球形装置，由计算机控制安装于内表面的灯具，用于模拟不同的天气状况。在实践中也可见多种不同的形式。摄影机和内窥镜可以用来获得光亮并对照度进行测量。用新型材料制成的采光构件必须缩小比例以确定它在一个房间内的实际工作情况。最好是使用透明或漫射效果较好的材料。因此在人造天空条件下模型的研究值是有限的，尤其是在使用新的采光技术时。图2.3.64和图2.3.65是一种在实验室中进行的日光模拟实验。

可获得的日光

日光的光效也可作为评价其性能的一个标准：光源的光效越高，达到预期的光通量所需要的能量就越少。

光效 η 使用下列方程进行计算：

$$\eta = \frac{M_v}{M_e}$$

式中

M_v——光源发射的光通量

M_e——光源消耗的能量

对于日光，计算具体的太阳光谱辐射时，M_v 的光源是可见光光谱，M_e 的光源为整个太阳光谱。

表2.3.21列出了AM 1.5光谱中 η 的计算值，以及它的可见光部分与大气层以外部分之间的关系（这里假设一个黑色物体发射5777K的能量）。

日光的光效与高压钠灯发出的光类似，但比荧光灯管和白炽灯泡高。如果我们将地球上入射的总太阳辐射考虑在内，那么日光的光效就可以达到107lm/W。将太阳光谱中不可见的那 部分过滤掉，能够将光效提高到204 lm/W，这是人造灯光所达不到的。地球大气层以外的光效比海平面上的要低，因为大气层要吸收光线，主要是红外线。

玻璃参数的计算方法以及玻璃对室内气候和能量需求的影响

玻璃参数

标准的玻璃参数已经由生产商在其销售

表2.3.21 各种光谱条件下日光的光效

	AM 1.5	AM 1.5 可见光	大气层以外
η	111 lm/W	204 lm/W	98 lm/W

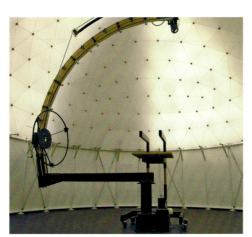

图2.3.64 实验室中模拟日光一

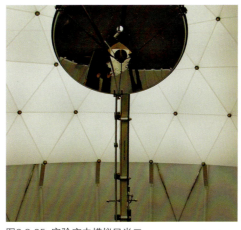

图2.3.65 实验室中模拟日光二

表2.3.22 根据德国《保温隔热法案》，可获得和可利用的太阳得热

朝向		年/ (kWh·m^{-2})	根据1995年《保温隔热法案》，供暖期g=0.6
南	E	-792	400
	G	-274	110
北	E	-433	160
	G	-148	44
东	E	-727	275
	G	-267	76
西	E	-691	275
	G	-251	76
水平	E	1118	
	G	-397	

E代表入射辐射，G代表太阳得热

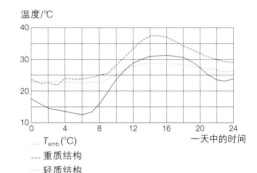

图2.3.66 不带遮阳设备的朝南办公室的动态模拟

说明书中给出，这些参数通常是根据DIN EN 673的规定，在温差为15K、空腔气体填充率为90%的情况下进行计算得到的。总能量透过率根据DIN EN 410计算。透光率以及反射率和吸收率的细节是在光线垂直照射玻璃表面时计算得到的。对于窗户上的玻璃，其参数应该对应玻璃板的尺寸和框架面积进行调整。而与能量相关的值在优质的低辐射玻璃中都会受到影响而下降。

计算方法、计算机程序

引入玻璃镀膜来改良U值、g值，并将不同的气体充入中空玻璃构件中能够形成多种不同的组合，从而选出最佳的玻璃设计方案，较明显的是用理论计算方法。这种方法可用于计算任何玻璃与气体组合的能量值。当今，加利福尼亚劳伦斯·伯克莱实验室设计的计算机程序Window 6.0和optics 5（网址分别为http://windows.lbl.gov/software/window.html和http://windows.lbl.gov/materials/oprics5/default.htm）都是计算机设计辅助软件，在美国市场上它们甚至还可用来对新的玻璃类型进行分析，而无须进行性能测试。与测量误差问题相比，这些计算方法更加可靠，目前已被应用到光谱领域，甚至连光谱参数等细节问题在许多生产商的网站上也都能找到。同时，很多生产商也都开发了自己的计算机程序以辅助不同玻璃、膜、与气体结合的设计，他们还在设计这些程序时公布了膜的物理参数值。

以下是对1m×1m充有氩气的低辐射标准玻璃窗的参数计算的摘录。其框架只是边缘密封，并将边角修正考虑在内，U值由1.49W/m²K提高11%至6W/m²K（保温效果变差）。日光透过率、g值等光学参数很难受到边缘密封的影响。若将这块玻璃放置在横断面为正方形的60mm木框内，则U值变为1.92W/m²K，保温效果比玻璃中间低了几乎30%。同时，框架（占22%）提供的遮阳降低了与整个窗户辐射相关的参数：g值为0.51，日光透过率为57%（整个窗户的参数分别为0.65、72%）。这就表明当计算窗户的光线与能量时必须将框架也考虑进去。对于有热障的复杂框架结构的细节参数值则可通过二维的冷桥计算来求得，输出值可直接转换成Window 6.0程序。

市场上的其他软件还有GLAD——玻璃材料光学与热学性能（玻璃数据库GLAD-PC），包括报告和EMPA（杜塞尔多夫，瑞典，1997年）——和WIS、Windows信息系统，这是一项欧洲研究项目的成果（http://windat.ucd.ie/wis/html/index.html）。

能量平衡

为了保证流经玻璃构件的能量平衡，必须对太阳得热和热损失进行比较。比较时必须牢记，不是所有穿透玻璃表面的辐射都应该加以利用，这是因为这些辐射有可能不是作为供暖的补充，而是会造成暂时的内部温度过高现象。因此，能量平衡不是一直存在的。要想保证长期的平衡就必须对取决于结构的太阳得热利用率、热量控制、空间供暖系统的惯量和通风性能进行评定。新标准DIN 18599第二章"建筑的能效——供暖、制冷、通风、室内热水加热和照明所需要的净能量、最终能源和初级能源的计算——第二部分：建筑区域供暖与制冷区域所需净能量的计算"将太阳得热和室内得热的使用考虑在内，而这一计算过程的设备使用率是在冷却时间一定的情况下根据得热和热损失的比例决定的。

房间动态特性

由于房间室内气候不是恒定的，即不是静态的，而是随外界环境温度的变化或是室内温度变化时结构对能量的储存与释放效果而变化的，即动态变化，所以能量平衡的精确测量也只能动态计算。因此我们首先要根据隔热值、材料和尺寸建造建筑模型。另一方面，还要将每小时，实际上是每分钟都在变化的室外气候作为边界条件来对待。计算表明，重质结构通过窗户获得太阳得热后的变化是缓慢的。这就意味着与简单的计算方法相比，使用这种方法对于房间温度及其影响可以得出精确的结论，同时可以较准确地估计可利用的太阳得热。使用这种方法还可以描述蓄热效果，除了对太阳得热和室内得热的使用，利用这些效果还可评估建筑设计的过热特性和通风策略的准备问题。只有通过动态模拟，才能够详细描述不同控制策略的效果，这些策略包括基于日光的人工照明控制、基于温度的通风策略或基于辐射的遮阳设备控制。动态建筑模拟程序有TRNSYS、DOE-2、ESP及TASS等。技

术规范VDI 2078"空调房间制冷荷载计算"（1996年）将静态设计改为动态设计说明关于此类计算方法的标准也得到了相应修订。图2.3.66所示为重质与轻质结构测试房间中温度曲线的动态模拟。

作为隔热材料的玻璃

将单层玻璃（U值为5.8W/m²K）与175mm厚的单层黏土砖墙（U值为1.6W/m²K）的传热系数作比较，可明显看出这种规格的玻璃是一个主要的热损失因素，且立面的玻璃面积主要由所需要的光线总量决定。目前，高品质的低辐射玻璃的U值通常低至0.4W/m²K，相当于100mm的导热等级为040的矿棉保温层。如果将太阳得热考虑在内，玻璃又成了一个重要的热源，因此就可以大量使用玻璃了。但是由于热量损失的减少，太阳能很快又会引起室内过热问题，尤其是在轻质结构的房间中。因此必须考虑使用某种形式的遮阳设备，因为室内遮阳设备与高品质的低辐射玻璃结合使用只能提供很有限的遮光作用，其折减系数为0.7~0.8，这就意味着有70%~80%的辐射热仍然留在室内。因此德国《保温隔热法案》规定，如果建筑使用机械制冷或窗户面积超过立面的50%，在夏季温度最高时，除北向之外的各个方向上带有遮阳设备的玻璃窗最大g值为0.25。

根据下列方程计算g值：

$$g_v = g_f \times F_c$$

式中

g_v——带遮阳设备的玻璃

g_f——窗户的g值

F_c——遮阳设备的折减系数

玻璃板的热能平衡

表2.3.23列出了标准玻璃和特殊低辐射玻璃不同朝向的热能平衡状况，正的表示在供暖期的能量获得，负的表示总的热损失。这些值必须和供暖区域的采暖需求一起考虑，根据目前的法规采暖需求不得超过70kWh/m²a，低能量住宅的采暖需求最大值为35kWh/m²a。必须允许室内得热，居住建筑最高为15kWh/m²a，办公建筑最高为30kWh/m²a。

临时保温层

对于U值比墙体U值高得多的玻璃，在夜间由于没有太阳得热，所以明智的做法是在夜间设置额外的临时保温层，降低热损失。可以使用内部或外部覆盖层（窗帘或百叶），捕获一定体积的空气或增加阻热值来降低U值。对于内部临时保温层要特别注意，因为玻璃与室内失去了热联系，随着玻璃温度的降低，内层玻璃板表面会形成冷凝。因此使用密封覆盖层是很重要的，否则随着时间的增加会使内层框架受到损坏。

但是随着玻璃质量的提高，临时保温层节能的潜力也大大降低。例如，对于U值小于1.4W/m²K的玻璃，首先要将所有其他地方的损失系数都降至最低，并使用具有热回收功能的通风设备等，然后才需要采用临时保温层。德国较普遍的卷轴式百叶帘的保温效果很有限，这是因为通过结合在墙体内的百叶帘盒部位所损失的热量比采取措施所保留的热量还要多。

玻璃板和边缘密封处的冷凝问题

如果玻璃板表面的温度降到露点以下，空气中的水蒸气就会在玻璃表面凝结。冷凝分为内部冷凝和外部冷凝。

内部冷凝

玻璃出现冷凝和霜冻现象就意味着整个玻璃板都正在受到冷凝问题的影响。使用层压玻璃和中空玻璃能够有效减少这种问题。然而，边缘密封是一个冷桥，能够引起局部保温能力下降。

如果玻璃板中心是U值为1.4W/m²K的低辐射玻璃，使用结合了铝隔离件的边缘密封会使边缘区域U值变为2.6W/m²K。如果内外的温度分别为20℃和0℃，那么玻璃板中心的相对湿度就会从77%降低到65%。若房间的湿度超过了这个值，则边缘区域的水蒸气就会凝结。由于对流的缘故，边缘区域温度最低的地方出现在玻璃板的底边。利用不锈钢隔离件可以将边缘区域的湿度极限提高到70%，而带有隔热材料的密封边缘可提高至77%。图2.3.67是不同湿度条件下室温为20℃时的温度曲线。湿度极限随室温的下降而提高，也跟室外温度相关。利用图2.3.68中的露点列线图可以得到室内的临界湿度，而玻璃窗的质量和室内外温度为室内临界

表2.3.23 根据德国《保温隔热法案》，两层低辐射玻璃的热平衡

朝向	根据1995年《保温隔热法案》，供暖期太阳得热/（kWh·m⁻²）	热损失/（kWh·m⁻²）	供暖期热平衡/（kWh·m⁻²）
g值	$g = 0.6$; $U = 1.4$ W/m²K		
南	110	118	+ 8
北	44	118	- 74
东	76	118	- 42
西	76	118	- 42
g值	$g = 0.42$; $U = 0.4$ W/m²K		
南	77	34	+ 43
北	31	34	- 3
东	53	34	+ 19
西	53	34	+ 19

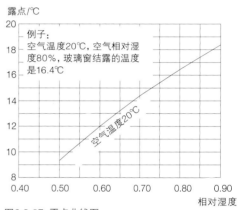

图2.3.67 露点曲线图

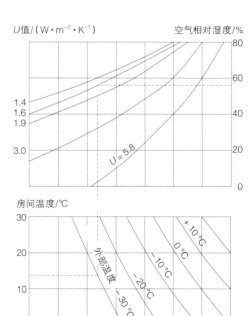

图2.3.68 露点列线图

图2.3.69 建筑之间保持适当距离可避免遮挡

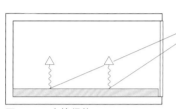

图2.3.70 直接得热

图2.3.71 特隆布墙

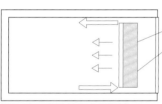

图2.3.72 带通风的太阳能墙

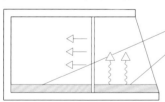

图2.3.73 玻璃加建结构（阳光房）

图2.3.74 半透明保温层

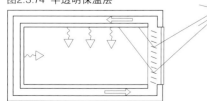

图2.3.75 窗户/空气收集器

湿度的决定因素。举个例子，当室内温度为13℃，室外温度为−30℃，玻璃窗的U值为1.6W/m²K 时，室内湿度低至57%就会发生冷凝。

外部冷凝

外部冷凝只有在供暖不足或是使用高品质低辐射玻璃时才会发生。外层玻璃板向天空发射的长波辐射超过玻璃所吸收的热量时，就会产生外部冷凝，这种情况常发生于室内温度较低时，如汽车内，或是隔热较好时。若玻璃外表面的温度低于大气温度，甚至低于露点温度，就会引起霜冻。这种情况常发生于使用高品质低辐射玻璃的屋顶天窗，若是在阴冷的冬天，这种窗户会一整天都冷凝或结霜。

在位置1使用较硬的低辐射膜能够取得很好的效果。膜减少了外层玻璃与外界之间的辐射交换，即玻璃的表层温度会接近外界空气温度而不是比外界空气温度低，这就防止了玻璃的结冰或冷凝。

冷辐射和下沉冷空气带来的舒适效果

如果我们将内层玻璃板表面的温度与室内温度作比较，就可以看出玻璃表面的温度略低2~8K，具体数据要取决于室外的温

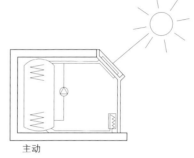 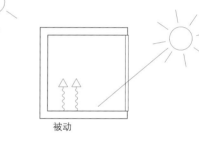

主动　　　　　　　被动

图2.3.76 主动与被动利用太阳辐射的概念

表2.3.24 多种结构的优缺点比较

概念	描述	优点	缺点
直接得热 图2.3.70	·通过玻璃区域直接吸收辐射 ·房间内蓄热需求 ·需要遮阳设备 ·过渡时期得热超过热损失	·体系简单 ·价格经济 ·可以利用整个太阳光谱 ·额外的对外视野和光源	·相对于保温墙体热量损失大 ·对能量的储存有限制 ·必须增加遮阳设备或防眩装置 ·体系的尺寸有限制
特隆布墙（以费利克斯·特隆布命名）图2.3.71	·玻璃窗后的深色蓄热墙 ·白天吸收太阳辐射，随后通过传导的方式向房间释放热量	·延迟热量排放 ·体系简单	·大量的得热通过玻璃窗损失掉 ·与窗户冲突，看不到阳光和外界 ·放热过程不受控制
带通风的太阳能墙 图2.3.72	·可以通过后面的通风口释放热量的特隆布墙 ·在房间的一侧设置部分保温	·放热过程受控 ·没有过热现象 ·减少了夜间热损失	·必须进行控制 ·需要设置单向阀 ·容易脏
玻璃加建结构（阳光房）图2.3.73	·凸出部分或整体使用大面积的玻璃窗 ·只有不供暖的情况下能够节约能源	·获得暂时的额外空间 ·可用于吸收阳光 ·对外界气候进行缓冲	·容易损失能量 ·由于冷凝要使用中空玻璃 ·需要遮阳 ·会结霜的植物种植区 ·附近房屋获得的阳光少
半透明保温层 图2.3.74	·带半透明保温层的深色蓄热墙 ·能够透射阳光，但是热量随后通过对流的方式进入房间	·太阳得热多，损失少 ·由于墙体温暖，增加了舒适度 ·允许较低的室温	·存在过热的危险，夏天需要遮阳 ·费用更高 ·与窗户冲突 ·看不到阳光和外界
窗户/空气收集器 图2.3.75	·双层玻璃带有集成的遮阳设备和空气循环空腔 ·以热虹吸效应为驱动力 ·热传递给蓄热天花板或墙体	·窗户和收集器的双重功能 ·远处的房间蓄热 ·自然控制 ·双重功能降低了额外的费用	·双层玻璃之间的温度过高，特别是夏季 ·被动放热不能控制 ·需要安装空气管道 ·需要额外的蓄热构件

度及玻璃的质量。较冷的表面向室内辐射，使得大面积玻璃附近令人不舒服。人所能感觉到的室内温度（50%取决于室内空气的温度，50%取决于室内表面的温度）也会相应迅速降低。

室内空气遇到玻璃表面温度降低，并且变重下沉。在某一特定高度，如果玻璃质量不好，冷空气的下沉会引起立面附近产生气流，尤其在地板附近，因为偏离的冷空气会穿透几米进入室内，风速可达到0.5m/s。以前的处理方法是在窗户下安装暖气片。上升的热空气抵消了下沉的冷空气。这也是为什么在较高的墙上要每隔一段便安装散热管线的原因。如果使用U值为1.0W/m²K或是更好的玻璃，则窗户下部的暖气可以移开，以隐蔽式的加热管取代。

位于玻璃内表面的红外线反射低辐射膜削减了辐射的强度而使人感到比较舒服，但这样会使玻璃与房间分隔开，导致玻璃温度较低，这可能会加剧冷空气向地板的下沉。

只有使用计算机进行模拟分析才能够对其进行细致的研究，这是因为计算机能够显示温度和速度的分布。

玻璃在建筑和体系中的应用

前面所介绍的针对玻璃特性及效果的种种应用在整个建筑体系中会产生一些问题，如眩光、火势蔓延与浓烟等。下面将简单介绍一些基本概念，帮助读者理解各种方法的优缺点。

功能

建筑立面是阻隔外界气候的分界面，换句话说，立面用于遮风挡雨、保暖或是制冷以及减少噪音。立面上各种洞口是这一分界面上的"裂口"，用于换气并与外界保持联系。此外透明或是半透明的立面构件也能使能量以短波的形式从室外传递到室内，同时带入热与光，给用户创造一种与外界的视觉联系。使用玻璃——能透过太阳辐射但不能透过热辐射——能引起温度升高，这就是所谓的温室效应。当外界温度较低时，这种效果是非常有利的，但如果室外温度较高，很快就会导致过热问题的发生。此时则需要使用遮阳设备。此外，在窗户附近的室内活动需要充足的光线，但也应该考虑到私密性和眩光

现象，在使用视频显示器时更是要考虑眩光问题。

基本概念

通常有两种方法可以获得太阳能：主动的和被动的（图2.3.76）。决定使用被动还是主动要看是仅仅利用建筑构件（被动式），还是利用活动构件来传输能量（主动式）。

被动利用太阳能

最简单的被动利用太阳能采光或补充加热的构件是窗户，即利用直射光线。入射辐射能没有障碍地通过窗户非常重要，并取决于周围的环境、太阳高度角、在玻璃板上的入射角度（图2.3.69）。太阳的高度角取决于纬度，可通过中午时太阳的最低高度角计算获得：

$$最小太阳高度角 = 90° - （纬度 + 23.45°）$$

据此，在纬度48.8°的德国南部城市维尔茨堡，对于高度为8m的建筑，如果要使相邻建筑互不遮挡一层，两排建筑间的距离最小不能小于24m。重视屋顶和顶层的设计能够改善这个问题。

房间所获得的太阳能可以根据结构类型和建筑功能被不同程度地利用（图2.3.70～2.3.75）。而且，可以利用合适的遮阳设备对太阳辐射加以控制，以防止出现过热现象。与墙体相比，通过窗户所发生的热损失更多，因此人们开发了被动系统，克服窗户系统直接得热的缺点。

透明保温层

安装在墙上的传统保温层都是不透明的，即太阳辐射不能穿透，而透明保温层（图2.3.77和图2.3.80）可透过大量的太阳辐射（高达70%），但不能透过热辐射，也不能发生热空气对流。这种效果通常不会在玻璃后面发生，并且建立在细小的毛细管作用基础上，毛细管将阳光传递给吸收器（深色的实心墙体），捕获墙体散发的长波热辐射，但会阻止吸收器与玻璃之间进行热对流，从而减少热损失。因此入射太阳辐射会使透明保温层后面的墙体温度升高，并将热量传给室内。墙体的密度与材料起很大的决定作用，

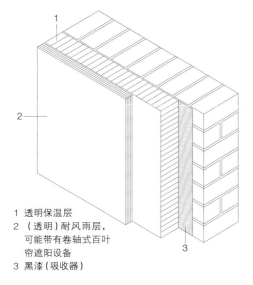

1 透明保温层
2 （透明）耐风雨层，可能带有卷轴式百叶帘遮阳设备
3 黑漆（吸收器）

图2.3.77 标准透明保温墙体

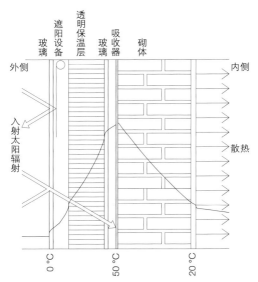

图2.3.78 带有遮阳设备的透明保温构件及其温度分布图

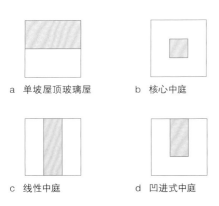

a 单坡屋顶玻璃屋　　b 核心中庭

c 线性中庭　　d 凹进式中庭

图2.3.79 中庭和热缓冲区的各种布局

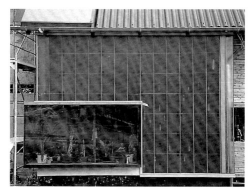

图2.3.80 带有单层透明保温玻璃的住宅，保温玻璃
上带有毛细管结构和浇铸玻璃覆盖层

图2.3.81 翻新项目，使用了透明保温墙体和半透明
抹灰

图2.3.82 德国富尔达的泰格特建筑
建筑师：LOG ID

图2.3.83 挪威特隆赫姆大学
建筑师：Per Knudsen

因为它们决定着经过一段时间后传入室内的热量的多少。半透明保温层能使太阳得热在延迟6个小时之后进入室内。如果我们能够平衡透明保温墙体内产生的热流，那么在有入射太阳辐射时情况就会发生变化：由向室外损失热量转变为室内获得热量或发生室内过热的情况。

为了防止过热，透明保温立面必须要安装遮阳设备（图2.3.78）。电动卷轴式百叶帘是最常见的形式，尽管固定式百叶窗被认为适用于朝向正南的墙体。目前已开发出一种并不算贵的替代材料，即使用玻璃压条与胶黏剂组成的半透明抹灰。因为这种材料降低了透光率，所以不需要遮阳设备。透明保温层一个有趣的应用是用在翻新的房屋中，用来弥补保温隔热的不足，从而解决潮湿等问题（图2.3.81）。

从玻璃屋到中庭

当今玻璃建筑一个比较重要的先例是伦敦的水晶宫，建造于1851年。其测试的长度超过了500m，并且在1936年被烧毁之前主要用作展示和举办商品交易会（见18页）。1996年竣工的莱比锡新玻璃结构商品交易会大厅（见工程实录38，317~319页）也是用于展示和举办商品交易会的场所。平滑的低屋面结构意味着与过去带有塔楼和凸出结构的老建筑相比，其所需要的空间供暖需求更少。有些玻璃结构只是作为抵御坏天气的外围护结构使用，叫作"房中房"系统。这种系统能产生一个微气候，而在这个微气候中还有另外一个可控制气候的建筑（图2.3.82）。很大一部分玻璃屋是用来种植物的。屋顶形状、供暖、遮阳以及玻璃类型的选择并不是随意的，而是根据其中所种植的植物而决定的，从而达到最大的经济效益。根据玻璃结构的形状及其与整个结构的关系，我们可将其分为四类（图2.3.79）。

单坡屋顶玻璃屋

这种玻璃结构并不是独立的，而是至少有一面墙与建筑实体部分相连。因此它通常要比独立的玻璃结构具有更强的蓄热能力。

核心中庭

在这种典型的结构中，只有玻璃屋顶形成一部分外围护结构。内部的气候主要由包围中庭的墙体所决定，墙体同时也将核心中庭与周围空间隔离开。

线性中庭

这种结构将两座平行的建筑连接起来（图2.3.83），端处形成玻璃山墙。这种环境下气候比较温和，如果只是用于交通，则不需要额外的供暖。

凹进式中庭

这种结构由核心中庭进一步发展而来，中庭的一侧同时也是外墙。

使用类型

玻璃结构和中庭的设计通常不用于永久住人建筑的设计。它们常常能影响建筑的外观，有时会有新颖的空间印象和不同的气候区域。我们可以根据下列使用的类型对其进行区分：

· 气候防御

玻璃结构用来遮风挡雨，人在此只能作短期停留，如没有供暖设备的玻璃休息室、火车站、室内市场。内部的温度有可能在0℃以下。

· 通道

中庭是一个交通区，连接着不同的有供暖设施的部分，这对于人们也是一个只可短暂停留的地方。内部气温通常为10℃~14℃，比较舒服。

· 主动利用

人们在此不停地走动，如运动场、艺术展览厅、旅馆的入口。内部气温通常为12℃~18℃。

· 充分利用，人可以长期使用

人们在此要待几个小时，如餐馆、办公室。内部气温通常保持在20℃~22℃。

· 室内游泳池

内部气温为27℃~32℃。

· 用于动植物的培养与保护

用于植物的种植与展览，珍稀动物的保护，如花园中心、动物园设施。内部气温应控制在最低5℃、最高35℃的范围内。

因此，不同玻璃结构中的内部气候差异很大，有"几乎与外界气温相同"但带有防雨功能的设施（如19世纪的火车站），有"气候温和"的购物场所，还有热带气候的棕榈

屋。空间供暖需求也因而各不相同，从不到0kWh/m²a（由于玻璃结构无需采暖从而节能）到为满足单层玻璃屋恒温20℃所需要的500kWh/m²a。

能量作用

如果规划合理，玻璃结构可不需要供暖通风空调设备来保持一定的气温条件，它们甚至还可以实现供暖通风空调功能。

供暖

如果玻璃结构的温度没有被加热至室温20℃~22℃，它就可被视为一个热量缓冲区（图2.3.84），被动获取太阳能并通过换气装置将其传到相邻的房间。因此，如果可能的话，应尽可能将南向墙体设计成垂直的玻璃立面。中庭使用优质玻璃则其热缓冲作用将会更好地发挥。通过以下的效应也能节约供暖能量：

· 通过太阳能预热相邻房间所需的新鲜空气。

· 降低相邻房间发生的传递热损失。

制冷

中庭内的空气因为温度不同会发生自然流动，尤其是在夏季，通过这种方式可以去除多余的太阳得热。利用气温分层效果并恰当地设置洞口，可使换气率达到50~80/h，尤其是在夜间，中庭室内温度比外界温度低的时候。中庭通常会设置洞口，为建筑降温，这些洞口夜间可以开启，而不必担心有贼进入建筑。

通风

中庭也可用来分散新鲜空气，或是收集废气（图2.3.85）。设置开放流动的水可增加空气的湿度，并在一定程度上起到蒸发降温的作用。

照明

中庭可为相邻的房间提供照明（图2.3.86）。中庭的热缓冲效应可以保证即使安装较大的窗户也不会显著增加供暖能耗。这样，与立面相比，中庭能给开放的中央庭院引入更多的光线。提供给相邻房间的光线的量主要由以下几个参数所决定（图2.3.87）：

· 中庭的形状

· 高宽比

· 表面的颜色

· 隔墙上窗户所占的比例

· 隔墙及中庭上的玻璃的质量

能量考虑/供暖能耗

每一个中庭都可视作是相邻房间的热量缓冲区，因为中庭可以降低相邻房间的供暖能耗。若是中庭本身不采暖，则实际上是有能量获得的。然而，充分利用室温在20℃~22℃的中庭通常浪费能量，因为透明的屋顶比带保温的不透明屋顶保温隔热效果要差。建筑核心部位的热损失与玻璃中庭的能量获得之间的相互作用如图2.3.88所示。

继而会有三种运行状态：

· 中庭及主体结构均不能利用中庭所获能量的时期。

· 中庭所获能量可被主体结构利用（中庭为热源）的时期。

· 中庭需要热能以维持室内气候（中庭视为额外的热量消耗者）的时期。

中庭供应热量的时间长短以及它是纯供热者还是消耗者，由以下因素决定：

· 中庭的类型

· 玻璃的类型

· 保温标准

· 外界气候条件

· 通风概念

· 蓄热能力

· 所需室内气候

一些关键参数的作用定义如下：

中庭的类型

与主体结构之间的联系越紧，热缓冲作用的效果就越好，因此这种类型有节能的潜质。核心中庭、凹进式中庭、线性中庭都属于这种类型。单坡屋顶玻璃屋与主体建筑之间的热量交换有限，最好是利用太阳能预热供给空气。

玻璃的类型以及保温层

许多自身无需采暖的玻璃中庭使用的都是单层玻璃。若它们自身不采暖则可将其视为能量源。因以往把使用单层玻璃作为克服空间太小的一个手段，所以使用单层玻璃这一限制还是很重要的，但是如果要使其发挥

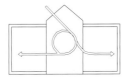

图2.3.84 中庭供暖概念 　　图2.3.85 中庭通风概念

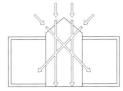

图2.3.86 中庭照明概念

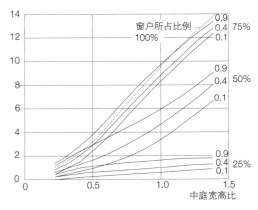

0.9/0.4/0.1　　　　　　　　　墙体反射率
20%、50%、75%、100%　　立面中玻璃所占的比例

图2.3.87 线性中庭日光因数与结构的关系

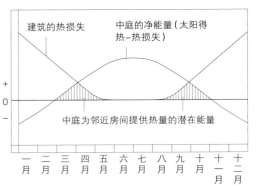

图2.3.88 中庭在一年中的相互作用

表2.3.25 供暖需求与中庭玻璃的关系

A	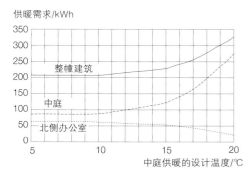	92	屋顶与山墙为中空玻璃，立面为单层玻璃
B		82	屋顶与山墙为低辐射中空玻璃，立面为单层玻璃
C		91	均为中空玻璃
D		81	屋顶与山墙为低辐射中空玻璃，立面为单层玻璃
E		100	非玻璃屋顶，立面为三层玻璃板

图2.3.89 供暖需求与中庭所需温度之间的关系

更大的作用，则要求整个区域的温度要升至20℃，这意味着巨大的能量消耗。因此，当中庭的温度高于15℃时，外表皮最好使用中空玻璃构件。

挪威的特隆赫姆大学（图2.3.83）成功地证明了玻璃质量的影响。中庭最高被加热到5℃。一座没有中庭但从立面到中央庭院都装有三层低辐射玻璃的建筑物所消耗的能量要比一座中庭装有由两层低辐射玻璃而内立面使用标准中空玻璃的建筑物所消耗的能量高20%。表2.3.25列出了供暖需求与中庭玻璃的关系。

通风概念

中庭是建筑物中通风概念的重要组成部分。以下通风类型为标准型概念：

- 中庭与主体建筑的一般机械通风
- 仅通过窗户进行通风
- 中庭没有一般通风
- 中庭作为废气收集器
- 中庭作为新风分配器，可能会从废气中回收热量
- 分散新鲜空气并收集废气
- 利用太阳能对新鲜空气预热

中庭的室内温度

如果所需温度高于10℃，那么中庭所需的室内气候对于能量消耗来说至关重要。即使使用低辐射玻璃，当所需温度达到15℃时，能量消耗也会急剧增加。例如，特隆赫姆大学的中庭温度由15℃增加至18℃时，能量消耗增加了30%（图2.3.86）。室温的增加是因为中庭的用途发生了变化。最初是作为交通区，后来由于特隆赫姆大学空间不足，中庭的一部分被用作实践教室，因此需要较高的温度。

制冷

一般说来，只有北方一定纬度的地方的玻璃中庭可在没有机械制冷的条件下工作。只要遇到海洋性气候，玻璃中庭就需要制冷从而产生大量的制冷荷载。在美国很多地方，制冷所消耗的能量已超过供暖所需的能量。因此，大多数的美国玻璃中庭可真正被称作"能耗大户"。这听起来似乎很荒谬，但在天气比较热的地方玻璃中庭确实可以给建筑降温。在每个玻璃中庭中都会发生的制冷问题可通过以下方法减轻：

自然通风

由于气温存在自然分层，中庭在不需要安装机械设备的前提下便可通风。为了限制中庭过热，自然通风是很重要的。近地面处的进气口以及近屋顶处的排气口的准确布局可以保证中庭每小时有3~5次的换气率。为了提供充足的制冷，玻璃结构的洞口面积至少应占室内面积的5%。应该保证在春秋风大的季节里仅依靠建筑顶部的开孔而无须打开人所处区域的窗户就能够满足中庭的通风需要，否则会在打开的窗户处产生气流。这样就能够在不影响用户使用舒适度的情况下去掉堆积在屋顶处的热空气。

遮阳

另外一个重要的方法是提供遮阳设备，而且应该是可移动的，以确保在无需制冷的季节中光线与热量可以直接进入。在中庭中，出于成本问题一般都会采用室内遮阳设备。由于这会造成热量在屋顶附近积聚，因此顶层的温度通常都会很高，瑞士纽沙泰尔大学的中庭正是这样（图2.3.90）。因此，如果使用室内遮阳设备，最好增加屋顶层的高度，使太阳得热可以自然排出。

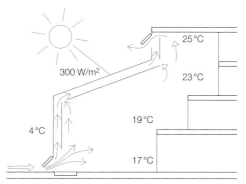

图2.3.90 瑞士纽沙泰尔大学的玻璃中庭
建筑师：O. Gagnebloc

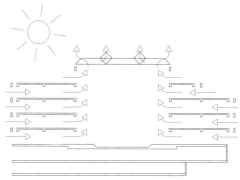

图2.3.91 伦敦Gateway 2大楼
建筑师：Arup Associates

通过中庭对建筑降温

如果屋顶悬挑和主体结构中的进气口设计合理，中庭就能够引入外界凉爽的空气，增强建筑的通风效果。这一概念特别适合解决重质建筑核心筒的夜间通风问题。图2.3.91展示的是伦敦Gateway 2大楼夏季夜间的通风情况。

日光

在开放的中央庭院上方加盖屋顶或是增加中庭都会减少进入房间的日光，通常照度会减少20%（假设使用的是透明玻璃而不是光照控制玻璃）。

另一方面，中庭的热缓冲作用又使得中庭可以使用更多的玻璃，这样又可以让更多的光进入建筑主体的内部。内墙的颜色也很重要：如果内墙有50%是玻璃，白色的墙将比黑色的墙增加30%的亮度。

图2.3.87展示了墙壁颜色、相邻墙壁的玻璃面积以及中庭高宽比对线性中庭日光因数的影响。

玻璃结构的节能

若遵循以下几点，玻璃中庭也可起到节能的作用：

· 使房间的温度越低越好；
· 只使用透明玻璃以免造成相邻房间永远无法接受阳光；
· 使用可移动式遮阳设备，最好是用在室外；
· 最少有5%的面积（可开启窗）可自然通风，尽量避免机械通风；
· 增加屋顶层的高度，在屋顶下方设置可开启窗，使热空气可以被排出；
· 选用低U值的玻璃，否则可能会引起保温的不连续性；
· 中庭使用明亮的颜色。

双层立面

直接获取能量系统需要使用遮阳设备，并因其有一个手动控制通风设备，已被人们所接受。然而室外遮阳设备通常会受到风的影响，打开窗户还会产生隔声及安全问题，因此不是很方便（图2.3.92）。

室外遮阳设备的这些问题以及对如何影响外立面条件的思考使人们开发出了双层立面概念。这必然会引出第二层表皮（通常是玻璃），与建筑外层有一定距离，它能改善以下参数：

· 热量缓冲区
· 对立面、遮阳设备和洞口的防风雨和耐候保护
· 隔声
· 安全
· 气流
· 设备空间
· 空闲空间

前面所述的单层立面的功能现由两层共同承担。外层是防御风雨的保护层。能量评估显示，与由较好质量玻璃制成的单层玻璃立面相比，双层玻璃立面只是一个热量缓冲器，它不能节省供暖能量——外层玻璃在获取太阳能方面的不足由减少的传输耗损所抵消。但在舒适度及解决可能发生的物理问题方面，如因较大的湿气及较高温度引起的冷凝现象，内层玻璃的较高表面温度就显得很有用了。另一方面，必须要保证在夏季缓冲区能很好地通风，以排出过多的太阳得热。

将双层玻璃立面结合在通风概念中（图2.3.94）的最简单的方法是在缓冲区中设置可开启窗，而缓冲区是故意不密封的。如果渗透性不可调节，那么夏季必需的通风设备在冬季则会导致过度通风，抵消大部分的太阳能预热或是热损失的恢复。如果通风洞口设计最适合冬季，那么，对于使用机械制冷的建筑，与用低辐射玻璃制成的单层立面相比，增加的制冷需求很容易就会超过降低的供暖需求。使用双层立面来给建筑通风时，夏季进入建筑的新鲜空气的温度要比废气的温度高，这会导致严重的过热问题。因此建议设计永久洞口用于夏季通风。这样双层立面的功能就缩小到只能遮风挡雨和隔声了。即使是在双层立面上安装可调节的通风孔和窗户通风系统，如果换气率达到一定值，也不能完全排除在外层玻璃上形成冷凝的风险。推荐在外层使用单层玻璃，在内层使用中空玻璃。

另一个类似的系统叫"双面"系统（图2.3.93），已有几家制造商可以生产，该系统有一个排气烟囱，已成功地应用于许多工程中，如位于科隆的德国电信大厦的翻修项目。建筑师在内层立面的不同高度设置了进气口和排气口，因此保证了室内良好的通风。

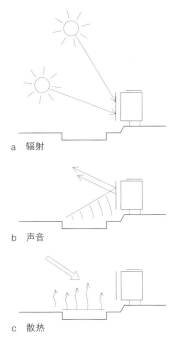

a 辐射

b 声音

c 散热

图2.3.92 直接获取能量系统的一些问题

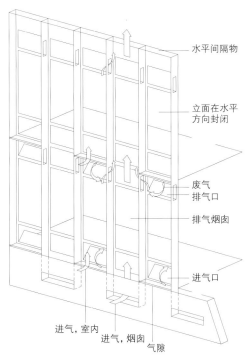

水平间隔物

立面在水平方向封闭

废气排气口

排气烟囱

进气口

进气，室内

进气，烟囱

气隙

图2.3.93 窗户通风与烟囱通风结合的"双面"系统

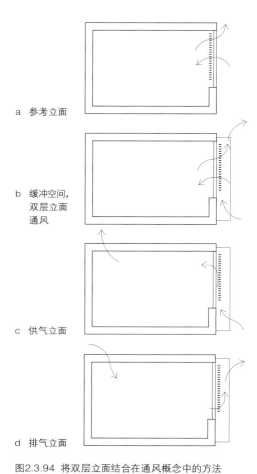

a 参考立面

b 缓冲空间，
双层立面
通风

c 供气立面

d 排气立面

图2.3.94 将双层立面结合在通风概念中的方法

供气立面

供气立面必须有从办公室向外排气的机械装置。此种装置可以通过太阳能对空气进行预热，并部分回收传递到双层立面中的热损失。与可开启窗相结合，就可以引入手动控制系统以提高局部的换气率。这种立面与用低辐射玻璃制成并带有室外通风设备的立面相比能节省30%供暖需求。为了达到内部舒适的目的——内层玻璃板的表面温度要适宜——双层立面的外层应使用单层玻璃，内层应使用中空玻璃。

在冬天，增加外层玻璃的背部通风也很重要。在夏天，为了保证立面的温度与周围温度一致，立面外层的排气口必须打开，同时维持通风方向的一致。置于玻璃板之间的遮阳设备反射率越高越好。根据模拟实验，即使与带有室内遮阳设备的立面相比，如果忽略了外层立面的背部通风，制冷需求也会倍增，达到降低的供暖需求量。通过窗户通风的供气系统的另一个优点是可以利用已有的供暖通风空调设备在夜间进行机械辅助通风。

波恩的邮政大厦采用了供气立面和分离式通风构件的组合设计。在这个项目中，新鲜空气是由位于建筑入口处的鼓风对流机引入并通过双层立面进入办公区的。新鲜空气在鼓风对流机处被加热或冷却，以此来调节建筑内部的气候条件。外层立面上的温度控制气孔在消除了空腔内可能出现的过热现象的同时，还可以向办公区提供新鲜的空气。这样的设计消除了对机械新风供应系统的依

赖，并且在供暖通风空调设备和管道方面节约了很大的费用。

排气立面

排气立面与供气立面的通风方式刚好相反。双层立面里的热废气被压缩，这样就能减少传输耗损。如果我们保留供气立面的玻璃结构，与参考立面相比，会因为缺少太阳预热而使节能能力下降20%。外层立面应采用双层玻璃，以防止在这层发生冷凝现象；内层立面应使用单层玻璃，不会降低舒适度。这种设计理念已在斯堪的纳维亚和瑞典小规模地用于排气窗户上。而在德国，这种系统则与分离式通风系统一起结合用于拱肩镶板中。排气立面的一个缺点是在立面空腔中获得的太阳能不能像供气立面那样直接被利用，但这种缺点现在在在夏天已变为一种优点，因为立面过热的问题通过在双层立面上安装一活动通风装置以排泄立面内的空气而得到了很好的解决。与设有室内遮阳设备的参考立面相比，排气立面的制冷需求因增强了夜间通风和使用了热活化建筑体块而大大地降低。但办公区与空腔之间的单层玻璃的较高U值导致玻璃内侧空间温度升高，从而降低了舒适度。

图2.3.95为位于普福尔茨海姆的大众银行的双层立面结构图。与使用机械供气和排气系统、有热回收功能的用于办公建筑单层立面相比，没有热回收功能的单纯的供气立面或排气立面的供暖需求要高15%。然而要

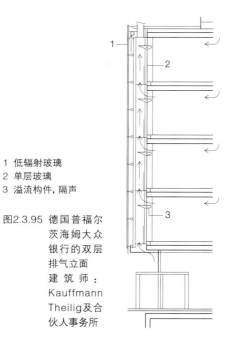

1 低辐射玻璃
2 单层玻璃
3 溢流构件，隔声

图2.3.95 德国普福尔
茨海姆大众
银行的双层
排气立面
建 筑 师：
Kauffmann
Theilig及合
伙人事务所

图2.3.96 职业培训学院，澳大利亚布雷根茨
建筑师：Baumschlager Eberle

图2.3.97 斯塔德托项目，杜塞尔多夫
建筑师：Petzinka, Pink & Partner

做出正确的比较，就不能忽略供气与排气设备所消耗的电能，它占初级能源输入比重较高。因此，将双层立面与带有热回收功能的系统整合在一起，对排气系统十分有利，因为在供气系统中，回收热能的一部分会通过外层立面再次损失。

立面空腔除了单纯供气或排气的功能以外，还可以与通风系统结合，在夏季作为排气立面，在冬季作为供气立面。这就克服了传统供气立面将夏季比外界温度还高的新风引入到房间内的缺点。在冬季，当透过立面空腔向内补充新鲜空气的时候，会先在空腔内利用太阳得热对空气进行预热。这种类型的系统在2001年法兰克福的"普利斯玛"办公大楼中得到了应用（建筑师：Auer, Weber及其合伙人事务所，斯图加特）。

单纯的挡风雨作用

在分析造价时遇到的一个难题是，当今的许多双层立面都有两个外立面，一个在前，一个在后。内层立面质量的下滑因"不明显"而影响不了价格。为了满足标准，一些立面供应商宁愿降低价格来销售有两个外立面的双层立面。较简单的构造是将不能抵御风雨等坏天气的一层作为内层立面，这样既可节省投资也有利于利用灰色能源——建筑材料内部的能量。一个较好的例子是布雷根茨职业培训学院的立面（图2.3.96）。外层立面由防雨且通风的玻璃百叶制成，可以保护其内层价格比较低廉的木质立面。

与机械通风系统相结合

如果在机械通风系统中引入双层立面将其作为通风管道，则可以省去在建筑中安装进气管与排气管的麻烦。位于布鲁塞尔的马提尼塔楼便是一个很好的例子，它是由伦敦的Kohn Pedersen Fox与Battle McCarthy共同设计的。在这个项目中，建筑师将供气管道与排气管道设置在双层立面中，这是非常必要的，因为房间净高过低。这就增加了30%的出租空间。另外，建筑师还将立面空腔设计成开放式的，一直延伸30层高，作为排气管道，而新风则由空腔内的供气管道供应。

多层还是单层？

多层的双层立面应当考虑到当高度增加时太阳辐射的积聚以及通风问题。多层开

放式双层立面与杜塞尔多夫的斯塔德托（图2.3.97）、埃森的RWE塔（282~287页）、法兰克福的商业银行（建筑师：福斯特及合伙人建筑事务所）这些建筑的立面不同。以上三座建筑的双层立面设计得与层高等高，有的地方在网格线上还设置垂直挡板，这三座建筑对双层立面的使用都建立在相似的概念基础上，大多数情况下都通过窗户通风为立面后面的办公区提供新风。这些建筑还配备了机械供气排气设备以及制冷天花板。将立面空腔一层层分隔开是为了避免噪音传播和火势蔓延。斯塔德托项目双层立面的声音传播如图2.3.98所示。

设计双层立面时应当特别考虑到清洁的问题，因为这种设计有四个玻璃面而不是两个，因此必须设置通道用于清洁。这就要求在两层立面之间设计一个400~500mm宽的立面通道，这个宽度要大于保温与通风所必需的最低300mm的距离。

对原有立面进行翻新的双层立面概念

双层立面得到越来越广泛的应用，应用它可以使许多问题得到解决。设置在另一个立面前面的玻璃表皮可以保护其免受坏天气的破坏，解决热学与其他方面的问题。同时，分隔缓冲空间与外界的这一层也能起到隔声的作用——外层玻璃没有开孔时为30dB，带有最小洞口时为10~15dB——可以进行窗户通风和夜间通风，而不会产生安全问题。这种结构的例子是位于斯图加特的Zeppelin大楼，Auer, Weber及其合伙人事务所与Michel & Wolf联手将这一概念应用于每一层的双层窗户上（图2.3.99和图2.3.100）。

中空玻璃构件空腔中的遮阳设备

如果双层立面只是用来保护室外遮阳设备免受外界严酷气候的影响，在中空玻璃构件空腔内使用活动百叶就是一个很好的选择。这种结构既适用于双层玻璃窗，也适用于三层玻璃窗，对于三层玻璃窗，较低U值（充入氩气并使用常规镀膜技术能够将U值从1.2W/m²K降低到0.7W/m²K）也伴随着较低的g值。如果使用优化的百叶配置（外表面反射率大，灰色的内表面防止出现眩光），在叶片闭合的情况下其总g值可低至0.06。这种类型的系统在盖尔森基兴的Gelsenwasser公司总部大楼中得到了应用（图2.4.104，建

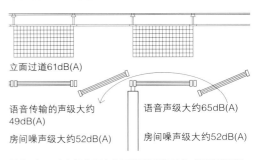

外界噪声级71dB(A)　　通风箱开启时的外表面

立面过道61dB(A)

语音传输的声级大约49dB(A)　　语音声级大约65dB(A)

房间噪声级大约52dB(A)　　房间噪声级大约52dB(A)

评价：与隔壁房间的隔声效果达到正常要求；能听到说话声但听不清内容(DS plan)。

图2.3.98 斯塔德托项目双层立面中的声音传播

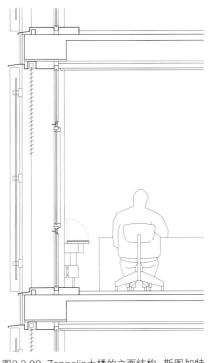

图2.3.99 Zeppelin大楼的立面结构，斯图加特
建筑师：Auer, Weber及其合伙人事务所

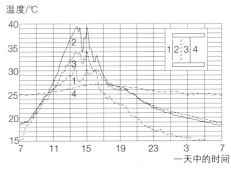

温度/℃

1 窗户处的温度
2 遮阳设备与内层玻璃板之间的温度
3 周围环境的温度
4 房间温度

图2.3.100 Zeppelin大楼双层窗的温度测量

筑师：Anin, Jeromin, Fitilidis & Partner，杜塞尔多夫）。

双层玻璃屋顶

由于下沉冷空气U值大于1.4W/m²K，因此较高的玻璃立面不可避免要使用肋片式加热管，冷空气下沉问题在玻璃屋顶处会更加明显，因为冷空气会因为附着作用在屋顶下方形成冷空气泡。但由于冷空气比热空气重，在重力的作用下，较大的空气泡会分离并下沉，引起明显的空气流动。此后这一过程又会重新开始。另外在房间中，尤其是大面积使用玻璃的房间中，玻璃表面温度低说明其可感知的温度也低，只有通过提高空气温度才能使其达到与房间相同的舒适度。因此玻璃结构最好作为缓冲空间使用，只设置最少的供暖设施，或者不设置。假若玻璃的质量比较好，那么这种房间在一年中有80%的时间都会比较舒适。

如果玻璃结构需要采暖，那么必须提高其热工性能，尤其是屋顶玻璃的热工性能，这样才能降低供暖需求。这明显与高透明度的要求相矛盾。以双层立面概念为基础，双层表皮结构似乎可以作为一个解决方案。根据玻璃类型的不同，空气固定层可使热损失减少25%～50%。双层玻璃屋顶很难清洁，通常的设计是外层为固定双层玻璃，内层是可移动的单层玻璃。

夏季时水平或缓坡的玻璃表面需要有遮阳设备。从热学方面看，室外遮阳设备更有效，但是必须要保护其免受天气的影响，如果是可移动的，还需要大量的维护工作。在双层表皮中结合遮阳功能似乎是一个很好的解决方法。可以将遮阳设备的可调节性与可移动的内层玻璃（旋转玻璃百叶）结合在一起。内层玻璃可以关闭遮挡阳光，或者是在冬季使房间更舒适。由于在阳光普照的时候冷空气也不会下沉（即使冬季也是这样），而且玻璃经过阳光照射后温度会升高，玻璃百叶可以保持开放状态，使太阳得热直接进入房间。在玻璃上印刷图案可以达到遮阳效果，同时还能保持玻璃透明。

斯图加特工商会所新的入口门厅（见工程实录28，288～289页）通过其近乎水平的玻璃屋顶展示了这一概念。玻璃百叶上印刷有图案，出于热学原因有黑色的也有白色的，带有印刷图案的地方可达到很好的遮阳效果，白色的覆盖层可达到预期的反射效果。同时，75%的覆盖密度意味着从下面看，屋顶不是实体的，人眼看向黑色图案时也感觉屋顶是透明的。利用热缓冲空间内的太阳得热并在过渡时期——门厅温度超过23℃的室温时——进行遮阳的计划最终并没有得到实施。在夏季百叶窗保持关闭（太阳高度角较大）。热缓冲空间中积聚的热量经过太阳能风扇迅速扩散（太阳能风扇因为结合在屋

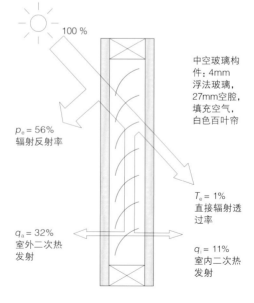

p_e = 56%
辐射反射率

q_a = 32%
室外二次热发射

T_e = 1%
直接辐射透过率

q_i = 11%
室内二次热发射

中空玻璃构件：4mm浮法玻璃，27mm空腔，填充空气，白色百叶帘

g = 12%总能量透过率 g (= q_i + T_e)

图2.3.101 玻璃板之间的空腔内的遮阳设备

图2.3.102 Bad Colberg温泉浴室
建筑师：Kauffmann Theilig及合伙人事务所

图2.3.103 社会安全局门厅，卢比克
建筑师：班尼士·班尼士及其合伙人建筑师事务所

顶中的光电模块而具有很高的处理能力），尤其是当太阳较高时。通过这种方法，并借助地下冷空气供应设备，玻璃门厅内的温度可以低于外界温度。图2.3.106所示为使用TRNSYS程序（动态模拟建筑的计算机程序，用于设计此概念）所进行的模拟测试的结果。室内温度根据设计任务书要求降至外界温度以下。室外温度最高为31℃时，室内温度只有28℃。该模拟的基础是测量得出的天气数据。

在安装室内遮阳设备的玻璃结构中，采用热学方法也可以排出直接处于屋顶下方的热空气，即将玻璃屋顶抬高，高过周围的建筑，并在屋顶下方设置通风洞口。图2.3.102展示的是Bad Colberg温泉浴室抬高的双层玻璃屋顶（建筑师：Kauffmann Theilig及合伙人事务所）。

太阳能烟囱

特殊形式的玻璃屋或直接获取能量系统就是太阳能烟囱。与背后通风的太阳能墙体不同，太阳能烟囱不能从室内得到热量，但是所获得的太阳能却能使废气过热，于是便产生了辅助烟囱效应。这种概念的目标是在夏季当内外温差较低甚至是负值时也能自然排气。这种设计的一个例子是位于吕贝克的石勒苏益格-荷尔斯泰因社会安全局办公大楼的入口门厅的设计（图2.3.103）。七层的

中庭大面积使用了朝南倾斜的玻璃，当入射辐射较强时，通过一个15m高的太阳能烟囱加热废气可以进行额外的通风。为了达到这种效果，玻璃烟囱安装了吸收表面，可以充分加热废气。

另一个使用太阳能烟囱的建筑案例是位于斯图加特Vaihingen的德比特尔办公大楼（图2.3.105）。办公区所有的废气都是通过太阳能烟囱自然的烟囱效应实现的，因此节约了大量的用于排气系统的电力。

主动利用太阳能

与被动利用太阳能相比，主动利用太阳能的方法要借助发动机和热传输媒介来传递或是储存获得的太阳能。

太阳能收集器

太阳能收集器在将短波太阳辐射转变为热辐射方面与直接获取能量系统具有相同的效果。不同点是收集器的内腔不可用，其中容纳了热交换器，热交换器通过空气与水将入射辐射以热的形式尽可能传递出去（图2.3.107）。太阳能收集器的工作任务是收集太阳辐射，将吸收的能量传递给热传输媒介，如水、空气，保证最小的热损失。因此，太阳能收集器可根据需要设计吸收太阳辐射的能力以及最大的热损失。这种通过太阳能

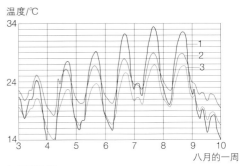

图2.3.106 斯图加特工商会所入口门厅夏季温度曲线

1 周围温度
2 门厅温度
3 地下管道温度

图2.3.104 Gelsenwasser公司总部大楼，盖尔森基兴
建筑师：Anin, Jeromin, Fitilidis & Partner，杜塞尔多夫

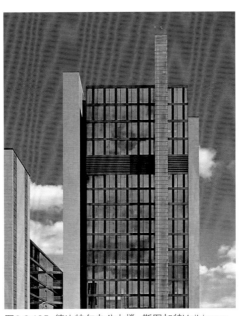

图2.3.105 德比特尔办公大楼，斯图加特Vaihingen
建筑师：RKW建筑事务所 + Städtebau，杜塞尔多夫

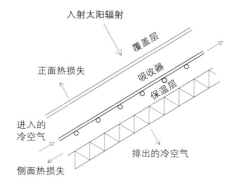

图2.3.107 太阳能收集器的结构示意图

入射太阳辐射
覆盖层
正面热损失
吸收器
保温层
进入的冷空气
排出的冷空气
侧面热损失

吸收器

铝滚轴板

平板真空收集器（有盖）

图2.3.108 水收集器的结构示意图

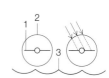

1 吸收器
2 玻璃管
3 反射体
4 透明表面
5 选择性表面
6 真空
7 双层真空玻璃管

图2.3.109 真空管收集器的结构示意图

双通道类型

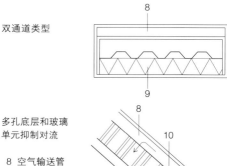

多孔底层和玻璃
单元抑制对流

8 空气输送管
9 保温层
10 玻璃单元
11 多孔底层

图2.3.110 空气收集器的结构示意图

表2.3.26 不同位置、高度、朝向获得的能量/（kWh·m⁻²·a⁻¹）

		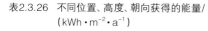				
▭	1	1155	1155	1155	1155	1155
	2	1368	1368	1368	1368	1368
	3	1360	1360	1360	1360	1360
▱	1	1072	1199	1250	1199	1072
	2	1270	1475	1560	1475	1270
	3	1260	1476	1562	1474	1260
▱	1	987	1149	1213	1149	987
	2	1170	1430	1545	1430	1170
	3	1160	1435	1550	1435	1160
▱	1	885	1055	1122	1055	885
	2	1050	1334	1456	1334	1050
	3	1040	1336	1462	1336	1040
▯	1	650	771	808	771	650
	2	773	995	1088	995	773
	3	763	995	1090	995	763

1 440m；阿尔卑斯山北侧，47° 30′
2 1560m；阿尔卑斯山，40° 50′
3 210m；阿尔卑斯山南侧，46° 10′

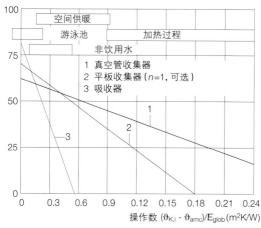

效率/%

空间供暖
游泳池
加热过程
非饮用水

1 真空管收集器
2 平板收集器（n=1，可选）
3 吸收器

操作数 $(\vartheta_{K,i} - \vartheta_{amc})/E_{glob}$ (m²K/W)

图2.3.111 不同类型收集器的效率

表2.3.27 收集器系统的能量输出

系统	用途	运行期间	输出
水收集器	热水供应	全年	300~450 kW/m²a
水收集器	辅助作用	供暖期	80~120 kW/m²a
空气收集器	游泳池预热空气	全年	400~700 kW/m²a
空气收集器	办公室预热新风	供暖期	40~100 kW/m²a

收集器产生热的"光热法"与利用太阳能电池吸收太阳辐射发电的"光电电池"的原理是不同的。

收集器的外壳（通常是玻璃）性能的选择以及吸收表面决定了太阳能收集器吸收太阳辐射的能力。将收集器外壳的温度设计得较低可以降低正面的热损失；减少收集器与外壳之间的热传递可以降低热损失；使用选择性吸收器，可以减弱从收集器到外壳第一层的热传递辐射率。进行这种表面处理的后果是能吸收太阳光谱中90%的能量，而长波热辐射的发射率只有15%，因此太阳能被很好地吸收，收集器中的辐射损失也降至最低。带有红外线反射膜的外壳同样也能够将传输耗损降低至15%。

水收集器

图2.3.108示出了不同形式的水冷式收集器概念。这种收集器后部既没有外壳也没有保温层，被设计成吸收器，常用来加热游泳池。作为与周围环境进行热交换的热交换器时，可用作热泵的热源。

这些吸收器由金属或塑料制成，必须能防紫外线。在平板收集器中，吸收器前面是透明的外壳，而其他面上是不透明的保温层，这是一种小型的玻璃屋。

"真空收集器"通过引入真空层减少对流，从而降低吸收器与外壳的正面热损失。平板收集器虽然内部压力较小，但必须要能支撑外壳以抵消大气压。

真空管收集器（ETC，图2.3.109）

真空管收集器利用高度真空降低空气分子之间热传递时产生的能量损失。某些真空管收集器充分利用了热交换管的原理将热量由吸收器通过冷凝器传至水中。这种热交换

图2.3.112 作为南面屋顶采光天窗固定遮阳设备的光电模块

管的导热能力是相同尺寸铜管的10倍。水或吸收器区域的制冷剂蒸发时产生热传递，在热交换管顶部发生冷凝，然后将热量传递给媒介。

空气收集器

空气收集器不会腐蚀，不用考虑防雾问题，也很少有泄漏问题发生。图2.3.110展示了不同的通过扩大热交换器面积改善吸收器与空气等热传输媒介之间热传递的概念。加热的空气与外壳之间一定要隔开。用于预热新风及使空气循环流动的空气收集器可与供暖通风空调设备相结合。在这种情况下，应注意气冷式太阳能收集器的风扇所消耗的能量是水冷式收集器中泵的四倍，即使压力降到最优水平也同样如此。选用哪一种收集器是由收集器获得能量使用的过程和温度范围所决定的。图2.3.111所示为不同类型收集器在不同温差下的效率。表2.3.26则列出了不同应用中收集器所获得的能量。

光电电池

与太阳能收集器不同，光电模块（常称为太阳能电池）不是将太阳能转换为热而是直接转换成电。太阳能将半导体结构中的电子分离出来，通过相连的金属连接件传递出去。最常用的半导体是硅，它是地球上含量仅次于氧的元素。为了保护薄薄的硅，通常将其粘在玻璃板上。根据原材料的不同可以将其分为非晶硅太阳能电池与多晶硅太阳能电池。100mm×100mm的太阳能电池在入射辐射充足的时候可产生1.5W的能量及0.5V的电压。

光电电池表面的倾斜度与方向、太阳能电池的输出量（表2.3.27）均取决于太阳能电池的种类。单晶硅电池的效率为12%～6%，多晶硅电池为9%～12%，而非晶硅电池只有3%～6%。

因为太阳能电池的效率随温度的升高而降低，所以必须确保光电电池良好的通风。单个的电池可安装在层压玻璃构件内，作为带有整体能源的固定遮阳设备。图2.3.112所示为作为南面屋顶采光天窗固定遮阳设备的光电模块。

薄膜硅太阳能电池

最先进的太阳能电池技术就是薄膜硅太阳能电池，是使用真空喷溅方法将硅直接涂到玻璃板上。这个领域的先导者是位于斯图加特的太阳能工程与氢中心，他们发现使用普通浮法玻璃比使用优质石英玻璃的电池效率要高。

太阳能电池的颜色与透明度

为了满足市场对于在建筑立面使用多样有趣的建筑光电模块的需求，生产商相应地生产了大量创新的产品。其中包括效率为11%～14%的有色多晶硅太阳能电池（图2.3.115）和不同孔隙率的部分透明太阳能电池（图2.3.113），其效率与透明程度成反比。例如，当孔隙率为10%时其效率为13.8%。

有机太阳能电池

有机太阳能电池与使用半导体制作太阳能电池的概念一样，当受到阳光照射时，电池中一种成分的电子被释放出来，然后被另一种物质所吸收。这种电子的转移所引起的电极产生了光电流。有机涂层通过真空管中的蒸汽沉积作用被涂到衬垫媒介上。比较合适的涂层材料包括锌酞菁和碳60。有机太阳能电池又称为染料敏化太阳能电池或Gratzel电池（图2.3.114）。

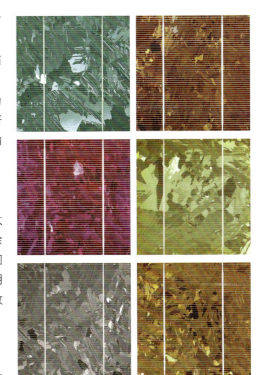

图2.3.115 有色多晶硅太阳能电池

图2.3.113 部分透明的太阳能电池

图2.3.114 灵活的染料敏化太阳能电池

第三部分　构造细部

对页图：
商品交易会大厅入口场馆，莱比锡，1996年
冯·格康，玛格及合伙人建筑师事务所（gmp）

介绍

第三部分"构造细部"将向读者介绍固定玻璃的多种方法（3.1部分）以及建筑洞口的各种处理方式(3.2部分)。3.3部分以立柱横梁立面为例，介绍了从地板到屋顶的玻璃立面的主要构造特点。为简单起见，我们在所有的细部图中都应用了相同的铝质玻璃格条体系。现在市面上有各种各样的该体系型材，不仅外形不同，在解决不同的构造细部问题方面作用也不同，例如在夹层楼板的边缘可以用来固定隔汽层。

这里列出的解决方案都是以不同的结构及建筑理念为基础的，我们的主要目的是要发现不同方法之间的重要联系而不是简单地枚举所有的方法。3.3部分列举的细部图及图说并非针对一个特定的建筑工程，而是用来强调弱点并提供可能的解决方案。这些解决方案并不适用于所有的情况，相反，每一种方案都应根据每个项目的具体情况而应用（位置、气候、构造类型、相关标准等）。

外表皮像一个"壳"一样将建筑围合起来。事实上，一座建筑物涉及的方面很多，这就要求整体构造和细部构造间精确配合。立面是相对粗糙的结构框架、室内装修、遮阳构件、精确的玻璃及金属框架相遇的地方。它们的使用条件和允许误差必须在早期协调好，并在处理接口时加以考虑。

在对复杂的立面进行草图和细部图设计时，一定要咨询立面设计、建筑性能、气候学、结构工程方面的专家。立面可以是独立式的，也可以是悬挂在楼板之上的，如典型的玻璃幕墙。无论何时对固定点进行细部设计，都必须保证能够容纳由主体结构或其他部件及金属结构的热膨胀引起的位移，而不会引起约束力。立面连接在固定点上必须可以在三个方向上进行调节。

各个建筑构件之间的连接与过渡部分必须能够永久密封。此外还必须在铝和钢构件之间放置垫片以防止电化学腐蚀。保温层的厚度在每个个案中都不同，应该参照相关的法规（如《德国节能法案》）。

本书介绍了玻璃作为建筑材料的作用及其相关的特性。只有当玻璃与支撑结构相协调时，玻璃的特性才能被正确使用。这就是说在设计建筑时必须考虑支撑结构对玻璃的作用力。例如温度应力可产生位移，必须在设计时考虑到并作相应处理。另外还需特别注意的是所使用材料的耐久性及彼此之间的兼容性。现在我们开始越来越多地使用有机建筑材料，它们都是会相互作用和相互影响的。因此，在选择这些产品时必须特别小心，必要时可以向相关的生产商咨询产品的兼容性问题。在建筑上使用密封胶时更应特别注意这个问题。

文章中所附的细部图片仅仅是为了描述基本的建筑概念，因此与线图可能会有不一致之处。

本书的作者及出版人员向对本书"构造细部"章节提出创造性建议和协助的人士表示感谢。他们的名字以及热心提供材料的公司的信息列在本书344页。

3.1 玻璃固定件

玻璃压条
密封与固定双重功能

线性支撑

水平和垂直剖面
比例 1:2.5

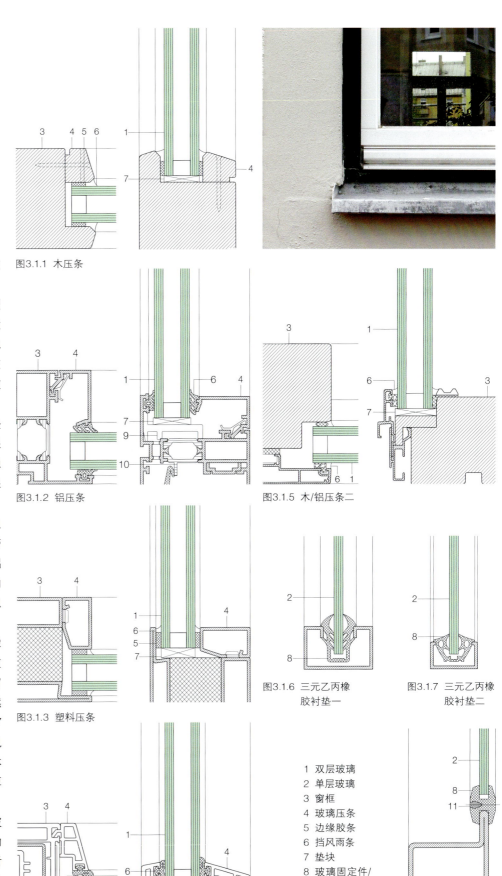

图3.1.1 木压条

使用玻璃压条来固定玻璃仍然是现在用得最多的玻璃固定方法（图3.1.1~3.1.4）。玻璃的重量由垫块支撑。图3.1.1是一种典型带边缘胶条和密封胶的木窗。盖着的榫头没有密封。垫块既不能破坏蒸汽气压平衡，也不能阻碍排水。使用暗钉将玻璃压条固定在玻璃之间的连接处能够造成玻璃边缘的破坏，从而造成整块玻璃板的破坏。

图3.1.2是带有密封衬垫的铝框。由衬垫形成的接触压力可以固定玻璃，并使玻璃保持密封。为了消除由于热障引起的支撑不稳定，应将垫块放在另一块架高的垫块上以保证平衡。

图3.1.3表示的是带有整体保温材料、边缘胶条和密封胶的钢窗，图3.1.4表示的是带有密封衬垫的塑料窗，而图3.1.5所示为木/铝复合窗，金属铝能保证木材不受外界环境的侵蚀。在这种设计中玻璃是由外围的铝材包围的。

图3.1.6~3.1.8中所使用的三元乙丙橡胶衬垫能够起到对玻璃固定和密封的双重作用。这种衬垫主要用在工业生产的玻璃窗中。在图3.1.8中，玻璃先是放置在衬垫上，然后塞入连续楔块使其坚固。图3.1.6和图3.1.7中使用的是向金属框架中加入衬垫来达到机械稳定的方法。所有使用密封衬垫的玻璃体系的所有细节都必须正确搭配。玻璃板的厚度误差是一个重要因素。

在图3.1.1~3.1.8展示的所有例子中，玻璃在没有约束的情况下都是可以自由转动的。如果出于美观原因而使用非常窄的衬垫，就要保证玻璃边缘和框槽底座之间足够的净蒸汽压力平衡。

图3.1.2 铝压条

图3.1.5 木/铝压条二

图3.1.3 塑料压条

图3.1.6 三元乙丙橡胶衬垫一

图3.1.7 三元乙丙橡胶衬垫二

图3.1.4 木/铝压条一

1 双层玻璃
2 单层玻璃
3 窗框
4 玻璃压条
5 边缘胶条
6 挡风雨条
7 垫块
8 玻璃固定件/密封衬垫
9 架高的垫块
10 热障
11 楔入件

图3.1.8 三元乙丙橡胶衬垫三

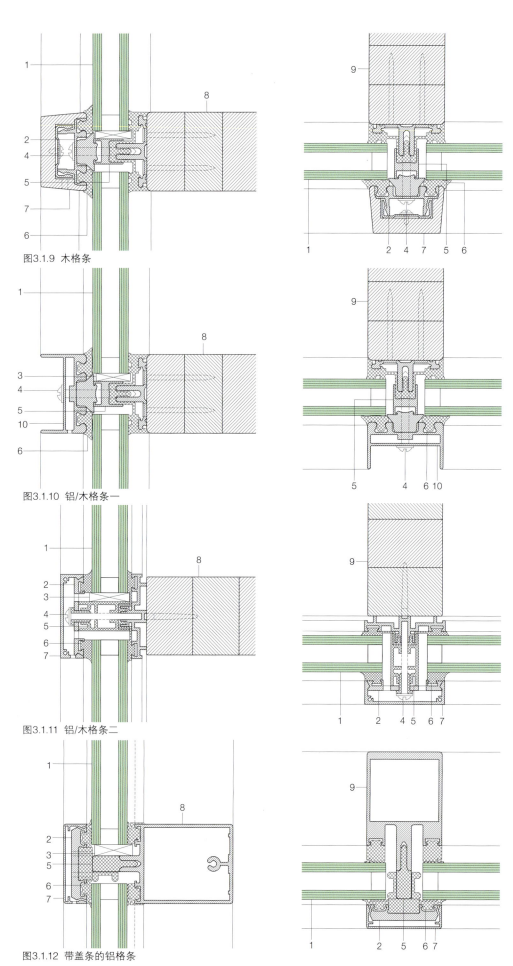

图3.1.9 木格条

图3.1.10 铝/木格条一

图3.1.11 铝/木格条二

图3.1.12 带盖条的铝格条

玻璃格条
线性支撑

水平和垂直剖面
比例 1:2.5

　　带有玻璃格条的玻璃是通过铝、钢、木或塑料等外部型材在玻璃的整个长度及支撑结构上产生接触压力的。中间具有永久弹性的硅树脂垫和三元乙丙橡胶垫可以确保玻璃密封良好并且弹性固定。应用压力的大小应由密封衬垫及中空玻璃的边缘密封来决定。使用这种方法固定玻璃，由于承重结构位于玻璃后面，因此从外面看，能看到的玻璃格条相对较小。玻璃格条的宽度等于带盖的框槽的宽度加上固定玻璃所需要的宽度。一般来说，如果是中空玻璃和金属玻璃格条，50mm宽就足够了。

　　干镶玻璃窗的窗框必须使用垫块。玻璃板之间的接缝在外部必须保持开放，以保证蒸汽压力平衡，冷凝水及雨水也必须顺利排到外面。如果使用了大面积玻璃，必须区分垂直接缝和水平接缝，使它们连起来形成普通的排水系统。如果采用单层玻璃和非保温结构，那还需要设置收集冷凝水的通道。

　　为了保证足够的蒸汽压力平衡，玻璃边缘和框槽底座之间要保持最少5~6mm的距离，否则湿气会残留在框槽中，进而损坏中空玻璃的边缘密封、层压玻璃或层压安全玻璃的边缘。

　　在中空玻璃中，玻璃格条与支撑框架之间必须设置保温材料。

　　钢质和铝质玻璃格条的特点是型材尺寸精确。大多数体系都可以使用夹子固定的盖条来隐藏螺钉（图3.1.10和图3.1.11）。除了能改善整体外观，这些盖条还能增强抗污能力。因此金属玻璃格条得到了广泛的应用。挤压成型的铝材具有比钢材更好的抗腐蚀性和多样的样式。玻璃格条材料的选择不取决于支撑结构的材料。

1 双层玻璃　　　　7 盖条
2 夹具　　　　　　8 横梁
3 垫块　　　　　　9 立柱
4 螺钉　　　　　　10 玻璃格条
5 保温隔热构件　　11 隔离件套筒
6 挡风雨条　　　　12 夹具/密封衬垫

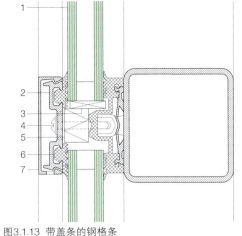

图3.1.13 带盖条的钢格条

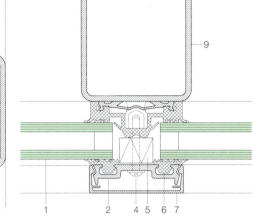

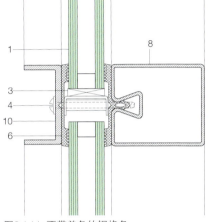

图3.1.14 不带盖条的钢格条

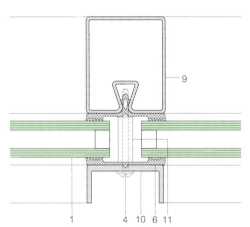

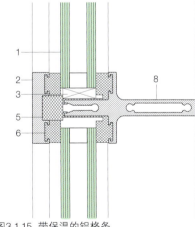

图3.1.15 带保温的铝格条

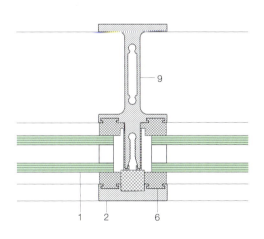

在图3.1.16中展示了玻璃格条的一种特殊类型。这种玻璃格条的弹性密封衬垫被夹在支撑结构上,同时起到夹持和密封的双重作用。

木窗经常使用铝质或铝木复合玻璃格条。这种玻璃格条除了能使结构具有纤细的外形,还能够保护内部的木材不受天气影响(图3.1.10和图3.1.11)。像遮阳构件和安全固定件这样的附属设施都不应该连到玻璃格条上。这样能够避免玻璃因不可控荷载而破碎,还可以防止整体结构稳定性的削弱。

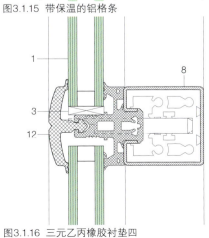

图3.1.16 三元乙丙橡胶衬垫四

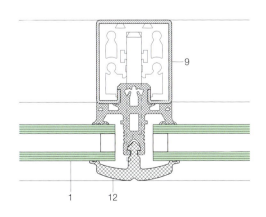

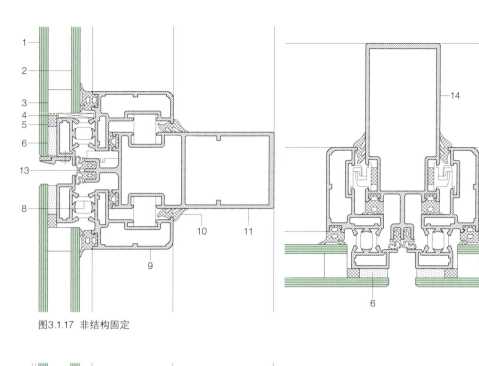

图3.1.17 非结构固定

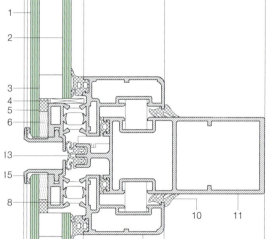

图3.1.18 周围结构固定

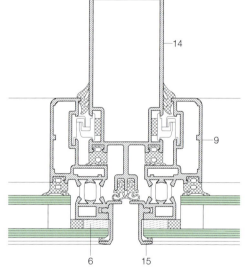

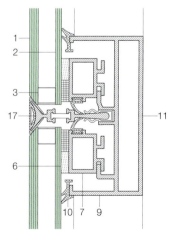

图3.1.19 一个构件兼具结构固定和密封功能

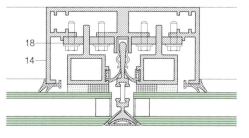

结构密封玻璃
线性支撑

水平和垂直剖面
比例 1:2.5

结构密封玻璃装配形成一个独立的系统，即所有的材料和细部都应该能够互相适应。将玻璃构件直接粘在与支撑结构相连的可调节框架上能够形成没有框架和机械固定件的立面。在周围黏结除了能提供无约束的支撑外，还能改善系统的隔声效果，在某些情况下甚至能够隔热。胶黏剂通常应用在严格控制的工厂条件下，而且在抵抗湿气、光、温度和微生物的影响方面必须遵守严格的规范要求。金属框架（可调节框架）与玻璃一般作为一个整体构件在施工现场固定到立柱横梁结构上。

对于那些将要黏结在一起的表面必须要予以检查，以确保它们的适用性。黏结之前，要选择结构密封玻璃胶黏剂，以与黏结表面（框架合金、玻璃表面镀膜）的表层饰面相匹配。通常，胶黏剂的生产商应该在各种不同情况下对其生产的胶黏剂进行适用性测试。拉力和剪力测试也必须保证持续的附着力，不能使其失去黏性。如果中空玻璃的两块玻璃板都要粘到框架上，那么其中一块玻璃的胶黏接合要比另一块稍柔软一些，否则当温度变化的时候边缘密封就会产生剪应力而引起玻璃的移动。这种应力有可能破坏边缘密封，从而发生漏水漏气现象。在德国，只有在玻璃构件距地面不超过8m的情况下才能胶黏剂来固定玻璃板（图3.1.17）。因为超过8m的高度就要求使用机械固定件对玻璃进行保护。这些只有在胶黏剂失效时才发挥作用的机械固定件有周围框架（图3.1.18）和离散型固定件两种。

图3.1.19所示为一种特殊类型，接缝中的连续衬垫同时起到机械固定和密封的双重作用。

在德国，使用结构密封玻璃体系需要得

1 外层玻璃板
2 内层玻璃板
3 双层玻璃的边缘密封
4 垫块
5 边缘胶条
6 硅树脂/胶黏剂
7 钢窗铝隔离件
8 热障
9 模数框架系统
10 边缘密封
11 横梁
12 盖板
13 挡水胶条
14 立柱
15 连续机械固定件
16 离散型机械固定件
17 玻璃固定件/密封衬垫
18 固定板

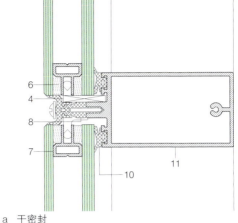

a 干密封

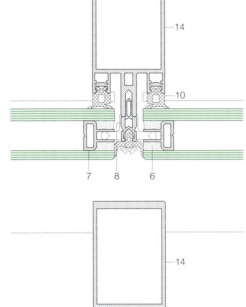

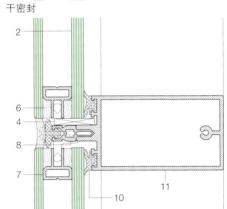

b 湿密封

图3.1.20 内层玻璃板的机械固定

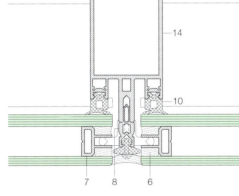

到建筑主管部门的认证或特别认可。不考虑黏结固定，玻璃的自重必须通过垫块传递到支撑结构上，而胶黏剂只承受风吸力荷载的作用。使用中空玻璃时，应该确保玻璃的边缘密封能够抵抗紫外线，并与结构密封玻璃用胶兼容。

选择合适的玻璃是相当重要的。结构密封玻璃经常采用彩色玻璃或镜面玻璃，这样从外面就无法看到玻璃的支撑结构。

在图3.1.20中，边缘密封衬垫的旁边加入了钢构件或铝构件，用机械方法来固定内层玻璃板，以抵抗风吸力荷载的作用。此时就不需要将中空玻璃的玻璃板与支撑结构进行黏结了。然而为了整体的安全，德国规定，高度超过8m时，外层玻璃板也必须安装机械固定件。

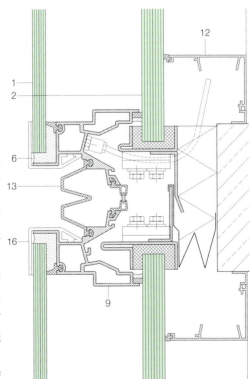

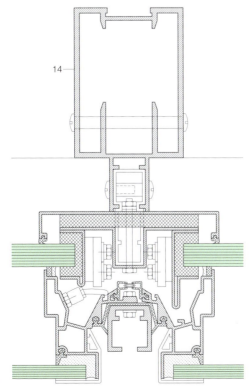

图3.1.21 双层立面的特殊解决方案，机械点固定

夹固板

线性/点式支撑

剖面图和立面图
比例 1:2.5

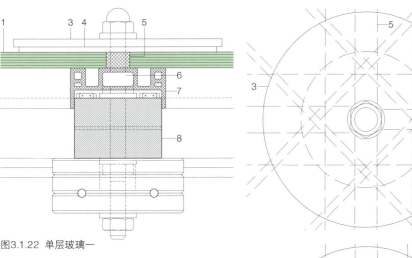

图3.1.22 单层玻璃一

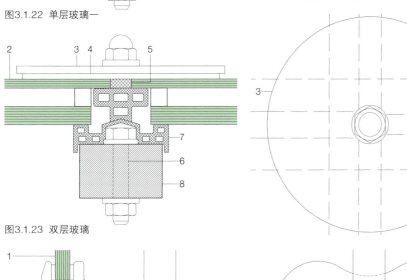

图3.1.23 双层玻璃

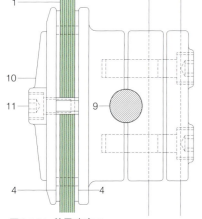

图3.1.24 单层玻璃二

1 单层玻璃
2 双层玻璃
3 夹固板
4 隔离垫
5 永久性弹性接缝
6 螺栓
7 密封衬垫
8 连续金属支撑结构
9 钢索
10 夹固板
11 螺钉

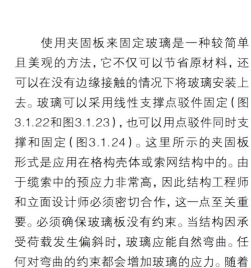

　　使用夹固板来固定玻璃是一种较简单且美观的方法，它不仅可以节省原材料，还可以在没有边缘接触的情况下将玻璃安装上去。玻璃可以采用线性支撑点驳件固定（图3.1.22和图3.1.23），也可以用点驳件同时支撑和固定（图3.1.24）。这里所示的夹固板形式是应用在格构壳体或索网结构中的。由于缆索中的预应力非常高，因此结构工程师和立面设计师必须密切合作，这一点至关重要。必须确保玻璃板没有约束。当结构因承受荷载发生偏斜时，玻璃应能自然弯曲。任何对弯曲的约束都会增加玻璃的应力。随着玻璃板的变形，力必须通过夹固板传递到支撑结构上。夹固板的夹点位置非常重要。

夹持固定件

垂直剖面和立面图
比例 1:5

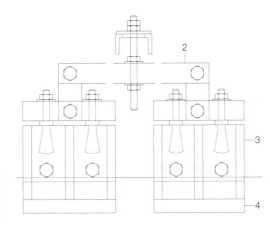

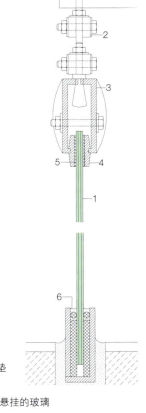

对于无框玻璃，建筑师往往不使用下部支撑结构，而是将其设计成悬挂系统（玻璃幕墙）来解决稳定性的问题。但是这样的结构需要精确的设计和昂贵的连接件。而夹持固定件就是为了解决单块玻璃板的固定问题而发明的。螺钉机械装置将夹紧力传递到玻璃板上，根据玻璃与夹钳之间隔离垫的摩擦系数，夹紧力能够容纳玻璃的自重。理论上，夹持固定比点固定更适合玻璃材料连接，因为它能更加均匀地将荷载传递到玻璃上，从根本上避免了应力集中的发生。而在实践中，必须将摩擦面的表层饰面、隔离垫的蠕变特性和环境条件（湿气、温度、土壤）等临界条件考虑在内。图3.1.25展示了通过铰接接合和较长夹具均匀传递稳定荷载的情况。必须保证玻璃板底边能够自由活动，因此应用凹槽衬垫对其进行密封时，要使结构位移和楼板的偏移能够得到补偿。

1 玻璃
2 铰接接合
3 夹具
4 夹钳
5 作为摩擦面的隔离垫
6 永久性弹性接缝

图3.1.25 使用夹固板悬挂的玻璃

支承固定件

立面图和水平剖面
比例 1:5

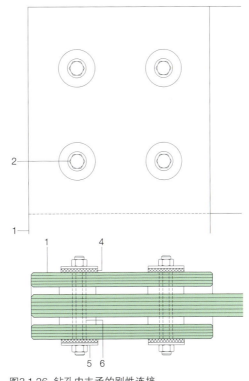

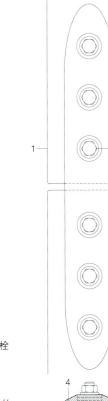

支承固定件已经被证明适合在钢结构和木结构中使用。其特点在于操作简单方便，十分适合用在施工现场。然而与钢结构相比，对于玻璃我们无法确定孔各面的支承压力是否能够均匀分布。为了使孔各面的受力分布更加均匀，必须在螺栓和玻璃之间增加衬套来消除应力峰值。衬套由特殊的铝合金、合成材料（特氟隆、聚酰胺）或者环氧树脂、聚酯和聚氨酯等注射材料制成，必须长久耐用，同时还要能够抵抗恶劣天气的影响。衬套材料的长期适用性必须通过测试事先确定。在传递荷载的连接设计中是不允许玻璃构件之间有相对位移的。图3.1.26和图3.1.27中所展示的将多块玻璃板作为一个整体的螺栓连接是一种刚性连接。在计算玻璃应力的时候要对连接的特性进行考虑，如果需要使用伸缩缝，必须将伸缩缝设置在其他位置，而不能设置在这里。对于层压玻璃和层压安全玻璃，还需要考虑其夹层的流动性。

图3.1.26 钻孔内支承的刚性连接

1 玻璃
2 带防松螺母的螺栓
3 拼接钢板
4 隔离垫
5 垫圈
6 由注射材料制成的衬套

图3.1.27 玻璃肋

无须穿透玻璃的点固定

离散型支撑

立面图和垂直剖面（图3.1.28和图3.1.29）
比例 1:2.5

水平和垂直剖面（图3.1.30）
比例 1:5

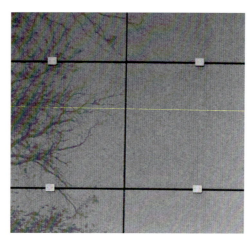

图3.1.28~3.1.30展示的是几种无须在玻璃上钻孔的点固定方法。这种方法要求玻璃的约束要尽量小。夹具的设置绝不能刚性地固定玻璃。如果夹具的刚性不能完全排除，计算玻璃尺寸时就要将其考虑在内。

图3.1.28所示为铸铝夹具在玻璃板角部夹持住玻璃。

图3.1.29所示为接缝处点固定的一种可能细部情况。玻璃的自重通过垫块传递到焊接或螺栓固定到支撑结构上的钢螺栓（托架）上。这种在接缝处点固定的方式相对于钻孔点固定更加便宜，这是由于省去了昂贵的钻孔费用（以及在中空玻璃的孔周围进行边缘密封的费用）。

图3.1.30所示的是能够将玻璃板像瓦片一样交叠的不锈钢托架。这种托架往往是为特定项目特制的。设计中还要考虑到后期的调节，从而容纳承重结构或支撑框架的容许误差。

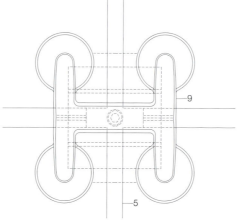

图3.1.28 四点夹固

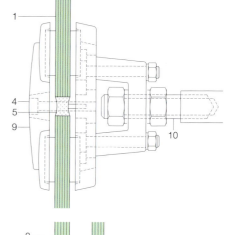

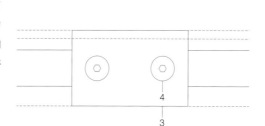

图3.1.29 接缝处点固定

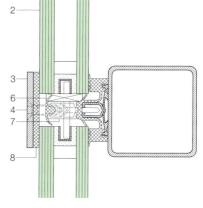

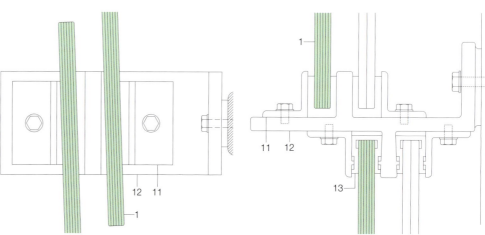

1 单层玻璃	8 边缘胶条
2 双层玻璃	9 四点夹固托架
3 夹固板	10 调节螺栓
4 螺钉	11 定位角码，螺栓固定
5 永久性弹性接缝	12 单块玻璃支撑托架
6 垫块	13 硅树脂衬垫，黏结
7 带内螺纹的固定件	固定

图3.1.30 瓦片式交叠固定

钻孔式点固定

离散型支撑

垂直剖面
比例 1:2.5

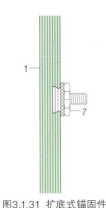

1 单层玻璃或层压	9 螺钉
安全玻璃	10 埋头钉头
2 双层玻璃	11 边缘密封
3 夹固圆盘	12 万向接头
4 螺栓	13 密封套
5 隔离垫/密封条	14 螺杆
6 支撑结构	15 螺纹圆盘
7 螺母	16 注射合成树脂
8 盖帽	

图3.1.31 扩底式锚固件

通过玻璃上的钻孔来支撑玻璃板的点驳件有很多种形式，其中大多数都是具有专利的。在玻璃结构的固定形式中除了有平头式（图3.1.33和图3.1.35）和浮头式（图3.1.32和图3.1.34）的区别以外，还有刚接（图3.1.32和图3.1.33）和铰接（图3.1.34和图3.1.35）的区别。

图3.1.31中表现的是最新的扩底式锚固件连接，在德国还没有得到建筑主管部门的认可。但这种固定方式在特定的项目中是会被批准认可的。

玻璃结构使用点支撑所产生的局部应力要大于使用线性支撑的玻璃结构。最大的拉伸弯曲应力通常就直接发生在固定点位置，玻璃上的钻孔也往往是结构的薄弱点。在玻璃表面钻孔往往会导致危险（碎裂、破裂、脱落）发生，从而降低玻璃的抗拉强度。换句话说，玻璃板拉伸抗弯强度最小的地方其应力最大。因此在决定玻璃板厚度的时候还应该明确其连接的形式、种类和位置，以及点驳件的支撑面和棱边。

在玻璃板内通过铰接接合方式进行固定（图3.1.35）会使旋转中心和玻璃板轴线的偏离更小，因此比图3.1.34中的方式产生的应力要低。另一方面，这种固定方式还能更加容易地与其他构件结合使用，例如系杆。

相对于在单独的几点上固定结构，我们更应该将玻璃、支撑和固定件作为一个整体来考虑它们的效果。点支撑的玻璃结构在设计、生产和安装时要比线性支撑的玻璃结构更精确。支撑结构和玻璃板上的钻孔位置也要非常精确。要留心那些不可避免的误差。

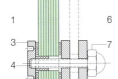
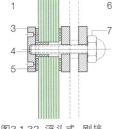
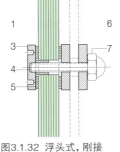
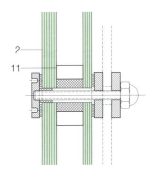

图3.1.32 浮头式，刚接

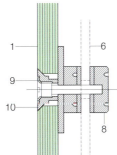
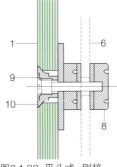
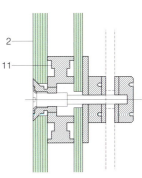
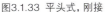

图3.1.33 平头式，刚接

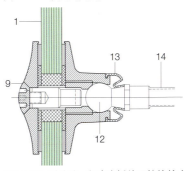
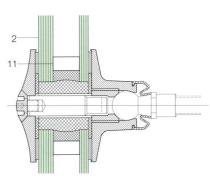

图3.1.34 浮头式，在玻璃板外面铰接接合

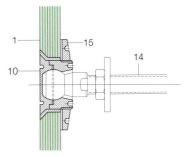
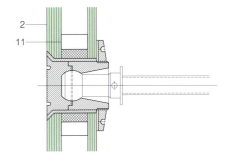

图3.1.35 平头式，在玻璃板内铰接接合

163

无支撑边缘处的接缝

水平剖面
比例 1:1

点固定方式的一个主要的特点就是固定与密封之间的差别。

图3.1.36、图3.1.37和图3.1.39向我们介绍了没有框架的玻璃之间的密封方式。三元乙丙橡胶或硅树脂密封衬垫在被压入玻璃的接缝中前应具有一定的预应力，这样才能密封紧密。这种接缝在安装的过程中可以快速密封，注射密封胶可以随后再用。

中空玻璃、层压安全玻璃和夹丝玻璃带盖的框槽不可使用密封胶，这样才能保证蒸汽压力平衡和排水通畅。此外还不能使用填充棒，否则将会堵塞开放的框槽和妨碍蒸汽压力平衡。湿气将通过排水系统排出。

当使用层压安全玻璃时，密封衬垫必须盖住玻璃板之间的接缝，这样边缘密封、曝露在外的PVB夹层或浇铸树脂才会在蒸汽压力平衡范围内，湿气才不会形成，可以较长时间保持疏水状态。

图3.1.38展示的是在玻璃隔墙和双层玻璃外墙间的无框连接。

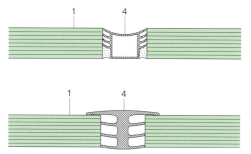

图3.1.36 接缝详图，单层玻璃

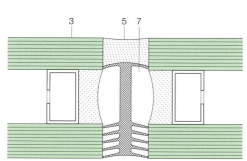

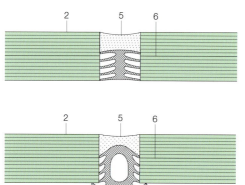

图3.1.37 接缝详图，层压安全玻璃

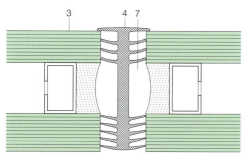

1 单层玻璃
2 层压玻璃
3 双层玻璃
4 密封衬垫
5 永久性弹性接缝
6 PVB夹层
7 排水槽

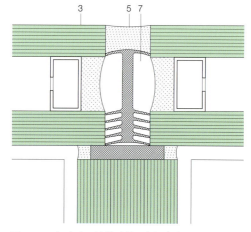

图3.1.38 与玻璃隔墙的连接，中空玻璃

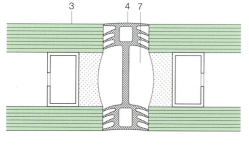

图3.1.39 接缝详图，中空玻璃

中空玻璃转角细部

水平剖面
比例 1:1

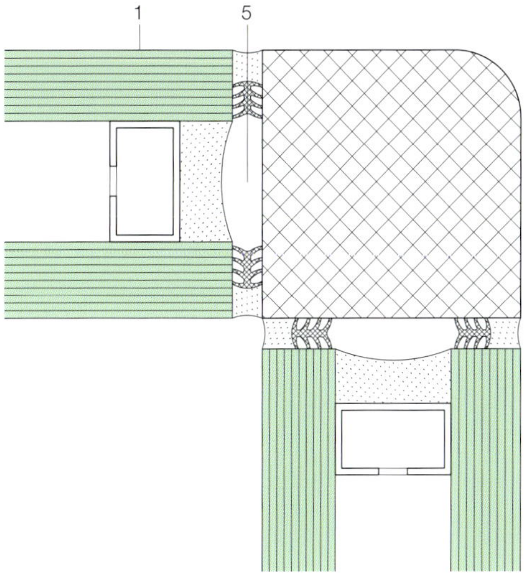

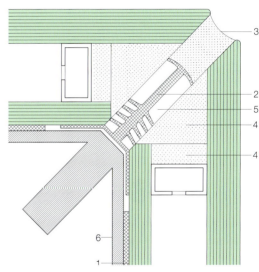

图3.1.40 不透明转角细部

图3.1.40～3.1.44展示了各种不同中空无框玻璃窗的转角细部。同样，为了保证蒸汽压力平衡，必须保证玻璃的框槽不与密封胶接触，这一点非常重要。连接处的隔热值要比中空玻璃本身的隔热值低很多，这意味着在多数情况下连接处会发生冷凝现象（当表面温度低于+10℃时）。一种提高内表面温度的方法是使用改善了热工性能的隔离件以及优化了几何形状的边缘细部；另一种方法是使用三层玻璃结构和更好的隔离件（图3.1.44）。

如果要达到更好的效果就只能对边缘细部进行优化，在框槽内使用隔热条和/或使用与室内相接触的金属构件，后者可以吸收室内的热量，从而给边缘细部"加热"（图3.1.42）。但使用这种方法却破坏了细部全玻璃材料的性质。

为了满足玻璃窗的结构要求，需要考虑玻璃的荷载假设、拉伸弯曲应力允许值和挠曲变形。风荷载和外加荷载对玻璃厚度的确定有重要作用。建筑的转角处风吸力荷载的作用更大，而对于高层玻璃立面建筑还要考虑外加荷载。

我们应该明确区分用于密封缝、伸缩缝、构造缝的高弹性材料和受结构荷载作用影响较大的胶黏剂。

在无框架全玻璃平接结构中，玻璃只承受外加荷载。这意味着这种结构需要比四周有框架的玻璃结构更厚的玻璃板。

1 双层玻璃
2 密封衬垫
3 永久性弹性接缝
4 边缘密封
5 排水槽
6 金属构件
7 圆形填充棒

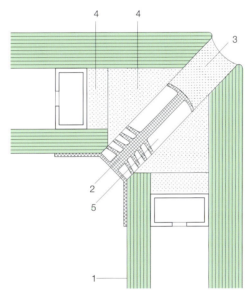

图3.1.41 外层边缘斜接

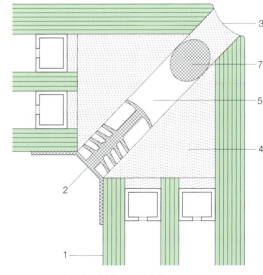

图3.1.42 外层边缘斜接，内部连接金属构件

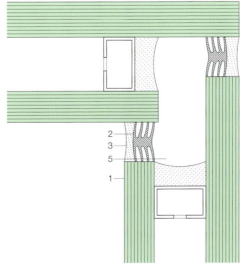

图3.1.43 阶梯式，搭接

图3.1.44 外层边缘斜接，三层玻璃

异型玻璃

水平和垂直剖面
比例 1:2.5

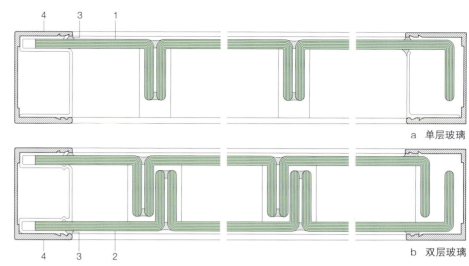

图3.1.46 垂直玻璃窗一

a 单层玻璃

b 双层玻璃

异型玻璃可以水平或垂直安装，无须使用玻璃格条，可以是单层或双层玻璃窗，甚至可以是单层互锁结构体系。

一种最常用的垂直安装方法是先将异型玻璃插入顶部大概50mm高的框架中，然后下落到底部20mm高的框槽中。为了保证稳定性，顶部边缘盖条高度应不小于20mm，底部不小于12mm。垂直安装的异型玻璃的最大高度取决于结构（开放或闭合）以及当地的风力情况，由生产商规定。在双层玻璃结构中，增加的衬垫、密封胶和其他结构细部都要符合生产商所出具的安装说明。使用带热障的框架构件的双层玻璃结构（图3.1.45）具有更好的保温性能。双层异型玻璃构件所形成的空腔不像中空玻璃空腔那样密封、干燥，而是填充着具有一定湿度的空气。为了避免在空腔内湿气受冷结露，结构中必须设有能够吸收外界干燥空气的开孔。蒸汽压力平衡作用能减少冷凝现象发生，保证空腔干燥。将来还会出现钢化异型玻璃，相关的规范正在制定当中。

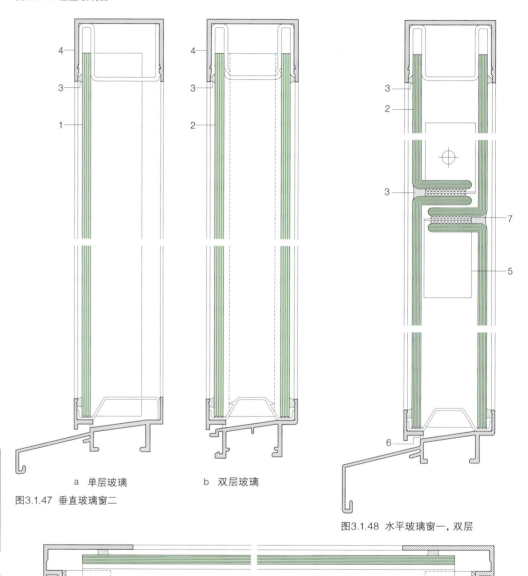

a 单层玻璃

b 双层玻璃

图3.1.47 垂直玻璃窗二

图3.1.48 水平玻璃窗一，双层

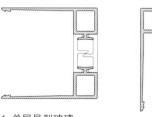

1 单层异型玻璃
2 双层异型玻璃
3 永久性弹性接缝
4 框架构件
5 支撑托架
6 防止冷凝而设置的滴水孔
7 支承垫

图3.1.45 带热障的框架

图3.1.49 水平玻璃窗二，双层

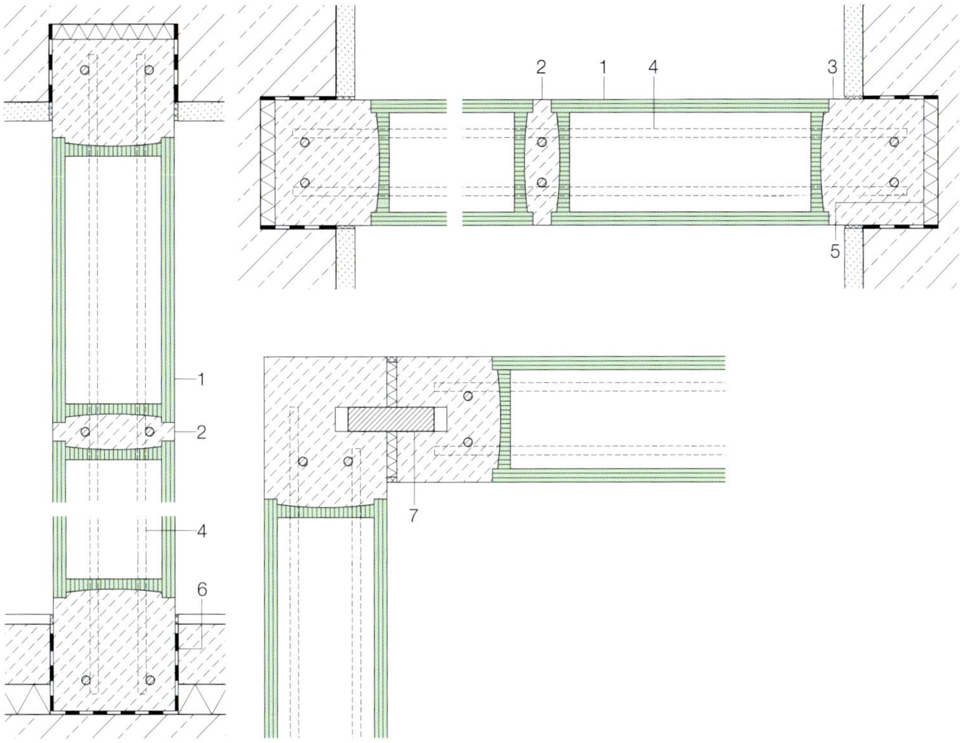

图3.1.50 玻璃砖墙面嵌在砌体凹槽内

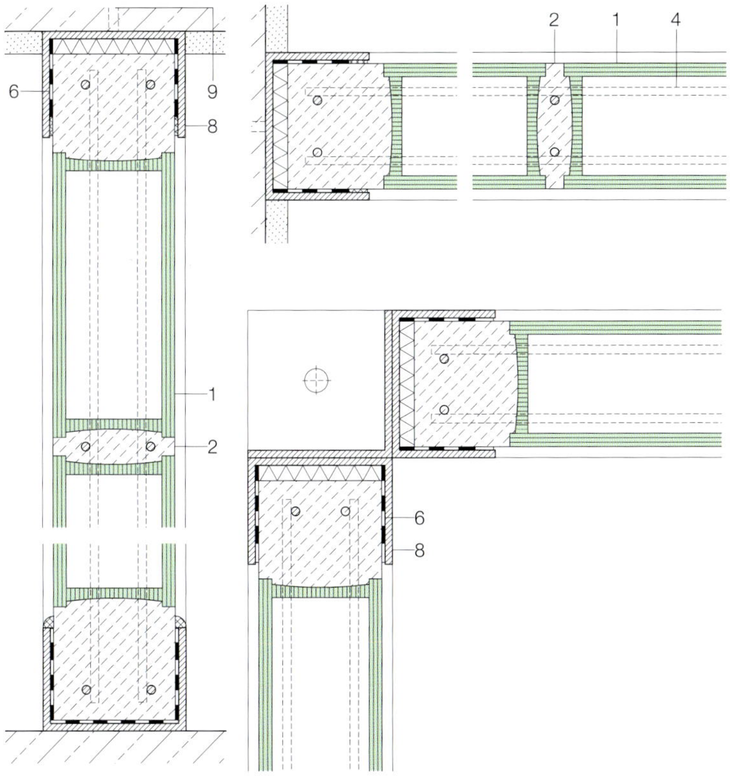

图3.1.51 玻璃砖墙面嵌在槽钢内

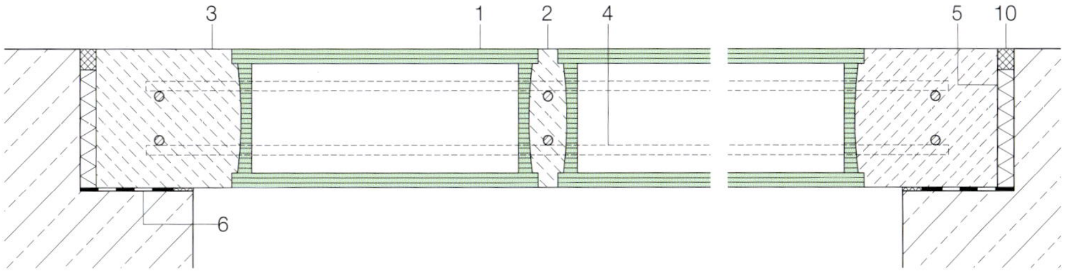

图3.1.52 空心玻璃砖制成的玻璃地板

玻璃砖墙面和地板

垂直和水平剖面
比例 1:5

1 玻璃砖
2 砂浆接缝
3 边墙
4 钢筋
5 活动接缝和保温层
6 滑动支承(沥青板)
7 转角构件
8 槽钢
9 砌体锚定件
10 永久性弹性接缝

如果要将玻璃砖嵌入墙面,那么玻璃砖必须不受转动约束,来自结构的荷载也不能传到玻璃砖上。此外玻璃砖的侧面和上面需要设置连续伸缩缝,用永久性弹性材料填充。底部边墙应放置在光面沥青板的滑动接缝上面(图3.1.50)。如果是嵌在槽钢内(图3.1.51),那么就应该在槽钢内铺上油纸或光面沥青板滑动接缝。侧面固定到建筑上的固定件应设计成滑动锚固件形式。玻璃砖之间的接缝材料应使用C25/30或更高等级的混凝土,也可以使用适宜的砂浆,这样才能将温度变化导致的玻璃砖之间的约束应力降至最小。出于同样的原因,玻璃砖边缘宽度不能超过100mm。计算钢筋时必须符合结构要求,包括镀锌钢筋或不锈钢筋。为了减小玻璃砖墙的约束力,每隔5m就必须设置伸缩缝,应将作用在各个构件上的水平力考虑进去。每块玻璃砖的侧面的镀膜必须是完整的,这样可以确保玻璃砖与混凝土连接良好。接缝必须完全不透水,防止砂浆受潮。用玻璃砖建造的墙体可以满足不同的防火等级要求。

图3.1.52所示为空心玻璃砖地板。通过恰当的细部设计,这种结构也可以用于平屋顶。在承重玻璃砖地板或玻璃-混凝土地板中,玻璃砖、混凝土及钢筋之间会相互作用,将同样导致玻璃承重。因此玻璃砖必须与周围的混凝土黏结在一起,这样才能承受住来自整体结构的作用力。此外,玻璃砖还必须耐踩踏。市场上所售的玻璃砖产品一般都有测试认证。玻璃-混凝土结构应设置伸缩缝和滑动接缝,以此来保护结构不受周围结构产生的约束力的影响。

3.2 开窗
实心墙中的窗户

水平和垂直剖面
比例 1:2.5

在窗框内固定玻璃的方法已在155页图3.1.1～3.1.4中介绍。玻璃压条一般固定在里面。窗框与墙面的连接处必须沿着四周加上保温材料，而且里面是气密的。外面的密封材料必须有一定的耐候性能，能够承受雨水的冲刷和永久抵抗紫外线的辐射及其他影响。铝的热膨胀系数要大于木或钢的热膨胀系数，这一点必须注意。

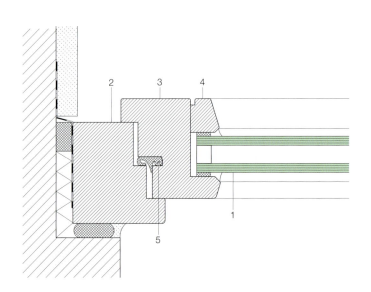

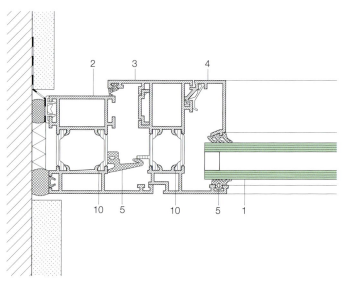

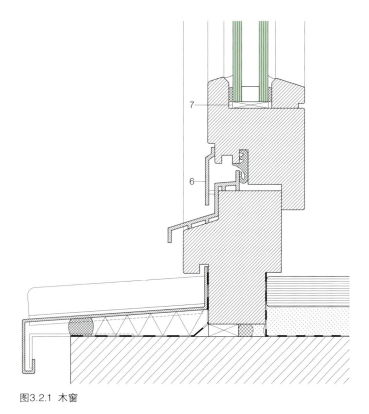

图3.2.1 木窗

图3.2.2 铝窗

3.2 开窗
实心墙中的窗户

水平和垂直剖面
比例 1:2.5

在窗框内固定玻璃的方法已在155页图3.1.1~3.1.4中介绍。玻璃压条一般固定在里面。窗框与墙面的连接处必须沿着四周加上保温材料，而且里面是气密的。外面的密封材料必须有一定的耐候性能，能够承受雨水的冲刷和永久抵抗紫外线的辐射及其他影响。铝的热膨胀系数要大于木或钢的热膨胀系数，这一点必须注意。

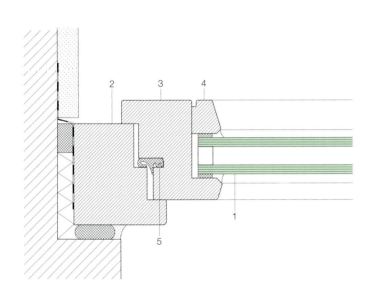

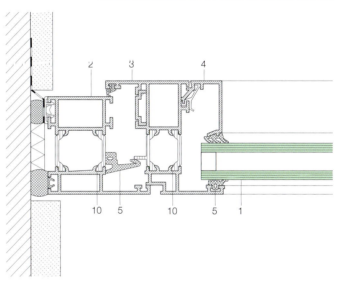

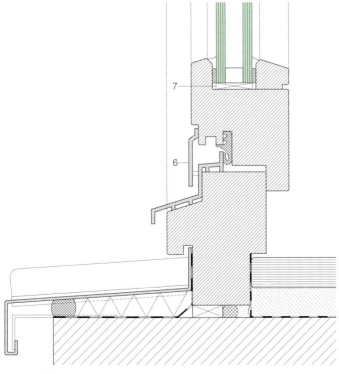

图3.2.1 木窗

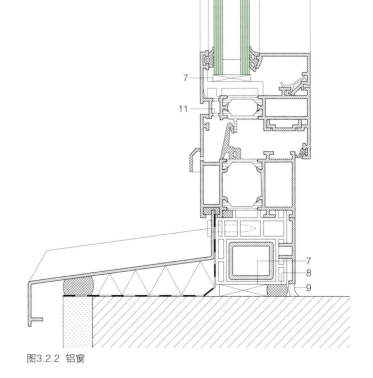

图3.2.2 铝窗

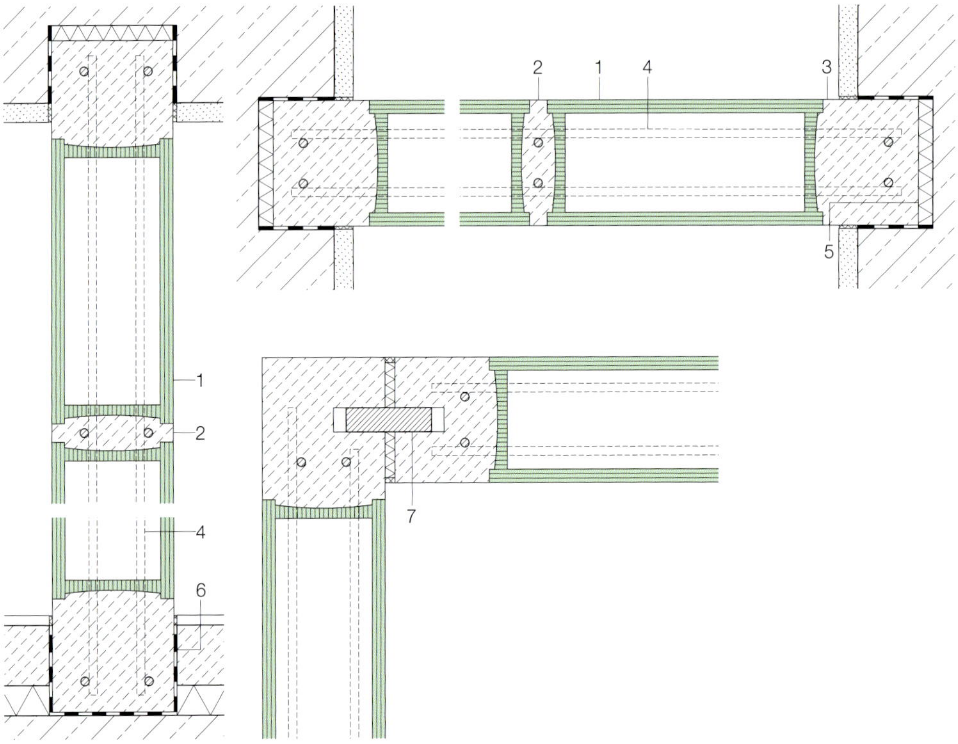

玻璃砖墙面和地板

垂直和水平剖面
比例 1:5

图3.1.50 玻璃砖墙面嵌在砌体凹槽内

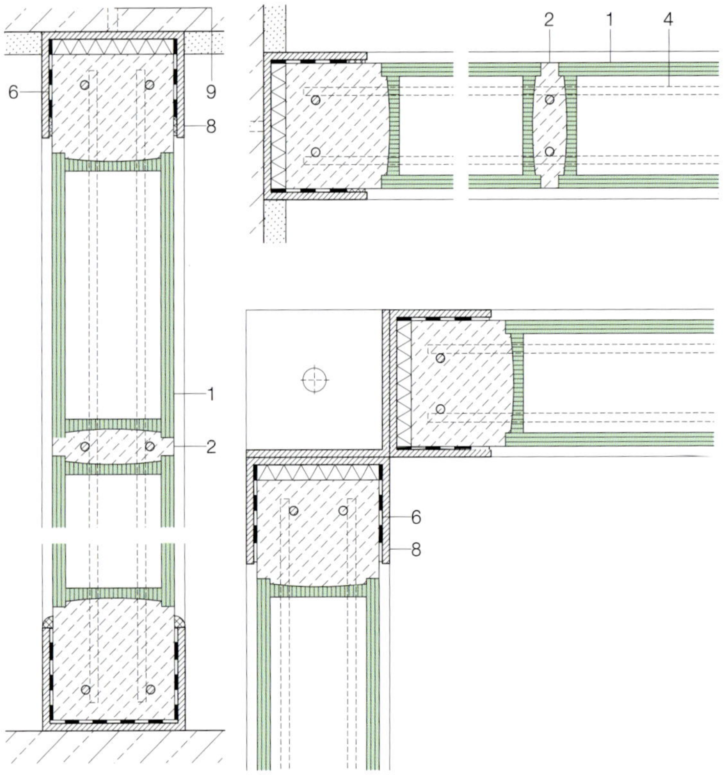

图3.1.51 玻璃砖墙面嵌在槽钢内

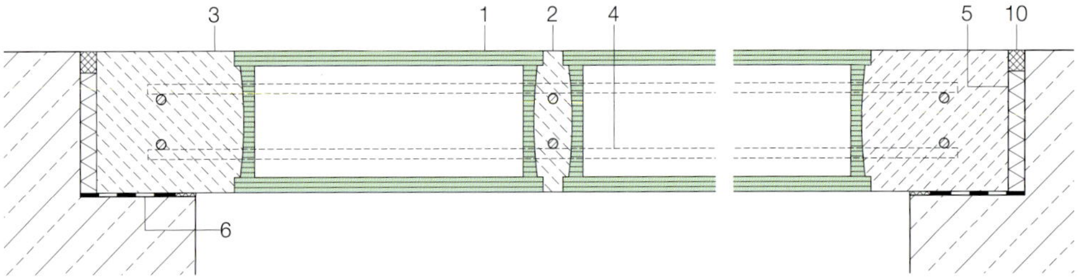

1 玻璃砖
2 砂浆接缝
3 边墙
4 钢筋
5 活动接缝和保温层
6 滑动支承（沥青板）
7 转角构件
8 槽钢
9 砌体锚定件
10 永久性弹性接缝

图3.1.52 空心玻璃砖制成的玻璃地板

如果要将玻璃砖嵌入墙面，那么玻璃砖必须不受转动约束，来自结构的荷载也不能传到玻璃砖上。此外玻璃砖的侧面和上面需要设置连续伸缩缝，用永久性弹性材料填充。底部边墙应放置在光面沥青板的滑动接缝上面（图3.1.50）。如果是嵌在槽钢内（图3.1.51），那么就应该在槽钢内铺上油纸或光面沥青板滑动接缝。侧面固定到建筑上的固定件应设计成滑动锚固件形式。玻璃砖之间的接缝材料应使用C25/30或更高等级的混凝土，也可以使用适宜的砂浆，这样才能将温度变化导致的玻璃砖之间的约束应力降至最小。出于同样的原因，玻璃砖边缘宽度不能超过100mm。计算钢筋时必须符合结构要求，包括镀锌钢筋或不锈钢筋。为了减小玻璃砖墙的约束力，每隔5m就必须设置伸缩缝，应将作用在各个构件上的水平力考虑进去。每块玻璃砖的侧面的镀膜必须是完整的，这样可以确保玻璃砖与混凝土连接良好。接缝必须完全不透水，防止砂浆受潮。用玻璃砖建造的墙体可以满足不同的防火等级要求。

图3.1.52所示为空心玻璃砖地板。通过恰当的细部设计，这种结构也可以用于平屋顶。在承重玻璃砖地板或玻璃–混凝土地板中，玻璃砖、混凝土及钢筋之间会相互作用，将同样导致玻璃承重。因此玻璃砖必须与周围的混凝土黏结在一起，这样才能承受住来自整体结构的作用力。此外，玻璃砖还必须耐踩踏。市场上所售的玻璃砖产品一般都有测试认证。玻璃–混凝土结构应设置伸缩缝和滑动接缝，以此来保护结构不受周围结构产生的约束力的影响。

图3.2.1和图3.2.2介绍的是窗框和可开启窗之间只有一道密封的情况。但是，两道密封更利于保温，如图3.2.3和图3.2.4所示。图3.2.3所示的例子同时使用了边缘和中间密封。排水沟和蒸汽压力平衡出现在外密封的前面。排水沟用金属或塑料型材较容易实现。如果是木窗，最好通过下横档的镶榫接合来实现。

1 双层玻璃
2 窗框
3 可开启窗窗扇
4 玻璃压条
5 挡风雨条
6 挡水条
7 垫块
8 边缘胶条
9 永久性弹性接缝
10 热障
11 滴水孔
12 冷凝槽

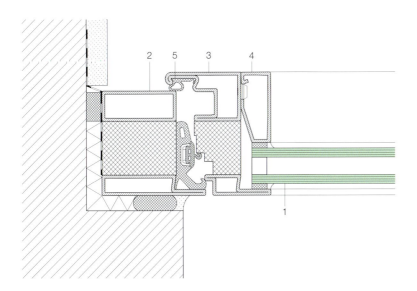

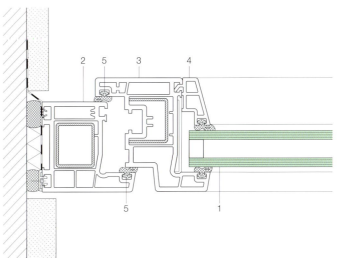

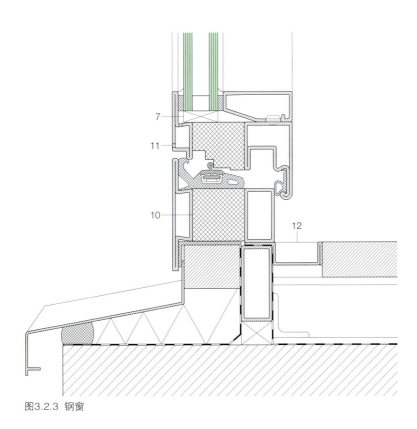

图3.2.3 钢窗

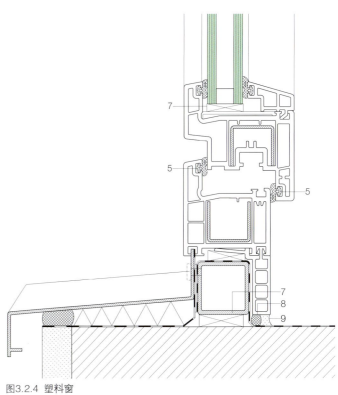

图3.2.4 塑料窗

实心墙中的窗户

水平和垂直剖面
比例 1:2.5

被动能源住宅对于所使用的构件、建筑材料以及通风和建筑实际应用都有很高的要求。因为对于一栋被动能源住宅来说，窗户的 U 值不能超过 0.8W/m²K。这就要求除了使用三层玻璃的结构，还必须在窗框周围使用特殊的保温材料。

图3.2.5所示为被动能源住宅窗户，其中使用的保温材料由结合在可开启窗内部的软木制成。这个窗户还有一个能够轻松转动的表面（只是固定件的转动），更新或替换都相对比较容易。更新或替换时必须打开窗户。

玻璃板由聚酰胺塞固定住，它同时也固定内部的保温材料。安全起见，玻璃板要黏结到内层窗框上。

图3.2.5所展示的主体窗框和可开启窗窗框之间有中间密封，而图3.2.6中的窗户则具有两道中间密封和一道填充密封。内部的保温材料只是松散地铺设，虽然是完全封闭的，但不能阻止湿气扩散。如果窗框宽度相对较小，就能增加玻璃的面积，从而相应地提高太阳得热水平。

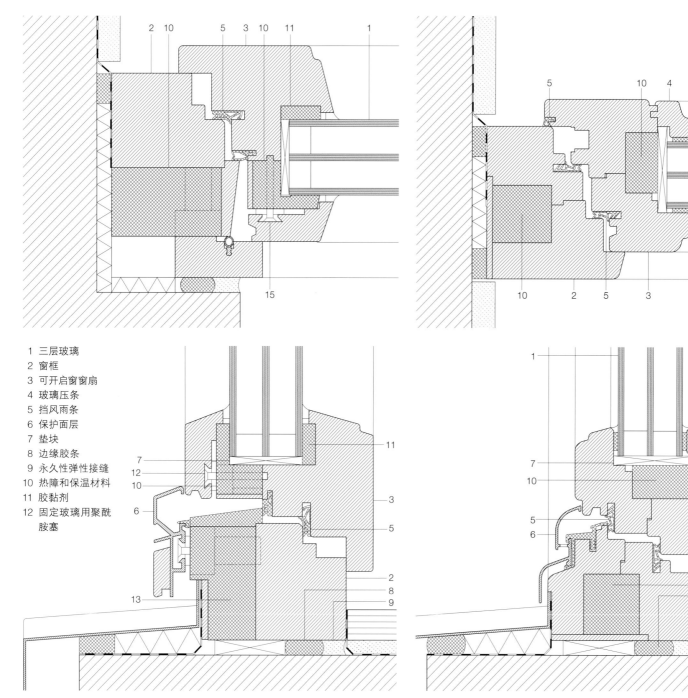

1 三层玻璃
2 窗框
3 可开启窗窗扇
4 玻璃压条
5 挡风雨条
6 保护面层
7 垫块
8 边缘胶条
9 永久性弹性接缝
10 热障和保温材料
11 胶黏剂
12 固定玻璃用聚酰胺塞

图3.2.5 被动能源住宅的窗户一

图3.2.6 被动能源住宅的窗户二

图3.2.7和图3.2.8中展示了一种在德国很少见的双层玻璃窗,有两种类型,一种使用了挪威配件,另一种使用了英国配件。这两种类型的窗户都不是向室内打开的,并且都能够实现180°的旋转角度。图3.2.7中的上悬窗是绕着水平轴转动的。窗户的支撑臂在两侧与窗框连接,使用槽钢作为导轨。由于这两种窗户只向外打开,所以不会占用房间内部的空间。

根据尺寸和向外打开的程度,上悬窗可能需要满足高窗的要求(见95页)。

图3.2.8所示为立旋窗。

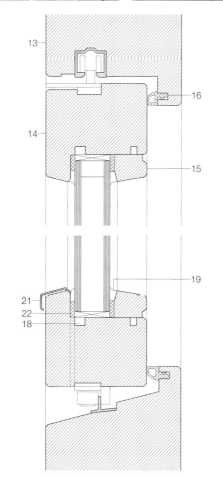
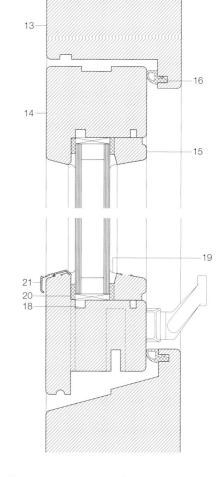

13 92mm×60mm木质窗框
14 68mm×65mm木质可开启窗窗框
15 玻璃压条
16 挡风雨条
17 双层玻璃
18 可开启窗的框槽通风口
19 永久性弹性接缝(硅树脂)
20 边缘胶条
21 保护面层

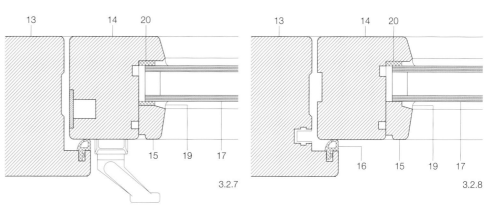

3.2.7

3.2.8

图3.2.7 上悬窗

图3.2.8 立旋窗

屋顶窗
玻璃采光天窗

垂直剖面
比例 1:10

具有合适窗框的屋顶窗适合几乎所有类型的屋面覆盖层。屋顶窗的尺寸通常与惯用的椽的间距相匹配，并取决于屋面坡度。

屋顶窗和玻璃采光天窗都要满足高窗的要求（见95页）。还必须考虑到这些构件的玻璃面积要与屋面的热工性能相协调。屋顶窗主要使用的材料为木材和铝材。

如果屋顶窗和玻璃采光天窗需要具有步道功能（长期或暂时），玻璃设计也需要进行相应调整（见78页）。

图3.2.9 展示的是黏土屋面瓦覆盖层中的威卢克斯窗，而图3.2.10中为薄金属板屋面覆盖层中的固定玻璃采光天窗，薄金属板带有双道焊缝。

必须保证这些结构具有防水和排水的功能，特别是窗户的底边。

1 双层玻璃
2 保温固定窗框
3 衬层
4 第二层覆盖层
5 屋顶板
6 保温层
7 隔汽层
8 封檐板
9 黏土屋面瓦
10 薄金属屋面板
11 50mm×50mm×6mm T型钢
12 不锈钢点驳件
13 不锈钢托架
14 不锈钢管
15 内部隔汽保温层
16 屋顶构造：
   碎屑
   防水层
   保温层
   隔汽层
   钢筋混凝土

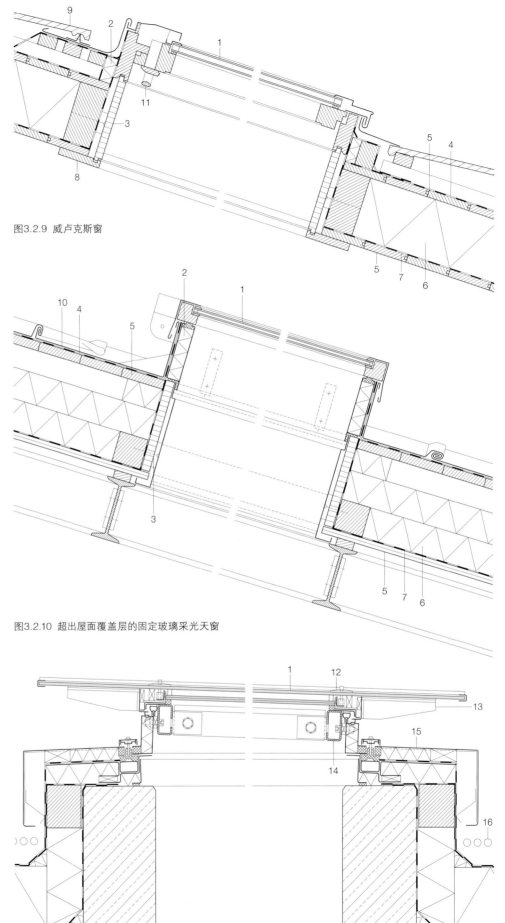

图3.2.9 威卢克斯窗

图3.2.10 超出屋面覆盖层的固定玻璃采光天窗

图3.2.11 玻璃采光天窗

百叶窗

垂直剖面
比例 1:5

百叶窗非常适合调节室内通风或多层立面,也可以用作烟雾和热量的排放口。带框和无框的单层窗和双层窗的结构形式有很多种。在结构设计上,与水平旋转窗相同。根据尺寸和向外打开的程度,百叶窗可能还要满足高窗的要求(见95页)。这点应该在设计前期得到建筑主管部门的许可。

1 单层玻璃
2 双层玻璃
3 转轴
4 端部的玻璃固定装置
5 边缘密封
6 带热障的窗框
7 刷式挡风雨条
8 主框架
9 框槽通风
10 保护面层

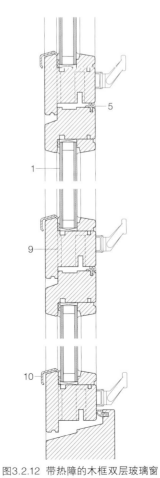

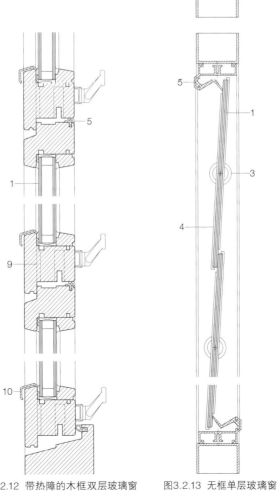

图3.2.12 带热障的木框双层玻璃窗　　图3.2.13 无框单层玻璃窗　　图3.2.14 带热障的铝框双层玻璃窗

干镶玻璃窗和结构密封玻璃立面中的开窗

水平和垂直剖面
比例 1:2.5

图3.2.15~3.2.17展示的是干镶玻璃窗的可开启窗和立柱横梁结构之间的连接形式。在这种结构中，窗框像中空玻璃一样被插入到承重构件和玻璃格条之间。

图3.2.15所示为玻璃格条不使用边缘胶条而直接与中空玻璃相连。此时必须设置一个小接缝，这样玻璃在与玻璃格条连接时才不会受到约束，避免玻璃边缘的破坏，这样做还能避免密封胶黏结到三个侧面上，从而保持弹性。

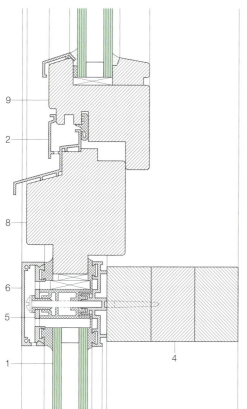

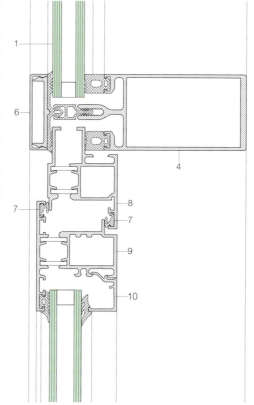

图3.2.16 玻璃格条, 铝窗, 垂直剖面

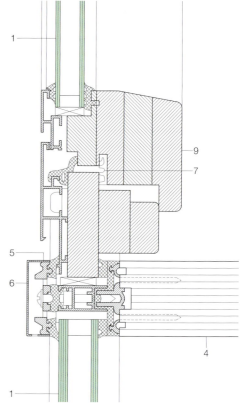

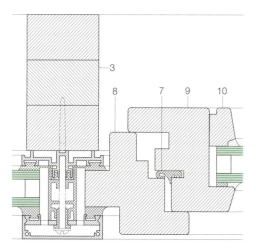

图3.2.15 玻璃格条, 木窗, 水平和垂直剖面

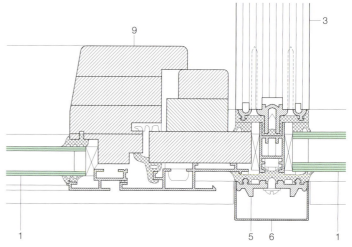

图3.2.17 玻璃格条, 木/铝复合窗, 水平和垂直剖面

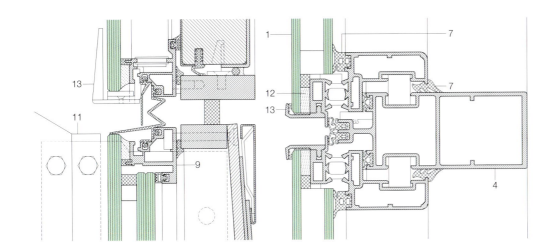

1 双层玻璃
3 立柱
4 横梁
5 带热障的玻璃翼板
6 盖条
7 挡风雨条
8 窗框
9 可开启窗框/构件框架
10 玻璃压条
11 遮阳构件
12 胶黏剂
13 机械固定件
14 保温板
15 玻璃衬垫

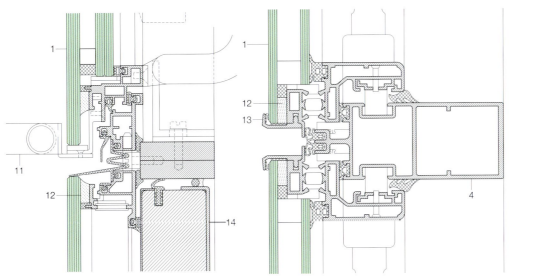

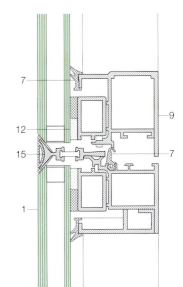

图3.2.20 结构密封玻璃，机械点固定，垂直剖面

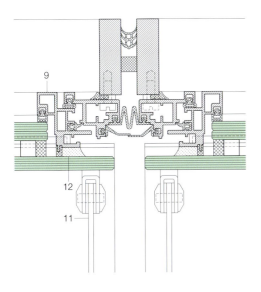

图3.2.18 结构密封玻璃，黏结，水平和垂直剖面

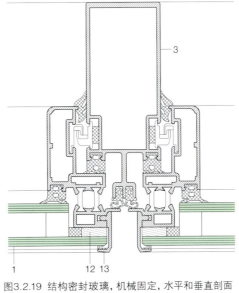

图3.2.19 结构密封玻璃，机械固定，水平和垂直剖面

　　图3.2.18~3.2.20展示了结构密封玻璃可行的开窗方式。图3.2.18所示为下悬窗与外部金属遮阳构件结合。为了避免边缘密封出现较大的剪切荷载，两个支撑构件应该具有不同的硬度。图3.2.20所示的结构密封玻璃开窗由机械点固定方式保证其安全性。158~159页中已经介绍过，在德国只有玻璃距地面不超过8m的情况下才能仅使用胶黏剂来固定玻璃板。

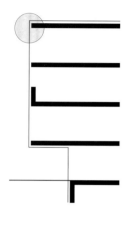

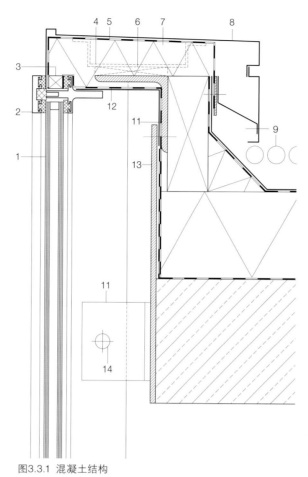

图3.3.1 混凝土结构

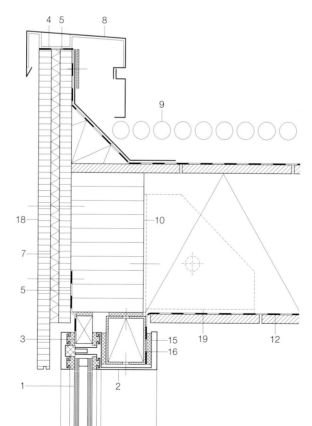

图3.3.2 木结构

1 双层玻璃
2 铝立面横梁
3 塑料隔离块
4 金属固定片
5 隔汽层（三元乙丙橡胶卷材）
6 三元乙丙橡胶垫
7 保温层
8 薄氧化铝板
9 屋顶构造：
　碎屑
　防水层
　保温层
　隔汽层
10 胶合叠层梁
11 角钢
12 隔汽层
13 薄钢板
14 长孔内的螺栓
15 永久性弹性密封材料
16 带热障的隔热铝构件
17 活动接缝
18 使用防水胶黏剂的胶合板
19 梁托
20 螺栓固定在支撑结构上的角铝
21 织物遮阳帘
22 钢托架
23 保温立面板
24 现浇沟槽
25 特殊预制的钢梁
26 不锈钢板，螺栓固定
27 钢管
28 压型薄钢板

3.3 建筑细部
平屋顶的连接

垂直剖面
比例 1:5

本页及后面几页中将介绍具有不同建筑特性、结构特性和使用不同材料的各种平屋顶接缝的标准细部。

图3.3.1中的主结构是钢筋混凝土。楼板的边缘及上面的屋顶结构都用钢板覆盖，钢板预埋在混凝土中。立柱由焊接在钢板上的角钢固定。上部的立面横梁与钢板边缘的连接紧密，能防止蒸汽扩散。玻璃与屋顶楼板前面边缘的钢板之间的空隙要足够大，以便清洗玻璃。从楼板边缘反射过来的热量会由于不同的热效应导致玻璃产生热应力。空气固定会产生冷凝水。在设计阶段就要考虑在女儿墙处设置适当的通风孔，如加入通风百叶等。

图3.3.2中的主结构是带保温木框架，木板形成封檐板。屋顶与立面有两种连接方式：一种是用夹固塑料块与玻璃接合，另一种是用带热障的隔热中空铝构件与结构相连。连接处必须可以容纳立面的位移及由外加荷载、热膨胀等引起的主结构变形。连接处必须密封、隔汽，并采取良好的保温措施。

图3.3.3中的主结构是钢结构。立面立柱通过角钢固定在主体结构上。穿透立面的钢梁会产生冷桥。当水汽凝结时，应有相应的装置将冷凝水排出（例如安装冷凝水槽）。外表皮与梁之间的接缝必须可以容纳立面和承重结构的各种位移（特别是热膨胀和风荷载引起的）。接缝必须不透气且隔汽，一般由固定在外面的不锈钢套筒覆盖。

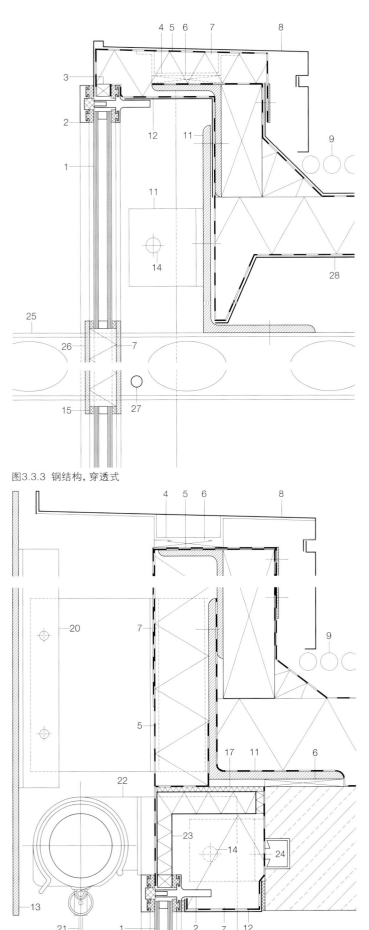

图3.3.3 钢结构,穿透式

图3.3.4 带封檐板和遮阳帘的钢结构

图3.3.4中的主结构是钢筋混凝土。立面立柱通过现浇沟槽固定在主体结构上。上部的立面板与屋顶连接处必须能防止蒸汽扩散。立面前面的遮阳帘不应固定在立面结构上。遮阳设备由封檐板遮挡。

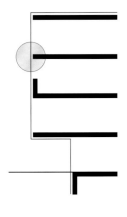

悬挂楼板的连接

垂直剖面
比例1:5

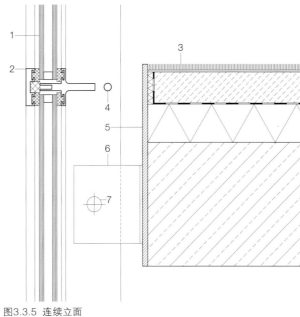

图3.3.5 连续立面

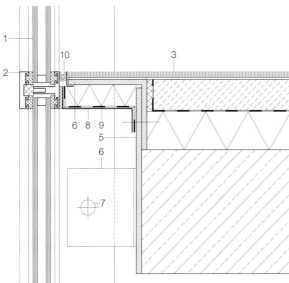

图3.3.6 延伸到外表皮的楼面覆面层

1 双层玻璃
2 铝立面横梁
3 楼板构造：
  织物楼面覆面层
  砂浆层
  分隔膜
  保温层
  钢筋混凝土
4 安全格栅，不锈钢管
5 钢板，热浸镀锌处理
6 角钢，热浸镀锌处理
7 长孔内的螺栓
8 薄铝盖板和隔汽层
9 保温层
10 活动接缝，永久性弹性密封材料
11 立面板：
  印刷钢化安全玻璃
  保温层
  薄铝板
12 现浇沟槽
13 钢托架，热浸镀锌处理
14 木格栅
15 带热障的隔热铝构件
16 塑料隔离块
17 三元乙丙橡胶垫
18 立面板：
  薄铝板
  保温层
19 木镶板
20 水平百叶帘
21 织物遮阳帘
22 隔汽层

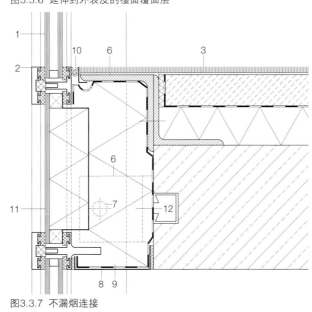

图3.3.7 不漏烟连接

这里介绍的楼板连接细部因各自不同的防火性能、热工性能和隔声性能而有所不同。如果玻璃窗与楼板相连，那么必须注意各种清洁设备及其他可移动的工具都可能会损坏玻璃，导致玻璃裂缝甚至破碎。如果立面玻璃同时也作为安全护栏使用，那么在选择玻璃和设计时，必须将建筑主管部门的规定和安全护栏玻璃的技术规范（TRAV）也同时考虑在内。

在图3.3.5中，立面经过覆盖钢板的楼板边缘前面。立面与楼板之间的接缝为开放式的。立柱用一块焊接钢板固定在主体结构上。如果楼板与立面的距离大于60mm，就必须使用安全格栅。各地的建筑主管部门对这个问题都有规定。

图3.3.6与图3.3.5基本一致，只是图3.3.6中的楼面覆面层一直延伸到立面处，与立面相连。楼板的荷载不会传递到立面上。连接处必须采用永久性弹性密封材料，但是这种连接不防烟，也没有达到DIN 4109规定的隔声要求。

图3.3.7~3.3.10中，立面被楼板打断。连接处不漏烟，隔汽，具有气密性。如果要满足更高的隔声要求（DIN 4109），立面必须通过声音迂回传播检测。遮阳构件穿透结构（图3.3.8~3.3.10）通常会产生冷桥，因此连接处要能够防止扩散，具有气密性，保温细部也要仔细设计。此外，玻璃板的接缝还必须可以容纳立面、封檐板和主结构的位移，必须使用永久性弹性密封材料。如果垂直的百叶窗由固定件固定，固定件安装在用于螺钉固定的凹槽内，那么外表皮就不会被穿透。设计这样的细部就需要与立面及遮阳构件的生产厂家密切配合了。

图3.3.11中的主结构为带保温木框架。立面在每一层都被木梁打断。如果楼板重量由立面承担，那么上面的接缝必须能够容纳位移。

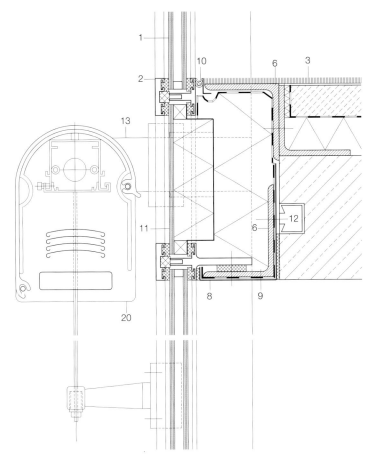

图3.3.8 不漏烟连接，百叶

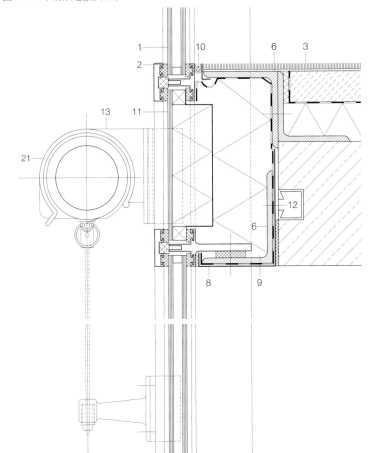

图3.3.9 不漏烟连接，遮篷

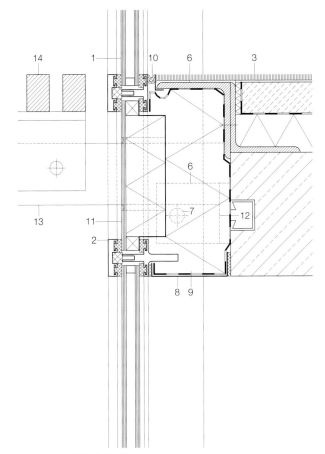

图3.3.10 不漏烟连接，格栅

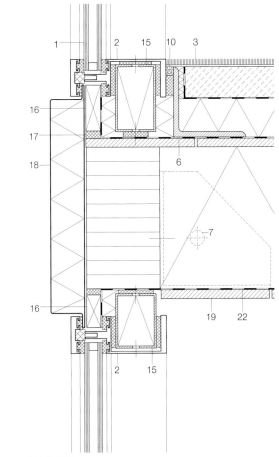

图3.3.11 木结构连接

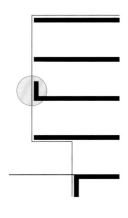

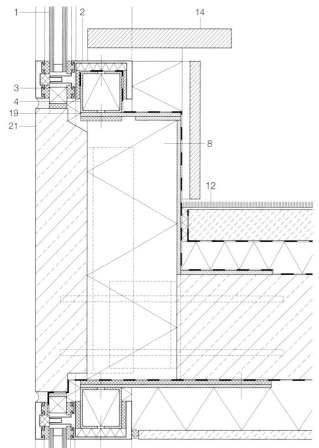

图3.3.12 清水预制混凝土拱肩镶板

1 双层玻璃
2 铝立面横梁
3 塑料隔离块
4 带热障的隔热铝构件
5 隔汽层
6 阳极氧化薄铝板
7 角钢
8 保温层
9 通风腔
10 预制钢筋混凝土构件
11 1.5mm薄铝板
12 楼板构造：
　　织物楼面覆面层
　　砂浆层
　　分隔膜
　　撞击声隔声层
13 现浇沟槽
14 框架上的窗台板
15 永久性弹性接缝
16 不锈钢固定锚固件
17 人造石板
18 不锈钢可移动锚固件
19 扁钢
20 混凝土或砌体实心拱肩镶板
21 预制钢筋混凝土构件

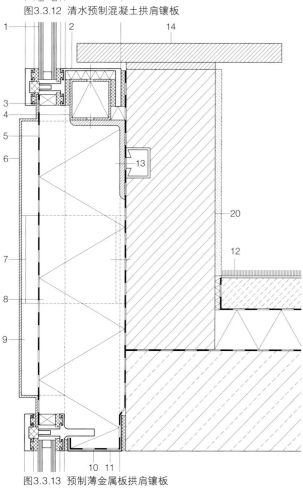

图3.3.13 预制薄金属板拱肩镶板

拱肩镶板

垂直剖面
比例 1:5

　　这里介绍的是针对不同的建筑、构造方法和不同的原材料而使用的三种拱肩镶板的例子。

　　图3.3.12中的主结构是钢筋混凝土。拱肩镶板由预制清水混凝土制成，通过带保温的搭接钢筋或钢托架与混凝土楼板分隔开。拱肩镶板的里面必须有保温层，并在保温层的表面附上隔汽层以便防止保温层受损。这样一来，实心拱肩镶板的蓄热效应就不会影响室内气候。拱肩镶板的表层是清水表面。立面支撑或悬挂在每一层的楼板上，因此连接处有的是固定的，也有的是活动的。拱肩镶板通过连接在隔热（带热障）中空铝构件上的立面横梁固定，位置由安装在下面的钢板来调节，钢板用不锈钢螺钉固定在拱肩镶板上。为了防止电化学腐蚀，在钢板和铝板之间要加上隔离垫（如三元乙丙橡胶）。连接材料必须具有永久弹性、气密性，而且能防止蒸汽扩散。一个广泛使用的方法是采用中空的横梁构件。这种建筑立面大多是由立面立柱进行支撑的。

　　图3.3.13中的主结构是钢筋混凝土。在这个例子中，独立式的立面立柱连续经过拱肩镶板。荷载通过隔热（带热障）中空铝构件、角钢和实心拱肩镶板中的现浇沟槽传递到拱肩镶板的上面。上面的连接件水平固定立面，必须能够容纳热膨胀和由风荷载引起的位移或结构位移。连接处必须保证气密性且防止蒸汽扩散。立面通过结合在立面横梁上的隔热角钢固定在主体结构上。保温材料贴在拱肩镶板的外面。隔汽层必须正确放置，保温材料必须防潮。拱肩镶板的背部有一个气隙，用以通风。坚固的薄铝板（大块板需要加框架）黏结到角铝上，与真正的立面分离。角铝穿透保温层固定到拱肩镶板上。连

接处必须设计成可以三向调节的形式,以补偿结构和立面的各种误差。在此例中,调节是通过现浇沟槽和长孔来完成的。

图3.3.14中的主结构是钢筋混凝土。在这个例子中,建筑外表皮由拱肩镶板打断,立面被每一层中间楼板分隔开。点固定形式可以是固定的或活动的,这取决于外墙是设计成独立式还是悬挂式的。横梁通过隔热(带热障)中空铝构件和固定在现浇沟槽内的角钢固定到主结构上。固定件可以三向调节,以补偿结构和立面的各种误差。立面通过结合在横梁内的隔热角钢固定到主体结构上。保温材料贴在拱肩镶板的外面。隔汽层必须正确放置在保温层的里面,而保温层必须与立面相匹配,带有通风腔,并根据生产商给出的说明连接到拱肩镶板上。PE卷材同样需要具有耐候性,以防止保温层受雨水冲刷时浸水饱和。

背部通风的立面板由人造石材构件制成,如预制混凝土。用于固定立面板的不锈钢锚固件必须可以在两个方向上容纳热位移。这可以通过在锚固孔内设置塑料套筒并使下面的锚固件可移动来实现。

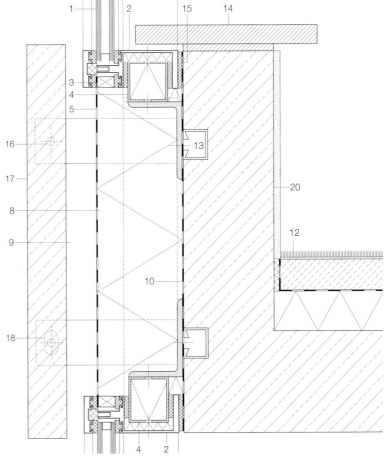

图3.3.14 预制人造石材拱肩镶板

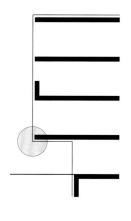

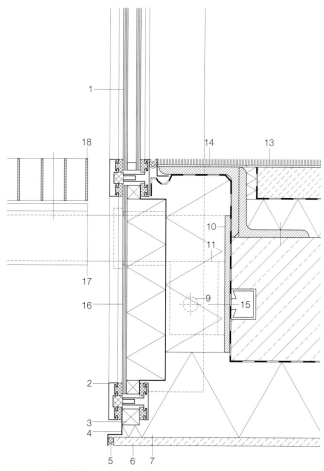

图3.3.15 镶板转角一，穿透立面

1 双层玻璃
2 铝立面横梁
3 塑料隔离块
4 阳极氧化薄铝板
5 永久性弹性接缝
6 框架上的纤维增强水泥板
7 保温层
8 薄铝盖板及隔汽层
9 长孔内的螺栓
10 热浸镀锌钢板
11 角铝
12 不锈钢管安全格栅
13 楼板构造：
    织物楼面覆面层
    砂浆层
    分隔膜
    撞击声隔声层
14 热浸镀锌角钢
15 现浇沟槽
16 立面板：
    印刷钢化安全玻璃
    保温层
    薄铝板
17 带端板的热浸镀锌钢托架
18 开放式格栅地板，热浸镀
    锌处理
19 热浸镀锌钢梁
20 压型薄钢板

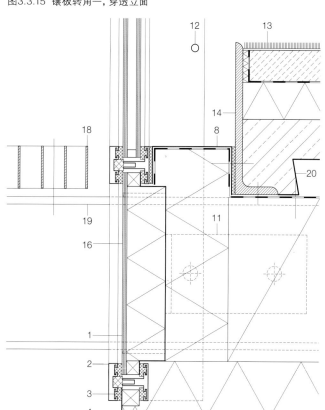

图3.3.16 镶板转角二，穿透立面

凹凸立面

垂直剖面
比例 1:5

图3.3.15～3.3.17介绍了针对立柱横梁结构垂直凹凸立面的转角的典型处理方法。立面可以设计成独立式或悬挂式。如果是独立式，那么转角处的连接必须有固定支撑，能承受水平和垂直荷载。如果是悬挂式，那么转角连接处只需容纳水平荷载，但必须可以垂直滑动，以容纳热膨胀和风荷载作用引起的位移，这可以通过细长固定孔来实现。

图3.3.15的主结构是钢筋混凝土。玻璃板与完工地板相接。立面与结构之间用螺栓固定的角钢连接。楼板边缘由玻璃板覆盖，密封材料保温性好，具有永久弹性、气密性，能防止蒸汽扩散。立面通过现浇沟槽和可三向调节的角钢牢牢固定在主体结构上。为了安装遮阳构件和逃生阳台等，要在几个地方使用玻璃肋穿透立面板。每一个穿透的地方都必须使用永久性弹性密封材料密封，以防止保温层受潮。

图3.3.16中的主结构是钢结构。结构包含连续钢梁、带混凝土覆盖层的压型钢板。钢梁穿透外表皮，穿透点会产生冷桥，在这里应特别注意细节的处理。梁与梁之间的空间用玻璃板填充。接缝必须永久弹性密封，并能容纳因热膨胀及各种荷载而引起的位移。立面横梁与钢梁之间的连接处必须能够容纳立面与钢结构的各种误差以及荷载（风荷载、外加荷载等）引起的位移。钢梁从寒冷的室外进入温暖的室内会产生冷桥，因此必须完全保温以防止冷凝的发生。保温层的内表面必须设置不透气并能防止蒸汽扩散的隔汽层。

图3.3.17中的主结构是周边包钢板的钢筋混凝土。玻璃尽可能地向下延伸。保温层附在楼板下方,用纤维增强水泥板等板材作为饰面。立面是独立式的,通过焊接到钢板上的角钢传递作用力。立面与钢结构分包商在此处发生的工作重叠会引起一系列问题(误差不同、质量保证不同)。立面横梁设置保温层,以防止冷桥现象发生。保温层的内表面必须永久弹性密封,不透气,并能防止蒸汽扩散。立面与结构间的空隙要用安全格栅封住。在德国,各地的建筑主管部门对此都有规定。空隙的清洁以及保温相对较差的空气固定层可能会导致某些问题的发生(冷凝、融化水的风险),因此建议使用示踪装置加热。

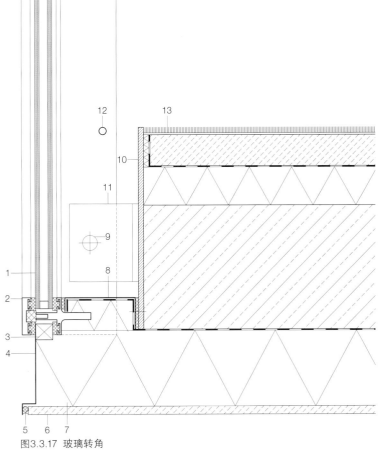

图3.3.17 玻璃转角

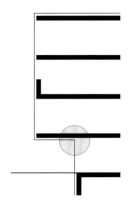

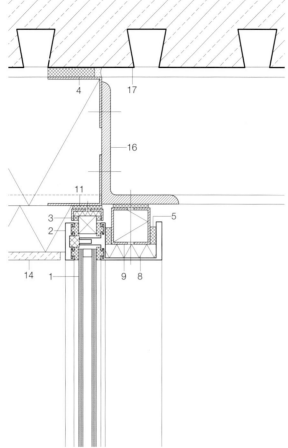

图3.3.18 钢结构连接细部

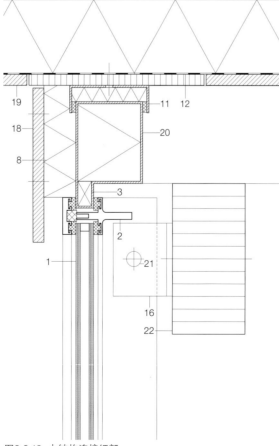

1 双层玻璃
2 铝立面横梁
3 塑料隔离块
4 弹性密封胶条
5 永久性弹性密封
6 塑料角材
7 阳极氧化角铝
8 保温层
9 隔热铝构件
10 热障
11 带热障的隔热铝构件
12 隔汽层
13 框架上的石膏天花板
14 框架上的纤维增强水泥板
15 保温抹灰
16 热浸镀锌角钢
17 压型薄钢板
18 木封檐板
19 木板
20 立面薄铝板
21 长孔内的螺栓
22 胶合叠层梁
23 可拆卸槽铝

图3.3.19 木结构连接细部

悬挂楼板底面的连接

垂直剖面
比例 1:5

图3.3.18~3.3.23所示为立柱横梁立面与各种水平悬挂楼板底面（可能为凹立面）的连接方式。

图3.3.20~3.3.23介绍了多种出于美观考虑的连接处理方法，比如混凝土板的底面可以选择曝露在外，也可以部分掩盖，还可以完全覆盖。无论选择哪种方式，楼板底面的连接必须保证在楼板发生位移时（外加荷载、沉降等引起），不会将压力传到玻璃上。如果需要，还可以设置滑动接缝。

图3.3.18中的主结构是钢结构。楼板包括压型薄钢板，上面覆盖混凝土，由工字钢梁支撑。梁与压型薄钢板穿透外立面。整个钢构件设置外保温，以防止内部发生冷凝。立面与主体结构之间通过角钢连接，可容纳多种位移。保温材料安装在梁与梁之间，外覆盖层可以移动。内层的连接处必须保持永久弹性，不透气且能防止蒸汽扩散。

图3.3.19中的主结构是木结构。立面是独立式的。立柱通过长孔连接到主体结构上，可以垂直滑动。一个隔热的构造件将立面和木结构连接在一起，构造件夹固在上部立面横梁上，通过槽钢插入（作为活动接缝，带热障），这样可确保它可以移动。狭窄的封檐板将接缝盖住，封檐板必须可以拆除，这样当玻璃破碎时，玻璃盖帽可以拆卸下来。立面连接处的内侧必须能够防止蒸汽扩散且不透气。

图3.3.20中的主结构是钢筋混凝土。立面是独立式的，因此楼板底面的连接必须水平固定，但可以垂直自由滑动。曝露在外的楼板底面用保温抹灰覆盖。连接处的内侧必须能防止蒸汽扩散且不透气。

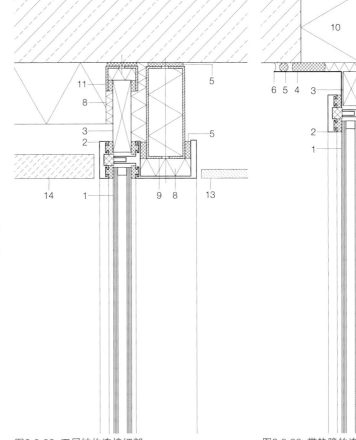

图3.3.21中的主结构是钢筋混凝土。楼板底面的连接理论上与图3.3.20中的连接完全一样,但图3.3.21中的主结构内外都被吊顶隐藏起来。连接处必须具有永久弹性,防蒸汽扩散且不透气。立面附近的外覆盖层应可拆除,这样当玻璃破碎时,玻璃盖帽可以拆卸下来。

图3.3.22中的主结构是钢筋混凝土。立面上方的楼板内带有热障。与图3.3.20不同的是,连接处的两边都是曝露在外的。立面通过角钢和弹性胶黏剂连接到结构上。

图3.3.23中的主结构是钢筋混凝土。连接处基本上与图3.3.20中的一样,只是在这个例子中,楼板底面是曝露在外的,所以楼板必须设置带有蒸汽缓凝条的内保温。蒸汽缓凝条的厚度和长度由建筑性能专家决定。用螺钉固定立面在这里是难题之一,因为螺钉位于结构的较冷区域,在这一点可能会发生冷凝引起的电化学腐蚀,因此应使用不锈钢螺钉。固定件在内侧也必须能防止蒸汽扩散且不透气。

图3.3.20 双层结构连接细部

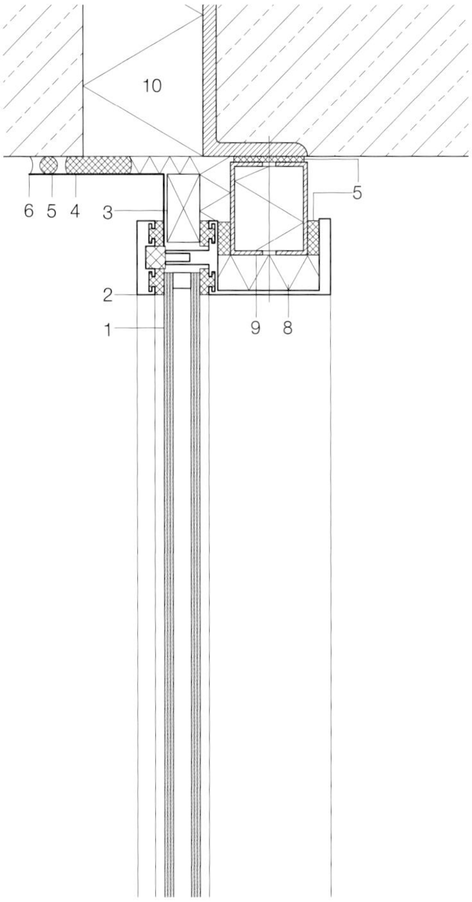

图3.3.22 带热障的连接细部

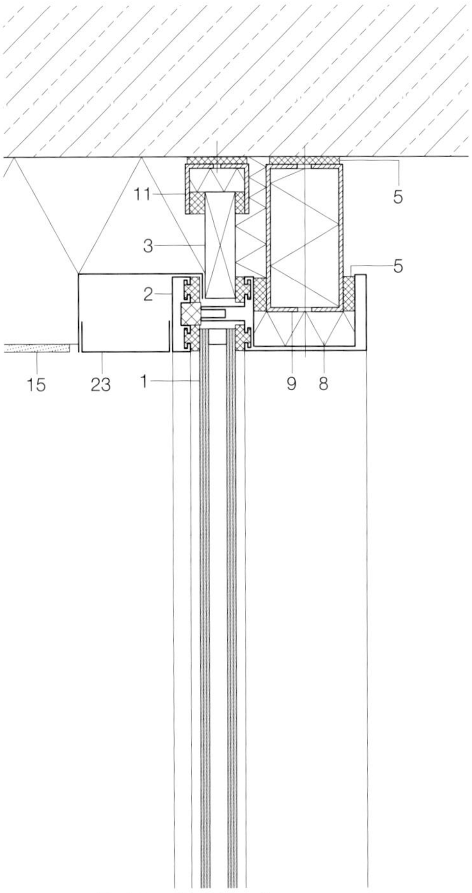

图3.3.21 带外保温的连接细部

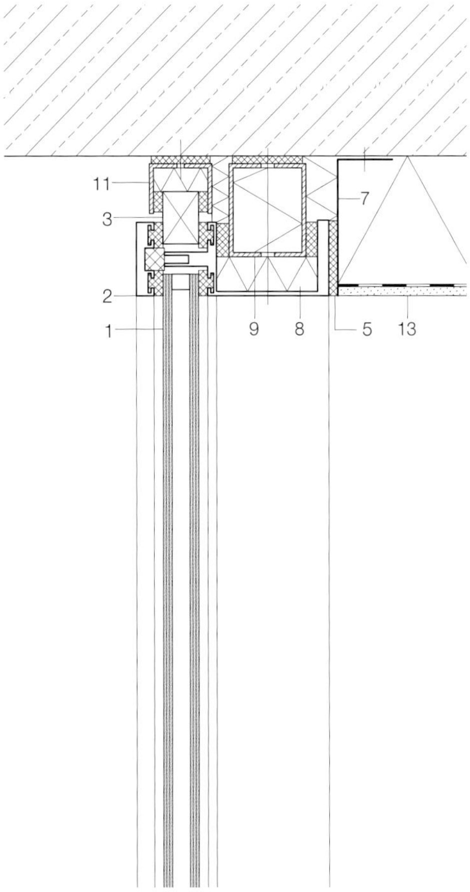

图3.3.23 带内保温的连接细部

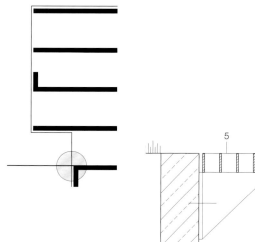

室内外之间界线、高度转换处的连接

垂直剖面
比例 1:5

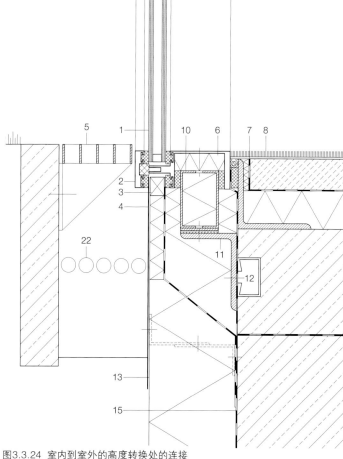

图3.3.24 室内到室外的高度转换处的连接

1 双层玻璃
2 铝立面横梁
3 塑料隔离块
4 阳极氧化薄铝板
5 格栅
6 保温层
7 蒸汽层
8 楼板构造：
　织物楼面覆面层
　砂浆层
　分隔膜
　撞击声隔声层
9 永久性弹性密封
10 隔热铝构件
11 热浸镀锌角钢
12 现浇沟槽
13 周边保温层
14 架空木格栅
15 贫混凝土垫层
16 扁钢
17 楼板支撑
18 挡水条
19 排水板
20 木板
21 弹性密封胶条
22 砾石渗水坑

图3.3.25 与覆草平屋顶的连接

图3.3.24～3.3.27所示的是立柱横梁立面界线处的细部图。这些可能应用在平屋顶和露台上，但主要是在一层楼板上应用。这里是立面、结构、连接件和密封胶相会的地方，在制造工艺上和保证书中必须有严格要求。永久性的密封设计在交界处是非常必要的。只有经业主、开发商、承包商同意后，排水槽和立面横梁底部间最小150mm的高差才可减小或取消。

内层或外层玻璃板（根据功能）必须有一层是安全玻璃，以防受损。

在高度转换处，必须仔细设计，使框架底部可以通风（蒸汽压力平衡），从而保证框槽没有湿气残留。

图3.3.24中的主结构是钢筋混凝土。图中所示为室内外之间高度转换处的细部。立面是独立式的。荷载通过带热障的隔热中空构件传递到主体结构上，中空构件是通过角钢和现浇沟槽固定在主体结构上的。连接处可在三个方向上调节。楼板结构使用角钢作为镶边。立面和楼板边缘之间使用合适的保温层填充，内侧表面永久性密封，以防止保温层受潮。此处会发生立面与密封分包商工作重叠的问题。立面安装人员将保温材料夹固在立面横梁下面，之后密封人员会将其熔接到地下室外墙的密封材料上。周边保温层上面的密封平面如果不平整是很危险的。根据相关的标准，密封材料与排水槽的距离不得小于150mm。排水槽内填充16/32砾石，用于排水。

图3.3.25中的主结构是混凝土结构。室外地面和室内楼板结构的水平高度不同会导致连接出现问题。高度的顺利转换可以通过设置架空地板或台阶实现。在这个例子中，室内有一级台阶，独立式的立面通过隔热中

空构件、角钢和可传递力且可三向调节的现浇沟槽连接到主体结构上。立面构件在内侧能永久防止蒸汽扩散,而且具有气密性。混凝土竖柱通过挡水条防止流体静压力,并在外侧设置保温层保护。立面与密封分包商在此处发生的工作重叠会引起质量保证问题。必须采取设置边框等手段允许结构和立面发生位移。

图3.3.26中的主结构是钢筋混凝土。靠近立面的主体结构是用特殊的隔热钢筋分隔开的。室外设置了架空木格栅来调整高度差。这里会发生位移,立面与阳台(立面与露台)之间的密封必须能够容纳这种位移。立面与密封分包商工作重合的地方至关重要,质量保证问题必须明确。防水材料覆盖了两片薄金属板,以防止损坏和紫外线辐射。独立式的立面通过隔热中空构件和三向调节的角钢牢牢地固定在结构板上。中空构件在室内一侧设置保温和隔汽层,以防止电化学腐蚀和保温层受潮。木格栅必须可拆卸,以便玻璃破碎后可拆除立面玻璃盖帽进行更换。

图3.3.27同图3.3.25相似,但是在室内设置架空楼板(如在办公建筑中)来调整室内外的高度差。隔热构件通过可三向调节的钢板在上方与主体结构相连。

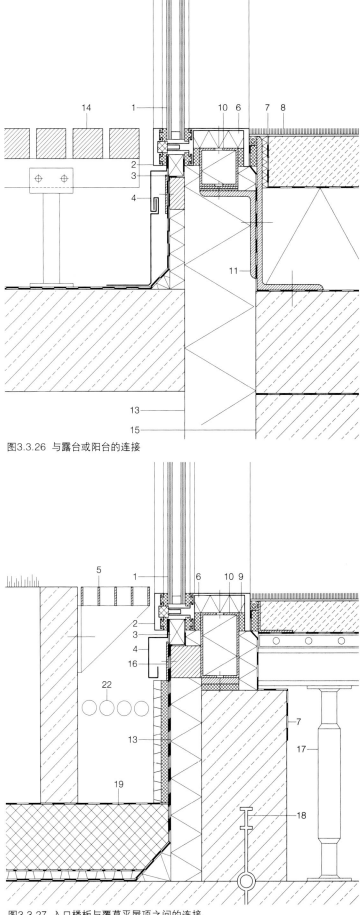

图3.3.26 与露台或阳台的连接

图3.3.27 入口楼板与覆草平屋顶之间的连接

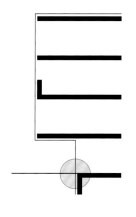

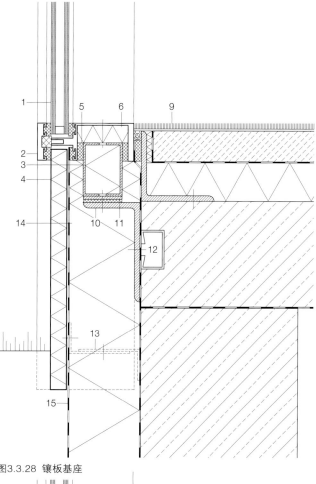

图3.3.28 镶板基座

基座

垂直剖面
比例 1:5

这里列出的基座细部可能出现在平屋顶和露台上，但最主要的还是在一层。这里是立面、结构和连接件相会的地方。

在图3.3.28中，玻璃向下延伸与地板相连。基座由与玻璃齐平的隔热金属板构成。玻璃板被夹固在下面的立面横梁上，通过角钢与主体结构相连。地下室外墙在外侧进行密封和保温。周边保温层从金属板的背后一直延伸到立面的底边。立面是独立式的，通过隔热中空铝构件、角钢和可三向调节的现浇沟槽固定在主结构上。钢构件与铝构件之间应使用隔离垫隔开，以防止电化学腐蚀，应使用不锈钢材质的螺钉。构造中的空隙需要使用适当的保温材料完全填充，保温层的内侧全部覆盖隔汽层以防止材料受潮。

图3.3.29中的构造与图3.3.28相似，只是此例中基座由耐候人造石材（如混凝土）制成。立面通过不透汽和具有永久弹性的接缝以及夹固在下部立面横梁上的塑料条连接到人造石材基座上。滴水槽夹固在立面横梁上以遮盖和保护硅树脂接缝。

如图3.3.30所示，立面平面位于实心外墙的前面，由角钢支撑，角钢则通过现浇沟槽和长孔固定在主体结构上，可三向调节。

1 双层玻璃
2 铝立面横梁
3 带热障的隔热铝构件
4 带保温立面板
5 永久性弹性接缝
6 保温层
7 蒸汽层
8 薄铝板
9 楼板构造：
　织物楼面覆面层
　砂浆层
　分隔膜
　撞击声隔声层
10 角钢
11 三元乙丙橡胶垫
12 现浇沟槽
13 角铝
14 周边保温层
15 过滤网
16 塑料隔离块
17 阳极氧化铝板
18 人造石材基座
19 安全格栅

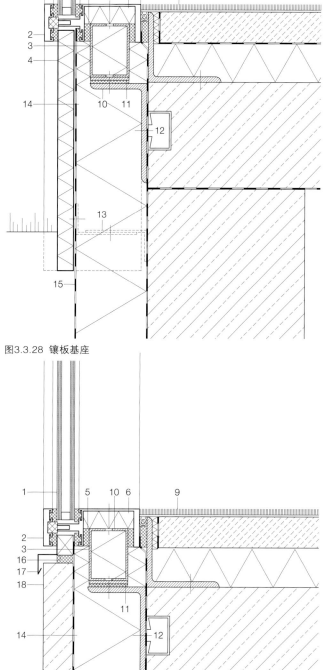

图3.3.29 人造石材基座

带有整体保温层的弯折立面板安装在下部立面横梁上，通过塑料角码连接在地下室外墙上。连接处必须具有永久弹性、气密性，并能防止蒸汽扩散。立面横梁连接到由铝板进行隔汽的钢筋混凝土楼板上，由此产生的空隙必须使用适当的保温材料充分填充，内侧用隔汽层覆盖以防止保温层受潮。楼板结构前面的边缘与立面之间的缺口应加上安全格栅（依照地方建筑主管部门的有关规定）。地下室外墙应加上周边保温层，并涂抹适当的涂层防止湿气的侵入。人造石板安装在周边保温层的前面，通过永久性弹性接缝与立面板相连。

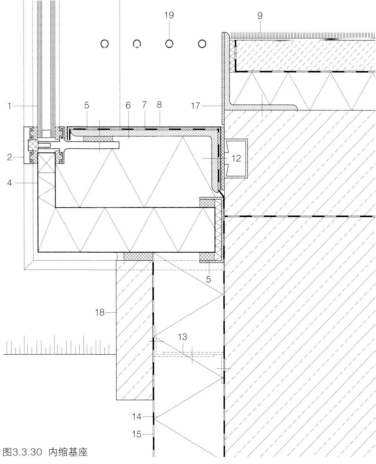

图3.3.30 内缩基座

189

玻璃屋顶

垂直剖面
比例 1:5

这里列出的细部图介绍的是倾斜玻璃屋顶的典型构造。理论上应该与垂直玻璃立面所使用的材料一样，但是由于与垂直玻璃窗相比，倾斜玻璃窗有更高的保温隔热要求和不同的机械应力，因此需要特殊的构造处理。前文立面详图中所使用的用作立柱和横梁的构件在这里作为纵向和横向构件被再次使用，通过钢托架连接到主体结构（钢结构）上，可三向调节。支撑结构中的排水系统在这里会有所变化，以便适应倾斜的构造特点，使雨水顺利排出。必须注意保证排水层在密封层下面。屋顶上横向的玻璃格条应该是平坦倾斜的，方便雨水的排出。一般对于高窗来说，下层的玻璃应该使用能够阻止碎片的类型（如层压安全玻璃或一定尺寸的夹丝玻璃）。破碎的玻璃板必须具有剩余承重能力，即可以长时间支撑自身重量和一种附加荷载（依照地方建筑主管部门的有关规定）而不会滑落到框架之外。对于经常被踩踏的玻璃，也必须相应地选择合适的玻璃类型。确定预期荷载（人和材料，例如维修时）的时候要将附加荷载考虑在内。受限制的步行交通意味着这条通道仅限于某些人使用，例如维修人员。而不受限制的步行交通就是使用不受限制，例如向公众开放。大面积屋顶要求安装排水沟。

在图3.3.31中，出于外表美观的考虑，横梁放置在尽可能靠近屋脊的地方。屋脊使用折成适当角度的隔热板封闭。斜梁斜接并通过凹槽用螺钉连在一起。

在图3.3.32中，屋脊上覆盖了一层盖板，盖板固定在屋脊檩条的螺钉凹槽里。

在图3.3.33中，出于外表美观的考虑，横梁放置在尽可能靠近转角的地方。转角使用折成适当角度的隔热板封闭。立面立柱与斜

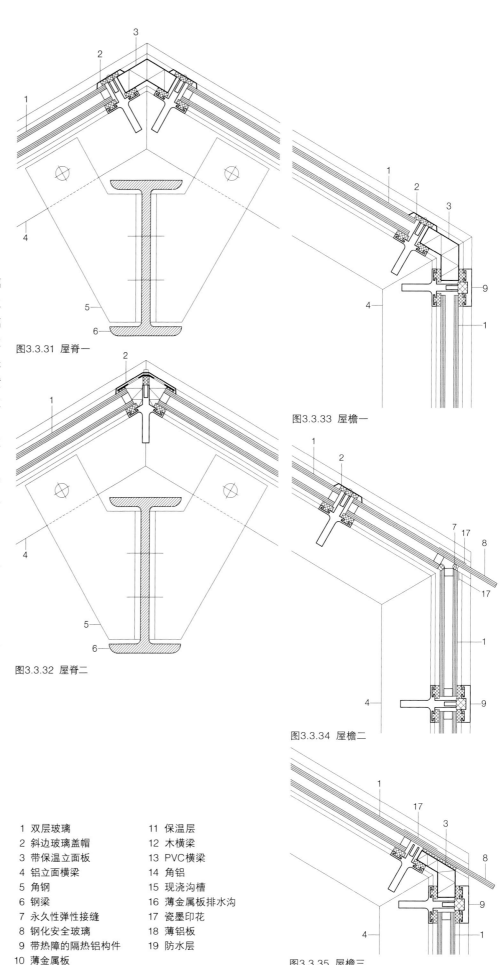

图3.3.31 屋脊一

图3.3.32 屋脊二

图3.3.33 屋檐一

图3.3.34 屋檐二

图3.3.35 屋檐三

1 双层玻璃	11 保温层
2 斜边玻璃盖帽	12 木横梁
3 带保温立面板	13 PVC横梁
4 铝立面横梁	14 角铝
5 角钢	15 现浇沟槽
6 钢梁	16 薄金属板排水沟
7 永久性弹性接缝	17 瓷墨印花
8 钢化安全玻璃	18 薄铝板
9 带热障的隔热铝构件	19 防水层
10 薄金属板	

屋顶横梁用角钢或螺钉斜接在一起。如果屋脊没有挑檐，建议安装排水槽以便收集冷凝污水。

图3.3.34所示的是全玻璃转角。最上面的倾斜玻璃窗一直延伸出立面，形成挑檐。垂直玻璃窗与屋顶之间的接缝使用永久性弹性材料密封。在这个细部图中，出于外表美观的种种考虑，必须正确安装最上面的玻璃板，如果工程质量不过关，那么排水接缝处就可能漏水。因此只能使用硅树脂胶密封。

图3.3.35所示的转角用隔热板封闭。倾斜双层玻璃的外层玻璃与隔热板黏结在一起，一直延伸出立面，形成挑檐。图3.3.34和图3.3.35中曝露在外的双层玻璃边缘密封必须能够抵抗紫外线辐射（如增加印花）。

图3.3.36介绍的是倾斜玻璃屋顶与带保温的钢筋混凝土高墙的上部连接。斜梁通过长孔、角钢和现浇沟槽连接到主体结构上，可三向调节。玻璃屋顶通过隔热板、PVC角码和密封胶条与主体结构相连，接缝具有永久弹性、气密性并能防止蒸汽扩散。为了达到标准，泛水板必须高过排水槽150mm。

在图3.3.7和图3.3.8中，倾斜构件的侧向连接可以安装排水沟，也可以不安装排水

沟。玻璃屋顶通过隔热板、PVC角码和密封胶条连接到主体结构上，接缝具有永久弹性、气密性并能防止蒸汽扩散。图3.3.37中的排水沟利用了倾斜承重梁的高度。如果是缓坡屋顶（小于10°），冬天就需要给排水沟加热。连接处保温材料的U值应与中空玻璃的U值一致，以防止冷桥产生。应该注意，如果屋

顶结构的坡角小于7°，那么屋面的水就不能完全排掉，也就是说，水分会残留在框槽里并损坏边缘密封，从而减少中空玻璃的使用寿命，破坏玻璃表面或阻碍灰尘和污垢被水流冲走。

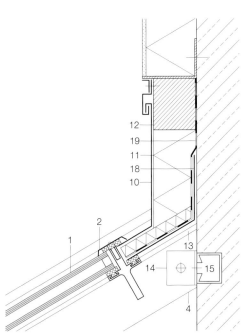

图3.3.36 与垂直构件的上部连接

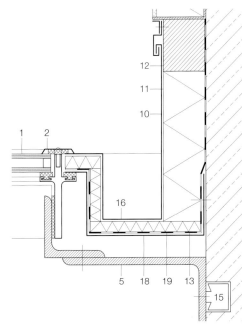

图3.3.37 与垂直构件的侧向连接一

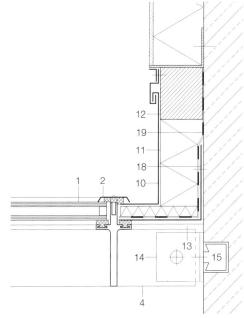

图3.3.38 与垂直构件的侧向连接二

第四部分　工程实录

序号	页码	建筑师	项目名称	特点
1	194	Herzog & de Meuron, Basel	青山普拉达中心，日本东京	菱形玻璃构件立面
2	200	Foster & Partners, London	博物馆翻新与改建，英国伦敦	历史建筑中的玻璃，玻璃楼梯
3	202	Di Blasi Associati, Milan	阿奎莱亚王宫的玻璃通道，意大利Laguna di Grado	悬挂玻璃通道
4	204	Kollhoff, Berlin, with Christian Rapp	住宅开发项目，荷兰阿姆斯特丹	砌体建筑中的折叠玻璃窗
5	207	Fink + Jocher, Munich	商业开发项目，德国林道	历史建筑中的玻璃，玻璃立面
6	210	Ando & Associates, Osaka	会议中心，德国Weil am Rhein	玻璃与清水混凝土，玻璃立面
7	213	Kazuyo Sejima & Associates, Tokyo	住宅，日本东京	钢玻立面，玻璃转角
8	216	Herzog & de Meuron, Basel	卡通漫画博物馆，瑞士巴塞尔	历史建筑中的玻璃，玻璃立面
9	219	Bembé + Dellinger, Greifenberg	居住式工作间，德国Riederau am Ammersee	木窗框推拉玻璃窗
10	222	Werner Sobek, Stuttgart	R128号住宅，德国斯图加特	住宅建筑全玻璃立面
11	226	Baumschlager & Eberle, Lochau	公寓楼，澳大利亚多恩比恩	钢化安全玻璃立面，丝网印刷
12	228	Adjaye Associates, London	概念店，英国伦敦	彩色玻璃和低辐射膜
13	231	Sauerbruch Hutton, Berlin	警察局与消防站综合楼，德国柏林	彩色玻璃百叶
14	234	Mahler Günster Fuchs, Stuttgart	设计学院，德国威斯巴登	中空玻璃空腔内夹木格栅
15	237	lichtblau.wagner architekten, Vienna	教区中心，奥地利珀德斯多夫	印刷玻璃
16	240	schneider+schumacher, Frankfurt am Main	高架货仓，德国吕登沙伊德	异型玻璃
17	244	Allmann Sattler Wappner, Munich	服务中心，德国路德维希港	立面上的玻璃瓦
18	246	Baumschlager & Eberle, Vaduz	保险公司办公楼，德国慕尼黑	玻璃立面，翻新与扩建
19	249	Amann & Gittel Architekten, Munich	印刷工厂，德国慕尼黑	双层异型玻璃
20	252	Heikkinen + Komonen, Helsinki	芬兰大使馆，美国华盛顿	玻璃砖立面，桁架玻璃立面
21	257	OMA; Rem Koolhaas, Rotterdam	荷兰大使馆，德国柏林	双层立面，玻璃隔墙，玻璃楼板
22	261	Behnisch + Partner, Stuttgart	国际会议中心，德国波恩	多层外维护结构，玻璃立面，光散射屋顶
23	266	Behnisch + Partner with W. Durth, Stuttgart	艺术研究院，德国柏林	印刷玻璃
24	270	Nouvel, Cattani & Associés, Paris	卡地亚基金会，法国巴黎	玻璃立面，玻璃屋顶
25	274	Rogers Partnership, London	第四频道办公与电视台大楼，英国伦敦	悬挂桁架结构密封玻璃立面
26	277	Chaix Morel & Partner, Paris	大学综合楼，法国马恩拉瓦雷	结构密封玻璃立面，悬挂玻璃屋顶
27	282	Ingenhoven Overdiek Kahlen & Partner	RWE塔楼，德国埃森	双层玻璃立面，倾斜玻璃
28	288	Kauffmann, Theilig & Partner, Stuttgart	工商会所的玻璃屋顶，德国斯图加特	双层玻璃屋顶
29	290	Renzo Piano Building Workshop, Paris	艺术画廊，瑞士巴塞尔	全玻璃结构
30	294	Behnisch & Partner, Stuttgart	康体中心的室内游泳池，德国巴特埃尔斯特	玻璃屋顶，钢化安全玻璃遮阳构件带印刷图案
31	298	Postel · Kraaijvanger · Urbis, Rotterdam	玻璃连接桥，荷兰鹿特丹	全玻璃结构
32	300	Design Antenna, Richmond	玻璃博物馆扩建，英国金斯温弗德	全玻璃建筑
33	303	Hascher Jehle Architektur, Berlin	美术馆，德国斯图加特	玻璃立方体：玻璃立面、玻璃屋顶
34	306	Ibos + Vitart, Paris	艺术博物馆，法国里尔	可上人的水平玻璃屋顶
35	309	Renzo Piano Building Workshop, Genoa	研究实验室和建筑事务所办公室，意大利热那亚	玻璃与木，玻璃坡屋顶，玻璃隔墙
36	312	Allmann Sattler Wappner, Munich	费洛哈中学，德国费洛哈	悬挂玻璃坡屋顶
37	314	Danz, Schönaich	城堡遗址上的玻璃屋顶，意大利Vinschgau镇Schnals山谷	桁架玻璃坡屋顶
38	317	gmp, Aachen/Leipzig	商品交易会大厅入口场馆，德国莱比锡	悬挂弯曲玻璃屋顶
39	320	Grimshaw & Partners, London	滑铁卢国际车站，英国伦敦	弯曲玻璃屋顶，悬挂玻璃隔墙
40	325	Foster & Partners, London	大学图书馆，德国柏林	玻璃穹顶
41	330	Lamm, Weber, Donath & Partner, Stuttgart	医院玻璃索网结构，德国巴特诺伊施塔特	玻璃索网帐篷结构
42	332	gmp, Hamburg	博物馆庭院上的屋顶，德国汉堡	玻璃格构壳体

对页图：
布雷根茨美术馆，1997年，彼得·卒姆托

Landesschützen-Majore
1809
Sigmund Nachbaur v. Rankweil
Bernard Riedmiller v. Bludenz
Johann Ellensohn von Götzis
Josef Müller von Bludenz

青山普拉达中心

日本东京，2003年

建筑师：
Herzog & de Meuron, Basel
参与设计建筑师：
Takenaka Corporation, Tokyo
结构工程师：
WGG Schnetzer Puskas, Basel
Takenaka Corporation, Tokyo

表参道时尚区的普拉达中心像一个巨大的三维橱窗。它自由棱柱的形体由无数凸凹面的菱形玻璃块拼成，从而呈现出有机的外观。而它外立面扭曲的光感所产生的视觉效果有助于吸引潜在的消费者进入这座雕塑般的建筑当中。

它的菱形块立面与水平支撑"管"可变化房间，以及其间各层的楼板共同组成了一个坚固的抗震框架。而因为有了基础上的三元乙丙橡胶支撑承重件，才使承重立面上的型钢件像现在这么纤细。斜框架立面上的斜向龙骨网格是玻璃的支撑结构。为了保证菱形窗与斜龙骨能很好地结合，在内部使用了硅树脂密封剂。由于接缝狭窄且没有玻璃盖板，结构又需要具有弹性，因此使用了玻璃夹来固定玻璃，玻璃夹嵌在玻璃构件密封边缘内。当发生地震时，支撑结构可以在密封边框的范围内滑动，而玻璃块则可以保持静止。玻璃构件的生产工序是在一个梯形的框架内加热平板玻璃，直到它的中心部分因自重而下沉。为了把误差控制在30mm以内，最大不超过150mm，在精确控制下经过8小时加热、成型、冷却的连续过程是非常必要的。

与德国不同，日本认为浮法玻璃用在外层时比钢化安全玻璃更安全。因此玻璃窗使用了浮法玻璃，而且玻璃板成型的加热过程也使玻璃具有一定的热强度。因为没有遮阳设施，用UV过滤片作为夹层的层压玻璃被用在需要的地方来防止商品因过度曝光而褪色。在大火可能会蔓延到邻近建筑的地方使用了防火玻璃。有气压装置的可开启窗在紧急状况下可以由消防人员从外面打开成为逃生口。

总平面图
比例 1:4000
一层、五层、六层平面图·剖面图
比例 1:400

1 设备间
2 办公室
3 "管"
4 液压抗震基础
5 入口
6 上空空间
7 广场

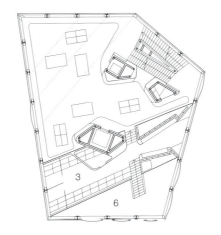

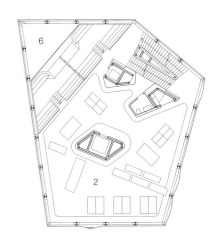

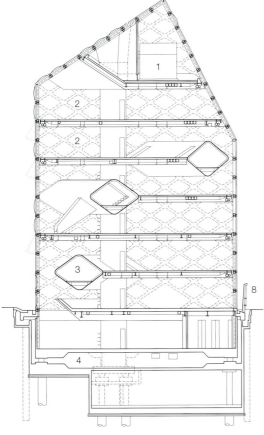

aa

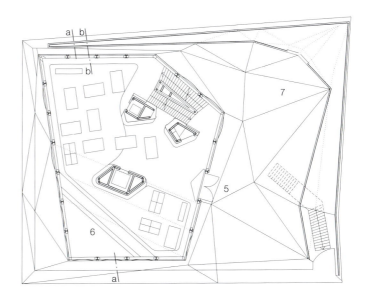

剖面图
比例 1:50

1 排水槽
2 连锁节点的穿孔铝板
3 350mm×175mm工字钢
4 紧挨立面的地板条：
  2mm 环氧树脂，乳白色
  18mm砂浆层
  150mm钢混复合楼板

5 斜框架立面梁之间支撑楼板与张拉构件的支撑
  件，600mm×400mm
6 12mm 地毯
  10mm砂浆层
  150mm钢混复合楼板
7 挡烟铝板，关闭状态，位于菱形块下端
8 可开启窗的气压杆装置
9 防烟卷帘
10 钢板货架，乳白色喷涂
11 承重立面，HEA 250mm×180mm型钢，现场焊

接，外包钢板提高强度，转角处用实心铸件加固
12 菱形玻璃构件，3.20m×2.00m，平板，凹陷或
  凸出
13 斜框架龙骨，铝材
14 "管"：25mm防火内衬，外涂乳白色亚光硅酸钙
  防火喷涂饰面
  加劲铝板，6mm
15 "呼吸管"：连接在鹅颈装置上的屏幕
16 可变化房间玻璃隔断，层压玻璃（2层浮法玻
  璃），内嵌液体水晶

17 "呼吸管"：连接在鹅颈装置上的音频系统

18 乳白色亚光硅酸钙喷涂饰面，最小25mm

19 建筑周围容许地震位移的可活动铰接盖板，毛石饰面

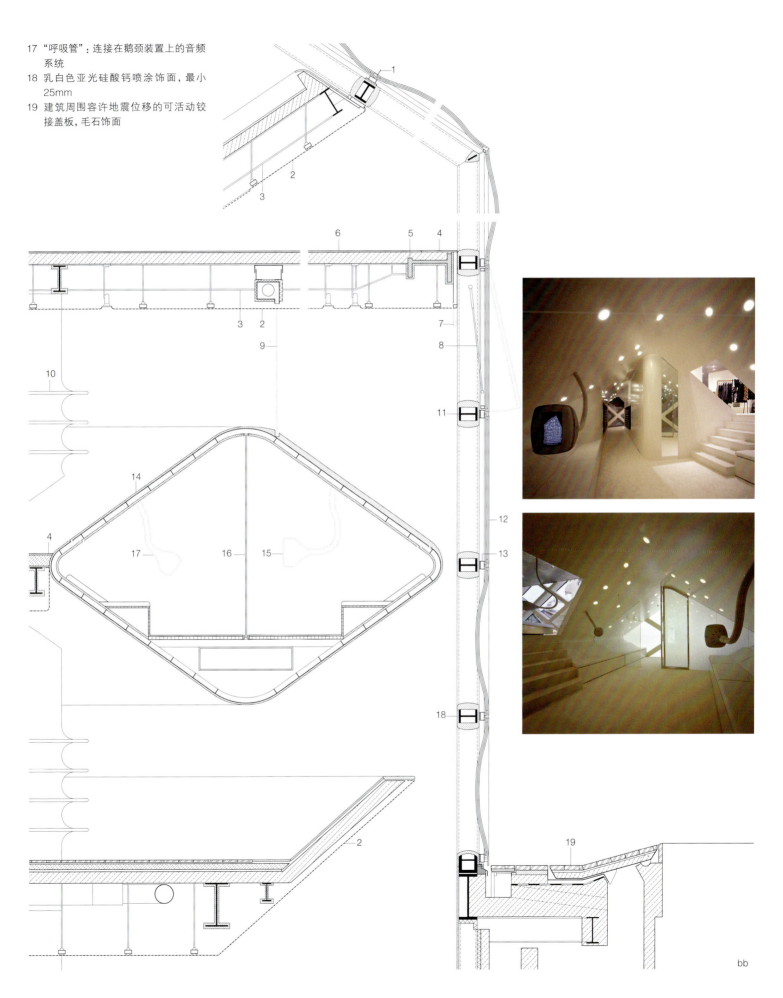

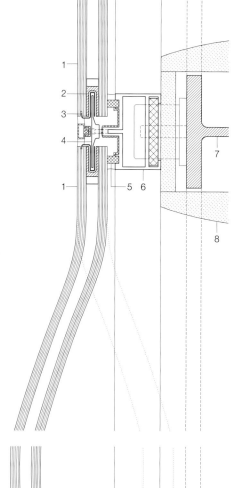

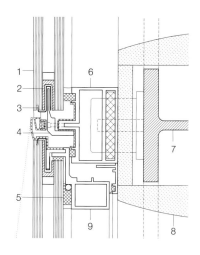

剖面详图
通过屋脊的垂直剖面，
屋脊尖角处带有预制硅树脂垫
通过建筑拐角的水平剖面，
接缝最小，外层突出，斜接
标准玻璃固定详图
烟和热的排放口及逃生口
比例 1:5

1 菱形玻璃构件，3.20mm×2.00m，平板，
 凹陷或凸出
 12mm浮法玻璃，用点驳件固定在凹槽内
 16mm空气腔
 层压安全玻璃，2层6mm玻璃＋UV过滤片夹层，
 U=2.6W/m²K

2 不锈钢滑槽

3 外层玻璃机械固定件，不锈钢夹

4 铝质玻璃固定夹，长度为34mm

5 预制硅树脂垫

6 斜框架龙骨，铝材

7 承重立面，HEA 250mm×180mm型钢

8 防火涂层，乳白色亚光硅酸钙防火喷涂饰面，
 最小25mm

9 烟和热的排放口及逃生口

10 预制硅树脂垫

11 硅树脂现场密封

12 预制硅树脂转角垫

13 铝质夹具

14 支撑结构，焊接部件，8～20mm钢板

15 铝质滑槽

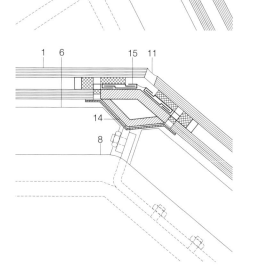

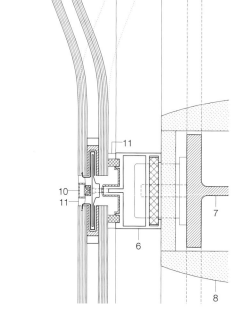

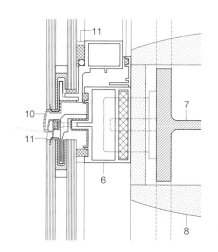

博物馆翻新与改建

英国伦敦，1991年

建筑师：
Forster & Partners, London
结构工程师：
Anthony Hunt Associates, London

　　建筑师在对维多利亚Diploma博物馆进行翻新并将其改建成赛克勒博物馆时，在这座历史建筑中融入了新的现代功能。由于参观路线拥挤，室内气候太差，博物馆已经有很长时间没有使用了，因此对这座皇家艺术学院的附属建筑进行翻新就成了必然。

　　新的博物馆位于旧墙内，通过采光天窗自然采光。天花板上精巧的百叶系统控制着入射光线。室内空间全部使用空调来调节温度，可以给不同的展览提供合适的展出场地。柏林顿大楼和Diploma博物馆之间原有的狭窄采光井内安装了一部新楼梯和玻璃电梯，这就解决了交通流线问题。新楼梯设在原有一个废弃的空间内，现在成为皇家学院两座楼的中心交通通道。柏林顿大楼经典的立面又重新向人们展示出来。所有新设备和装修在细节方面都经过精心设计，而且仅使用了很少的几种材料。楼梯踏步和栏板都用玻璃制成，以保证从上面照射进来的光线可以穿过这狭窄的空间进入一层。

　　在顶层，建筑师设置了一个附厅作为展览空间。这里也为雕塑作品和米开朗基罗的名画"Tondo"提供了合适的展示空间。玻璃墙体以直角延续到屋顶上，与一条玻璃楼板一起，使自然光线进入室内空间。塞克勒博物馆的改建是将新老建筑成功结合的典范。在这里，玻璃起到了重要的作用。

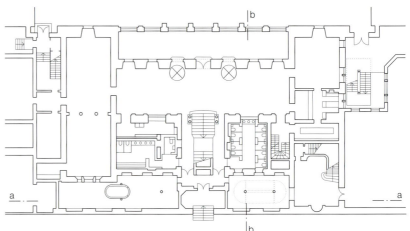

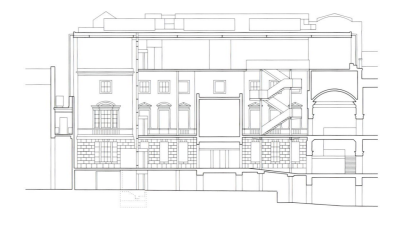

aa

bb

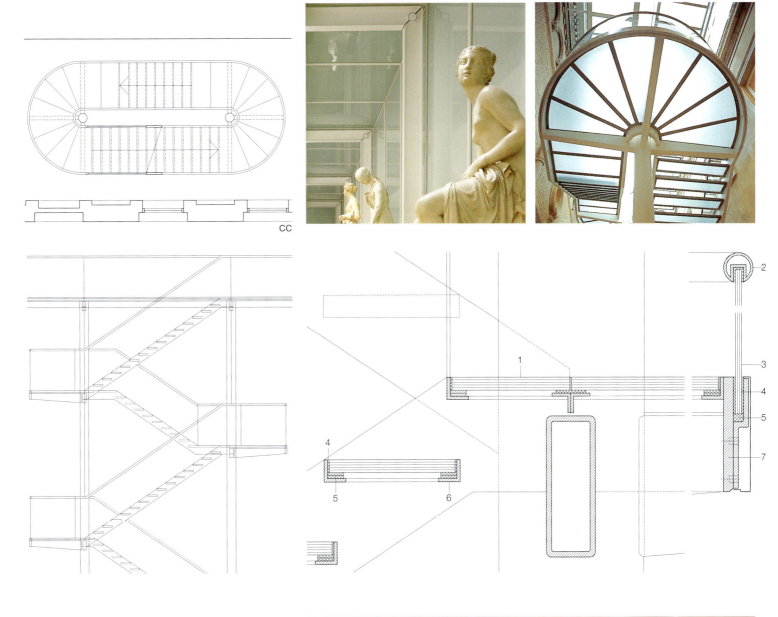

剖面图・平面图
比例 1:500
楼梯平面图与剖面图
比例 1:100

1　25mm磨砂表面层压安全玻璃
2　∅40mm不锈钢扶手
3　16mm钢化安全玻璃
4　硅树脂接缝
5　三元乙丙橡胶衬垫
6　40mm×40mm×5mm角钢
7　220mm×22mm扁钢纵梁

阿奎莱亚王宫的玻璃通道

意大利Laguna di Grado，1999年

建筑师：
Ottavio Di Blasi Associati, Milan
Ottavio Di Blasi, Paolo Simonetti,
Daniela Tortello, Stefano Grioni
项目团队：
Mauricio Cardenas, Marzia Roncoroni,
Anna Fabro
结构工程师：
Favero & Milan Ingegneria, Meran

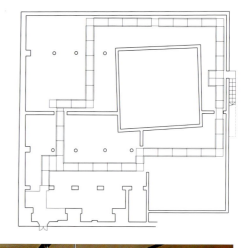

　　发掘阿奎莱亚王宫地下马赛克拼花地板这个项目开始时，第一次世界大战还在进行，它是20世纪最壮观的考古发现之一。现在王宫已经被指定为世界文化遗产，而它的马赛克拼花地板则每年吸引着30万游客前来欣赏。由于持续不断的人流给珍贵的地面造成了不可修复的损坏，因此需要采取一些行动。但首先，那些保护马赛克免于气候侵蚀的残破混凝土屋面需要被更换掉。建筑师选择了一种可以安装透明通道系统的钢结构悬挂在天花板下面。这个结构在阻止马赛克地面受到进一步破坏的同时又保证了通透的视线。玻璃通道由层压玻璃和一层容易更换的6mm最外层玻璃组成。据预测，这种玻璃需要每两年更换一次。整个通道的结构自重与活荷载都由一套纤细的不锈钢系统承担。而最大的挑战是阻止通道侧向的摆动，最后通过在整个通道系统的每个转角处设置垂直方向的玻璃板使这个问题得到了解决。

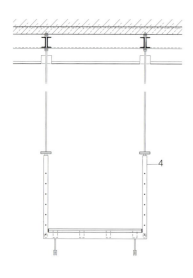

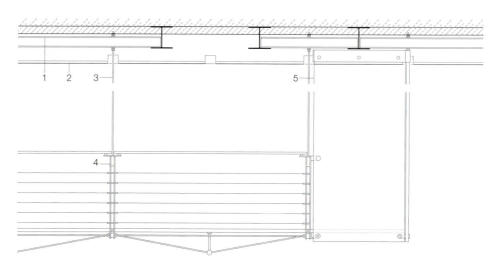

通道平面图
比例 1:750
剖面图·局部立面图
比例 1:50

通道剖面详图
比例 1:10

1 新屋顶结构
2 吊顶：6mm天然石板挂于钢质蜂巢结构上
3 ∅15mm不锈钢悬挂缆索
4 不锈钢侧柱：2层60mm×10mm扁钢（垂直）
　　2层80mm×10mm扁钢（水平）
5 层压安全玻璃，2层12mm钢化安全玻璃
6 层压安全玻璃，1层6mm＋3层12mm超透明钢化安
　全玻璃
7 不锈钢点驳件
8 扶手，层压安全玻璃，2层12mm钢化安全玻璃板
9 ∅10mm不锈钢缆索

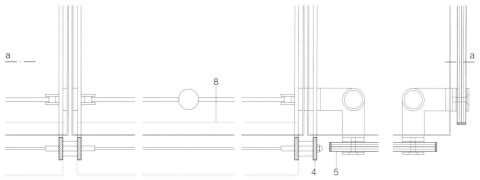

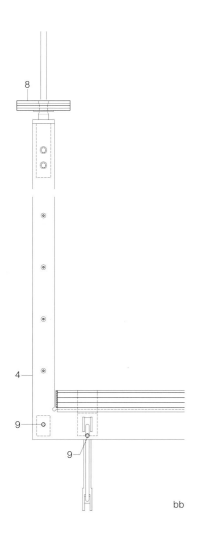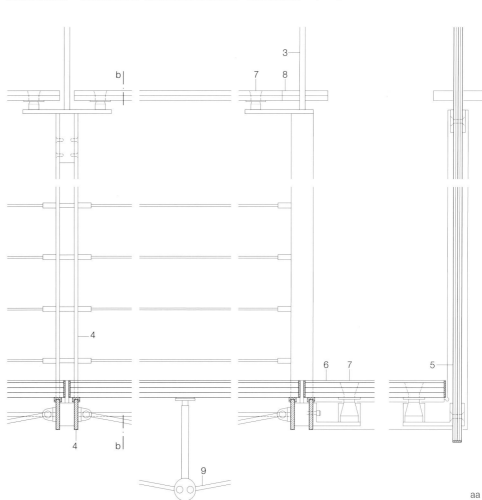

bb

aa

住宅开发项目

荷兰阿姆斯特丹, 1994年

建筑师：
Hans Kollhoff, Berlin, with Christian Rapp
Berlin/Amsterdam
结构工程师：
Konstruktie–Bureau Heijckmann, Amsterdam

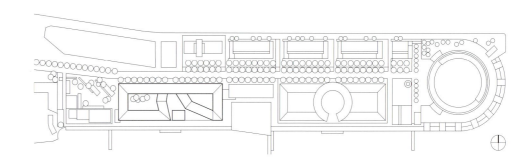

这座170m长、4~9层高的综合楼位于阿姆斯特丹市中心附近的一个岛上，这个岛曾经是港口和工业区。本案包括300多个住宅单元，是众多建筑师设计的一个大规模城市开发计划的一部分。

住宅楼外观最大的特点就是精心设计的面砖和长方形的窗户，以及沿着南立面的温室窗户，从某一个角度看去，这些窗户就像是连续的玻璃带。红柏制成的起居室窗扉精确地凹进外墙半砖的深度。从建筑性能方面讲，它们与保温板排列在一起。拱肩镶板的上面，里面是木窗台，外面是石窗台。单层玻璃的温室窗户有小型分隔件，窗框是带有简单粉末涂层的型钢，对建筑物理性能毫无贡献。窗户下部的三分之一是固定的，上面的三分之二从中间分隔开，可以将两个窗扇水平折叠在一起从而打开窗户。因此，建筑立面会有许多与立面成不同角度的窗扉，使立面显得生动无比。

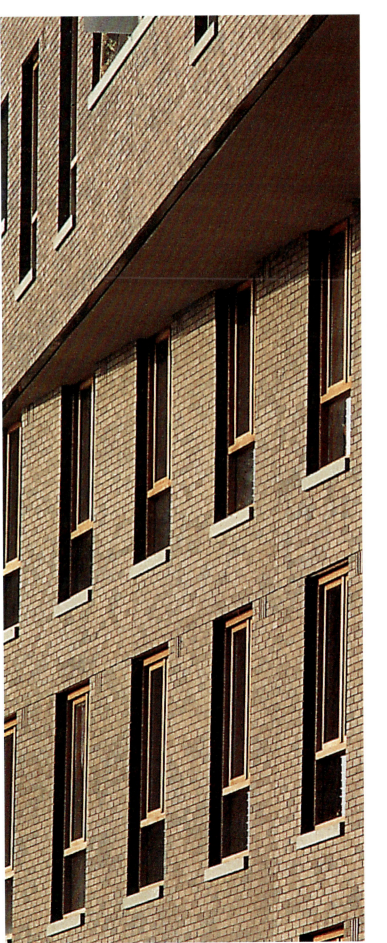

总平面图
比例 1:750
平面图·剖面图
比例 1:1250
垂直剖面
比例 1:20
立面详图
比例 1:5

1 钢筋混凝土
2 永久性弹性接缝
3 角钢过梁
4 红柏窗框中空玻璃窗
5 玻璃压条
6 木窗台
7 墙体构造:
  15mm石膏
  115mm墙砖
  65mm保温层
  35mm通风腔
  115mm面砖
8 人造石窗台

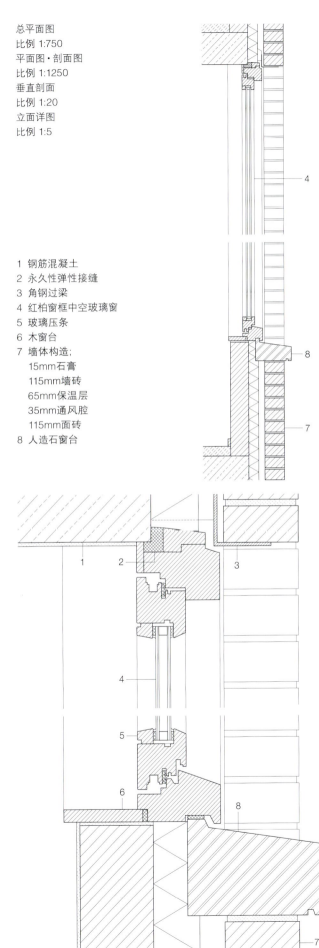

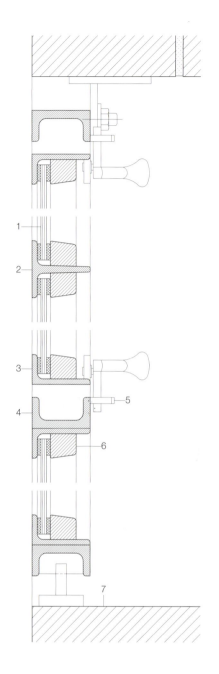

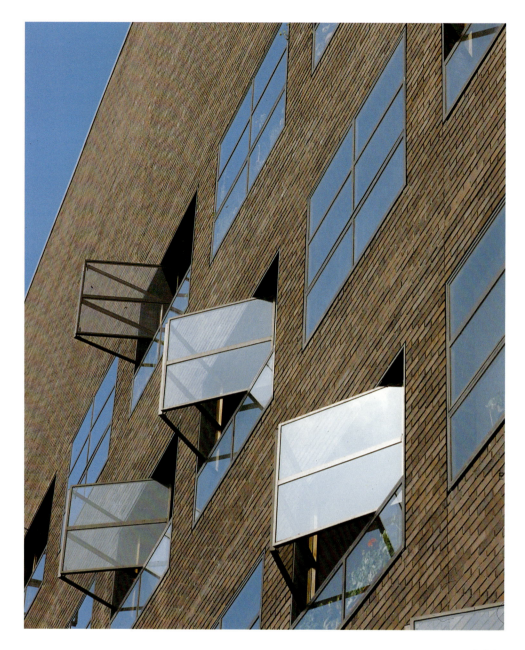

折叠窗详图
比例 1:2.5

1 4mm钢化安全玻璃
2 40mm×40mm T型钢
3 40mm×20mm角钢
4 40mm×20mm槽钢
5 铜插栓
6 18mm×16mm玻璃压条
7 115mm面砖
8 5mm×35mm窗侧环

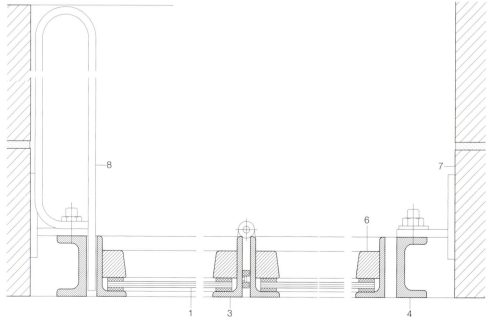

商业开发项目

德国林道，1995年

建筑师：
Fink + Jocher, Munich
Dietrich Fink, Thomas Jocher
参与设计建筑师：
Richard Waldmann, Christof Wallner
结构工程师：
Dr. Becker + Partner, Lindau

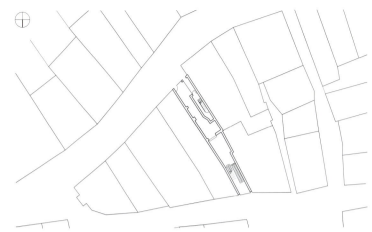

总平面图 比例 1:1000

这座新建筑填补了林道镇中心一个街区的缝隙。这块地最窄的地方只有2.90m宽。在施工过程中，新建筑后面的原有建筑在对结构干涉最小的条件下进行了翻新。设计概念中，前后两座建筑的较低楼层的用途是商店，同时也是前后两条狭窄街道的连接通道。

为了保证自然光最大限度地照射进35m进深的商店，新建筑使用了全玻璃立面。因此，在街道上可以看见建筑室内结构，室内的陈设物品成了一种"城市接缝"。两层商店的布局反映出了该地块的地形：老建筑一侧的入口比新建筑一侧的入口高出一层。这从外面能看出来。玻璃立面严谨的细节设计使建筑融入接到完整的历史结构中，但又与原有的建筑语言不同。新建筑对面的建筑反射在玻璃立面上，也反映了这里的多元化：平面与浮雕面、透明与封闭、旧与新、室内与室外以及它们之间流动的边界。

玻璃板与立面同宽，并在两侧用玻璃格条固定。立面的水平接缝用硅树脂密封，接缝与相邻建筑立面的条状装饰非常协调。建筑三层的凉廊立面使用了开放式玻璃百叶系统。立面入口处的门是独立的不透明构件，与相邻建筑封闭的墙面和透明的洞口的典型特征相反，而且入口经过了仔细设计。为了不与周围建筑形成更加强烈的对比，立面没有使用引人注目的材料。所有的金属构件都涂上了黑色云母氧化铁涂料。裸露的混凝土墙代表了商店内部的主要特征。

垂直剖面
比例 1:100
立面详图
比例 1:5

1　19mm钢化安全玻璃
2　铝质玻璃格条
3　3mm钢板
4　⊏10mm扁钢
5　门扇：
　　40mm管状碎木胶合板芯材
　　V 100碎木胶合板
　　3mm整体黏结金属饰面板
6　门槛：
　　⊏10mm扁钢，向室外倾斜2%
7　⊏50mm×6mm扁钢
8　⊏6mm扁钢
9　10mm硬橡胶
10　140mm槽钢
11　3mm钢板
12　120mm×50mm角钢
13　可调节玻璃百叶
14　外包钢板的木板
15　金属格栅
16　地板下钢质对流式暖气
17　4mm钢板，内嵌椰棕

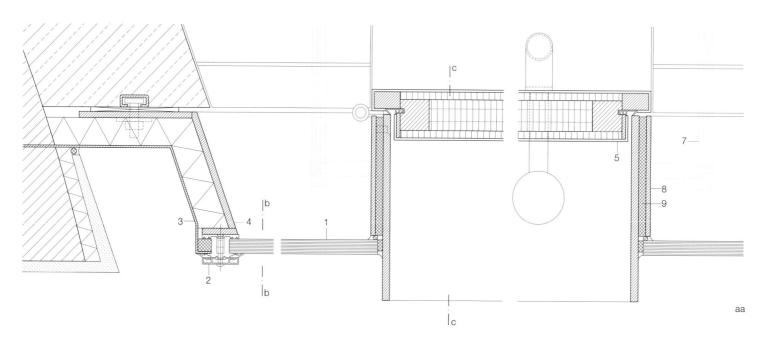

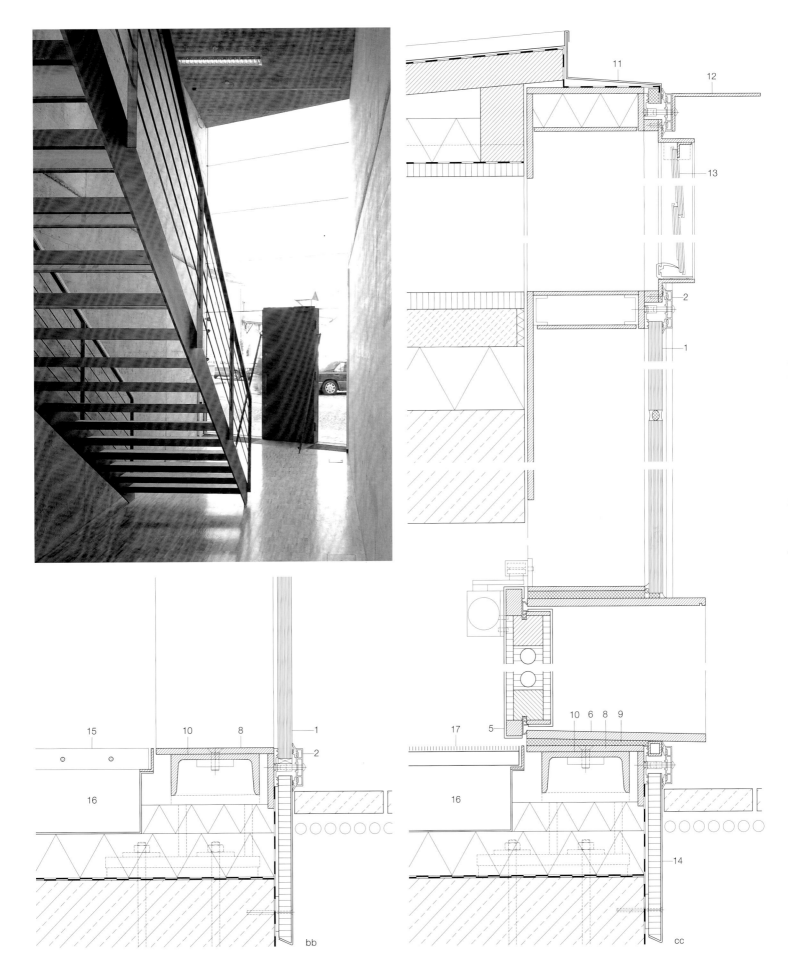

会议中心

德国Weil am Rhein，1993年

建筑师：
Tadao Ando & Associates, Osaka, Japan
结构设计与现场管理：
Günter Pfeifer, Roland Mayer, Lörrach
项目经理：Peter M. Bährle
参与设计建筑师：Caroline Reich
结构工程师：
Johannes C. Schuhmacher, Bad Krozingen

该项目是一个办公家具生产公司的会议和培训中心，共两层，建在公司旁一块开放的场地上。建筑界限清晰的体量在周围大不相同的建筑中脱颖而出。来访者顺着会议中心L形的外墙会进入一个狭窄的矩形区域，它是墙体的延伸部分。长长的通道设计源于日本的小道。建筑布局十分精巧。两个直线型体量以一定角度穿插在一起。在相交那一点，有一个圆柱形构件同时穿过两个体量，里面容纳了休息厅和楼梯。平面布局中还融入了一个庭院空间，位于地面下的一层。从开放的场地看去，只能看到一层，还能看到樱桃树的树顶远远高过建筑。两层高的室内空间尺寸不同，布局也不同，其中包括会议室、会客室、大厅和图书馆。

与安藤忠雄设计的几乎所有建筑一样，这座会议中心最大的特点就是精心设计的清水混凝土墙。与房间同高的窗户与墙体形成强烈对比，在立面上形成相同黑暗的区域。开窗上的细节设计与建筑设计一样，去掉了所有人为的修饰。简单的立柱横梁结构窗户使用了无烟煤灰色的阳极氧化铝框架，窗户形成的清晰网格与混凝土表面的接缝非常一致。安藤忠雄设计的会议中心是一个将玻璃与混凝土成功结合的范例。

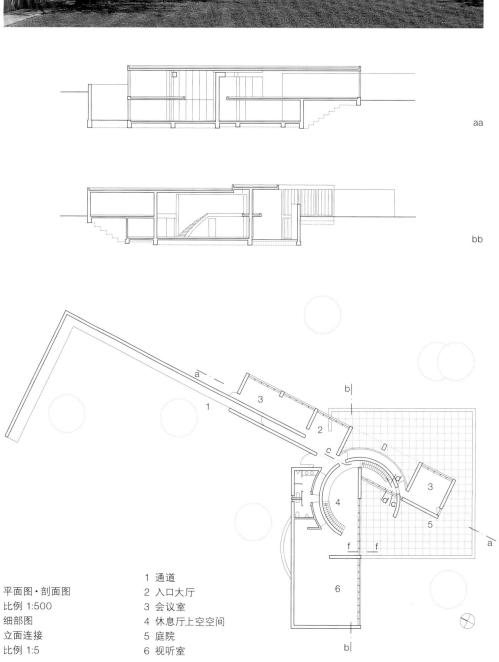

平面图·剖面图
比例 1:500
细部图
立面连接
比例 1:5

1 通道
2 入口大厅
3 会议室
4 休息厅上空空间
5 庭院
6 视听室

7 双层清水混凝土
墙体，中间空腔
填充保温层
8 铝立柱
9 铝横梁

10 中空玻璃，6mm+
12mm空腔+6mm
11 铝质玻璃格条，
带盖板
12 不锈钢板压弯成型，

阳极氧化表面
13 架空混凝土板
14 永久性弹性接缝
15 拼花地板
16 铝质大门

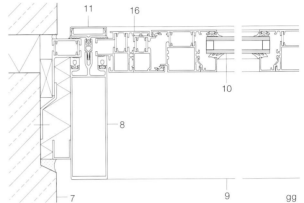

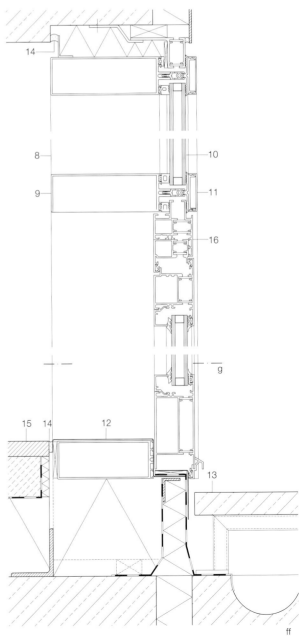

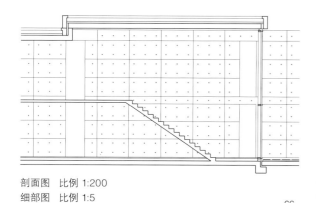

剖面图　比例 1:200
细部图　比例 1:5

cc

1 双层清水混凝土墙体，中间
　空腔填充保温层
2 铝立柱
3 铝横梁
4 中空玻璃，6mm+12mm空
　腔+6mm
5 铝质玻璃格条，带盖板
6 不锈钢板压弯成型，阳极氧
　化表面
7 架空混凝土板
8 永久性弹性接缝
9 拼花地板
10 不锈钢板
11 塑性条

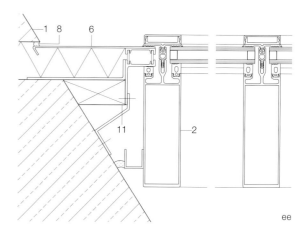

ee

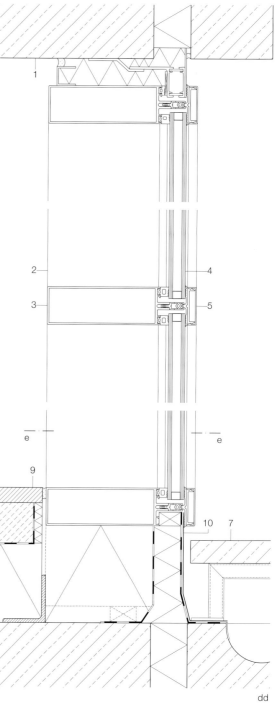

dd

住宅

日本东京，2000年

建筑师：
Kazuyo Sejima & Associates, Tokyo
项目团队：
Yoshitaka Tanase, Shoko Fukuya
结构工程师：
Sasaki Structure Consultant, Tokyo

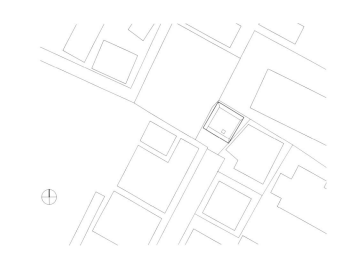

原宿——东京一个高楼林立的地段，一个由无数小商业和餐饮业组成的新时尚区域——是这座为一户年轻家庭建造的新住宅的所在地。在这块小基地上，建筑的每一层楼板都叠落在一起。它反传统的造型是由现有建筑规范对不同层高处的尺寸规定所致。由玻璃和钢板组成的外立面界定出了建筑的三维形态。

按照妹岛和世的理论和观点，空间概念是要优先考虑的，结构方面则是其次。承重钢结构和立面的细部处理则下降到了基本的层面。为了满足家庭不断变化的需求，各层只在很小的程度内进行了设施安装。在不同的楼层，室内外的空间联系使用了不同的方法进行了强调：主卧室是部分沉入地下的，通过一条狭长的高窗采光，上边一层的客卧则对着住宅后面未利用的院子。这座三维建筑面向狭窄入口通道处的一个小切口变成了这家的停车空间。起居和用餐区以及露台对着院子，在沿街的一面，住宅用钢板和半透明的玻璃遮挡了外界的视线。装在所有窗户上的窗帘可以完全隔绝城市的喧嚣。空间的狭小通过简洁的结构外形和白色喷涂的设施构件以及钢柱得到了弥补，再加上连接各层的螺旋楼梯，这些都给人一种宽敞明亮的整体印象。这座住宅在非常有限的空间内创造了一个方便交流的家庭生活环境。

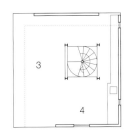

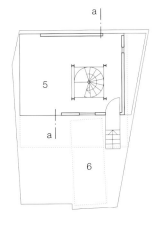

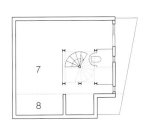

总平面图
比例 1:500
平面图
比例 1:200

1 露台
2 浴室
3 起居室
4 厨房/餐厅

5 客卧
6 停车空间
7 主卧
8 衣橱

213

剖面图　比例 1:50
四层和玻璃转角处的剖面详图　比例 1:10

1　屋顶构造：
　　1.2mm防水板加保护涂层
　　12mm胶合板
　　中空钢构件支撑结构
　　40mm保温层；砂浆层
　　100mm钢筋混凝土
2　扁钢框架，内嵌多孔金属网
3　8mm层压安全玻璃
4　楼板构造：
　　15mm樱桃木地板
　　覆盖地热采暖管道的12mm砂浆层
　　10mm砂浆层
　　125mm钢筋混凝土
5　125mm×125mm×6.5mm×9mm工字钢，
　　白色喷涂
6　踏步：
　　2mm PVC；2.5mm钢板
7　墙体构造：
　　钢板覆盖层
　　0.4mm铝面层
　　沥青防水层
　　12mm胶合板
　　槽钢之间设保温层
　　12.5mm塑料板，白色喷涂
8　硅树脂接缝
9　∅60.5mm×8mm钢管，白色喷涂
10　扁钢，⊏ 9mm×38mm，白色喷涂
11　扁钢，⊏ 25mm×38mm，白色喷涂

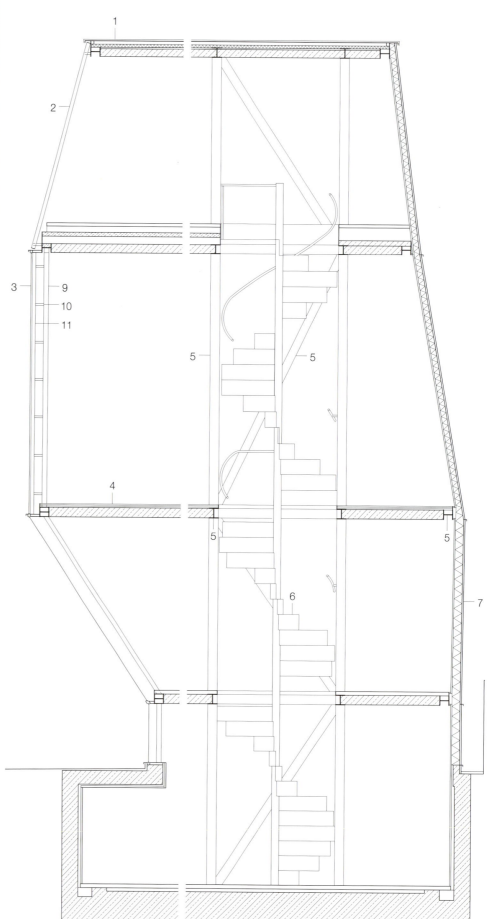

aa

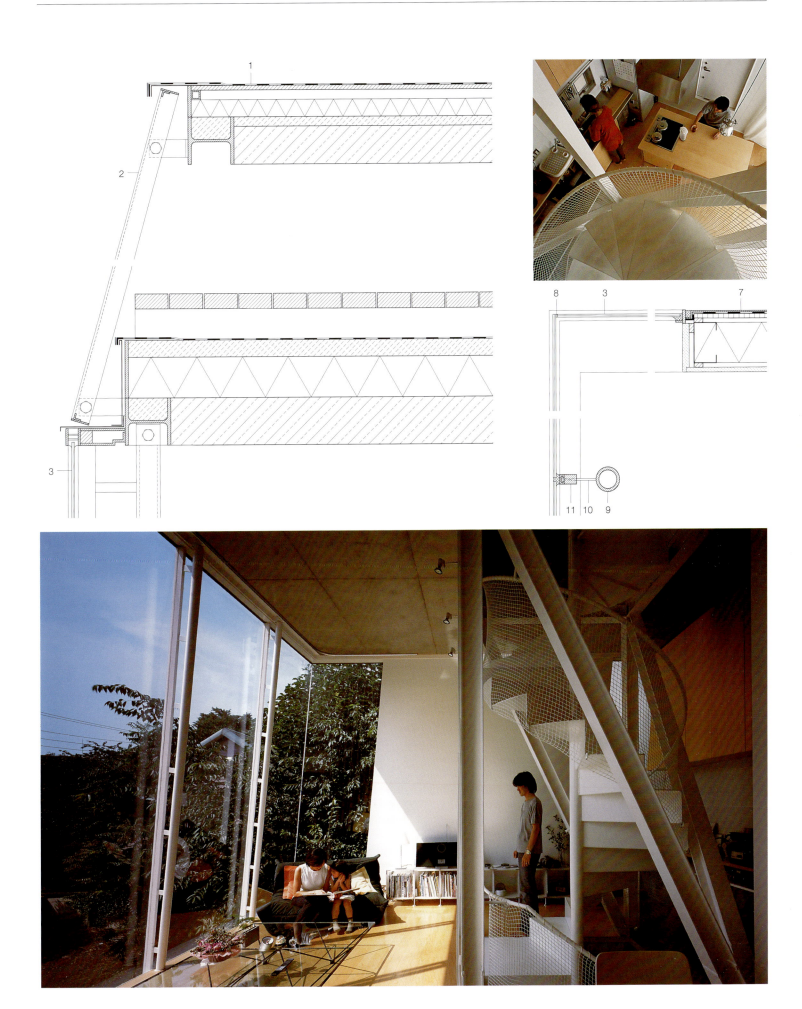

卡通漫画博物馆

瑞士巴塞尔，1996年

建筑师：
Herzog & de Meuron, Basel
项目团队：Yvonne Rudolf,
Mario Meier, Isabelle Rossi
立面顾问：
Gerber–Vogt AG, Basel
结构工程师：
Helmut Pauli, Basel

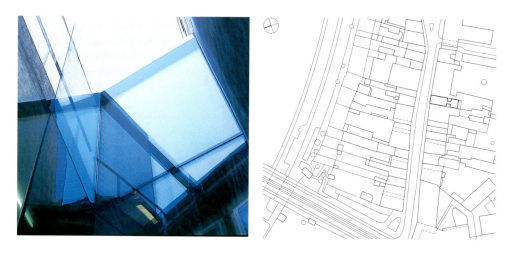

这座小博物馆展出的是自己收藏或借来的各种图纸、印刷品和图片。博物馆包括两座独立的建筑——旧楼和新楼，它们都坐落在一块狭窄老旧的基地上（6m×25m）。两部分由玻璃走廊连接起来。博物馆的入口、馆长办公室、图书馆和一些小展览室都设在旧楼里。因为博物馆已经经过几个世纪的改造，因此每一层的木地板和墙体装饰在细节上都不一样。新楼共三层，设计简单而和谐。构成不同展览空间楼层的混凝土楼板在朝向庭院的一侧用玻璃围合。每一层都由一个6m×8m的不可分割区域构成。展品在墙上或陈列橱里展出。

博物馆新旧楼之间的玻璃走廊把庭院分成两个狭窄的烟囱状空间。新楼能俯瞰庭院的玻璃墙相互交叉成钝角，因此，玻璃庭院就像一个发光体量，具有灯笼的功能，给室内展厅带来自然光线。建筑使用了两种不同类型的反射玻璃，加深了变化的空间效果，使玻璃院子显得更小。第一眼看上去，游客很难看清楚建筑的空间结构。所有的玻璃构件都没有使用框架固定。在底部，每块玻璃板由两个可调节的点驳件支撑；在建筑顶部，它们由角钢固定在玻璃平面上。所有接缝都被减到最小。为此，建筑师对中空玻璃构件之间的水平接缝进行了仔细设计，使玻璃构件的内外层错位连接，将一个玻璃构件外层的底边与另一个玻璃构件内层的顶边重叠。从狭窄的走廊看去，这些玻璃由于镀有不同的膜，因此，从某些角度看是反光的，而从其他角度看又变成了透明的。

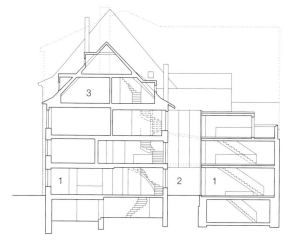

aa

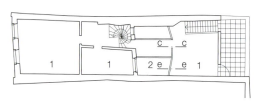

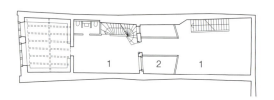

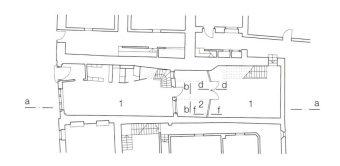

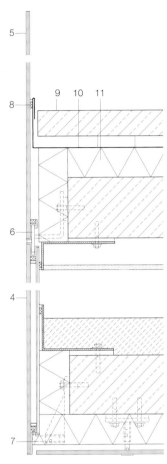

bb

总平面图
比例 1:3500
剖面图·平面图
比例 1:400
连接桥详图
比例 1:10

1 展室
2 采光井
3 办公室/工作间
4 中空玻璃,钢化安全玻璃
5 女儿墙和立面转角处钢化安全玻璃
6 固定玻璃的钢质点驳件
7 可调节玻璃固定件
8 永久性弹性接缝
9 架空混凝土板
10 2mm钛锌板
11 硬质保温层

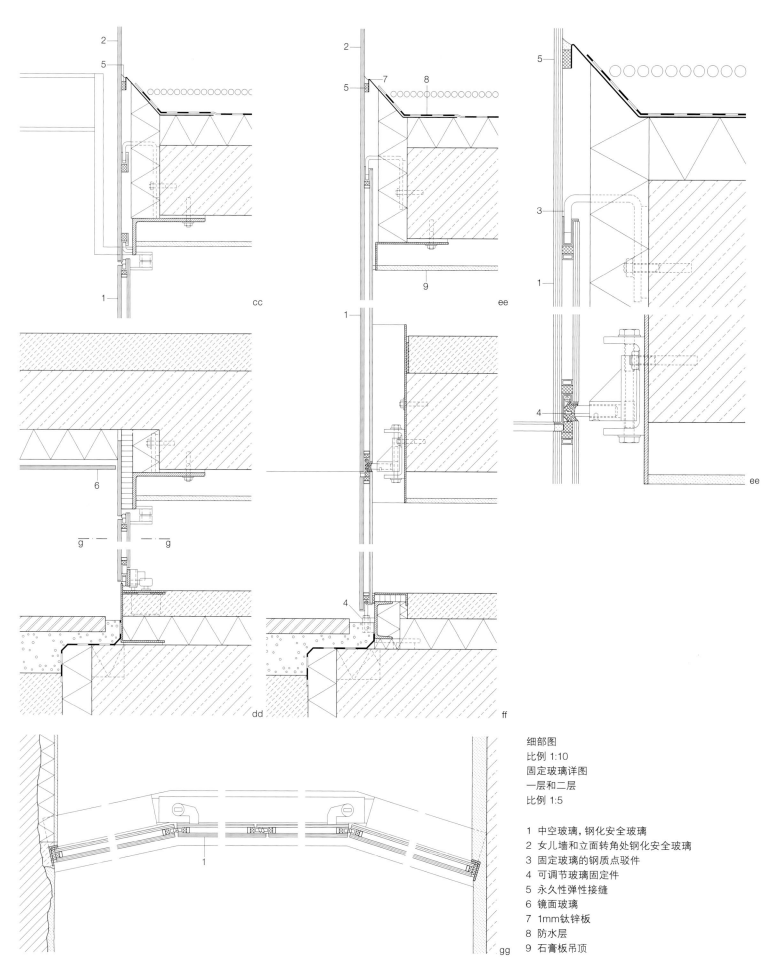

cc

ee

ee

g ___ g

dd

ff

gg

细部图
比例 1:10
固定玻璃详图
一层和二层
比例 1:5

1 中空玻璃, 钢化安全玻璃
2 女儿墙和立面转角处钢化安全玻璃
3 固定玻璃的钢质点驳件
4 可调节玻璃固定件
5 永久性弹性接缝
6 镜面玻璃
7 1mm钛锌板
8 防水层
9 石膏板吊顶

居住式工作间

德国Riederau am Ammersee, 2003年

建筑师:
Bembé + Dellinger, Greifenberg
Felix Bembé, Sebastian Dellinger
结构工程师:
Ingenieurbüro Dr. Rausch, Germering

剖面图·平面图
比例 1:250

1 工作室
2 活动隔板
3 钢筋混凝土柱
4 衣帽间
5 浴室
6 淋浴间
7 休息室
8 挡土墙
9 圆柱

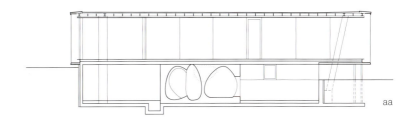

这座结合了工作室和临时居住功能的简洁的建筑坐落在主人的主要居所附近,并被高耸而稀疏的树木掩映着。由于地处广阔基地的中心位置,无须遮挡外界的窥视,因此这个长方形的盒式建筑四面完全由玻璃围合,从而创造了一个中性的单一空间建筑。它看上去像漂浮在草地上,外观完全与周围环境融为一体。这一印象并没有被它可见的结构和室内的设施影响——16块可以推拉的划分工作室空间的隔板。搁架、桌椅家具体系和厨房设备都安装在这些模块上。在所有使用的结构构件中,只有两根钢筋混凝土柱子是可见的。它们不只支撑着屋顶,而且容纳了排水系统和烟囱。两根细小的钢柱隐藏在落地推拉窗后面,也支撑着屋顶。所有的玻璃窗都占满房间高度,就好像被夹在地板与天花板之间一样。玻璃窗的顶部和底部由很窄的预制耐候钢条固定,垂直接缝则用胶连接在一起。较重的地下层与地上层的轻质结构形成了强烈的对比。在巨大的混凝土核心筒模板内插入聚苯乙烯块形成的较大空间,使地下室看上去像岩洞一样,并提供了洗浴空间和休息空间。

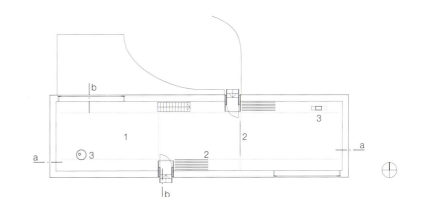

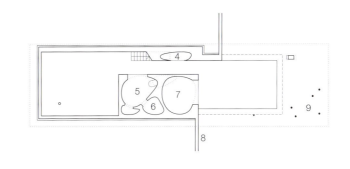

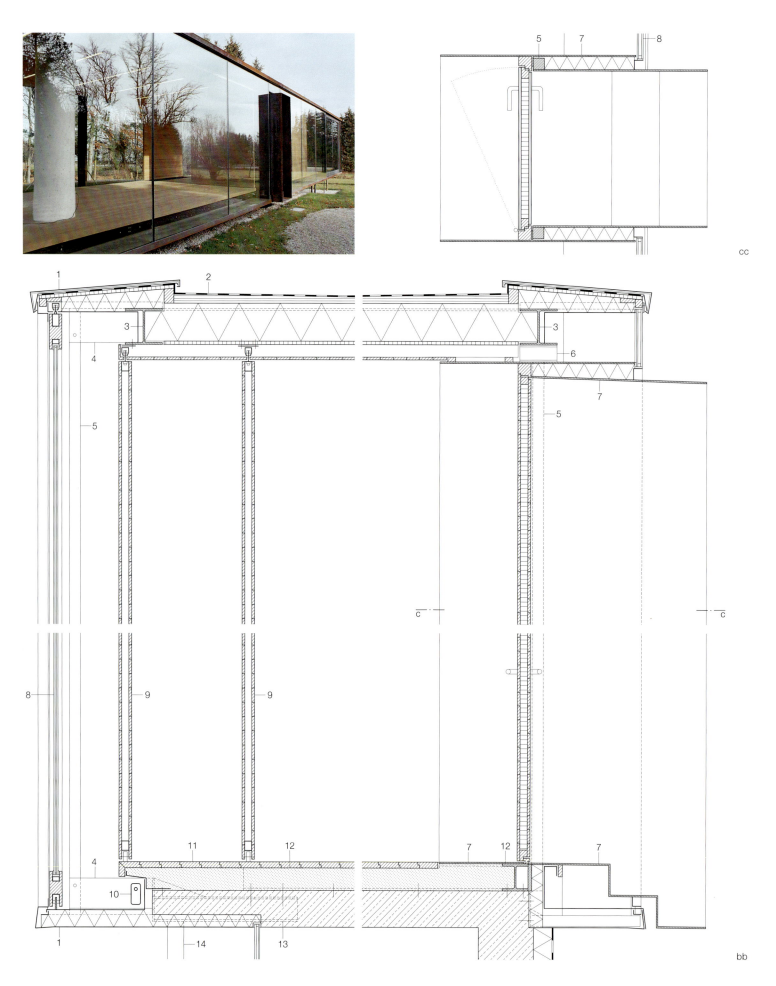

cc

bb

水平剖面·垂直剖面
比例 1:20

1 4mm预制耐候钢板
2 防水层,PVC卷材
　0~30mm冷杉木
　120mm×200mm椽子中间夹200mm
　矿物纤维保温层
　18mm木板
　65mm板条
　15mm未处理橡木天花板
3 钢框架,HEA 200
4 2层20mm钢板
5 ⊿ 60mm×60mm张拉中空方钢管
6 IPE 80型钢

7 8mm预制耐候钢板
8 中空玻璃
　6mm浮法玻璃+14mm空腔+6mm钢化安全玻璃
　垂直接缝用黑色硅树脂密封
9 活动隔板:
　钢框架
　15mm未处理橡木面层,钉子固定
10 线圈暖气管
11 32mm未处理橡木地板条,钉在枕木上
12 HEB 140型钢
13 HEM 120型钢
14 ∅88.9mm 中空圆钢柱

R128号住宅

德国斯图加特，2000年

建筑师：
Werner Sobek, Stuttgart
总规划师：
Werner Sobek Ingenieure
钢结构/立面顾问：
se-stahltechnik, Stammham
钢质家具：
Hardwork, Stuttgart
能源顾问：
Transsolar Energietechnik, Stuttgart

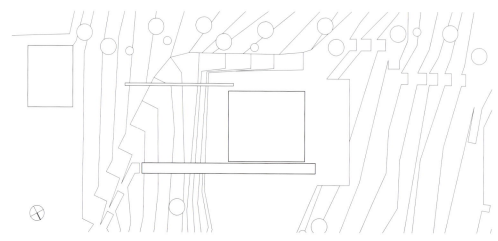

这座全玻璃立面建筑在能源上是完全自给自足的。它坐落在斯图加特盆地边缘一段陡峭的坡地上，是一个模数化的结构体系，由于使用了螺钉和销钉作为连接件，因此可以非常快捷地安装拆卸。同时，它所有的建筑构件都是可以回收再利用的。三层玻璃窗的 U 值为0.45W/m²K，相当于100mm泡沫保温层的保温能力。建筑内部的温度由一套专门开发的系统控制，供暖和空调系统的能量全部来自太阳能。这座建筑的承重结构包括一个斜撑的螺栓固定的钢框架，还有建筑三面垂直排列的十字交叉支撑，以及悬挂楼板间的钢索。梁在现场通过螺钉固定在柱子的侧面上。这个裸露的钢框架是设计基本策略的一个整体要素。

达到最大通透性的概念在室内无分隔的空间布置上得到了加强。建筑所有的承重与非承重构件，包括外立面，都采用了模数结构，固定件也都容易拆卸。抹灰、砂浆和其他不易回收利用的材料没有被使用，所有设备也都没有设在抹灰层内。为了建造这座零排放和零耗能建筑，建筑师使用了一个新的计算机能量控制程序概念。如果需要的话，还可以在世界任何角落通过电话或者电脑远程遥控！

透过玻璃立面进入室内的太阳能被埋设在天花板内的水循环设备吸收并传送入蓄热媒介中。冬天时，可以通过这个热交换过程的逆过程对室内进行加热。除了天花板释放出的热量外，不需要任何补充供暖系统来维持室内温度。

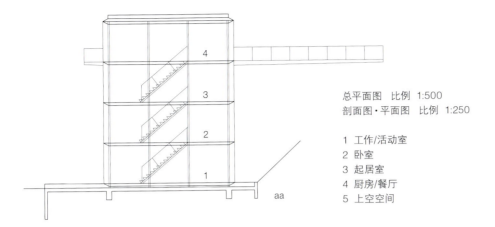

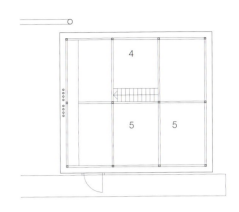

总平面图 比例 1:500
剖面图・平面图 比例 1:250

1 工作/活动室
2 卧室
3 起居室
4 厨房/餐厅
5 上空空间

aa

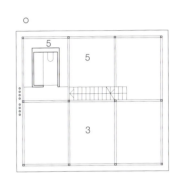

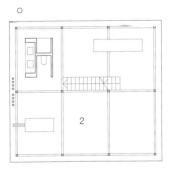

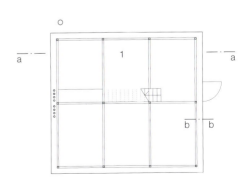

垂直剖面
比例 1:20
墙基础详图
比例 1:5

1 屋顶构造：
  光电太阳能模板
  65mm槽钢支撑结构
  防水层，1层合成材料
  2层320mm发泡玻璃保温层
  60mm三层云杉木芯材胶合板，下垫氯丁橡胶垫
2 格栅，P-330-30
3 80mm槽钢构件，下垫三元乙丙橡胶衬垫上
4 2mm不锈钢板
5 发泡玻璃保温层
6 立面固定夹，铸钢
7 中空玻璃构件：U=0.45W/m²K
  10mm外层平板玻璃＋填充氩气空腔＋8mm内层平板玻璃
8 钢构件，IPE 200
9 2mm铝质天花板
10 嵌入式照明设备
11 松紧螺栓
12 扁钢，⊐ 40mm×6mm
13 ∅15mm 水循环铜管

14 ⊐ 100mm×100mm×10mm中空方钢
15 楼板构造：
  环氧树脂密封层
  60mm三层云杉木芯材胶合板，下垫三元乙丙橡胶衬垫
16 100mm×65mm×8mm角钢
17 上悬式无框可开启窗，与楼层同高
18 开启17所述构件使用的电机
19 1mm铝质饰板，压弯成型
20 可开启设备管线管道，内填松散珍珠岩
21 楼板构造：
  环氧树脂密封层
  60mm三层云杉木芯材胶合板，下垫三元乙丙橡胶衬垫
  240mm发泡玻璃保温层
  合成材料防水层，整体黏结
  200mm钢筋混凝土楼板
22 排水沟找坡
23 100mm×140mm×10mm角钢
24 基座钢板由钢螺钉固定于水泥浆地面上

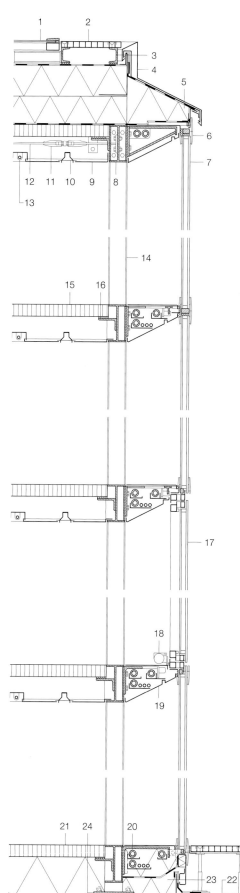

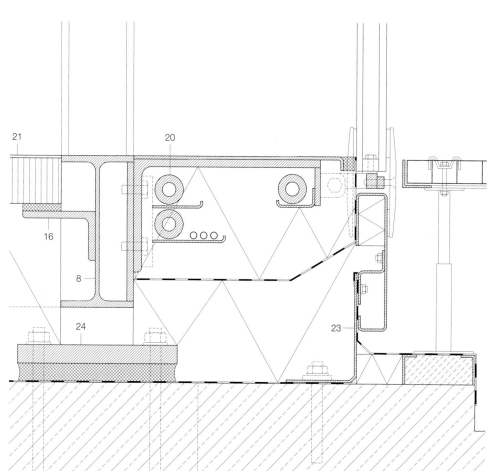

bb

公寓楼

澳大利亚多恩比恩，2001年

建筑师：
Baumschlager & Eberle, Lochau
项目经理：
Harald Nasahl
参与设计建筑师：
Christine Falkner
结构工程师：
Rüsch Diem Schuler, Dornbirn
Eric Hämmerle, Dornbirn

在人口密集的多恩比恩镇郊区，这座公寓楼以它不同寻常的三维空间形式和立面设计，在周围的传统坡屋顶房屋中显得十分独特。这座建筑由两个长方形体量构成，一个两层，一个三层，错开布置。建筑师设计了带遮蔽的开放空间，有九个居住单元的公寓楼与周围小住宅建筑融合在了一起。为了最大限度地利用这块土地，建筑一直延伸到建筑红线。原来位于街边的谷仓现在成了地下车库的入口。

不仅仅是建筑形式，立面的建造也是基于对周边密集的建筑环境的考虑。立方体建筑白色的外表面能够反射周围的环境，从而使周围的环境显得很宽敞。立面由白色的玻璃板固定在黑色的轨道上而形成。玻璃构件为三层，给光滑的表面以纵深感，同时使光线有不同的反射变化。外层玻璃围护结构后面是合成树脂黏结的覆盖层压板的木框架结构。

玻璃外围护结构有两种不同的方式反射建筑周围的环境：一种是通过缩进的多孔立面上的窗户透出来的真实景象，另一种是白色玻璃板反射出的过滤景象。立面外观同时也被天气和一天中的不同时段所影响。居住在其中的人可以自由选择和控制他们想要看到的周围环境的可视程度。不论是在公寓里还是在凉廊上，丝网印刷的立面构件都能使居住者既可以躲避周围好奇的邻居的窥视，又不影响向外的视野。只有当可滑动的玻璃窗被推到另一扇玻璃窗的前面时，窗户才会失去通透性。灵活性是立面设计概念中的一部分，这个概念就是，只有当每一片玻璃都被利用时，看起来相似的外围护结构才能发挥出它的最大潜力。

平面图·剖面图
比例 1:500
垂直剖面·水平剖面
比例 1:20

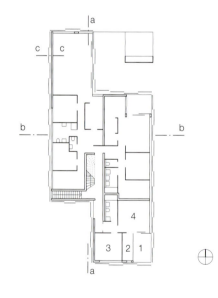

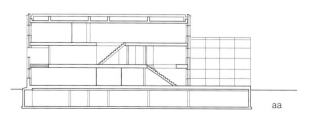

aa

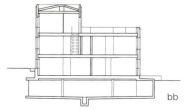

bb

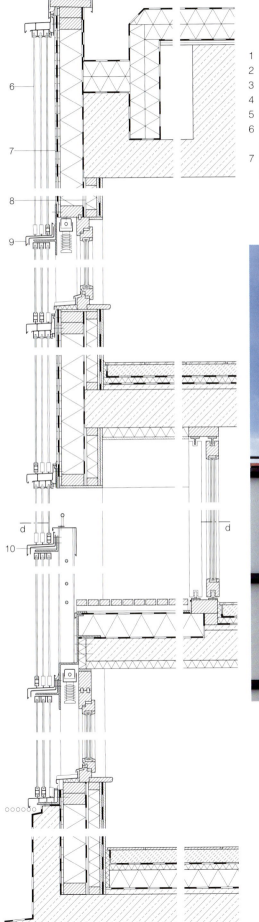

1 凉廊
2 厨房
3 卧室
4 起居室
5 屋顶露台
6 钢化安全玻璃, 丝网印刷, 三轨滑道, 单色
　丝网印刷, ⌀1mm点状图案
7 木筋墙:
　5mm合成树脂黏结层压板, 不透气薄膜

可扩散
12mm 定向刨花板
夹在120mm×60mm木筋墙之间的120mm
保温层, 保温层两侧贴建筑用墙纸
8 内表皮(木筋墙):
　60mm保温层
　2层12.5mm石膏板, 中间夹聚乙烯隔汽层
9 铝泛水板, 粉末涂层
10 130mm×90mm角钢

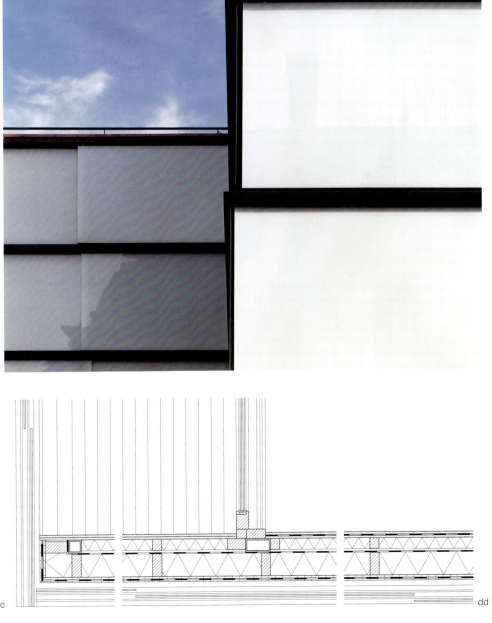

概念店

英国伦敦，2004年

建筑师：
Adjaye Associates, London
项目团队：
David Adjaye, Yohannes Bereket,
Josh Carver, Nikolai Delvendahl,
Cornelia Fischer, Soyingbe Gandonu,
Jessica Grainger, Andrew Heid,
Haremi Kudo, Yuko Minamide,
John Moran, Ana Rita Silva, Go Tashiro
结构工程师：
Arup Associates, London

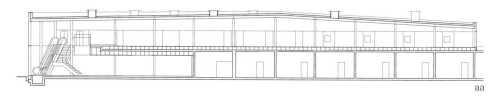

aa

东伦敦Tower Hamlet行政区的人口主要以移民为主，市民受教育程度很低而且犯罪率持续上升，像图书馆这样的市政教育机构对于这里的城市居民几乎没有吸引力。当地政府为了改善这种现象而建造了一座新型的公共图书馆——概念店，它将教育机构和社会文化中心结合在了一起。事实证明这种结合很成功，人们蜂拥而至，进入这座玻璃建筑。图书馆被建在一个原有小商店的公共散步场地上，商店在最终的概念里被保留下来。这座建筑的南端有两层，在这里有一个很大的具有邀请意味的入口，将人们引入开敞的中庭。建筑由钢结构支撑，结构网格的尺寸由下部商店的尺寸决定。用钢芯加强过的木柱支撑着立面，并抵抗水平荷载与风荷载。由于玻璃板的尺寸特殊——4.50m高，但只有600mm宽——铝质立柱横梁立面必须使用托架将其与钢结构分开。因此，立面的竖向灵活性得以保留，混凝土楼板的偏差也不会对立面产生影响。层压安全玻璃中的PVB夹层使玻璃产生各种不同的颜色。PVB夹层有九种颜色，四块玻璃板组合在一起总共可以产生7000多种色彩。

平面图·剖面图
比例 1:500
立面详图
比例 1:10

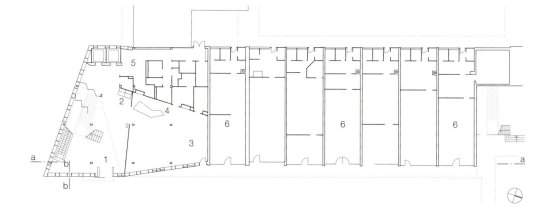

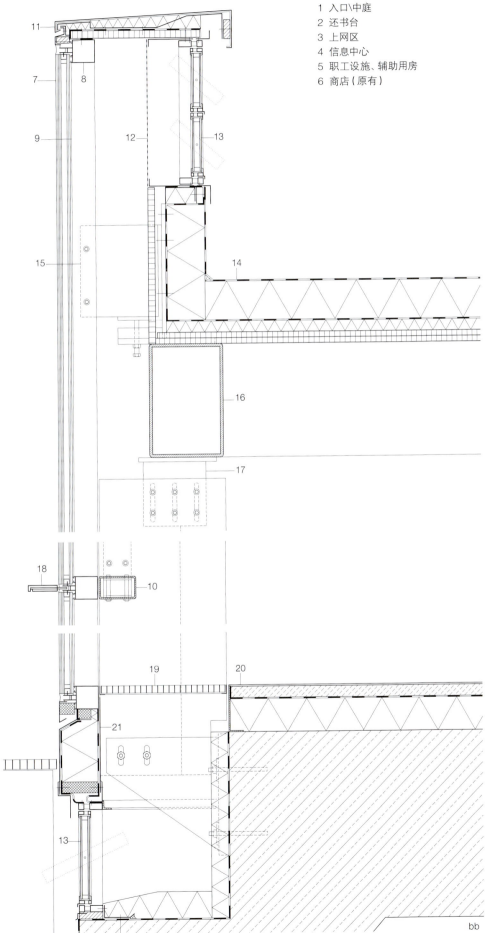

1 入口\中庭
2 还书台
3 上网区
4 信息中心
5 职工设施、辅助用房
6 商店（原有）

7 中空玻璃构件,12mm层压安全玻璃+6mm空腔+
   带低辐射膜的8mm钢化安全玻璃
8 60mm×60mm铝横梁
9 60mm×60mm铝立柱
10 ∅100mm×60mm×4mm中空方钢,
   用螺栓固定于主立面柱的钢芯材上
11 女儿墙盖帽,3mm铝板,带保温层,
   下面是20mm胶合板
12 穿孔板,灰色粉末涂层,穿孔率50%
13 通风铝挡板
14 屋顶构造:
   防水层
   100mm硬泡沫保温层
   隔汽层
   30mm保温层
   2 层15mm胶合板
   300mm×60mm单板层积材搁栅
15 固定立柱横梁立面的扁钢托架
16 中空方钢主结构,
   ∅300mm×200mm×8mm
17 固定立面柱的扁钢托架
18 铝横梁
19 供暖系统上的铝搁栅
20 楼板构造:
   600mm×600mm×3mm橡胶瓦,灰色
   30mm砂浆层
   分离层
   90mm硬泡沫保温层
   400mm钢筋混凝土楼板
21 3mm带保温铝板

bb

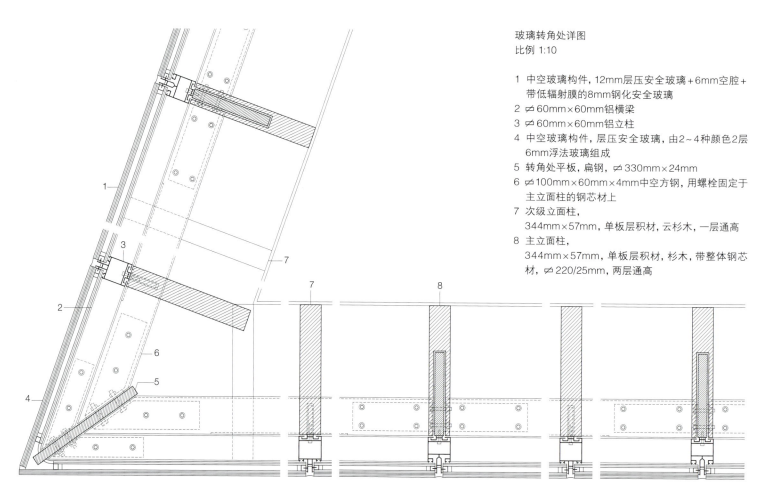

玻璃转角处详图
比例 1:10

1 中空玻璃构件，12mm层压安全玻璃＋6mm空腔＋带低辐射膜的8mm钢化安全玻璃
2 ⊟60mm×60mm铝横梁
3 ⊟60mm×60mm铝立柱
4 中空玻璃构件，层压安全玻璃，由2～4种颜色2层6mm浮法玻璃组成
5 转角处平板，扁钢，⊟330mm×24mm
6 ⊟100mm×60mm×4mm中空方钢，用螺栓固定于主立面柱的钢芯材上
7 次级立面柱，344mm×57mm，单板层积材，云杉木，一层通高
8 主立面柱，344mm×57mm，单板层积材，杉木，带整体钢芯材，⊟220/25mm，两层通高

警察局与消防站综合楼

德国柏林，2004年

建筑师：Sauerbruch Hutton, Berlin
Matthias Sauerbruch, Louisa Hutton,
Jens Ludloff, Juan Lucas Young
项目团队：Sven Holzgreve,
Jürgen Bartenschlag（项目经理）；
Lara Eichwede, Daniela McCarthy,
Florian Völker（现场管理）；
Nicole Winge, Matthias Fuchs,
Marcus Hsu, Konrad Opitz
结构工程师：Arup, Berlin

柏林新建成的警察局与消防站综合楼坐落于施普雷河岸边市中心的一块棕地上。这个项目是对一座建于19世纪的建筑进行扩建，它是Moabit铁路货运站海关机构唯一保留下来的部分。新建筑扩建的部分建在旧建筑的防火墙之上，利用原有建筑作为入口。地面层设有车库，可以放置警察的交通工具和消防设备。

这座非传统现代建筑的反射玻璃立面与普鲁士地区黏土砖建成的笨重的建筑形成了鲜明的对比。由多种绿色和红色玻璃组成的立面，从警察局的绿色玻璃开始到消防站的红色玻璃结束，连续的颜色过渡产生了引人注目的生动效果。此外，这些颜色在新建筑与老建筑和周边树木之间建立了视觉上的联系。外层的玻璃"鳞片"安装在内层窗户外，可独立开启。在这里，它们主要的功能是给室内遮阳。丝网印刷图案在"鳞片"的内侧，可以免受风雨侵蚀，防止玻璃褪色。玻璃在关闭时，玻璃"鳞片"会在涂成白色的室内创造彩色的光影效果，但是当玻璃开启的时候，这些色彩却很难被注意到。

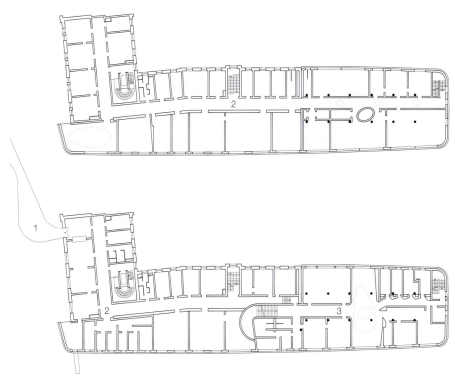

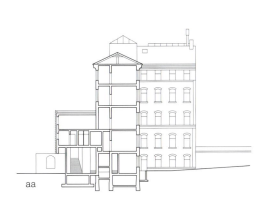

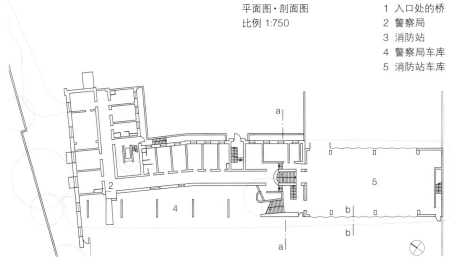

平面图·剖面图
比例 1:750

1 入口处的桥
2 警察局
3 消防站
4 警察局车库
5 消防站车库

垂直剖面・水平剖面
比例 1:20

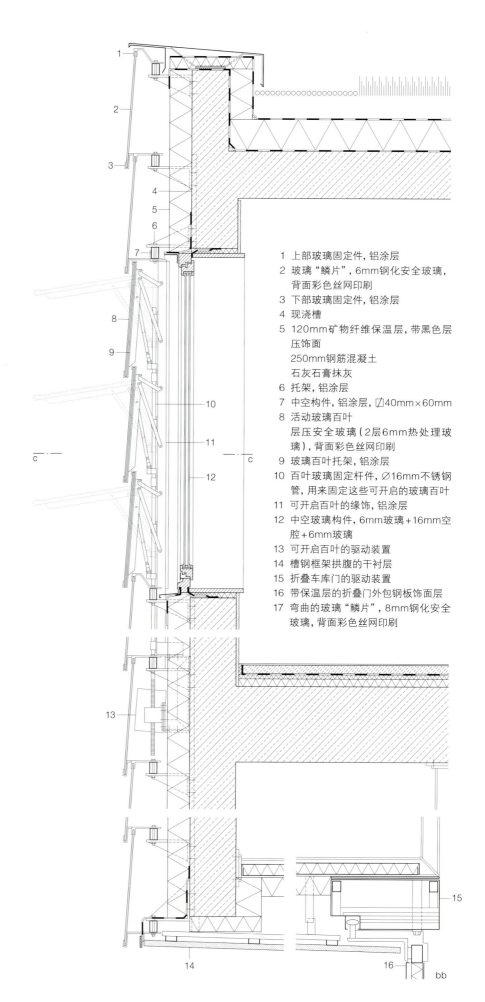

1 上部玻璃固定件，铝涂层
2 玻璃"鳞片"，6mm钢化安全玻璃，背面彩色丝网印刷
3 下部玻璃固定件，铝涂层
4 现浇槽
5 120mm矿物纤维保温层，带黑色层压饰面
  250mm钢筋混凝土
  石灰石膏抹灰
6 托架，铝涂层
7 中空构件，铝涂层，∅40mm×60mm
8 活动玻璃百叶
  层压安全玻璃（2层6mm热处理玻璃），背面彩色丝网印刷
9 玻璃百叶托架，铝涂层
10 百叶玻璃固定杆件，∅16mm不锈钢管，用来固定这些可开启的玻璃百叶
11 可开启百叶的缘饰，铝涂层
12 中空玻璃构件，6mm玻璃+16mm空腔+6mm玻璃
13 可开启百叶的驱动装置
14 槽钢框架拱腹的干衬层
15 折叠车库门的驱动装置
16 带保温层的折叠门外包钢板饰面层
17 弯曲的玻璃"鳞片"，8mm钢化安全玻璃，背面彩色丝网印刷

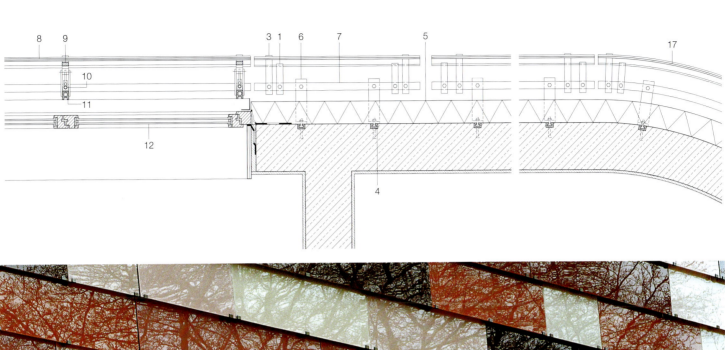

设计学院

德国威斯巴登，2001年

建筑师：
Mahler Günster Fuchs Architekten, Stuttgart
项目团队：
Florian Technau（项目经理），
Alexander Carl, Martina Schulde,
Karin Schmid-Arnoldt
结构工程师：
Fischer und Friedrich, Stuttgart

威斯巴登一座新建的设计学院的全玻璃立面映射着周围的一片橡树林，它的前身是一个电影制作公司。这座建筑与电力电视工程和媒体经济学机构共同构成了新"媒体景观"的一部分。周围环境中的树木对设计有很大影响：为了保护树的根基，只有一半建筑有地下室，建筑周围的地面做了铺面，但是没有密封。立面由精致而透明的玻璃与木材结合而成，也是其与建筑周围环境很好结合的表现。立面有两种截然不同的风格：较长的南北立面被设置在支撑结构的复合柱的外面，而通常400mm高的框架结构被设在中空玻璃构件后。由此创造了一个"架子"，它既有存储或展示的功能，又能够与周围的树一起使房间避免阳光的直射。落地的上悬窗可以打开进行穿堂式通风，端部最显著的特征是应用了建筑师建议的一种采用了特殊技术的玻璃：将马来西亚的柳桉木编织成精细的格栅，夹在两层钢化安全玻璃之间的空腔内。这种木格栅可抵挡眩光并遮阳，使射入室内的光线变得柔和，同时还能保留玻璃的通透性。另外，外层玻璃的低辐射膜能够降低进入室内的太阳得热。

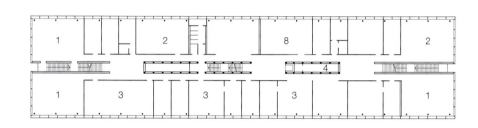

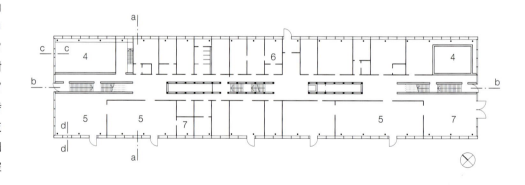

一层、二层平面图·
剖面图
比例 1:750
立面详图
比例 1:10

1 学习室
2 报告厅
3 教室
4 上空空间
5 工作室

6 秘书处
7 储藏室
8 实验室

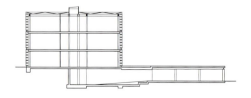

aa

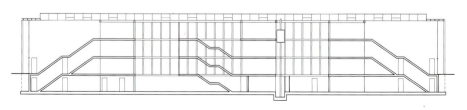

bb

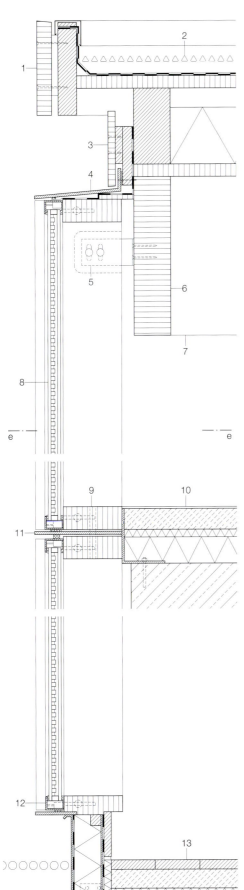

1 胶合层压木, 花旗松, 250mm×40mm
2 屋顶构造:
　　50mm松散玻璃片
　　防水层, 2层沥青卷材
　　33mm单板层积材
　　200~320mm×100mm软木梁, 带有坡度和空气
　　腔, 中间夹150mm保温层
　　30mm三层芯材胶合板
3 20mm三层芯材胶合板
4 8mm铝板, 防水透气板
5 150mm×70mm×6mm钢固定托架
6 胶合层压木, 花旗松, 420mm×100mm
7 胶合层压木, 花旗松, 420mm×160mm
8 空腔填充木格栅的中空玻璃构件:
　　8mm钢化安全玻璃+18mm空腔+8mm钢化安全
　　玻璃; 木格栅, 深红色柳桉木
　　11mm×11mm水平条, 9mm间距
　　10mm×10mm垂直条, 500~600mm间距

9 胶合层压木, 花旗松, 60mm×60mm, ∅24mm
　　铝连接件, 木钉固定
10 楼板构造:
　　5mm油毡
　　55mm砂浆层
　　20mm撞击声隔声层
　　70mm保温层
　　320mm钢筋混凝土
11 240mm×8mm铝板
12 45mm×35mm×4mm角铝
13 楼板构造:
　　25mm拼花地板
　　50mm砂浆层
　　20mm撞击声隔声层
　　50mm保温层
　　5mm防水层, 沥青卷材
14 玻璃盖帽, 花旗松, 62mm×30mm, 带油基清漆
　　涂层

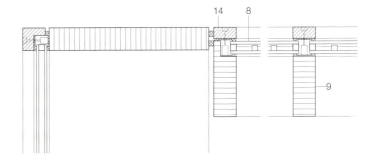

立面详图
比例 1:10

1 屋顶构造：
  50mm松散玻璃片
  防水层，2层沥青卷材
  33mm单板层积材
  200～320mm×100mm软木梁，带有坡度和空气
  腔，中间夹150mm保温层
  30mm三层芯材胶合板
  胶合层压木屋顶结构，花旗松，420mm×100mm
2 方形软木构件，160mm×150mm
3 8mm铝板，防水透气板
4 胶合层压木，花旗松，440mm×50mm
5 380mm×70mm×6mm钢固定托架
6 胶合层压木，花旗松，420mm×160mm
7 ∅194mm×10mm圆钢柱，混凝土填充
8 中空玻璃构件，6mm钢化安全玻璃＋16mm空腔＋
  6mm钢化安全玻璃
9 胶合层压木，花旗松，380mm×40mm，
  带油基清漆涂层
10 70mm×8mm铝板
11 饰带镶板，三层芯材胶合板，花旗松，
  150mm×40mm
12 45mm×35mm×4mm角铝
13 可开启窗，俄勒冈州松木，95mm×95mm，
  带油基清漆涂层
14 2mm铝板
  50mm×34mm板条；防水层
  16mm三层芯材胶合板

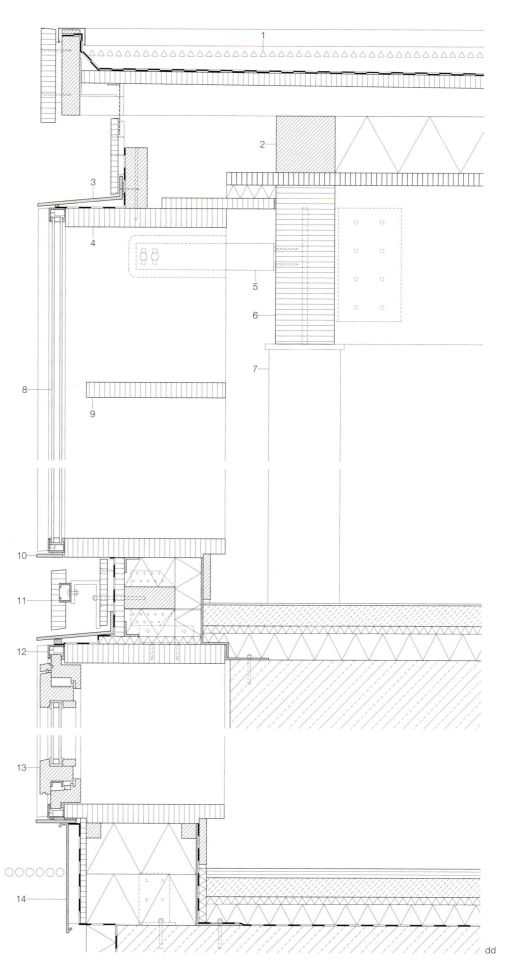

教区中心

奥地利珀德斯多夫，2002年

建筑师：
lichtblau. wagner architekten, Vienna
项目团队：
Susanna Wagner, Andreas Lichtblau,
Markus Kierner, Waltraud Derntl,
Denise Riesenberg
结构工程师：
Josef Gebeshuber, Vienna

位于珀德斯多夫镇的巴洛克风格的教区中心虽然可以容纳城镇的2000位居民，但对于那些夏天来新希德尔湖旅游的近8000游客来说实在是太小了。周日礼拜有时候会连续举行四次。直到最后，教区居民终于决定建造一个包括能提供宗教服务的圣殿和教区礼堂的新教区中心。平日，旧的教堂仍然用于宗教服务。新的建筑与当地的传统建筑形成对比，穿过基地，创造出两个有着不同特征的开放空间：一边是一个面对着老教堂和穿过村子的主干道的"城镇广场"；另一边是沿着空地边缘而建的"乡村集市"。有一条公共通道穿过这座建筑，因此从两边都可以进入。两个大型白色抹灰体量容纳了圣殿和教区中心，中间由玻璃人厅连接起来，形成公共入口。两个前庭是广场和集市的"前院"。两面玻璃墙每面长40m，沿着建筑两个部分的前面，把它们结合成一个整体。墙体的玻璃板上装饰着金色的字——圣经上的语言和当地儿童对"家庭"的理解。用在建筑内部的材料优雅简洁。在横向的圣殿里，灰色的长凳组成一个半圆围着讲道坛和圣坛。磨光的水磨石地面朝着圣坛逐级降低，白色抹灰的天花板却逐渐上升。光线通过天花板上的缝隙照射进来，周围的墙体更增加了令人精神集中的祈祷氛围。

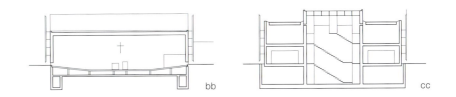

bb

cc

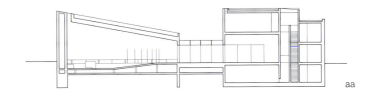

aa

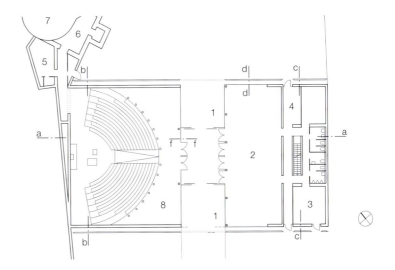

1 中庭
2 教区大厅
3 厨房
4 衣帽间
5 忏悔室
6 小礼拜室
7 巴洛克式教堂
8 圣殿

平面图·剖面图
比例 1:500

垂直剖面·水平剖面
比例 1:20

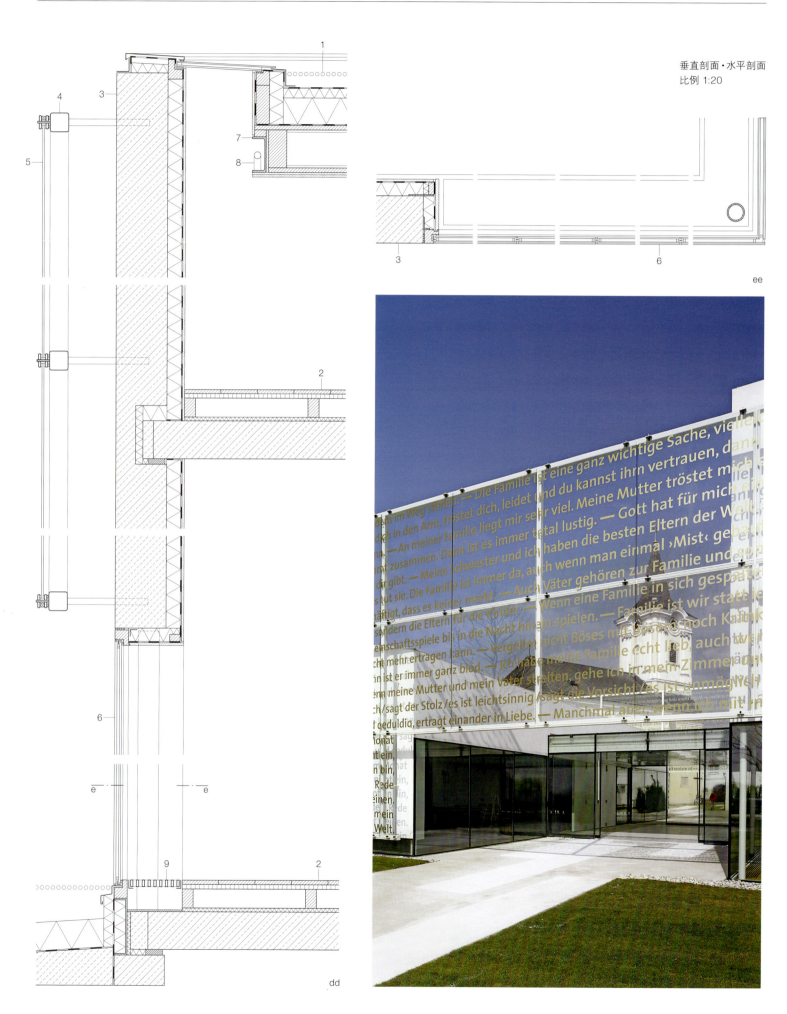

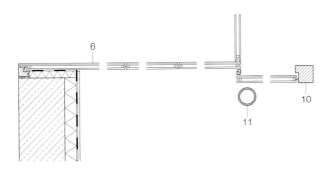

1 屋顶构造：
80mm砾石层
防水层
聚苯乙烯保温层找坡，150~190mm；
隔汽层；24mm未刨平木板
HEB 200型钢，中间附
100mm×200mm木搁栅
24mm木板；悬挂石膏天花板
2层12.5mm（F60）石膏板吊顶
抹灰层

2 楼板构造：
22mm的橡木地板，密封
24mm硬纸板
60mm×100mm枕木
120mm×60mm撞击声隔声层

gg

200mm预应力钢筋混凝土楼板
抹灰层；90mm保温层

3 墙体构造：
抹灰层；280mm钢筋混凝土
80mm保温层夹在木框架之间
隔汽层；12.5mm石膏板

4 ◰100mm×100mm中空方钢

5 12mm超透明钢化安全玻璃

6 中空玻璃构件，12mm钢化安全玻璃+15mm空腔+8mm钢化安全玻璃，无框架固定，边缘上釉，黑色

7 280mm槽钢

8 照明设备

9 木格栅（新风入口）

10 木门，漆成白色，备有安全设施，关闭后与立面齐平

11 ∅140mm圆钢柱，用水泥浆填充，表面 膨胀性涂料

12 屋顶构造：
80mm砾石层
120mm挤压聚苯乙烯保温层找坡
防水层，ECB防水卷材
16mm胶合板
70mm带保温中空构件
500mm矿物纤维保温层；隔汽层
30mm矿物纤维保温层
250mm通风腔
2层12.5mm石膏板

13 墙体构造：
250mm钢筋混凝土
80mm矿物纤维保温层；隔汽层
12.5mm石膏板；抹灰层

14 楼板构造：
15mm磨光石子地面
60mm混凝土
80mm预制混凝土构件
边缘空心混凝土构件，
中间有通风腔
100mm挤压聚苯乙烯保温层
筏形基础

15 固定窗户

16 16mm层压安全玻璃

17 100mm×5mm扁钢，带有长孔洞，可调整高度
三元乙丙橡胶支撑，扁钢玻璃支撑
◰100mm×60mm×5mm，
每窗格9个

18 中空玻璃构件，9mm钢化安全玻璃+15mm空腔+8mm钢化安全玻璃

19 HEB 180型钢

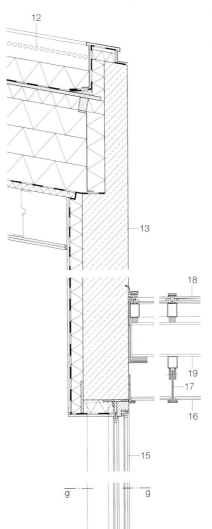

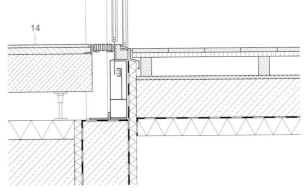

ff

239

高架货仓

德国吕登沙伊德，2001年

建筑师：schneider + schumacher,
Frankfurt am Main
项目团队：Gunilla Klinkhammer,
Robert Binder, Nadja Hellenthal,
Alexander Probst, Till Schneider
结构工程师：Posselt Cinsult, Übersee
照明顾问：Belzner Holmes, Heidelberg
物流顾问：VES, Dortmund

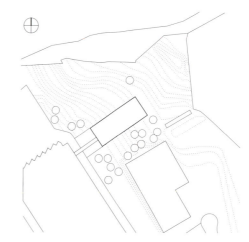

总平面图
比例 1:5000
平面图·剖面图
比例 1:750
水平剖面·垂直剖面
比例 1:20

1 拣选室
2 车间
3 喷淋控制室
4 通向调度部门的
  连接桥
5 高架货仓
6 入口
7 货物运送区
8 卫生间

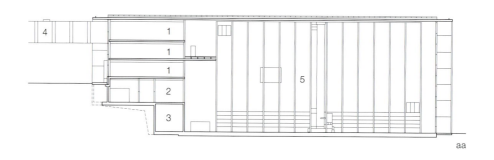

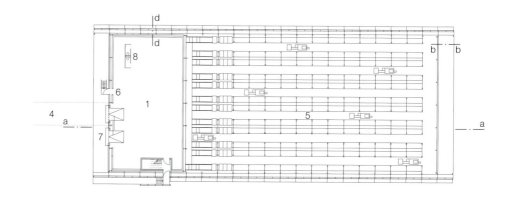

　　大体量工业建筑在建筑法则中依然是一个例外。总的来说，成本和功能比建筑师的眼光或企业的形象更重要。因此，大多数超出最低要求的想法都不会被采用。

　　在吕登沙伊德的高架货仓工程中，建筑的三维空间形式非常简单。但是，独特的设计使它从那些平庸的工业建筑中脱颖而出。对于这个国际照明系统的生产厂商，照明是一个很重要的部分——这也体现在正立面的设计上。

　　设计的基本概念是要创造出在白天和夜晚不同的立面。白天，建筑的外围护结构由凸缘朝外的玻璃异型构件组成，能够反射不同角度入射的太阳光，使建筑的颜色和透明度都发生变化。夜间，设计团队设计的照明系统反映了建筑的目的和内涵：荧光管在外立面后面垂直安装成一条直线，形成该公司产品条形码的图像。

　　为了表现出建筑内部的生产工序——堆放、储存和组织——荧光管有时会在立面上随意闪烁，有时会排成竖向的线条。导轨式堆垛起重机由于在室外可以看到，因此也成为照明概念的一部分。建筑立面的异型玻璃——根据结构玻璃构造原理设计的双翼结构——是特别为这个工程设计的。而建筑的两端只有2.2mm×4.5m的中空玻璃构件，由水平玻璃格条固定，竖直边缘用硅树脂密封。屋顶用了六排连续的采光天窗以确保日光能照射到只有30m×74m的建筑的中心位置。存储货架两两一组作为仓库本身的钢构架。只有楼梯和车间是混凝土结构。但是由于这些构件隐藏在建筑内，因此它们并不影响建筑本身透明的整体外观。

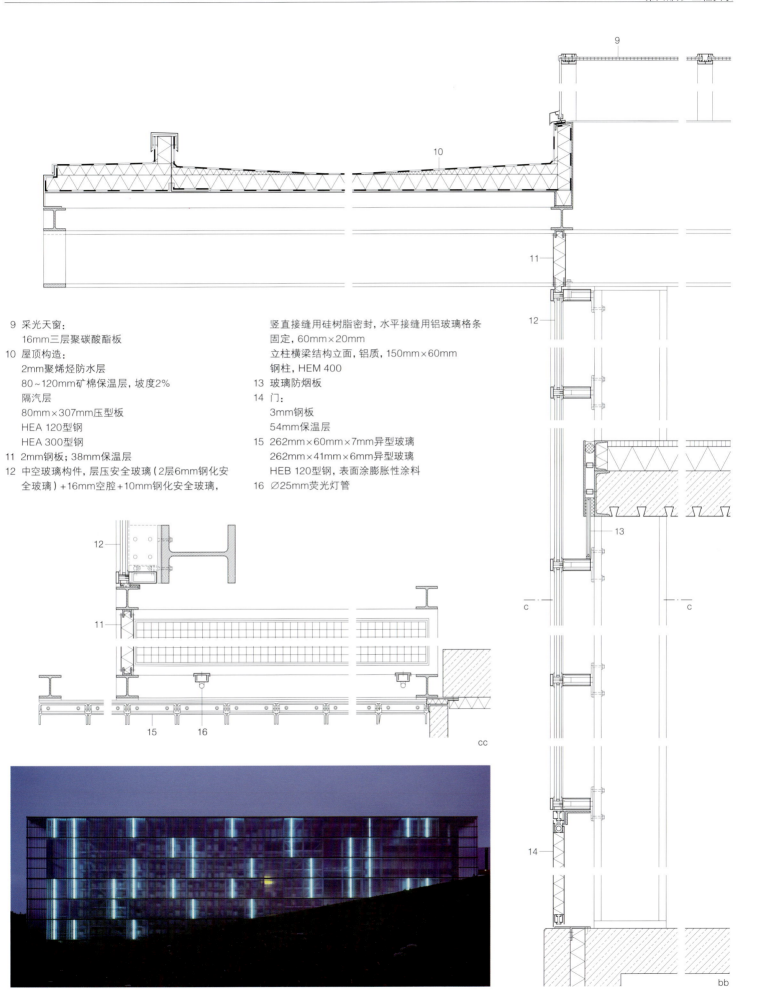

9 采光天窗:
  16mm三层聚碳酸酯板
10 屋顶构造:
  2mm聚烯烃防水层
  80~120mm矿棉保温层, 坡度2%
  隔汽层
  80mm×307mm压型板
  HEA 120型钢
  HEA 300型钢
11 2mm钢板; 38mm保温层
12 中空玻璃构件, 层压安全玻璃 (2层6mm钢化安全玻璃) +16mm空腔+10mm钢化安全玻璃,

竖直接缝用硅树脂密封, 水平接缝用铝玻璃格条固定, 60mm×20mm
立柱横梁结构立面, 铝质, 150mm×60mm
钢柱, HEM 400
13 玻璃防烟板
14 门:
  3mm钢板
  54mm保温层
15 262mm×60mm×7mm异型玻璃
  262mm×41mm×6mm异型玻璃
  HEB 120型钢, 表面涂膨胀性涂料
16 ∅25mm荧光灯管

cc

bb

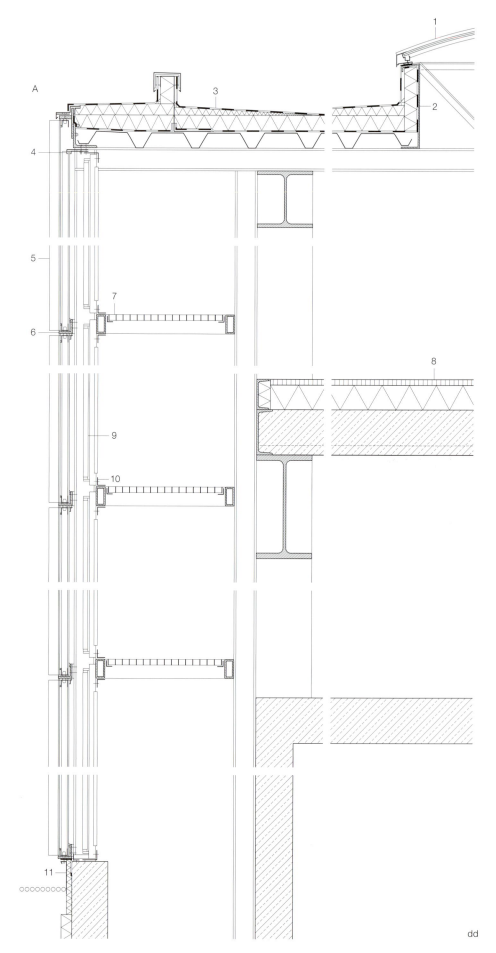

垂直剖面
比例 1:20
立面详图
比例 1:5

1 采光天窗：16mm三层聚碳酸酯板
2 4mm扁钢，压弯成型
3 屋顶构造：
　　2mm聚烯烃防水层，1层
　　80~120mm矿棉保温层，坡度5%
　　隔汽层
　　80mm×307mm压型板
　　HEB 120型钢
4 铝板
5 262mm×60mm×7mm异型玻璃
　　262mm×41mm×6mm异型玻璃
　　HEB 120型钢，镀锌
6 75mm×75mm角钢，带通风孔，铝质，∅8mm
7 维修通道：
　　100mm×50mm中空钢框架
　　30mm开敞式网格地板
8 楼板构造：
　　表面防护层
　　30mm支撑板
　　120mm保温层
　　250mm钢筋混凝土
　　50mm镀锌钢板
9 ∅25mm荧光灯管
10 荧光灯管固定件，50mm×50mm角钢
11 3mm铝板
　　30mm防水保温层

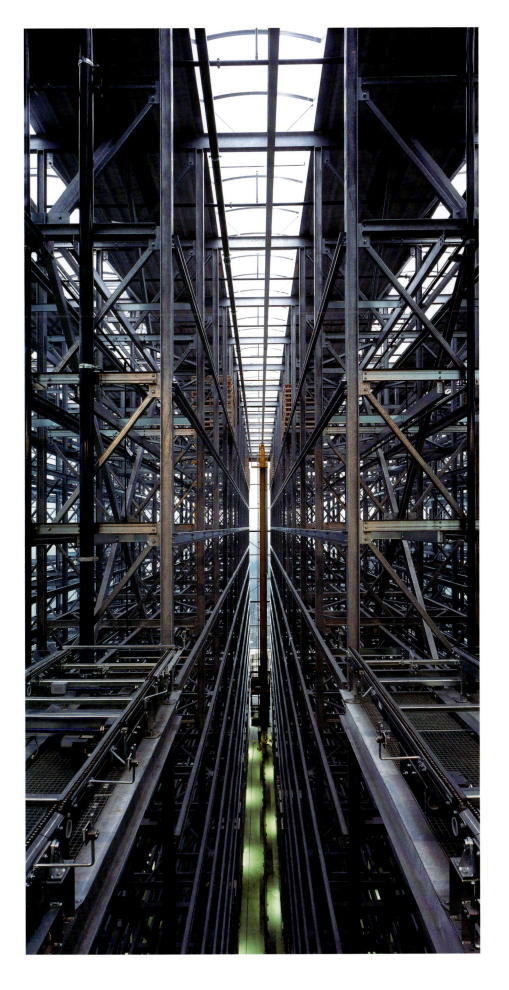

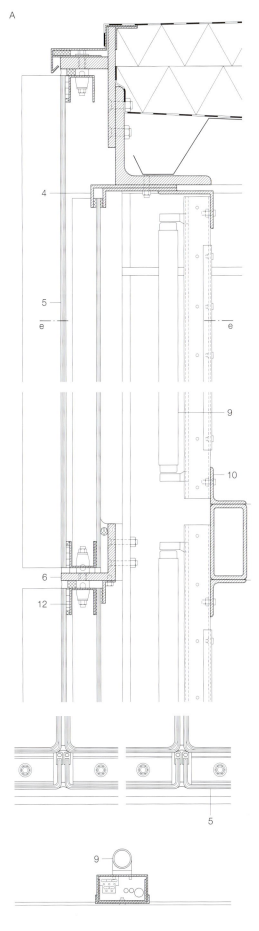

A

4

5

e   e

9

10

6

12

5

9

ee

服务中心

德国路德维希港，2003年

建筑师：Allmann Sattler Wappner
Architekten, Munich; Markus Allmann,
Amandus Scattler, Ludwig Wappner
项目团队：Marion Kalmer（项目经理），
Melanie Becker, Christof Killius,
Thomas Meusburger, Ulf Rössler
结构工程师：Werner Sobek Ingenieure,
Stuttgart

总平面图
比例 1:4000
剖面图·平面图
比例 1:500
水平剖面·垂直剖面
比例 1:20

1 档案室
2 会议室
3 客户服务区
4 厨房
5 员工设施
6 储藏室
7 办公单元
8 中庭
9 二期工程

Brunck小区是20世纪30年代为巴斯夫股份公司的工人设计的住房开发项目，它的重新规划设计，是公司自己的住房安置部门所承担的最雄心勃勃的，也是最大的开发项目之一。他们建造了一个新的服务中心，以作为办公室和巴斯夫股份公司的健康保险服务机构使用。在繁忙的Brunck大街上，人们会看到一座长长的、光彩熠熠的建筑，和周边的小型建筑形成强烈的反差。使建筑物具有差异性的结构隐藏在三层楼高的外立面后面。北侧为一些附属房间，形成噪声屏障，起到保护整个中心更多敏感区域的作用。五个东西方向的办公单元形成的延伸结构与道路平行，中间开敞的庭院和单层的门厅作为客户服务区。建筑师除了精心设计立面效果，还对建筑实体、透明度和反光效果做了虚实、明暗的反差对比，在北立面的大部分和建筑端部位置，设计了一个白色的反光表面，像一面镜子映照出路边的树木。近距离观察，就会看出外表面是由无数的小型玻璃瓦构成的。两次火烧成的瓦片背面覆有釉质层，固定在300mm×300mm的网状构件上。在现场它们被胶合在微小玻璃颗粒组成的镶板上，以防止热胀冷缩。为保证整体均质的外表面不受到干扰，每隔1.5mm设置的2mm膨胀缝都被处理成磨砂表面，并像瓦片一样上色以便其沾污性能和其他普通接缝相似。

粘贴瓦片部分有着整体统一的外表面，而立面的玻璃部分则给人一种通透的印象。在夜里，透过玻璃可以看到室内楼梯沐浴在黄绿色光线下的精致线条，甚至还能看见建筑后面的停车场。

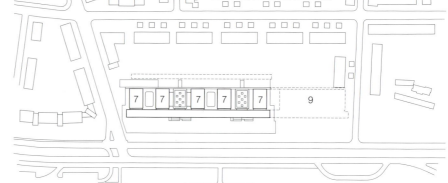

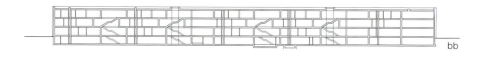

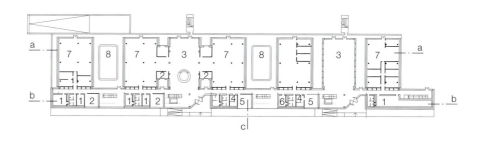

1 屋顶构造：
　50mm砾石层
　3mm防水
　最低70mm硬泡沫保温层找坡
　隔汽层
　沥青涂层
　320mm钢筋混凝土
2 不锈钢泛水板
3 墙体构造：
　48mm×48mm×8mm玻璃瓦背面覆釉质层，
　白水泥浆

玻璃纤维布上2mm加固抹灰层
12mm立面板，玻璃颗粒
立面柱，T形铝构件，200mm×40mm×3mm
165mm通风腔
100mm保温层
300mm钢筋混凝土
4 墙板支撑，160mm×45mm×3mm角铝
5 200mm×100mm×10mm角钢
6 不锈钢边饰
7 中空钢管构成的立柱横梁结构，中间充水用于
　加热或制冷

2×200mm×10mm+2×50mm×10mm
8 钢框中空玻璃
9 40mm钢格栅
10 200mm×100mm×10mm角钢，裁切为185mm
11 楼板构造：
　5mm地毯
　40mm木板
　18mm石膏黏结木板，内部填充织物
　320mm钢筋混凝土
12 回流管，用于立面加热或制冷
13 150mm×150mm×12mm角钢

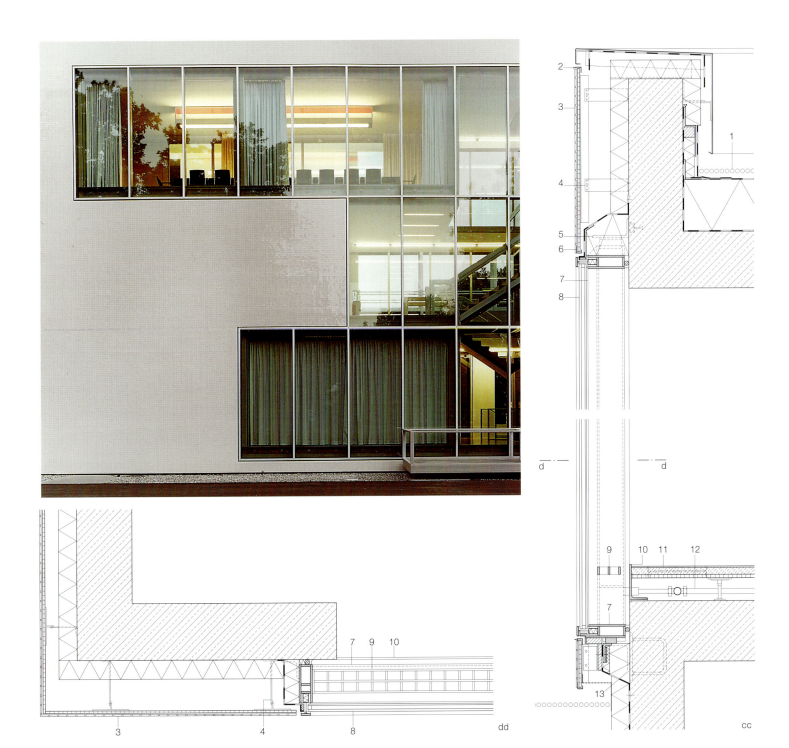

保险公司办公楼

德国慕尼黑，2002年

建筑师：
Baumschlager & Eberle, Vaduz
项目经理：
Eckehart Loidolt, Christian Tabernigg
项目团队：
Marlies Sofia, Elmar Hasler, Alemmxia
Monauni, Marc Fisler, Bernhard Demmel
结构工程师：
FSIT Friedrich Straß, Munich

慕尼黑的Gedon街穿过了城市最具吸引力的居民和商业区之一。现在，建于19世纪末的建筑的灰泥粉刷外立面被重重叠叠的玻璃"鳞片"覆盖着。建筑本身的外观和周围建筑映射在玻璃表面上的外观，随着视角和入射光线的不同不断变化着。新增的外立面使原建筑看起来焕然一新，但在重建背后潜在的思路是将这座建于20世纪70年代的单一结构打破（如上面小图；建筑师：Maurer、Denk、Mauder），并将其融入Schwabing典型的环境中，这里环境的特点就是缺少连续的沿街立面，而且19世纪末期令人印象深刻的建筑的内庭院都直接与街道相连。Königin街拐角处的建筑位置也因南向的延伸而得以强化。顶部楼层采取退台形式，拱肩镶板在结构允许的范围内尽可能增强和减小。楼板被切割，因此有两条平行走廊的混凝土结构的中间阴暗部分被改造成一处开放的、L形的庭院，打破了建筑的沿街立面，而且它向后缩进，增强了主入口的印象。

保温性能良好的外立面是这个改建项目低能耗概念的一部分，也是办公室高效通风制冷系统的核心。大体量的天然石材支撑着外面的玻璃叶片。为了使结构具有特色，项目使用了特别设计的测试系统，甚至包括石材的内部构造所引发的不同强度值的测试。一旦有石材掉落下来，重叠排列的玻璃构件也仍将阻止玻璃板的跌落。最初的设计是利用点驳件来支撑转角构件，但后来事实证明使用厚一些的玻璃板就足够了。铝框三层玻璃立面构件有1.875m宽，它们被运送到现场，然后被固定在石材支撑上。最外层的层压安全玻璃板首先被插入上面石材的深沟槽后，再向下插入下部石材的沟槽中。

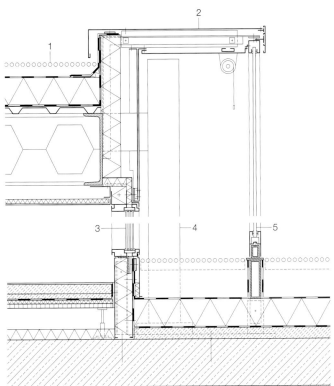

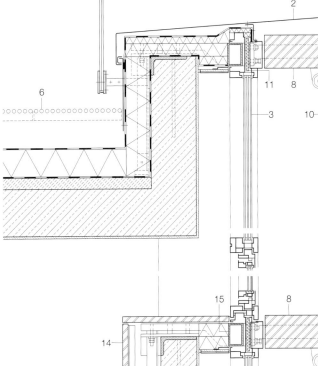

一层和标准楼层平面图
比例 1:1500
垂直剖面
比例 1:20

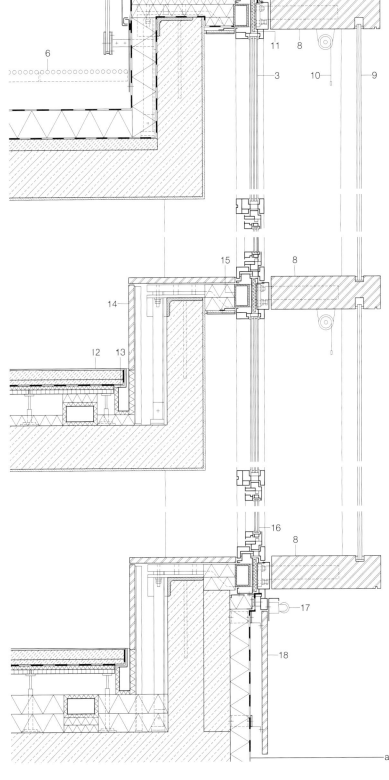

1 屋顶构造:
　80mm底土层
　非编织结构保护层
　防根系层
　聚合物改性沥青防水层
　140mm聚氨酯保温层
　隔汽层
　35mm压型板,找坡,带装饰板
　390mm蜂窝梁
　95mm吊顶
2 3mm铝板,深红色阳极氧化表
　面,带隔声涂层
3 立面构件,铝框架,深红色阳极氧
　化表面
　低辐射玻璃:6mm+12mm空
　腔+6mm+12mm空腔+6mm,
　$U=0.6W/m^2K$
4 Ø168.3mm×6.3mm中空钢柱
5 15mm钢化安全玻璃
6 屋顶构造:砾石与Bärlacher砂岩
　间隔铺路,60mm
　140mm特殊结构层
　15mm再生橡胶垫层
　防根系层
　聚合物改性沥青防水层
　140mm聚氨酯保温层
　隔汽层
　90mm混凝土找坡
7 安全栏板,21mm层压安全玻璃,
　不锈钢扶手

8 石材支撑,600mm×175mm
　Anröchter白云石,每块用2根
　Ø76mm×5mm不锈钢锚固件
　固定,锚固件胶合固定
9 层压安全玻璃,由2层12mm半
　钢化玻璃板组成(转角构件:
　15mm+12mm)
10 织物遮阳帘
11 石材支撑隔热件
12 办公室楼板构造:
　8mm加拿大枫木地板;58mm
　硬石膏找平;30mm加热制冷循
　环系统,置于织物垫层内
　20mm撞击声隔声层
　22mm通道楼板支撑板
　167mm空腔,其中有50mm保
　温层
　230mm钢筋混凝土,底面石膏
　抹灰(原有的)
13 排气口
14 石材衬层,30mm Anröchter白
　云石
15 立面加劲构件,镀锌中空钢管,
　Ø120mm×80mm×4mm,每
　个构件用2块40mm扁钢固定
16 中空玻璃构件,6mm+14mm空
　腔+6mm,$U=0.9W/m^2K$
17 防水照明构件
18 40mm基座覆层,Anröchter白
　云石

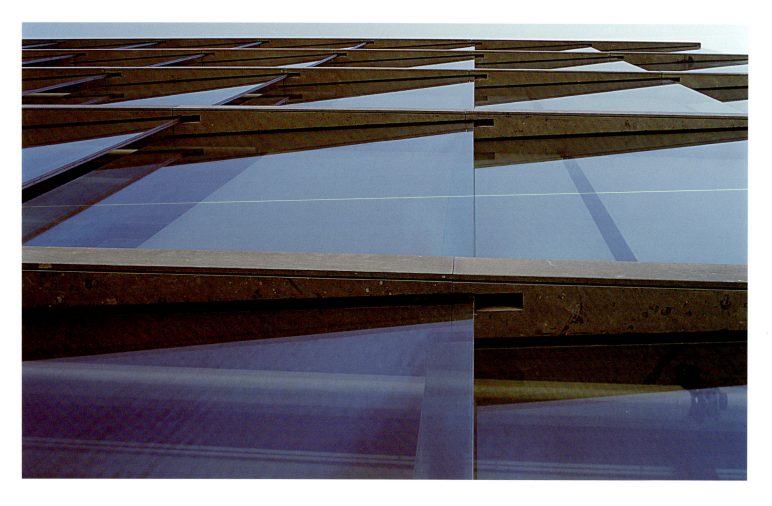

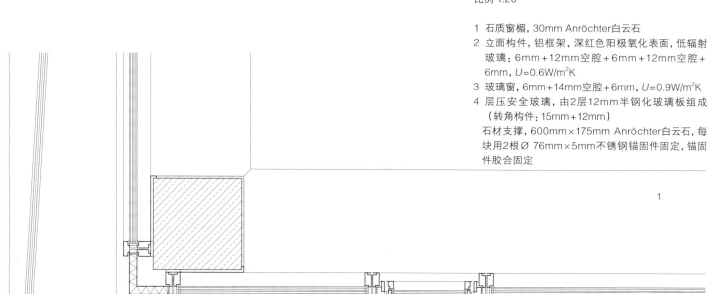

转角水平剖面
比例 1:20

1　石质窗楣，30mm Anröchter白云石
2　立面构件，铝框架，深红色阳极氧化表面，低辐射
　　玻璃：6mm＋12mm空腔＋6mm＋12mm空腔＋
　　6mm，U=0.6W/m^{2}K
3　玻璃窗，6mm＋14mm空腔＋6mm，U=0.9W/m^{2}K
4　层压安全玻璃，由2层12mm半钢化玻璃板组成
　　（转角构件：15mm＋12mm）
　　石材支撑，600mm×175mm Anröchter白云石，每
　　块用2根 Ø 76mm×5mm不锈钢锚固件固定，锚固
　　件胶合固定

印刷工厂

德国慕尼黑，2000年

建筑师：
Amann & Gittel Architekten, Munich
Ingrid Amann und Rainer Gittel
参与设计建筑师：
Christian Hartranft
结构工程师：
Ingenieur Werner Seibt, Kaufbeuren

将工业建筑构造作为严肃的建筑规则，是位于慕尼黑Reim一个新贸易区的印刷工厂建筑的立足之本。沿着建筑两旁，这座棱角分明的建筑一层是后退式的，创造了一个有遮蔽的区域作为入口和货物运输区。

外立面以均质感的光滑表面为显著特征，光滑的表面由巨型的窗户和异型玻璃构件组成，窗户与立面齐平。内层玻璃采用了明亮的绿色，外层玻璃则被染成蓝色。这个闪闪发光的半透明外围护结构包裹着有着严格几何形状的钢筋混凝土承重结构。只有从内部看，建筑的空间概念才变得明显：内部为双开间布局，有一个走廊，墙体表面为开放与封闭间隔的形式。高大的开间延伸至采光天窗处，其中被分隔出来的区域有单层，也有双层。明亮却不眩目的光线是高质量印刷生产的一个必要条件，这种光线通过周围的高窗来提供。裸露的预制混凝土构件有着不同的外表，由于它们的表面处理手法不同——抹面找平、用铲子铲或敲击，在精心营造的光线照射下，它们各自的效果极富个性。使用少数几种材料并用简单的接缝将其连接的方法，满足了十分紧张的只有十周的工期以及有限的预算条件。

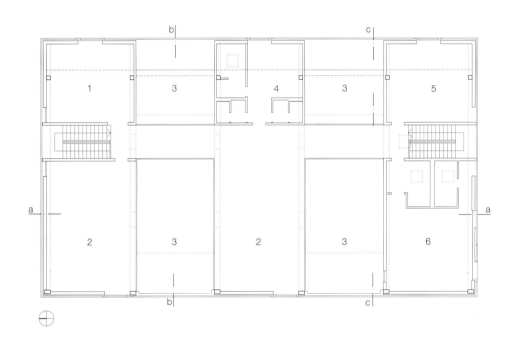

走廊楼层平面图·剖面图
比例 1:250

1 装版室
2 紧邻印刷区的走廊
3 印刷区的上空空间
4 员工设施
5 办公室
6 管理部门

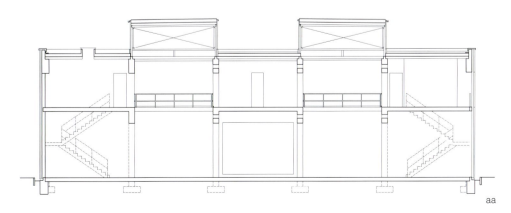

aa

剖面图
比例 1:250
水平剖面・垂直剖面
比例 1:20

1 83mm异型玻璃，双层
　外层7mm，蓝色玻璃
　内层7mm，绿色低辐射玻璃
　50mm空腔
　75mm木刨花保温层
　轻质建筑板，灰色
　140mm预制混凝土构件
2 铝质通风百叶
3 400mm×500mm钢筋混凝土柱

4 钢筋混凝土夹层构件
5 60mm异型玻璃，双层
6 空腔内夹百叶帘的铝窗
7 钢质加劲肋散热器
8 阻挡构件，□60mm×60mm中空方钢
9 栏杆，□40mm×40mm中空方钢
10 现浇混凝土楼板，人造石铺面
11 楼板内置灯，Ø300mm

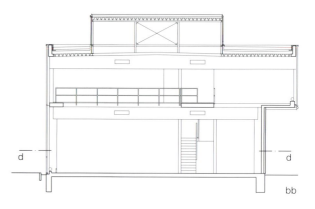

bb

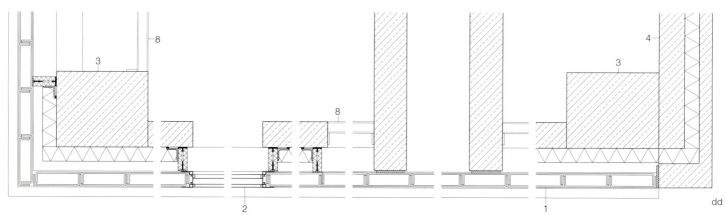

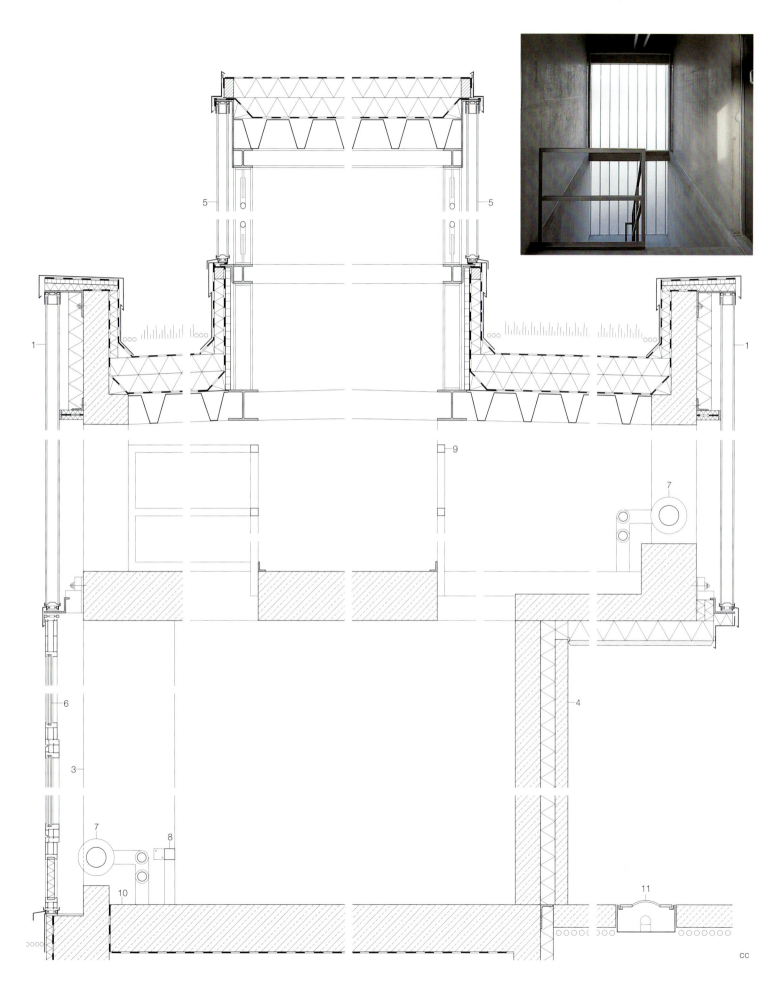

5   5

1   1

9

7

4

6

3

7

8

10

11

CC

芬兰大使馆

美国华盛顿，1994年

建筑师：Mikko Heikkinen,
Markku Komonen, Helsinki
项目经理：Sarlotta Narjus
合伙人办公室：
Angelos Demetriou & Associates,
Washington, D. C.
项目经理：Eric Morrison
结构工程师：
Smislova, Kehnemui & Associates,
Wansington, D. C., Matti Ollila, Finland

芬兰大使馆坐落在美国副总统官邸旁华盛顿使馆区的中心。建筑基地位于一个坡地上，面积约5000m²，旁边有一个公园，基地上有大片树林，共20多个树种。为了保护自然环境，建筑师有意限制了建筑设计，并使基础结构减至最小。大使馆包括办公室、可容纳50人的会议室，以及一个小型图书馆和一个用于接待、研讨、举办展览和音乐会的两层高的大厅。中心交通流线包括楼梯、坡道和走廊，一直穿过建筑。大厅和走廊通过采光天窗接受自然光线。

建筑较窄的一端外墙覆盖苔绿色磨光花岗岩，与周围的植物以及相邻透明立面上的绿色玻璃相协调。半透明的玻璃砖组成的精密网格以及办公区外墙狭窄的窗户带给室内创造了一种迷人的氛围。虽然周围植物密集，但充足的阳光却能通过它们进入室内。办公区域的下面是单层玻璃温室，玻璃板由不锈钢点驳件固定。大使馆建筑中必需的防弹玻璃立面在该项目中被设计在内层，形成大厅的围墙。建筑端部的凸窗是缆索桁架玻璃结构，在这里没有玻璃内层。因此，36.5mm厚的中空玻璃被胶合在坚固的角铜框架上。建筑南立面最大的特点就是立面的分层结构。预风化的青铜网格安装在外墙前面，成为季节性攀援植物的格架，提供自然遮阳，它的外观会随着季节变化而改变。

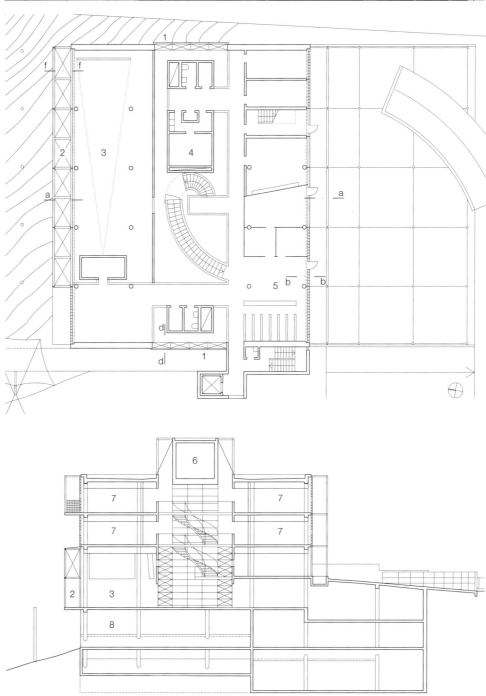

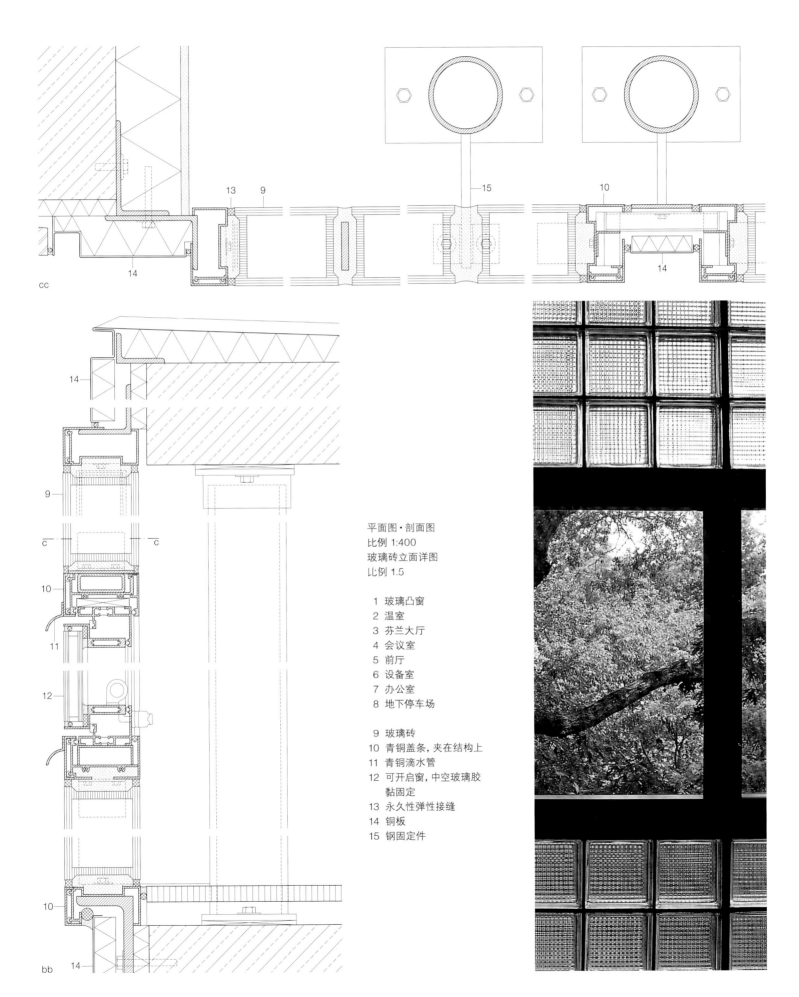

cc

14

13 9

15

10

14

14

9

c ——— c

10

11

12

10

bb 14

平面图·剖面图
比例 1:400
玻璃砖立面详图
比例 1.5

1 玻璃凸窗
2 温室
3 芬兰大厅
4 会议室
5 前厅
6 设备室
7 办公室
8 地下停车场

9 玻璃砖
10 青铜盖条，夹在结构上
11 青铜滴水管
12 可开启窗，中空玻璃胶
　 黏固定
13 永久性弹性接缝
14 铜板
15 钢固定件

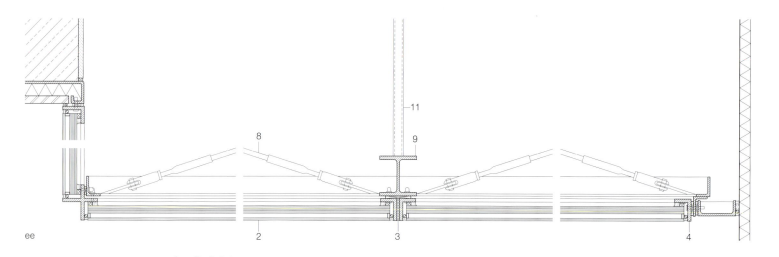

ee

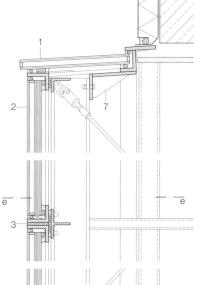

细部图
玻璃凸窗·温室
比例 1:10

1 26mm中空玻璃，带3%坡度
2 36.5mm防弹中空玻璃
3 永久性弹性膨胀缝
4 角铜
5 可开启窗，36.5mm中空玻璃
6 槽铜
7 钢托架

8 钢杆，∅95mm，喷漆
9 工字钢柱
10 螺旋扣
11 ∅27mm中空圆钢管
12 12.7mm层压安全玻璃
13 点驳件
14 T型钢

15 硅树脂接缝
16 永久性弹性接缝
17 工字钢，HEA 140
18 防弹玻璃推拉门，
　　36.5mm中空玻璃
19 钢板

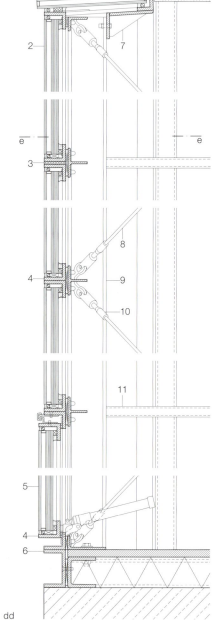

dd

荷兰大使馆

德国柏林，2003年

建筑师：
OMA, Office for Metropolitan Architecture,
Rem Koolhaas, Rotterdam
项目合伙人：
Ellen van Loon, Erik Schotte
项目经理：
Michelle Howard, Gro Bonesmo
结构工程师：
Royal Haskoning, Rotterdam
Arup, Berlin

柏林的荷兰大使馆外观给人一种开放的印象，象征着邻国之间良好的关系，无遮掩的窗户令人联想起荷兰的加尔文主义传统。建筑师选择了施普雷河岸上的一个位置，可以看到河面上忙碌的交通和人们在河边漫步的景象，这里的环境毫无疑问会随时唤起大使馆工作人员对于自己祖国运河的回忆。在靠近城市的一侧，新的综合楼由一座L形的建筑包围，L形建筑内设有给客人和员工居住的公寓以及其他的附属设施。连接桥和坡道将这个"服务设施"部分与大使馆主体建筑联系起来。

只有一层安装了防弹玻璃，楼上办公室部分的双层立面由独立构件组成，起到烟囱的作用，将废气排出。为保证建筑转角处足够的刚性，玻璃板被胶合在框架内以起到结构板的作用。内层的层压安全玻璃在清洁时可以开启，每隔两个构件就有一个狭长的烟道，也可以开启用于自然通风。为保证私密性和遮阳效果，南立面外层的层压玻璃加上了一层金属网，给玻璃增加了金属光泽。

外立面的可塑性反映出建筑内部的复杂程度。建筑内没有主楼梯，取而代之的是一个蜿蜒的走廊"切入"建筑，走廊上有斜坡和台阶通向餐厅，可以从不同的角度看到楼内和室外的景色。走廊也在整座建筑中充当了"新风管道"的作用。这个"管道"的起始部分由建筑外部开始，此处的立面玻璃内层曝露在外，形成一个玻璃坡道。绿色玻璃板上反射出树木与河流，呈现出一种随意自然天成的状态。在透明健身房的楼层，走廊嵌入玻璃壳体400mm。这里，中空玻璃作为双层封闭立面的内层使用，玻璃肋取代边框，提供了必要的强度。

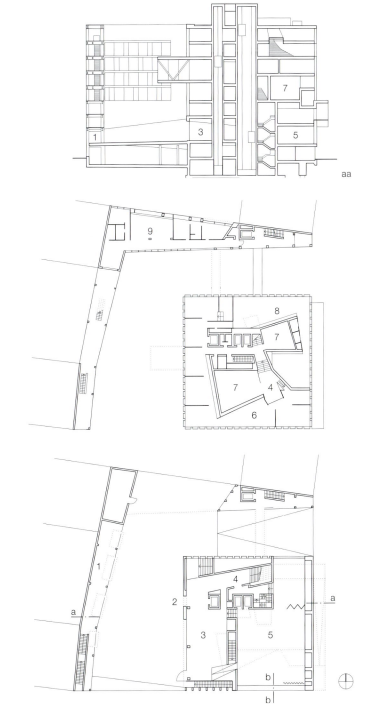

二层和五层平面图·
剖面图
比例 1:500

1 车库
2 主入口
3 前厅
4 "新风管道"
5 多功能厅
6 办公室
7 会议室
8 上空空间
9 大使馆员工公寓

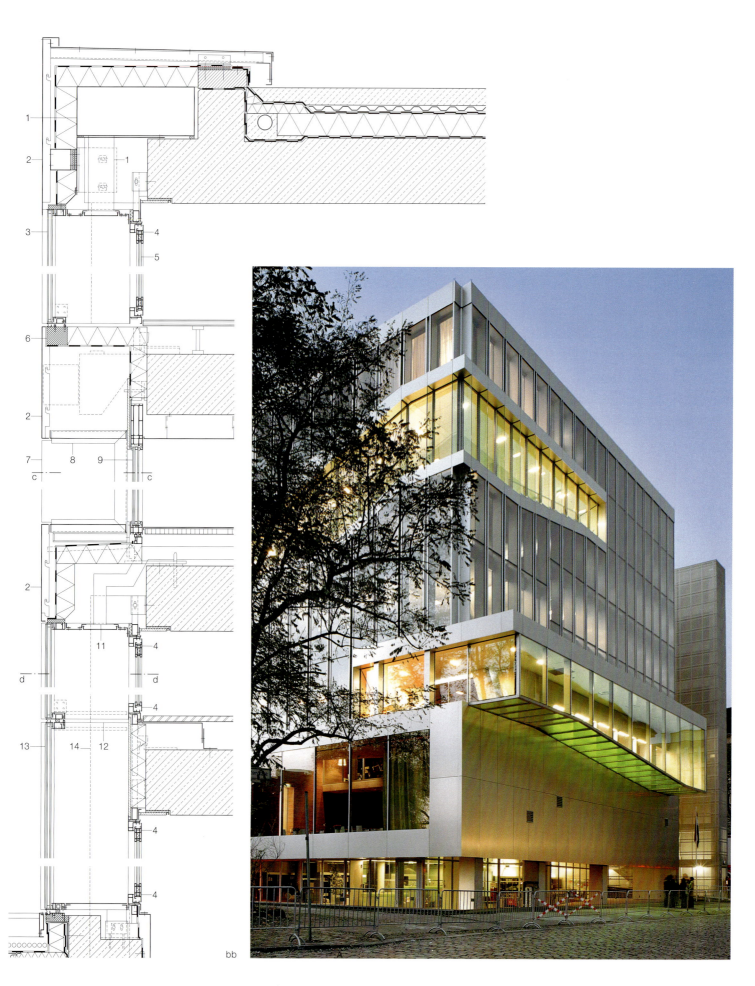

bb

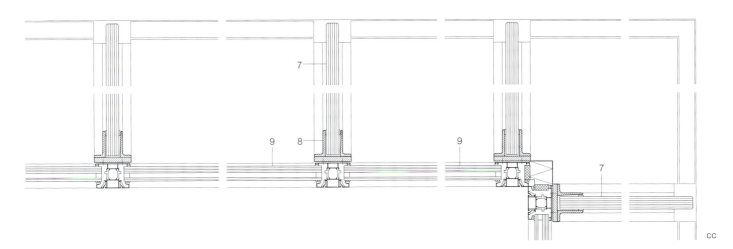

垂直剖面 比例 1:20
立面详图 比例 1:10

1 排气管
2 阳极氧化铝,表面抛光
3 双层立面构件外层:
  6mm钢化安全玻璃+12mm填充氪气空腔+
  6mm钢化安全玻璃,U=1.1W/m^{2}K, g=0.28
4 办公室排气口
5 内层清洁用可开启窗:
  12mm层压安全玻璃构成的玻璃安全栏板胶合
  在周围边框上
6 热障,非可塑性PVC
7 玻璃肋:
  层压安全玻璃,由3层10mm浮法玻璃板和
  1.52mm PVB夹层组合而成
8 不锈钢角钢,30mm×70mm
9 "新风管道"处玻璃:
  12mm层压安全玻璃+16mm填充氪气空腔+
  8mm钢化安全玻璃,U=1.1W/m^{2}K
10 健身室玻璃,12mm钢化安全玻璃
11 立面之下的"新风管道",排气管的分支
12 双层立面构件之间的对接接缝
13 办公室南立面外层玻璃:
  6mm 钢化安全玻璃+2mm空腔(嵌入不锈钢金
  属网)+6mm钢化安全玻璃+12mm填充氪气空
  腔+6mm钢化安全玻璃
14 中空方钢柱,$\varpropto$ 220mm×120mm
15 排烟排热口,60mm挤压铝板
16 70mm铝板

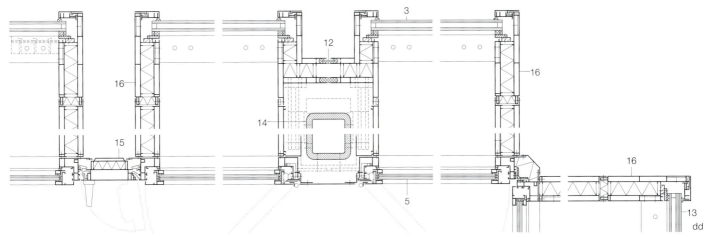

玻璃坡道详图 比例 1:10

1 双层立面构件外层：
6mm钢化安全玻璃+12mm填充氪气空腔+6mm
钢化安全玻璃，U=1.1W/m²K，g=0.28

2 双层立面构件内层：
12mm层压安全玻璃构成的安全栏板胶合在周围
边框上，清洁时可以开启

3 银色阳极氧化铝板，表面抛光

4 坡道上的玻璃安全栏板：
8mm浮法玻璃+16mm空腔+16mm层压安全玻璃
（2层钢化安全玻璃），U=1.1W/m²K

5 160mm×20mm扁钢

6 立面柱，20mm扁钢

7 10mm不锈钢盖板

8 30mm保温层，非可塑性PVC

9 固定于钢立面上的下弦构件，镀锌钢

10 玻璃楼板：
耐磨层，8mm钢化安全玻璃，印有小点作为防滑
饰面
38mm防盗层压安全玻璃
40mm空腔
绿箔粘在中空玻璃中，8mm浮法玻璃+16mm空
腔+16mm层压安全玻璃

11 硅树脂，黑色

12 办公室排气口

13 内置灯具

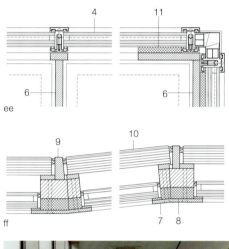

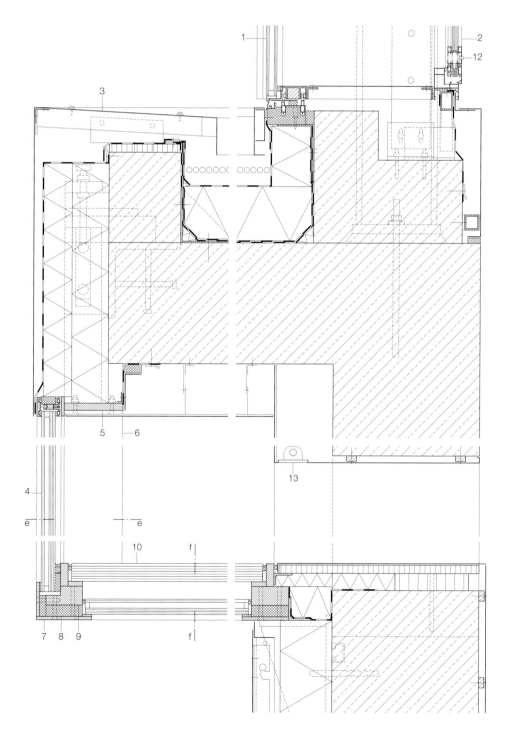

国际会议中心

德国波恩，2005年

建筑师: Behnisch + Partner, Stuttgart
项目合伙人及项目建筑师: Gerald Staib
项目建筑师: Matthias Burkhart, Hubert
Eilers, Eberhard Pritzer, Alexander von
Salmuth, Ernst-Ullrich Tillmanns和众多其他
参与设计建筑师, Christian Kandzia参与合作
结构工程师: Schlaich, Bergermann &
Partner, Stuttgart
立面顾问: Berthold Mack, Rosengarten,
Klecken
照明顾问: Lichtdesign GmbH, Cologne
Christian Bartenbach, Aldrans, Austria

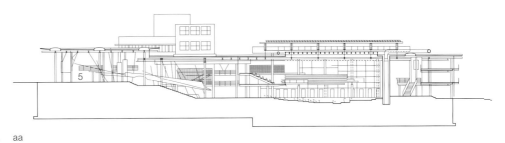

aa

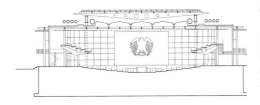

会议大厅平面图·剖面图　比例 1:1000

1 莱茵河	5 入口大厅
2 施特雷泽曼河岸	6 餐厅
3 总统室	7 南侧翼楼
4 大厅	8 会议大厅

bb

前德国国会大楼会议大厅的设计理念是使这座建筑与莱茵河的自然美景——河堤露台、周围的山脉以及围绕总理和总统大楼的公园——相结合。为了实现这一目标，需要有很大的承重结构。这里选择了钢框架。较低的火荷载、相对较短的安全通道以及消防喷淋系统的安装，使得耐火要求从F90等级降低到F30。外层表皮在实现设计构思中扮演了一个特殊的角色。创造开敞、流动空间的愿望意味着室内外无分隔。将立面结构融入一系列面层中可以做到这一点。结构的基本构件是挤压多向拉伸的钢柱和栏杆，按照一个层高(3.5m)的负载设计。为了让这个结构用于10m高的立面，主要的立柱横梁结构用附加结构构件——"分载"和"聚载"构件——加强。玻璃板的荷载经这些间接构件传递到主承重结构中，再传到基础上。外围护结构成为一个有着大量构件的三维区域，被消减为可以满足建筑性能和安全要求的薄玻璃板。

内层立面形成办公区域，由镶嵌在木框内的半透明的水平推拉构件构成，安装有织物遮阳帘，使用者可以自己调节可视角度和进入建筑的光线。室内空间通过大型推拉门或总统室的侧旋窗以及细高的折叠板来进行自然通风。

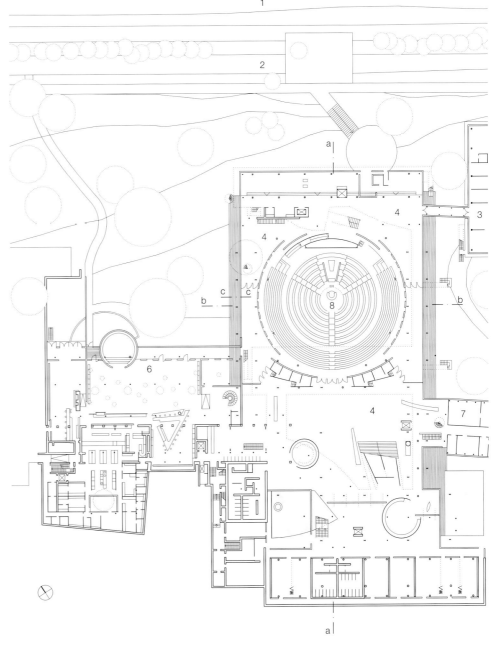

261

垂直剖面
比例 1:50
立面详图·立面基座
比例1:5

1 钢格栅
2 屋顶构造：
　防水层
　分离层
　100mm保温层
　混凝土顶层
　挤压金属型材
3 交叉梁，轧制型钢，
　HEB 450
4 双层薄板柱，
　300mm×350mm,
　内部填充混凝土
5 铝质遮阳百叶帘
6 低辐射中空玻璃构
　件，2层13mm层压安
　全玻璃+18mm空腔+
　10mm A3防盗层压安
　全玻璃
7 水平分载构件，
　160mm×25mm扁钢
8 垂直聚载构件，扁钢
9 通道楼板构造：
　22mm拼花地板
　30mm沥青砂胶
　48mm找平层
　300mm钢筋混凝土

10 水平木格栅
11 楼板构造：
　20mm人造石材
　80mm砂浆层
　2层聚乙烯卷材
　金属型材上铺混凝土
　通风管
12 6mm金属格栅
13 木块铺面
14 铝盖条
15 60mm×45mm挤压
　钢型材
16 型钢外覆铝板
17 ∅50mm中空圆钢
　管，用于调节膨胀
18 膨胀缝
19 85mm×60mm挤压
　钢型材
20 通风钢板
21 可拆卸转角
22 刚性转角

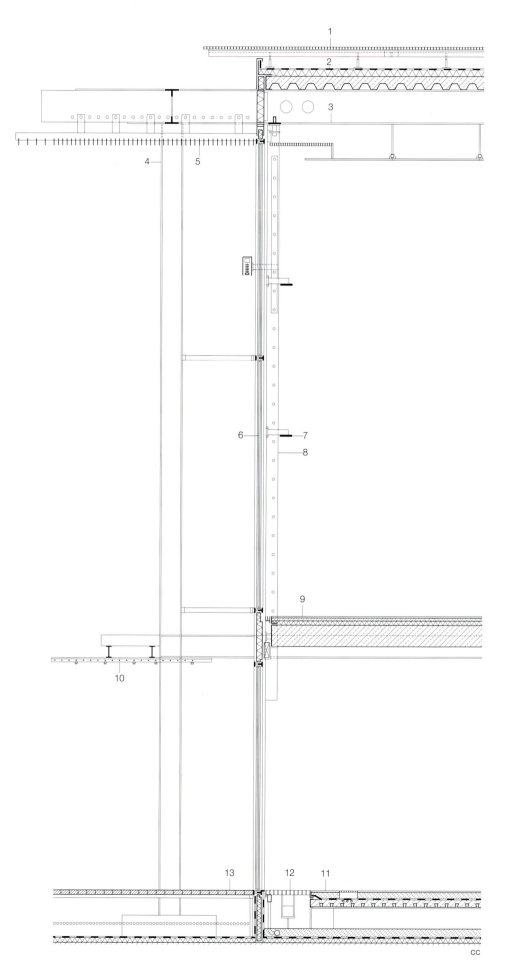

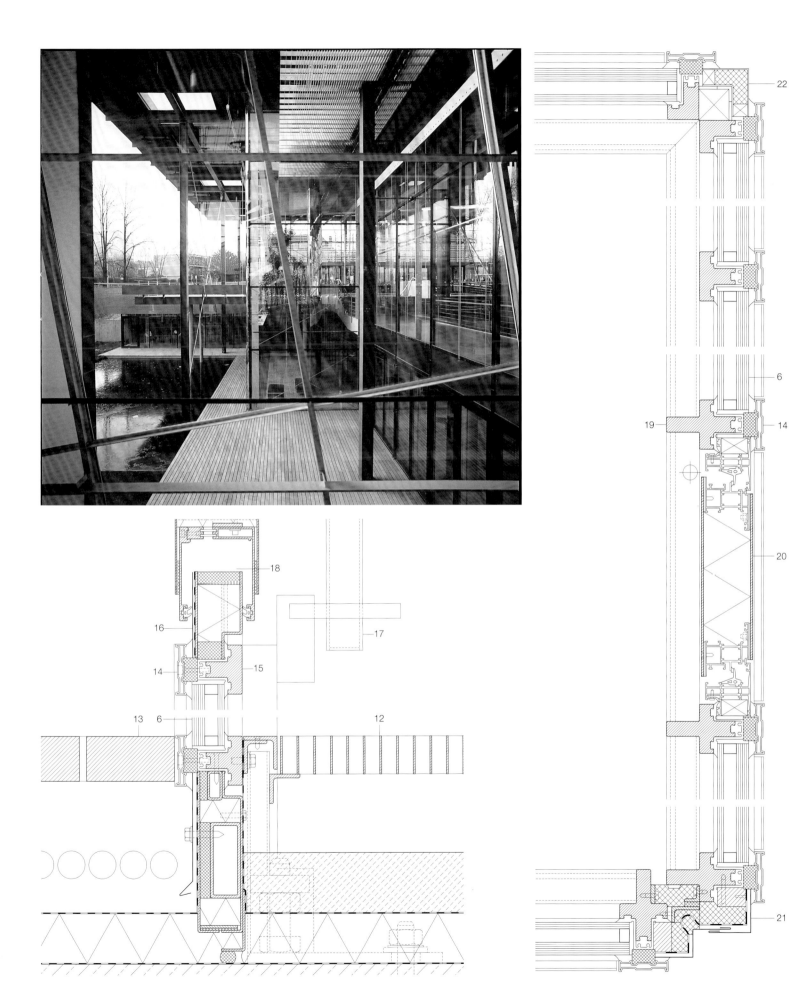

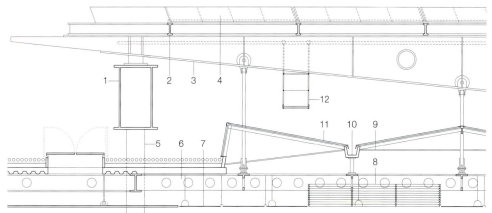

1 1200mm×1700mm 焊接箱形主钢梁
2 100mm×300mm焊接板梁，支撑对角排列的轻质棱柱
3 550mm锥形鱼腹式大梁
4 光散射可调节遮阳百叶窗，有机玻璃
5 光散射屋顶的主支撑柱，∅508mm×40mm中空圆钢管
6 交叉梁，轧制型钢，HEB 450
7 铝板
8 格栅天花板，反射金属构件和玻璃棱柱
9 ∅16mm拉杆
10 4mm金属板排水沟
11 光散射屋顶架在IPE 80梁上
12 移动式吊架
13 连接在鱼腹式大梁上的∅39mm支架
14 硅树脂密封环密封矿棉保温材料
15 铝密封环
16 33mm中空玻璃
17 两面磨砂的铝环

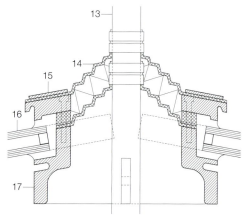

光散射屋顶

会议大厅内必须有充足的自然光是对该建筑的要求。建筑师最初的想法是在屋顶上设计一个圆形的大开口，用一个水平的玻璃圆盘覆盖。由于管理方面的原因，这个方案最终变成了一个锯齿状的光散射屋顶，下面由反射金属板檐槽托架支撑。

外部遮阳由安装在大型鱼腹式大梁上方的光散射有机玻璃棱柱提供。棱柱东西向安装，通过电脑控制，可以随着太阳入射角度的变化而改变角度。通过这种方式，照射到棱柱上的直射光被反射出去，只有非直射光可以通过屋顶上的开口进入大厅。各种媒体设备，包括电力服务、喷淋装置、照明和火警系统，都安装在光散射屋顶下。这个多层屋顶的下部是根据菲涅耳透镜原理制成的金属和玻璃网格结构。在照明技术方面，这些区域形成某种向下的"光压"，可以消除眩光给来访者或工作人员带来的不适感，将屋顶置入物质、现实与幻想中。

穿过光散射屋顶的垂直剖面
比例 1:100
光散射屋顶悬挂点详图
比例 1:5

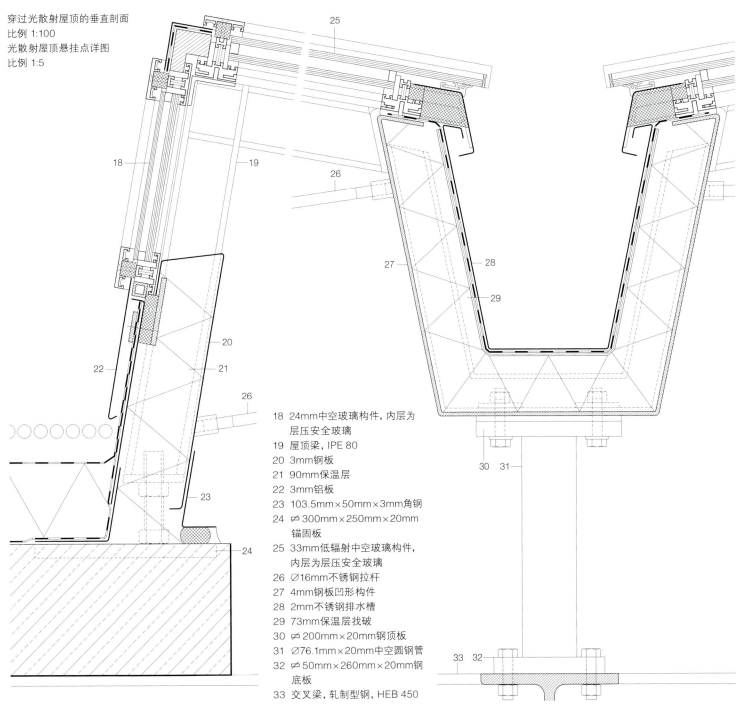

18 24mm中空玻璃构件, 内层为
   层压安全玻璃
19 屋顶梁, IPE 80
20 3mm钢板
21 90mm保温层
22 3mm铝板
23 103.5mm×50mm×3mm角钢
24 ⊏ 300mm×250mm×20mm
   锚固板
25 33mm低辐射中空玻璃构件,
   内层为层压安全玻璃
26 ∅16mm不锈钢拉杆
27 4mm钢板凹形构件
28 2mm不锈钢排水槽
29 73mm保温层找破
30 ⊏ 200mm×20mm钢顶板
31 ∅76.1mm×20mm中空圆钢管
32 ⊏ 50mm×260mm×20mm钢
   底板
33 交叉梁, 轧制型钢, HEB 450

艺术研究院

德国柏林，2005年

建筑师：Behnisch & Partner,
with Werner Durth, Stuttgart
项目合伙人/建筑师：Franz Harder
项目团队：Matias Stumpfl（项目建筑师），
Berthold Jungblut, Michael Beckert,
Sonja Stange, Angelika Wiegand,
Andreas Mädche, Jochen Schmid,
Yvonne Dederichs, Dominik Papst
色彩设计：Christian Kandzia
结构工程师：Pfefferkorn Ingenieure, Stuttgart
能源顾问：Transsolar Energietechnik, Stuttgart

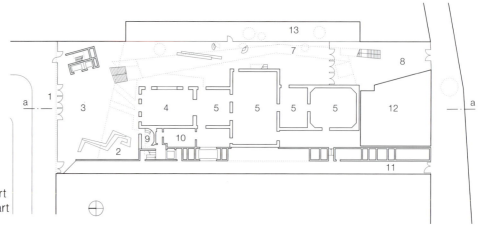

德国统一后，新首都的两个研究院（二战后成立于前东、西柏林，曾一度名声远播的普鲁士艺术研究院的产物）之间的融合只是一个时间的问题。1993年，一个内部评估程序启动，这个项目致力于整合这两个研究院，并使它们重新回到其位于巴黎广场的发源地。最终，设计构思得以实施，其中包括一个带有展览大厅的建于1905~1907年的老建筑物，由恩斯特·冯·伊内设计。

经过将这些具有历史重要意义的房间来一次彻底的改头换面后，老建筑被一组新的建筑物所环绕：北边新建的建筑尽端面向巴黎广场，位于西侧的一长排办公区与DZ银行毗邻，有顶散步通道横跨老建筑和东侧毗邻的Adlon酒店之间。位于北侧新建筑末端的中央阳光休息大厅有很多不同的随意布置的楼梯，它们联系着新老建筑之间的不同楼层。除了办公区，绝大部分区域，甚至新的巴黎广场北侧末端建筑的屋顶，都采用了玻璃结构。这使得人们无论由内而外还是由外而内都能从各个方向看到有趣的景观。不过，大量玻璃的使用也要求必须控制太阳得热，以确保连续不断的舒适的室内气候。遮阳在这里至关重要。

这里，能源概念的提出是为了减少新风系统和供暖制冷系统的使用。新鲜空气通过设置于中间楼层的通风管被引入室内，制冷系统则是通过调节建筑构件来工作，由地下水提供补给，在冬季提供地热采暖。

所有这些方法，对于在玻璃屋顶下的顶层创造良好环境仍是不够的。只有在玻璃板上增加低辐射膜，才能大量减少玻璃屋顶散热器的使用。在冬季，这种膜能降低冷辐射而使室内更加舒适。

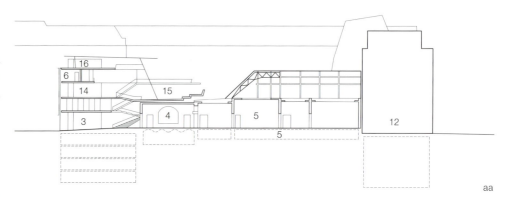

aa

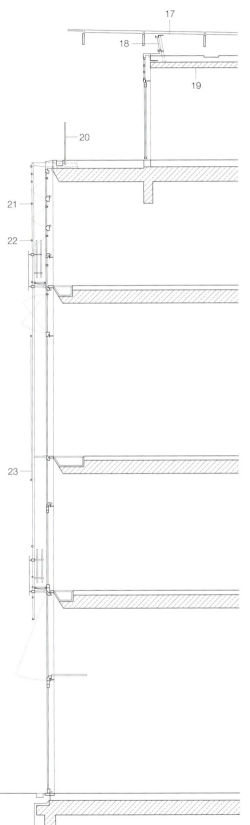

平面图·剖面图
比例 1:1000
穿过北立面的垂直剖面
比例 1:100

1　巴黎广场主入口
2　书店
3　门厅
4　"连接"区域
5　展厅
6　办公室
7　阳光房
8　Behren街入口
9　伊内楼梯
10　储藏室
11　装卸区
12　Adlon-Palais楼
13　Adlon酒店,内庭院
14　研讨室
15　露天雕塑
16　俱乐部

17　北侧新建筑末端的玻璃
　　屋顶
18　40mm×40mm铝格栅
19　塔楼的钢筋混凝土屋面
20　层压安全玻璃栏板,2层
　　钢化安全玻璃板,带PVB
　　夹层
21　∅30mm钢管
22　扶手,∅38mm钢管
23　展示横幅的∅47mm悬挂
　　钢管

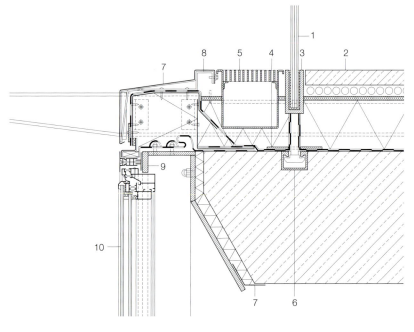

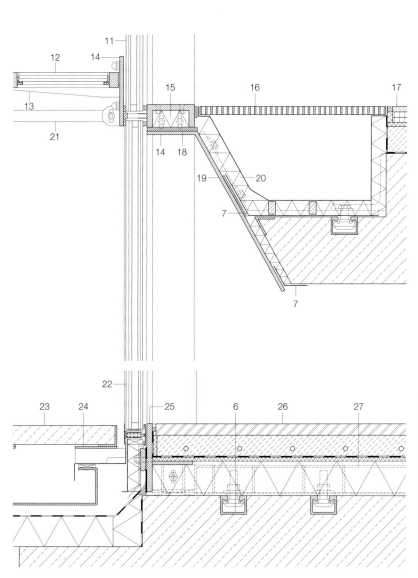
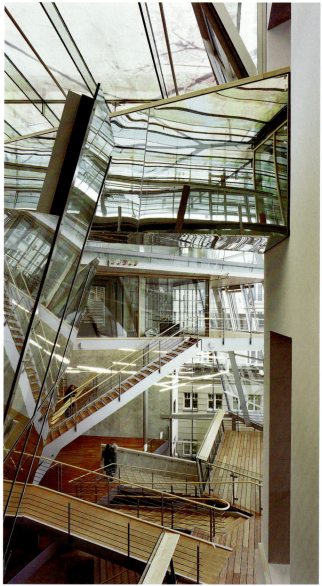

穿过俱乐部北立面的垂直剖面
比例 1:20

1 层压安全玻璃栏板，2层钢化安全玻璃板，
  带PVB夹层
2 屋顶露台构造：
  40mm人造石板
  30mm砾石层
  无纺织物分离层，可渗透
  10mm橡胶颗粒垫层
  120mm硬泡沫保温层
  10mm防水层，2层
  5mm毛毡沥青卷材，底涂沥青
  350mm钢筋混凝土
3 防腐型钢
4 松套凸缘，扁钢
5 穿孔不锈钢格栅
6 槽钢，70mm
7 女儿墙铝盖板，3mm
8 3mm铝板
9 ⌀15mm扁钢
10 中空玻璃构件，2层8mm 层压安全玻璃+
   14mm空腔+2层8mm层压安全玻璃
11 中空玻璃构件，2层12mm 层压安全玻璃+
   18mm空腔+2层16mm层压安全玻璃
12 3层层压安全玻璃板，24mm
13 10mm钢托架
14 ⌀10mm扁钢
15 防火矿物羊毛保温层
16 铝格栅
17 楼板构造：
   14mm橡木拼花地板
   2层14mm地板
   10mm撞击声隔声层
   68mm水泥砂浆
   分离层，0.2mm聚乙烯卷材
   350mm 钢筋混凝土
18 中间隔声衬垫
19 ⌀500mm×15mm扁钢，压弯成型
20 50mm矿物羊毛保温层
21 ⌀30mm×10mm扁钢
22 中空玻璃构件，2层16mm 层压安全玻璃+
   18mm空腔+2层12mm 层压安全玻璃
23 沥青砂胶，可更换

24 5mm不锈钢板支撑
25 ⌀180mm×15mm扁钢
26 门厅楼板构造：
   30mm抛光沥青砂胶，注射
   55mm无缝硬石膏，覆盖地热管道
   分离层，0.2mm聚乙烯卷材
   10mm撞击声隔声层
   95mm聚苯乙烯硬泡沫保温层
27 2个角钢，80mm×80mm×8mm，
   ⌀70mm×17mm扁钢
28 ⌀250mm×150mm×15mm不锈钢
29 ⌀150mm×135mm×10mm扁钢
30 特殊的不锈钢部件，有精确调节的
   把手
31 可反射铝箔
32 预压条
33 北侧新建筑末端玻璃屋顶：
   10mm钢化安全玻璃（印制花纹，
   覆盖率65%；低辐射膜）+12mm填
   充气体空腔+层压安全玻璃（2层
   8mm钢化安全玻璃板）+8mm填充
   气体空腔+层压安全玻璃（2层半钢
   化玻璃板）
34 中空玻璃构件，2层8mm层压安全玻
   璃+16mm空腔+2层8mm层压安全
   玻璃
35 推拉构件，开启状态
36 不锈钢轨道，⌀75mm×15mm
37 400mm铝格栅，安装在地板下管道
   上方，用于对流式暖器的散热
38 400mm×100mm槽钢
39 俱乐部楼板构造：
   40mm人造石板
   20mm砂浆层
   65mm水泥砂浆
   分离层，0.2mm聚乙烯卷材
   7mm撞击声隔声层
   30mm聚氨酯硬泡沫保温层，
   钜饰面
40 135mm×60mm角钢
41 ⌀115mm×15mm扁钢柱

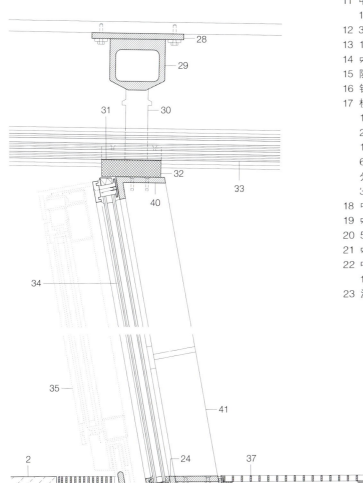

卡地亚基金会

法国巴黎，1994年

建筑师：
Jean Nouvel, Emmanuel Cattani &
Associés, Paris
项目经理：
Didier Brault
结构工程师：
Ove Arup & Partners, London

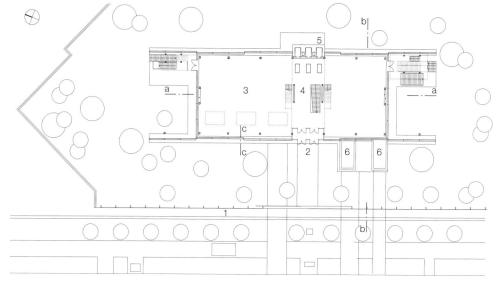

卡地亚基金会大楼处于美国文化中心的基址上，在原建筑的建筑红线以内。任务书要求新公司总部要有宽敞的办公空间，卡地亚现代艺术基金会也要有足够的展览空间。另一项要求就是必须保留老公园内的树木，包括一棵100年的老雪松。

根据这些要求，建筑师设计了一座与街道平行但却向内缩进的玻璃建筑。沿着基地边界的是两面8m高的玻璃墙，它是建筑的主要入口，将老雪松围合在内。玻璃墙沿着建筑一直向北延伸。

在沿街道一侧的玻璃墙和建筑之间有一排树，这排树是为了与人行道上的大树相称而特意种植的。

建筑地面以上有八层，地面以下还有七层。一层和地下一层用于展览。在较长的立面一侧，8m高的玻璃墙可以根据需要滑动到一边，使室内外过渡流畅。安装在一层的玻璃板使光线能够照射到地下一层的展览区。透明的立面是立柱横梁结构。在上面的楼层，立面全部是结构密封玻璃构件，使用不锈钢杆网格结构固定，起到结构机械固定件的作用。不锈钢杆同时也支撑着外部的遮阳帘，这些遮阳帘单独安装在每一层上，在刮风时可以自动收起。

上部楼层的室内分隔墙也大面积使用了玻璃。在人们视线范围内的玻璃是磨砂的，往上逐渐变为透明。为了统一，大多数办公家具都采用了玻璃材质，这些都是建筑师亲自设计的。

总平面图
比例 1:750
垂直剖面·
水平剖面
比例 1:20

1 独立玻璃墙
2 入口
3 展览区
4 走廊
5 客用电梯
6 车用电梯

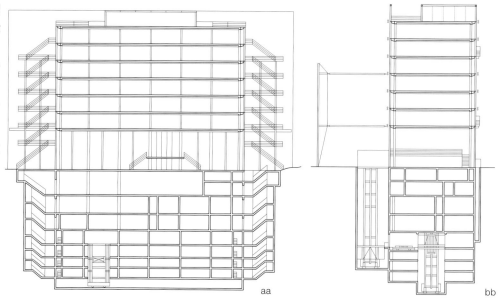

aa   bb

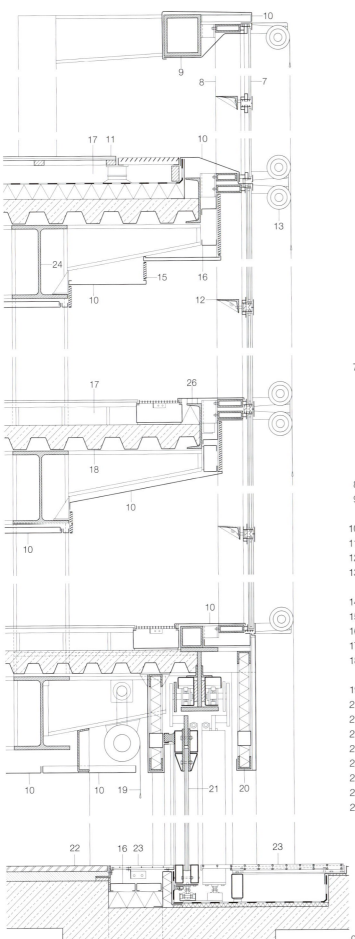

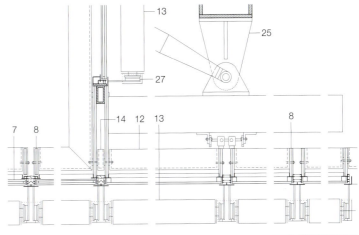

7 抗反射中空玻璃构件:
  窗户外层为12mm层压安全
  玻璃
  内层为6mm浮法玻璃
  拱肩镶板部分为6mm钢化
  安全玻璃
  铝框架结构,外面为不锈钢
  玻璃格条

8 19mm悬挂钢化安全玻璃肋

9 ⊿20mm×20mm中空方钢
  支撑结构

10 钢板盖帽

11 木板

12 铸铝横梁

13 织物遮阳帘,电脑控制,固
   定在铝架上

14 玻璃构件之间的接缝

15 铝格栅

16 通风口(进气口与排气口)

17 架空地板

18 压型金属板上混凝土层,
   130mm

19 室内防眩光帘

20 保温板

21 铝框玻璃推拉门

22 花岗岩地砖

23 钢格栅

24 主体钢结构

25 支撑独立玻璃墙的钢结构

26 保温块

27 固定立面的角钢

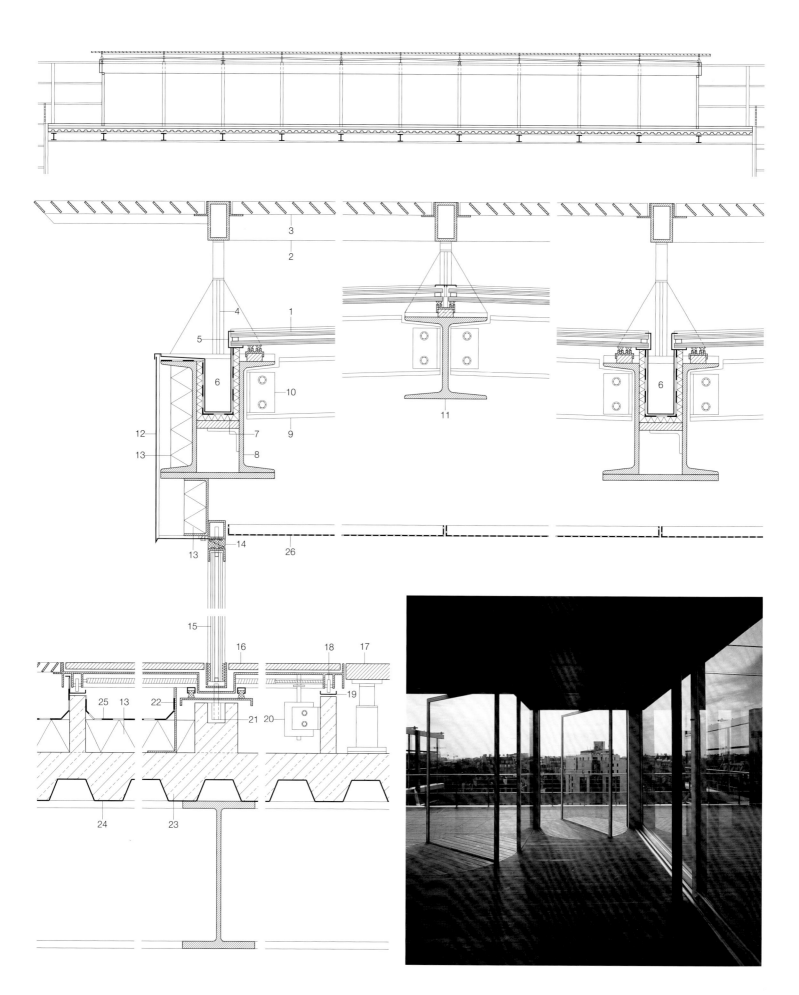

屋顶层剖面图与细部图
比例 1:200和1:10

1 抗反射中空玻璃构件, 12mm钢化安全玻璃+10mm空腔+2层6mm层压安全玻璃
2 交叉梁, ☐100mm×60mm中空方钢, 热浸镀锌
3 室外遮阳构件: 钢格栅, 热浸镀锌

4 支撑结构, 中空构件, 热浸镀锌
5 铝构件
6 排水槽
7 25mm保温层
8 300mm×100mm槽钢
9 工字钢, IPE 160
10 钢夹板
11 工字钢, IPE 220

12 装饰铝板
13 矿棉保温层
14 三元乙丙橡胶衬垫
15 玻璃旋转门, 铝框中空玻璃 (12mm+10mm空腔+12mm)
16 25mm木板
17 38mm木板条
18 旋转门滑轮

19 旋转门轨道的角钢, 热浸镀锌
20 旋转门电机
21 旋转门轴
22 角钢
23 混凝土填充+顶层, 130mm
24 压型钢板
25 弹性沥青卷材
26 穿孔铝板吊顶

第四频道办公与电视台大楼

英国伦敦，1994年

建筑师：
Richard Rogers Partnership, London
结构工程师：
Ove Arup & Partners, London
RFR, Paris（曲面入口立面）

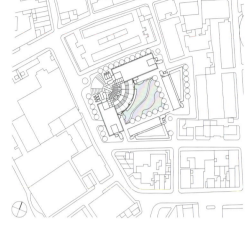

　　第四频道的新总部与其所在的威斯敏斯特基地周围的城市肌理完美地融合在一起。只有高耸着旗杆和天线的电梯和设备塔楼从周围建筑中脱颖而出，标志着建筑的位置。建筑L形的布局正好填补了市中心街区的缝隙。来访者可以通过玻璃连接桥进入大楼，桥上有悬挂的钢玻结构雨篷。建筑入口最精彩的地方是20m高的内凹全玻璃立面。在与旁边实体建筑相连的地方，立面呈一个角度，因此在视觉上是与其他建筑分开的。

　　玻璃立面是悬挂在屋顶的悬挑钢梁上的。每一块玻璃板都承担着下面所有玻璃板的重量，就像一个链条。玻璃立面内侧的预应力不锈钢缆索双层网格结构固定着玻璃立面，承受风荷载。在立面中心部分，风压荷载由水平缆索承担，吸力荷载由垂直缆索承担。而在立面边缘正好相反。这一重新分布荷载的体系产生了一种平面网格，固定在一系列独立的受力点上，在这些点上，玻璃板由较短的铰接拉杆固定。

　　所有的连接件和玻璃固定件均采用铰接形式，以保证每个构件都能够承受设计荷载，并将玻璃板承受的外部荷载传递到结构上。立面边缘成角度的部分被设计成刚性转角，由结构硅树脂密封剂密封。办公区的立面由与楼层等高的玻璃构件构成，水平分成四段玻璃带，由结构密封玻璃组成，并使用额外的机械固定件固定。作为遮阳手段，玻璃板上下边缘的前面设置了金属网板（在北立面网板只安装在最下面的玻璃上）。

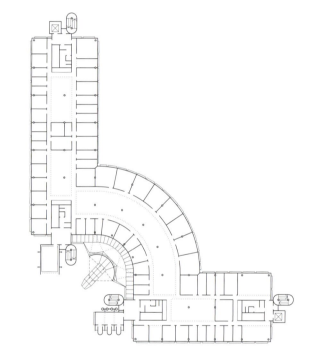

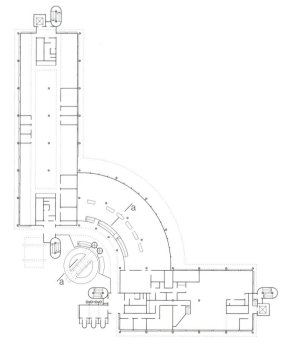

总平面图
比例 1:4000
一层和办公楼层平面图
比例 1:1000
入口立面处水平预应力缆索
轴测图·穿过入口的垂直剖面
比例 1:250
上部立面固定件和玻璃固定件详图
比例 1:10

1　12mm屋顶层压安全玻璃
2　12mm弯曲层压安全玻璃
3　带弹簧的不锈钢玻璃悬挂构件
4　铰接在玻璃板上的点驳件
5　浇铸不锈钢四点式托架，两点铰接
6　不锈钢铰接拉杆
7　永久性硅树脂弹性接缝
8　∅34mm不锈钢缆索

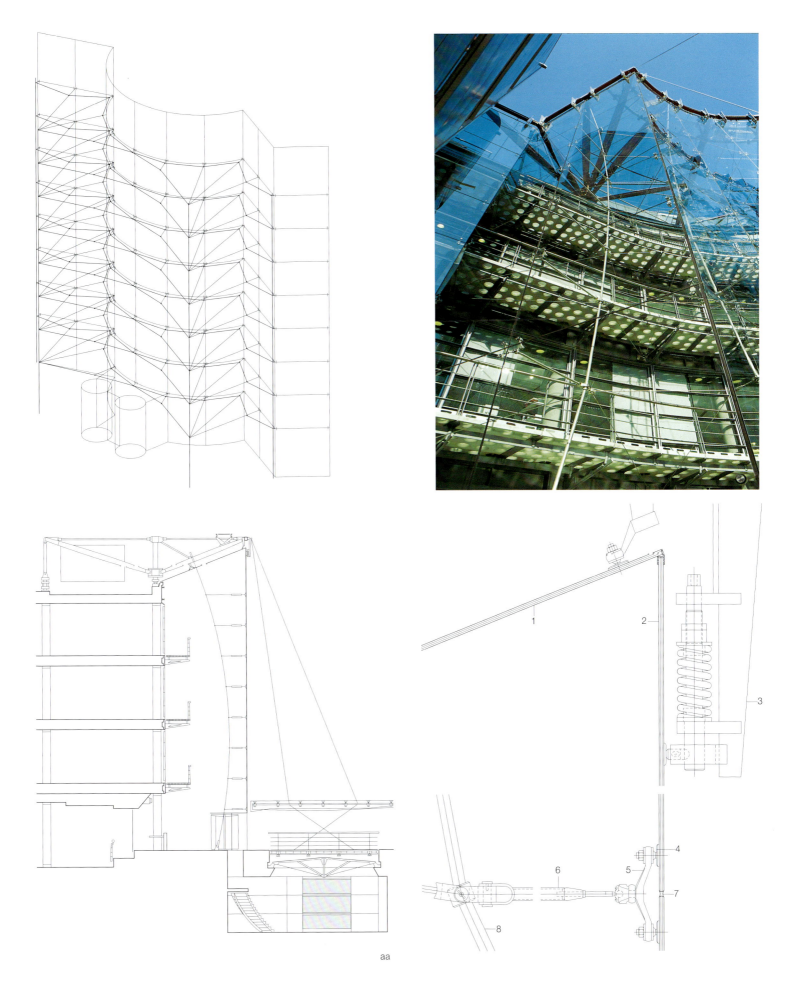

aa

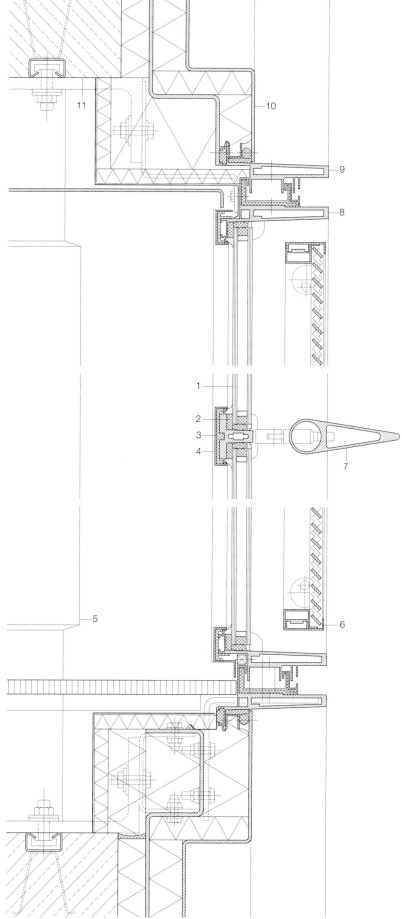

细部图
办公区立面·办公楼层
比例 1:5

1 中空玻璃构件，6mm+15mm
  空腔+6mm钢化安全玻璃
2 硅树脂结构密封胶
3 聚乙烯热障
4 铝盖条
5 钢筋混凝土柱

6 铝框内的铝网
7 水平铝支撑件
8 铝板框架
9 铝构件
10 铝板压弯成型
11 钢筋混凝土楼板

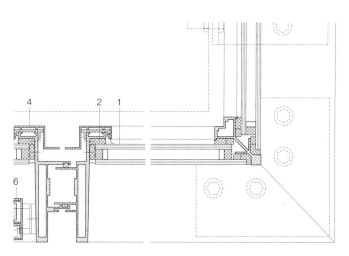

大学综合楼

法国马恩拉瓦雷，1996年

建筑师：Chaix Morel & Partner, Paris
Philippe Chaix, Jean-Paul Morel,
Rémy Van Nieuwenhove
项目团队：Benoît Sigros, Walter Grasmug,
Nelly Breton, Dietmar Feichtinger,
Sophie Carré, Denis Germond,
David McNulty, Olivier Boiron,
Laurent Bievelot, Franck Hughes,
Paolo Carrozzino
结构工程师：O. T. H. Bâtiments, Paris

这座综合楼里有两所大学：法国国家桥梁道路大学和法国国家地理科技大学。演讲大厅、研讨室、实验室和办公室设在三座平行的翼楼里。这三座翼楼之间的悬拱状玻璃屋顶连接着建筑，并界定了横穿整座综合楼的横向中庭。很多大型空间如图书馆和食堂等，也位于拱形屋顶下。中庭将规模不同的两所大学的建筑分隔开，同时它也是所有使用者的公共交通区域。每座独立的翼楼之间也由建筑内部或外部的连接桥连接起来。

悬拱状玻璃屋顶由一个复合结构支撑，这个结构由钢柱和钢梁支撑，预应力混凝土空心楼板横跨这些梁柱之间。屋顶外部区域的荷载通过建筑两个较长立面前面的水平拉杆和倾斜承压构件传递到垂直张拉索上，张拉索则通过拉力很大的弹簧锚固在地面上。建筑内部，拱形玻璃屋顶下面的弯曲张拉杆承担着风荷载和向上的拉力。玻璃屋顶和邻近建筑之间的所有连接都设计成弹性接缝，可以吸收由雪荷载和风荷载引起的几厘米的位移。玻璃屋顶下面悬挂的金属百叶可防止眩光的发生，增强内部的声音效果。外部的织物遮阳帘在大风时可以自动收回。

建筑较长立面的立柱横梁结构沿着中庭和办公翼楼以相同的韵律延续。在中庭内，立面没有地板支撑，而是直接用钢缆在背面支撑。弹簧构件让悬索结构绷紧的同时还提供了必要的弹性。

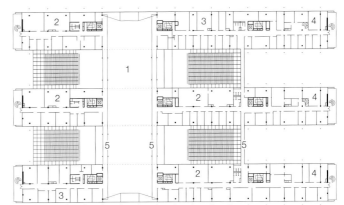

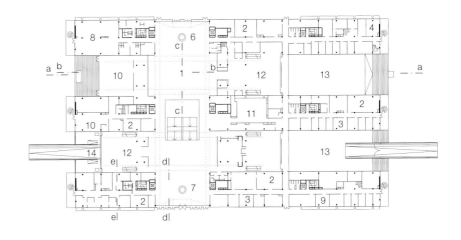

aa

一层和三层平面图·剖面图
比例 1:1500

1 中庭	8 体育馆
2 教室	9 实验室
3 办公室	10 制图室
4 研究室	11 小演讲厅
5 人行桥	12 图书馆
6 自助餐厅	13 上空空间
7 接待处	14 地下车库坡道

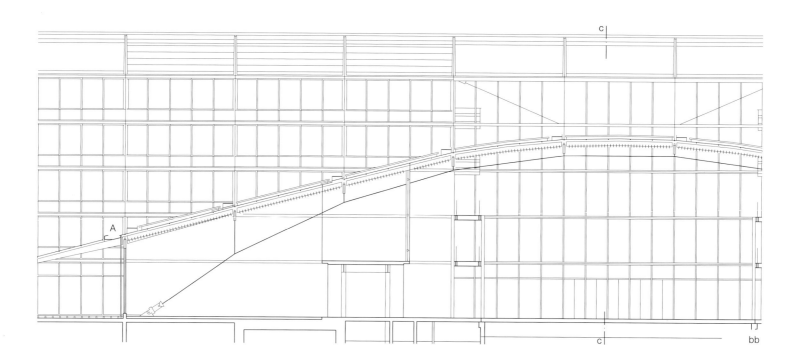

剖面图
比例 1:250
剖面图A
比例 1:20
屋檐详图
比例 1:5

1 中空玻璃构件，8mm钢化安全
　玻璃+12mm空腔+2层4.5mm
　层压安全玻璃
2 中空玻璃构件，6mm+10mm空
　腔+4mm
3 玻璃屋顶钢吊杆，∅36mm

4 不锈钢排水沟
5 织物遮阳帘
6 维修通道
7 排烟排热的推拉窗
8 固定铝百叶，穿孔并填充矿
　棉以提高室内声音效果

9 ∅50mm钢拉杆
10 聚碳酸酯隔离件
11 涂刷密封
12 挤压铝玻璃格条
13 挤压铝立面柱

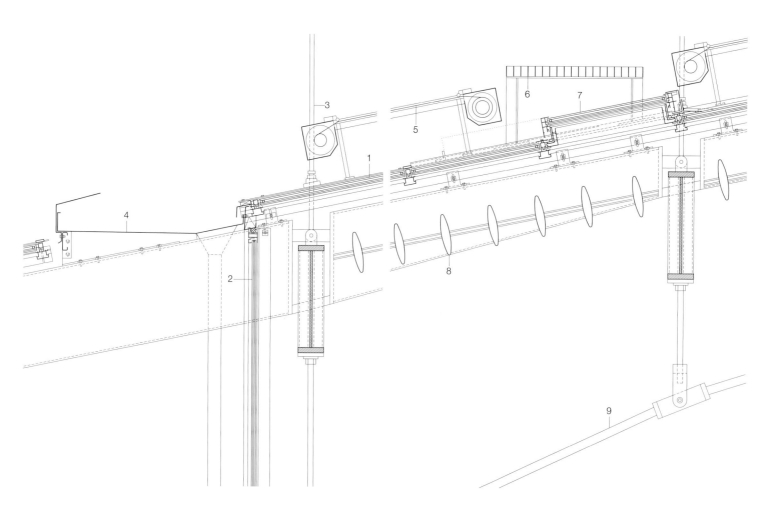

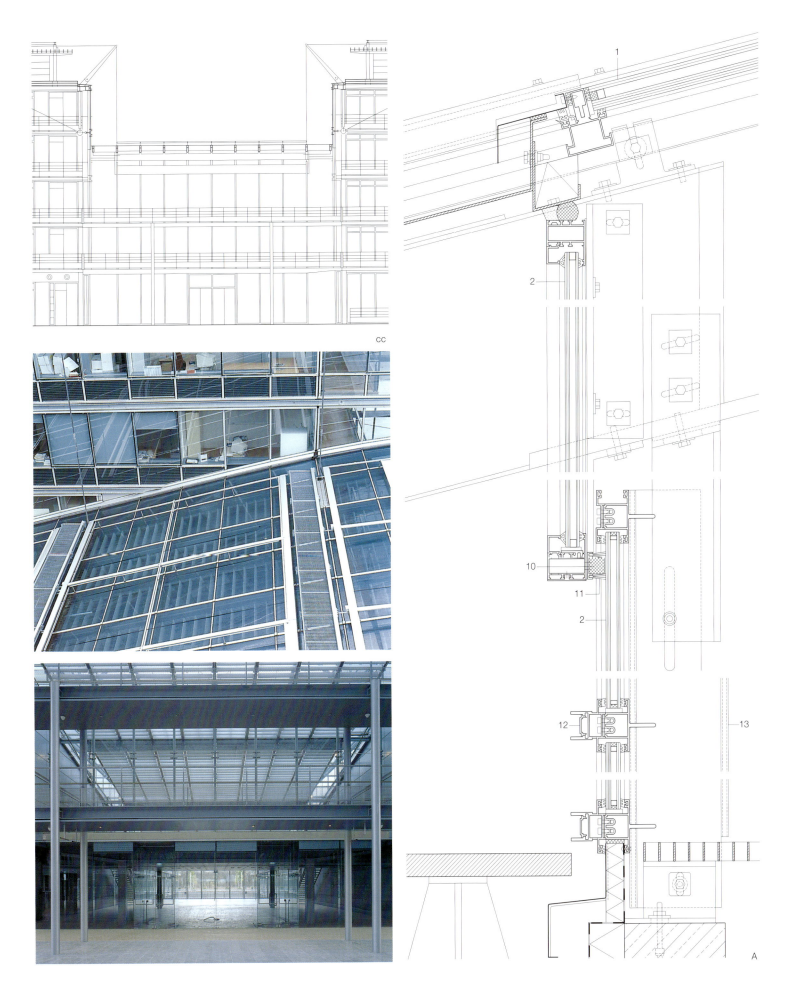

CC

1

2

10

11

2

12

13

A

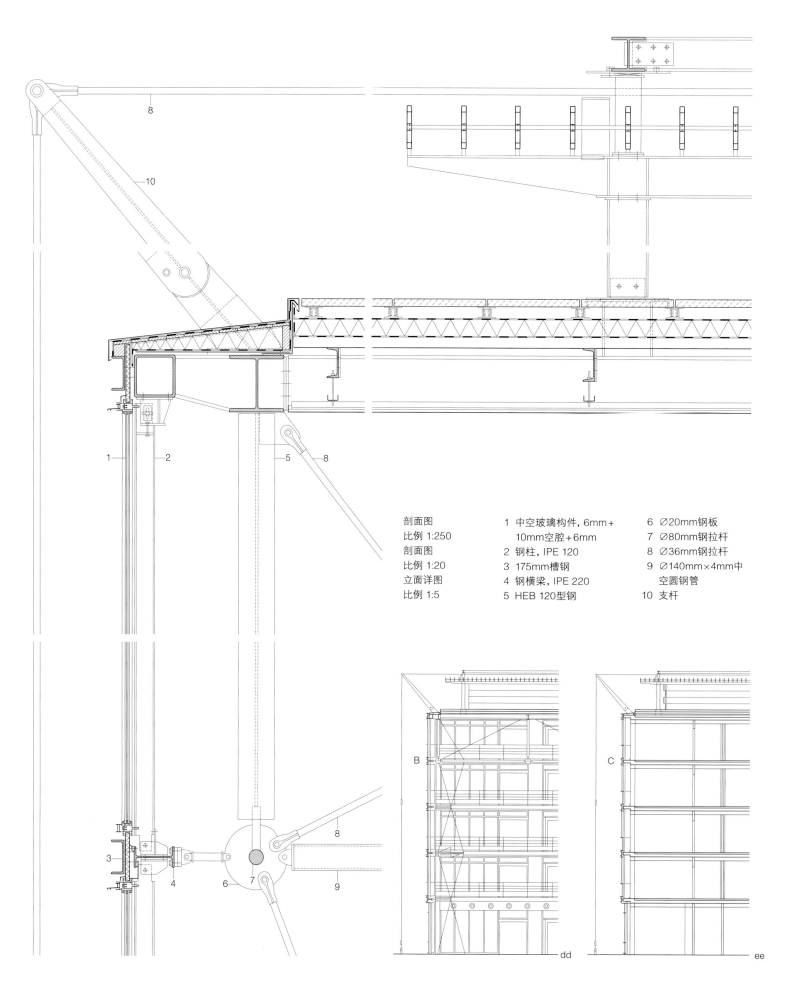

剖面图
比例 1:250
剖面图
比例 1:20
立面详图
比例 1:5

1 中空玻璃构件, 6mm+
　10mm空腔+6mm
2 钢柱, IPE 120
3 175mm槽钢
4 钢横梁, IPE 220
5 HEB 120型钢

6 ∅20mm钢板
7 ∅80mm钢拉杆
8 ∅36mm钢拉杆
9 ∅140mm×4mm中
　空圆钢管
10 支杆

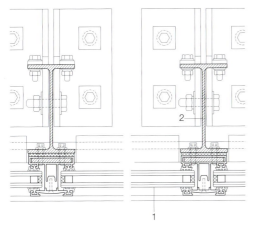

ff

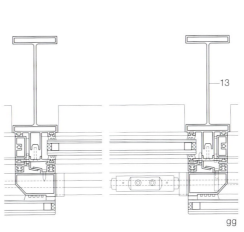

gg

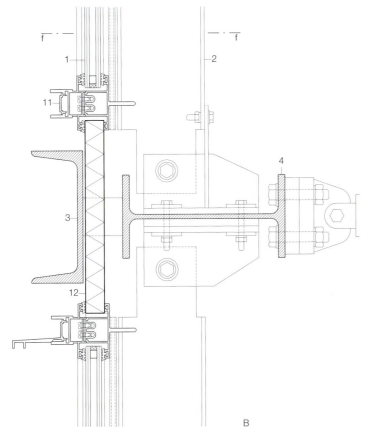

B

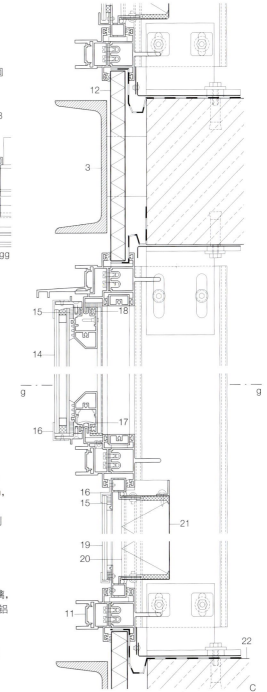

11 铝质玻璃格条
12 保温板
13 挤压铝柱
14 水平推拉窗，中空
   玻璃构件，6mm+
   10mm空腔+4mm，
   胶合在铝框架上
15 硅树脂结构密封剂
16 不锈钢点驳件
17 滑轮
18 涂刷密封
19 拱肩镶板，
   6mm钢化安全玻璃，
   印刷，三面胶合在铝
   框架上
20 60mm保温层
21 1.2mm钢板，热浸
   镀锌
22 钢筋混凝土楼板

C

RWE塔楼

德国埃森，1997年

建筑师：Ingenhoven Overdiek Kahlen &
Partner, Düsseldorf; C. Ingenhoven,
A. Nagel, K. Frankenheim, K. J. Osterburg,
E. Viera, M. Slawik, P. J. v. Ouwerkerk,
C. de Bruyn, I. Halmai, R. Wuff,
J. Dvorak, F. Reineke, M. Röhrig, S.
Sahinbas, N. Siepmann
结构工程师：Hochtief, Essen
暖通空调工程师：HL-Technik, Munich
Ingenieurgemeinschaft Kruck,
Mülheim/Ruhr

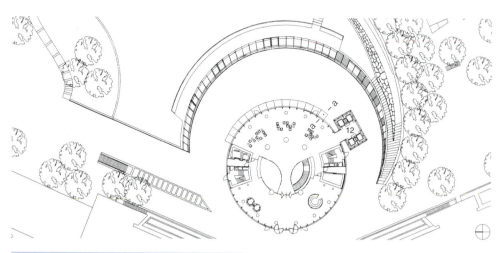

　　这座圆柱形的塔楼作为一个独立的建筑矗立在各具特色的建筑群中。将建筑体量集中建在一块紧凑的区域内，这一做法在市中心带有湖泊的公园中创造了非常优美的景观。节能建筑的设计理念在建筑形态和结构中都有体现。圆形的平面确保了建筑体量和建筑表面之间理想的关系。圆柱的外形也使风压、热损失、建筑资源和采光达到了最佳效果。

　　建筑表皮大量应用了玻璃，使建筑内的各种功能区域清晰可见，包括门厅、办公楼层、设备楼层以及屋顶花园。垂直交通流线隐藏在一个附属的电梯井中，电梯井也为每一层指明了方向。楼层平面布局包括用于正常活动的中心交流区（包括某些楼层之间的内部楼梯）、一个圆形的走廊区域和外圆办公区。

　　工作区的采光问题引起了建筑师的特别注意。建筑师在立面每一层都设计了与房间同高的玻璃窗，使用了超透明玻璃，而且在楼板边缘处消减了楼板厚度。自然光通过中心交流区隔墙的高侧窗被引入中心交流区。机械设备则根据个人的要求而使用。员工可以经常呼吸到外面的新鲜空气，也可以在每个房间内单独控制照明、温度、遮阳和防眩等。当外面天气条件恶劣而无法开窗时，房间可以使用传统方法通风。为了增加混凝土楼板的蓄热能力，建筑师在混凝土上面覆盖了一层穿孔金属板。照明设备、烟雾探测器、喷淋装置和冷水冷却管安装在吊顶内，冷水管能给室内降温，而无须吹入冷风。

　　塔楼的立面是一个双层通风结构，最显著的特点就是在传统保温层外安装了一层连续的玻璃。这层单层玻璃一直延伸到屋顶楼板以上，为31层的屋顶花园遮挡强风。立面

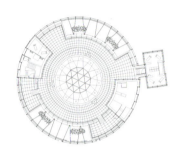

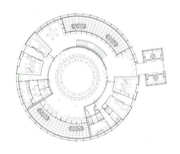

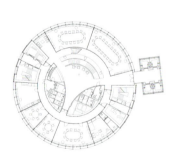

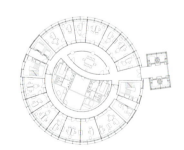

一层、标准层、会议室层、会议室大厅、
屋顶花园平面图 比例 1:1000
垂直剖面 比例 1:5

1 外层
2 遮阳设施
3 内层
4 通风构件
5 楼板
6 多功能天花板构件
7 钢筋混凝土柱
8 控制板
9 架空地板
10 对流式散热器管道

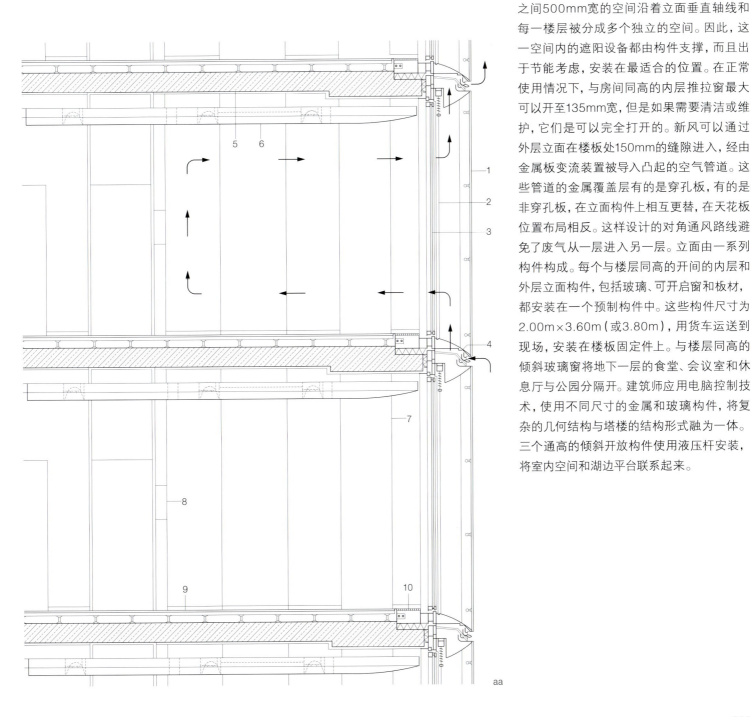

aa

之间500mm宽的空间沿着立面垂直轴线和每一楼层被分成多个独立的空间。因此，这一空间内的遮阳设备都由构件支撑，而且出于节能考虑，安装在最适合的位置。在正常使用情况下，与房间同高的内层推拉窗最大可以开至135mm宽，但是如果需要清洁或维护，它们是可以完全打开的。新风可以通过外层立面在楼板处150mm的缝隙进入，经由金属板变流装置被导入凸起的空气管道。这些管道的金属覆盖层有的是穿孔板，有的是非穿孔板，在立面构件上相互更替，在天花板位置布局相反。这样设计的对角通风路线避免了废气从一层进入另一层。立面由一系列构件构成。每个与楼层同高的开间的内层和外层立面构件，包括玻璃、可开启窗和板材，都安装在一个预制构件中。这些构件尺寸为2.00m×3.60m（或3.80m），用货车运送到现场，安装在楼板固定件上。与楼层同高的倾斜玻璃窗将地下一层的食堂、会议室和休息厅与公园分隔开。建筑师应用电脑控制技术，使用不同尺寸的金属和玻璃构件，将复杂的几何结构与塔楼的结构形式融为一体。三个通高的倾斜开放构件使用液压杆安装，将室内空间和湖边平台联系起来。

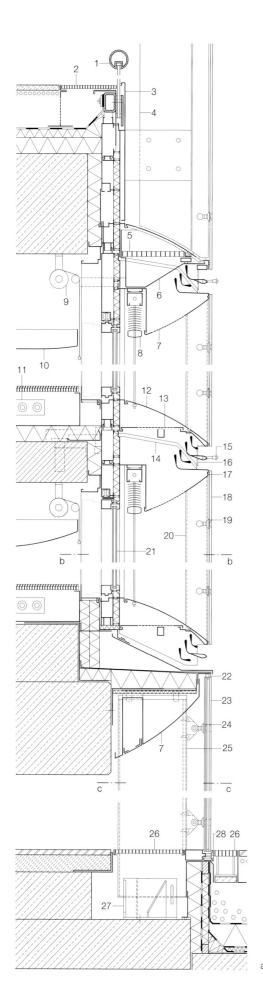

垂直剖面
比例 1:20
立面详图
比例 1:10

1 安全栏板，12mm超透明钢化安全玻璃，∅100mm铝扶手
2 排水槽上面的金属格栅
3 封檐板
4 屋顶花园两层高玻璃支柱，◻50mm×280mm，烤漆中空铝管
5 金属格栅
6 散热器沟槽，4mm钢板，排水管出口在立面轴上吊顶内
7 每隔一个开间有一个通风腔（中间的开间封闭），4mm阳极氧
  化穿孔铝板，自然色
8 铝百叶遮阳帘
9 防眩遮光布
10 多功能天花板构件，烤漆金属板，部分穿孔
11 地板下对流式散热器
12 每隔一个开间有一个铰接挡板（中间开间的挡板为穿孔板），
   4mm阳极氧化铝板，自然色
13 清洁与检查用通道

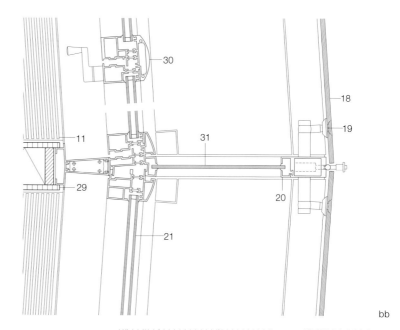

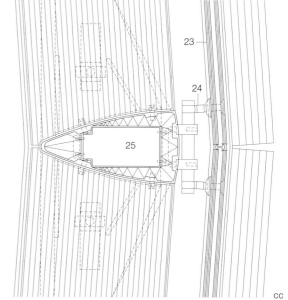

14 板之间的对接接缝,装配接缝
15 移动吊篮的导轨
16 水平通风缝,带阳极氧化铝空气导向装置,自然色
17 三元乙丙橡胶衬垫
18 外层,10mm超透明钢化安全玻璃
19 不锈钢点驳件
20 铝质立面柱,50mm×120mm
21 内层,与层高等高的中空玻璃,铝框超透明玻璃
22 背衬杆上的硅树脂密封剂
23 中空玻璃构件,10mm钢化安全玻璃+14mm
   空腔+12mm层压安全玻璃
24 中空玻璃的不锈钢点驳件
25 铝质立面柱
26 金属格栅
27 柱基,可调节
28 铝质玻璃格条
29 办公空间分隔构件,175mm穿孔山毛榉木板,
   亚光饰面
30 每隔一个开间设置的推拉门构件,带曲柄把手
31 立面分隔构件,超透明钢化安全玻璃

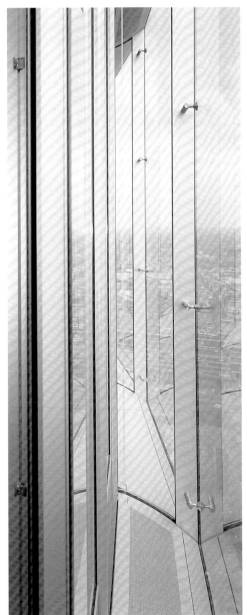

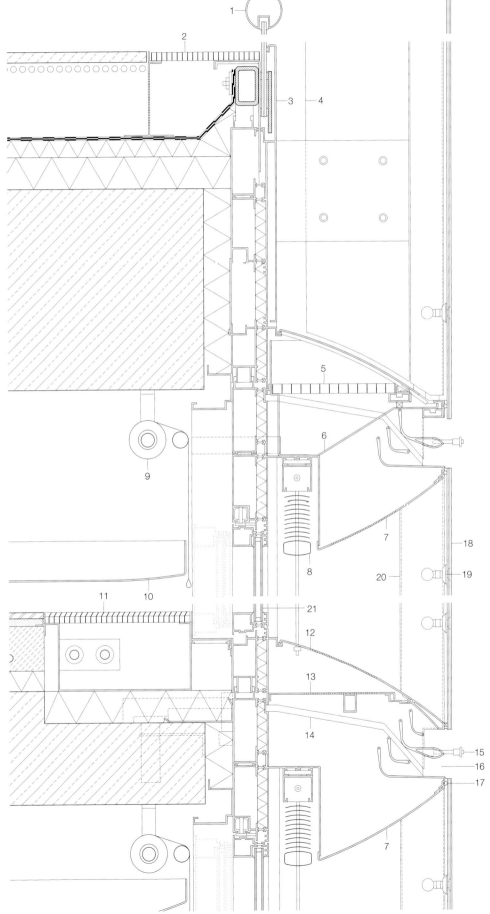

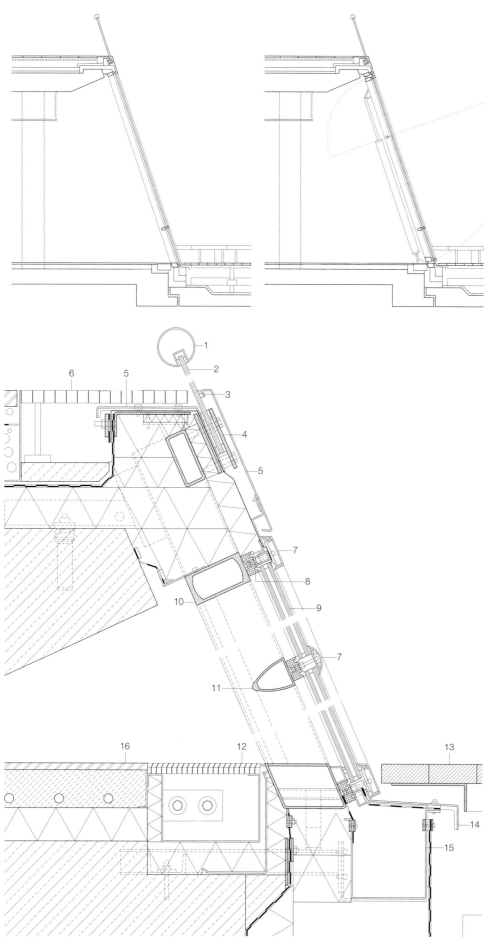

穿过地下一层倾斜玻璃窗和上旋门的剖面图
比例 1:100
倾斜玻璃窗剖面图
比例 1:10

1　铝扶手，⌀100mm，阳极氧化自然色表面，
　　用硅树脂密封剂粘在超透明玻璃上
2　12mm超透明钢化安全玻璃
3　硅树脂密封剂
4　三元乙丙橡胶衬垫上的固定钢板
5　阳极氧化铝，自然色
6　金属格栅
7　铝质玻璃格条
8　三元乙丙橡胶衬垫
9　中空玻璃构件，外层10mm钢化安全玻璃+
　　12mm空腔+12mm层压安全玻璃
10 带尖棱中空方钢，⌀180mm×80mm×8mm
11 T型钢横梁
12 格栅下对流式散热器管道
13 架空木板条地板
14 3mm不锈钢泛水板，带隔声涂层
15 2mm不锈钢排水槽
16 石材地砖

工商会所的玻璃屋顶

德国斯图加特，1996年

建筑师：
Kauffmann, Theilig & Partner, Stuttgart
Andreas Theilig, Dieter Ben Kaufmann,
Rainer Lenz
项目建筑师：Gerhard Feuerstein
参与设计建筑师：Tanja Kampusch
结构工程师：Pfefferkorn & Partner, Stuttgart
能源顾问：Transsolar, Stuttgart
Matthias Schuler, Volkmar Bleicher

屋顶和一层平面图
比例 1:1000
剖面图
比例 1:200
玻璃屋顶详图
比例 1:10

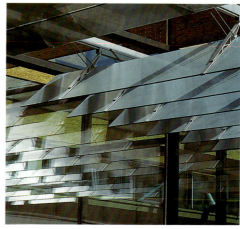

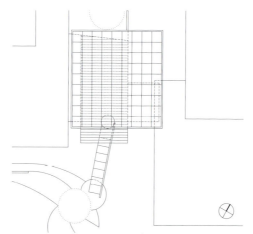

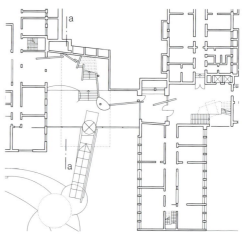

为了不阻塞建于20世纪50年代的两座建筑之间的空间，本案的入口被设计得尽可能明亮通透，入口内包括接待区和等候大厅。入口双层屋顶的主结构由木梁交叉构成。木梁支撑着中空玻璃（U=1.3W/m^{2}K）组成的屋顶外层。这些玻璃构件与结构的网格尺寸相同，而且80%都是透明的，不透明的板材和光电板占20%。

屋顶外层下面是一层玻璃百叶，作为内层屋顶，并一直延伸到建筑外面入口上方。这些可调式百叶起到遮阳和改变日光方向的作用，使屋顶可以根据季节和天气的变化而改变，但同时也能保证百叶即使在闭合位置，入口内的人也能看到外面的天空。到了冬季，百叶闭合，形成缓冲区，可以使屋顶保温效果提高30%。在冬季晴朗的日子或在春秋两季，百叶打开，利用太阳能就可以加热室内空间。在夏季的白天，将百叶设置成一个小角度，太阳能风扇会排走屋顶空间的热空气，同时吸进山坡上防空洞内的冷空气。夏季的夜晚，打开百叶，增加空气流通，室内的热空气就会被排走。

石材地砖和两边的墙体都能蓄热。入口空间通过地热供暖，地砖下有对流式散热器。由于使用了高质量玻璃，因此不需要在8m高的立面前安装肋片散热管或暖气。防空洞内的空气可以在夏天起到降温的作用。因此供应冷空气的管道长度经过了仔细设计，以保证即使在夏季非常炎热的日子里，大厅休息区的温度也能控制在28℃以下。

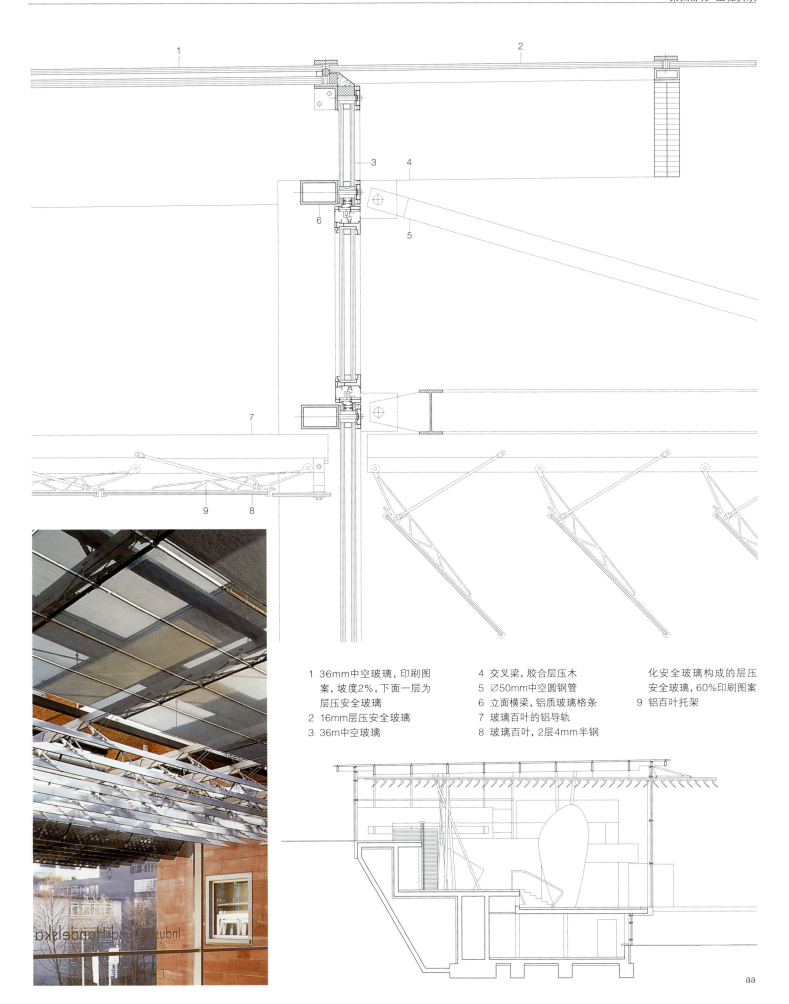

1 36mm中空玻璃，印刷图
　案，坡度2%，下面一层为
　层压安全玻璃
2 16mm层压安全玻璃
3 36m中空玻璃

4 交叉梁，胶合层压木
5 ∅50mm中空圆钢管
6 立面横梁，铝质玻璃格条
7 玻璃百叶的铝导轨
8 玻璃百叶，2层4mm半钢

化安全玻璃构成的层压
安全玻璃，60%印刷图案
9 铝百叶托架

aa

艺术画廊

瑞士巴塞尔，1997年

建筑师：
Renzo Piano Building Workshop, Paris
Renzo Piano, Bernard Plattner,
Loïc Couton
项目团队：William Mathews, Ronnie Self,
Pascal Hendier
承包商、现场管理：
Burckhardt + Partner, Basel
Jörg Burckhardt, Hugo Lipp
结构工程师：Arup Associates, London

　　本项目的四面平行墙体每面长130m，界定出画廊的内部空间。只有外部的混凝土墙是实体构造，室内墙体由钢筋混凝土柱覆盖石膏板组成，所有的建筑设备都隐藏在形成的空隙内。

　　与房间等高的立柱横梁结构玻璃立面形成这座长条形建筑的南北立面。立柱位于外部，由三块预制钢板错位连接在一起而成。

　　玻璃屋顶由几层构成，型钢交叉梁支撑三个缓坡玻璃屋顶。在三个屋顶之间，钢板檐沟沿着建筑长轴方向在四面墙上方收集雨水。屋顶的玻璃格条由表面烤漆的铝型材制成，固定在高度可调的立柱上。它们共同支撑着成角度设置的玻璃，起到外部遮阳的作用，同时这也是建筑最吸引人的地方。成角度设置的玻璃构件下侧是白色烤漆饰面，大大减少了刺眼的光线进入建筑，但却能让漫反射光线从北面进入展室。

　　第三处应用玻璃的地方是交叉梁下方的室内吊顶。吊顶是接近1.4m的屋顶空腔的内部边界线，屋顶空腔则充当着温度调节器并形成容纳设备管线的空间，例如容纳照明设备、感应器、分散入射光线的可调百叶窗。在吊顶的下方是由覆盖白色织物的穿孔金属板形成的半透明层，充当第二层滤光器。在建筑的两道狭窄的山墙尽端，覆盖玻璃的交叉梁一直向外延伸出墙体外侧，形成两块有顶区域。建筑长轴方向上微微上扬的出挑屋顶，让玻璃屋顶就像飘浮在建筑之上一样。

总平面图
比例 1:2000
剖面图
比例 1:500
屋檐详图
比例 1:20

1 不锈钢点驳件
2 钢化安全玻璃遮阳板，下侧白色烤漆饰面
3 ∅60mm钢管
4 报警玻璃，12mm钢化安全玻璃＋16mm空腔＋18mm层压安全玻璃，陶瓷印刷
5 控制百叶窗和人工照明的照度计
6 铝盖板
7 玻璃格条，2个带热障的中空铝型材，白色烤漆饰面
8 钢板檐沟
9 雨篷，层压安全玻璃，下侧印刷图案
10 玻璃格条支撑，高度可调节范围5～10mm
11 过滤入射光的自动控制百叶

12 工字钢交叉梁
13 玻璃天花板支架，∅15mm钢管
14 设备空腔
15 通风孔
16 间接人工照明
17 层压安全玻璃，仅供维修上人用
18 天花板，穿孔金属片覆盖白色织物
19 中密度纤维板
20 立面覆板，斑岩石板
21 石膏板衬板
22 防盗中空玻璃构件，3层层压安全玻璃＋空腔＋钢化安全玻璃

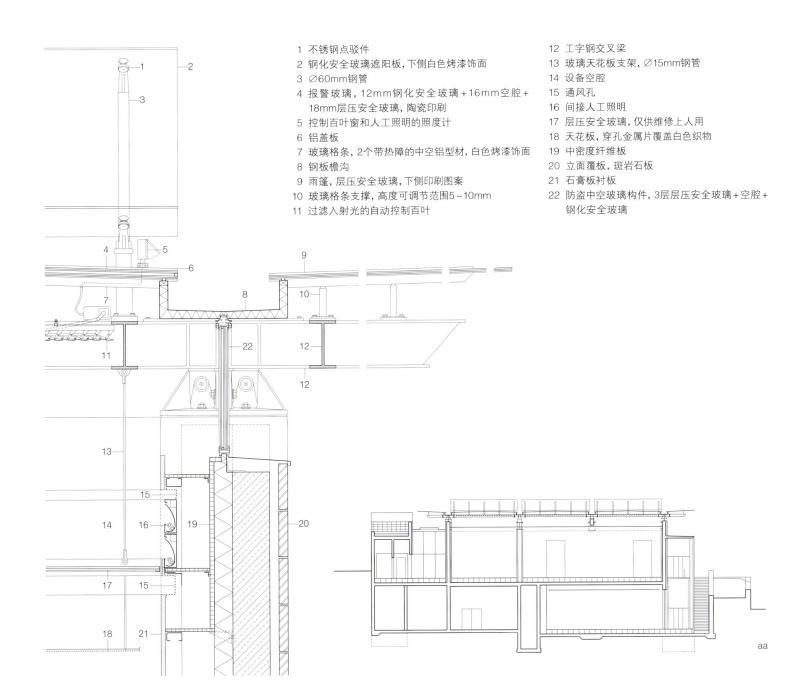

aa

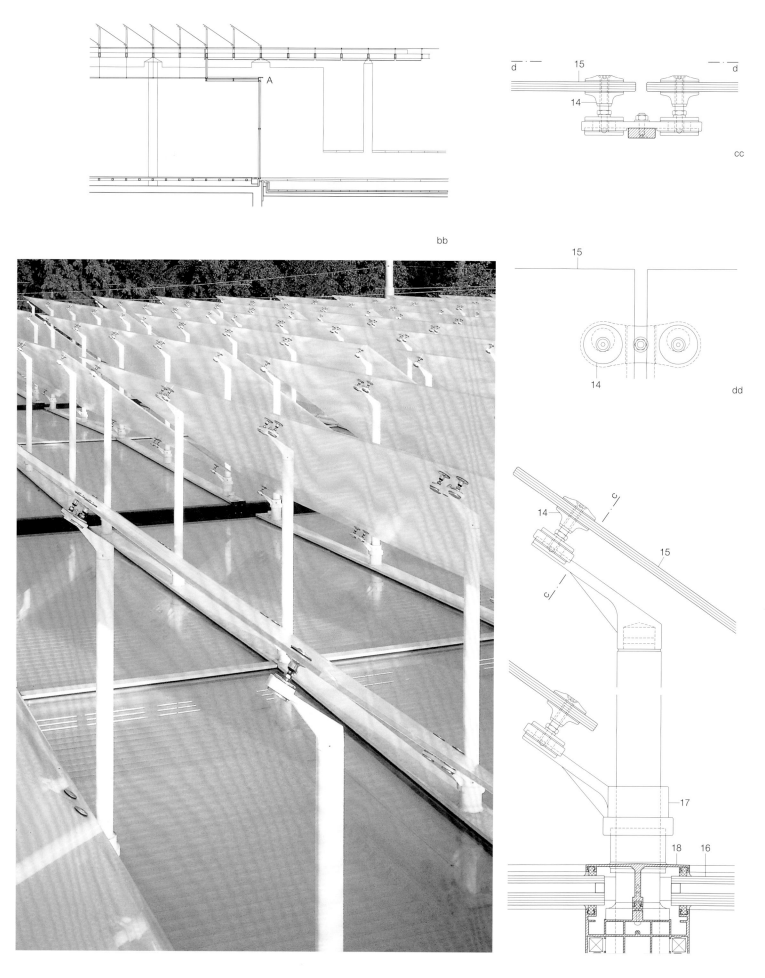

bb

cc

dd

穿过南立面剖面图
比例 1:200
遮阳设备支撑详图·
南立面采可开启窗详图
比例 1:5

1 金属盖板,云母氧化铁和烤漆饰面
2 2mm钢板
3 遮阳板固定装置
4 立柱,3层钢板
5 铝型材
6 型钢

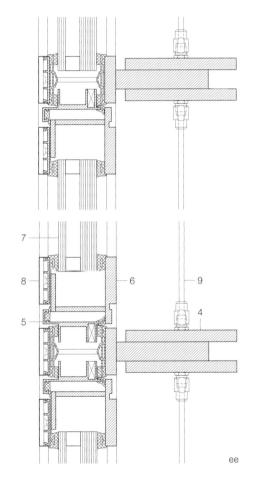

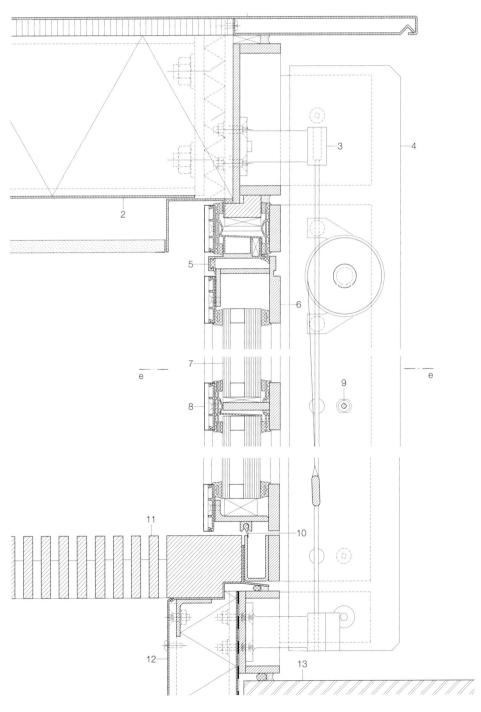

7 防盗中空玻璃构件,3层层压安全玻璃+空腔+
    钢化安全玻璃
8 铝质玻璃格条,带盖板
9 ∅8mm预应力缆索
10 三元乙丙橡胶衬垫
11 散热器上方木格栅
12 带保温铝板
13 斑岩石板
14 不锈钢点驳件
15 遮阳板,钢化安全玻璃,下侧白色烤漆饰面
16 报警玻璃,12mm钢化安全玻璃+16mm空腔+
    18mm层压安全玻璃,陶瓷印刷
17 铸铝固定件
18 铝盖帽

康体中心的室内游泳池

德国巴特埃尔斯特，1999年

建筑师：Behnisch & Partner, Stuttgart
Günter Behnisch, Manfred Sabatke
项目团队：Christof Jantzen（项目建筑师），
Michael Blank, Dieter Rehm, Richard
Beßler, Nicole Stuemper, Thorsten Kraft
结构工程师：Fischer & Friedrich, Stuttgart
立面顾问：Ingenieurbüro Brecht, Stuttgart

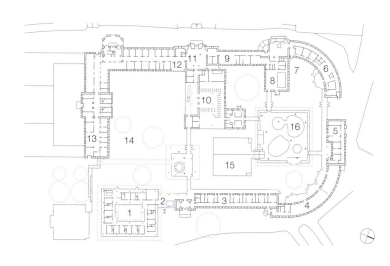

一层平面图
比例 1:2000
通风和遮阳调节示意图
比例不详

1 泥疗室	9 水下按摩室	A 冬季百叶闭合
2 足浴池	10 更衣、淋浴室	B 春季和秋季百叶完全打开
3 泥浴室	11 "阿尔伯特大厅"	C 夏季百叶成一定角度
4 休息室	12 温泉理疗室	
5 蒸汽浴室	13 医务室	
6 桑拿室	14 庭院	
7 桑拿花园	15 室外泳池	
8 保健池	16 室内泳池	

　　阿尔伯特游泳池位于巴特埃尔斯特的康体公园，约建于1900年，现在是这个康体胜地的管理中心。原有的历史综合建筑加建了一个信息馆、一座治疗馆、一个室内泳池和一个室外健身泳池。设备场地的重新安排给位于内庭院的现代化泳池设施提供了空间。新的室内和室外泳池成为康体中心的新中心。全玻璃泳池建筑和谐地融入原有建筑环境，部分源于它的透明性。

　　围绕室内泳池的是有1m厚空腔的双层玻璃立面。屋面的外层玻璃略微倾斜，方便雨水滑落。双层立柱横梁立面的框架构件由不锈钢制成。外层使用了低辐射中空玻璃，内层采用了单层玻璃。两层玻璃之间是空气循环隔离层，减少较冷天气里内层立面的冷桥，防止结露。热交换器利用了太阳能收集器加热的空气。在夏季，这个缓冲区适中的温度能防止室内过热，外墙上的可开启窗和北立面空腔内的排气孔可电动控制，将室内热空气排到室外。

　　墙体空腔内可调节的、具有强反射功能的铝遮阳板保证了必要的遮阳效果。屋顶的遮阳设施采用了室内玻璃百叶的形式，最大可旋转90°。外表面的白色丝网印刷图案保证最大限度地反射入射光，但是内表面印有不同的半透明颜色，以避免眩光，内侧图案是由柏林艺术家Erich Wiesner设计的。彩色光线在室内营造出明亮、愉悦的氛围。

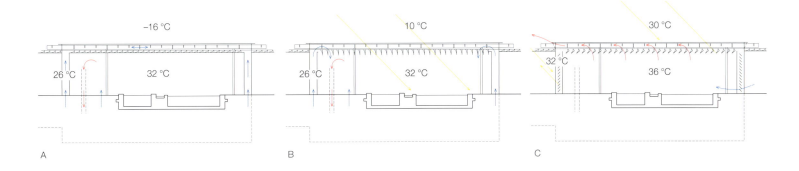

A   B   C

泳池建筑详图
比例 1:10

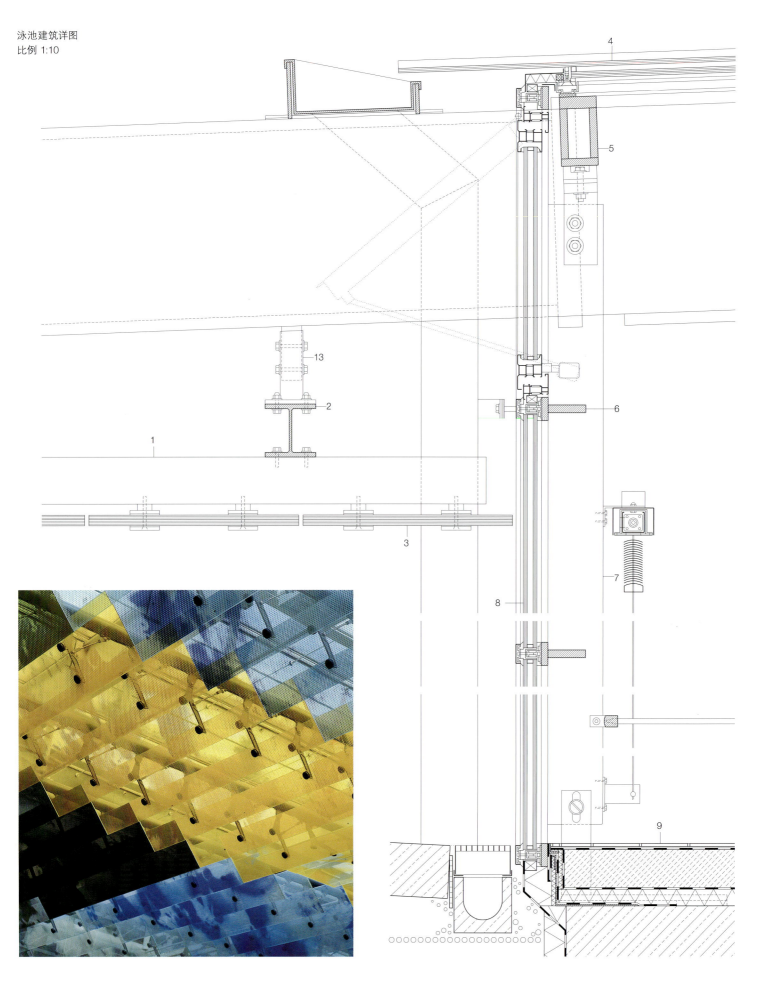

泳池建筑详图

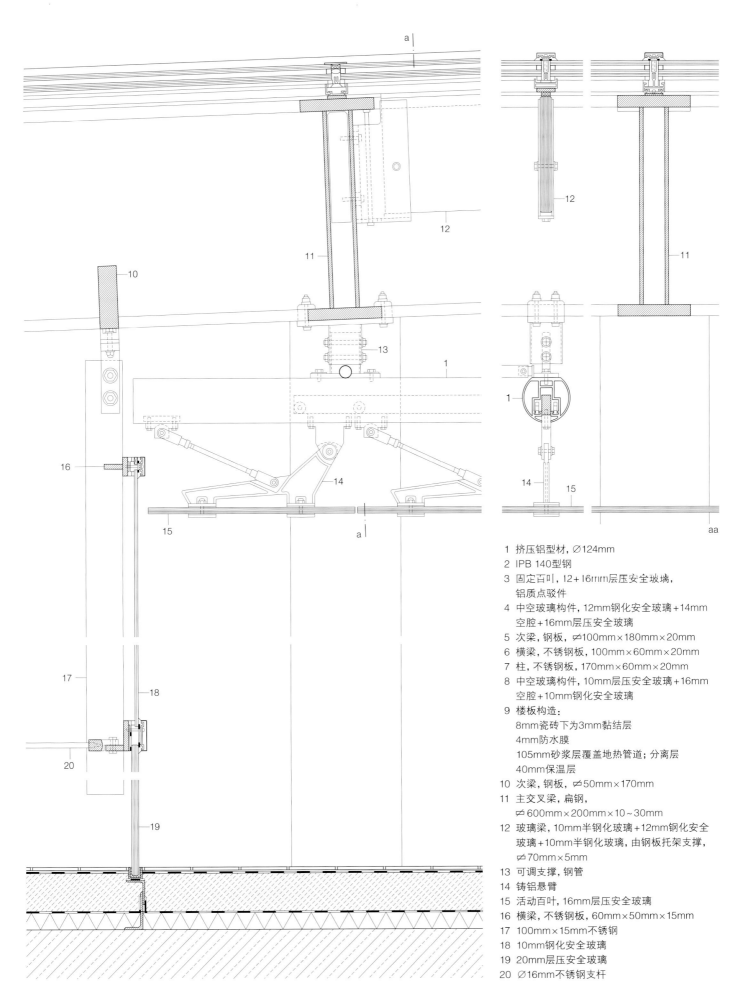

1 挤压铝型材, ∅124mm
2 IPB 140型钢
3 固定百叶, 12+16mm层压安全玻璃,
  铝质点驳件
4 中空玻璃构件, 12mm钢化安全玻璃+14mm
  空腔+16mm层压安全玻璃
5 次梁, 钢板, ∅100mm×180mm×20mm
6 横梁, 不锈钢板, 100mm×60mm×20mm
7 柱, 不锈钢板, 170mm×60mm×20mm
8 中空玻璃构件, 10mm层压安全玻璃+16mm
  空腔+10mm钢化安全玻璃
9 楼板构造:
  8mm瓷砖下为3mm黏结层
  4mm防水膜
  105mm砂浆层覆盖地热管道; 分离层
  40mm保温层
10 次梁, 钢板, ∅50mm×170mm
11 主交叉梁, 扁钢,
   ∅600mm×200mm×10~30mm
12 玻璃梁, 10mm半钢化玻璃+12mm钢化安全
   玻璃+10mm半钢化玻璃, 由钢板托架支撑,
   ∅70mm×5mm
13 可调支撑, 钢管
14 铸铝悬臂
15 活动百叶, 16mm层压安全玻璃
16 横梁, 不锈钢板, 60mm×50mm×15mm
17 100mm×15mm不锈钢
18 10mm钢化安全玻璃
19 20mm层压安全玻璃
20 ∅16mm不锈钢支杆

玻璃连接桥

荷兰鹿特丹，1994年

建筑师：
Dirk Jan Postel
Kraaijvanger·Urbis, Rotterdam
结构工程师：
Rob Nijsse
ABT Velp, Arnhem

分解图
比例不详
垂直剖面·水平剖面
比例 1:50
连接详图
比例 1:5

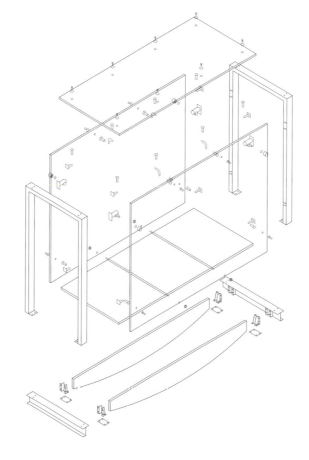

1　层压安全玻璃，外层10mm钢化
　　玻璃+内层6mm半钢化玻璃
2　不锈钢点驳件
3　7mm激光切割不锈钢板
4　排水沟，1.5mm铝板，表面涂漆，
　　下面为18mm防水胶合板
5　70mm×70mm×7mm角钢
6　☐80mm×120mm×6.3mm中空
　　方钢
7　玻璃楼板，
　　2层15mm层压安全玻璃
8　3mm不锈钢板压弯成型，
　　下面为2层18mm胶合板
9　2个90mm×90mm×9mm角钢
10　160mm槽钢，填充混凝土
11　☐60mm×60mm×6mm中空方钢
12　钢搁栅支架
13　玻璃梁，3层10mm层压安全玻璃

这座封闭的全玻璃连接桥在街道上方跨越3.20m，连接着Kraaijvanger·Urbis事务所的办公室。建筑师通过这个项目探索了玻璃作为建筑材料的设计和结构可能性。桥上故意没有张贴"小心滑倒"的标志，走在桥上就像是"走进了未知的世界"，必须克服心理上的胆怯。当然，尽管要屏住呼吸，也会带给人很多惊奇的体验。照明效果很奇妙，人走在桥上会感觉自己的影子消失了，却在几米以下的人行道上发现影子的轮廓。桥面采用层压安全玻璃，由两根玻璃梁支撑，玻璃梁的形状反映了弯矩图的走向。为了能看出力在结构中的传递，建筑师设计了不同形状的最小金属连接件，包括不锈钢板制成的标准点驳件，它们反映了在不同的点力的传递方向。玻璃连接桥的完全透明与它所连接的实体建筑形成了鲜明的对比。

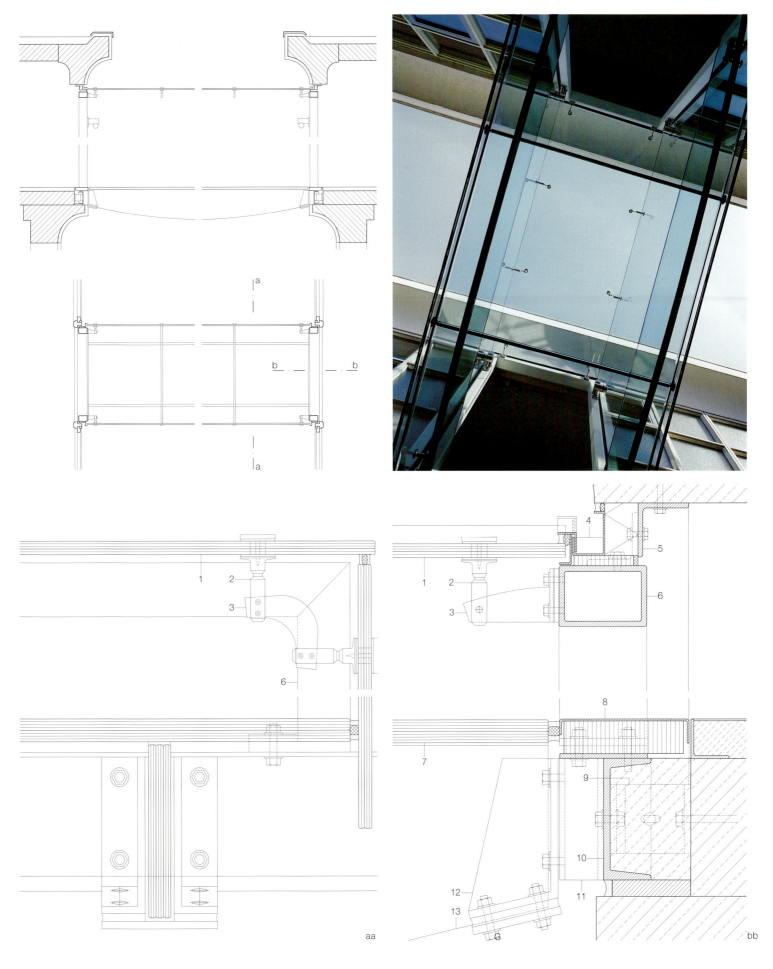

aa

bb

玻璃博物馆扩建

英国金斯温弗德，1994年

建筑师：
Design Antenna, Richmond
Brent G. Richards, Robert Dabell
结构工程师：
Dewhurst Macfarlane & Partners, London
Tim Macfarlane, Gary Elliot, David Wilde

这座玻璃扩建建筑是对受保护的砖结构老博物馆重建的产物。扩建建筑包括博物馆的新入口和零售区。由于博物馆收藏的都是17世纪和18世纪英国的玻璃制品，因此在扩建部分展示玻璃材料的结构可能性似乎也是非常合适的。玻璃的使用也满足保护原有建筑的要求。扩建部分的完全透明意味着老博物馆在视觉上完全没有改变。

新的玻璃体量长11m，高3.50m，是一个清晰而简单的结构，没有任何可见的金属连接件。中心距1.10m的柱和梁是树脂胶黏剂连接的三层层压结构。300mm高的玻璃托梁跨越整个玻璃扩建部分5.7m的宽度，由钢搁栅支架支撑，钢搁栅支架固定在后面的原有砖墙上。在前面，沿着玻璃立面，玻璃托梁通过"榫眼和凸榫"接缝连接在玻璃柱上，形成一个刚性框架。入口上方的过梁也采用了相同的形式。屋顶使用了1.10m宽的中空玻璃，有1%的坡度，可以承担0.75kN/m²的雪荷载，需要清洁和维护时也可以上人。由于屋顶玻璃直接在参观者和工作人员的头顶，因此内层使用的是层压安全玻璃。外层为无色光照控制玻璃，印刷有陶瓷花纹，可以起到进一步遮阳的作用。这两种方法的采用使太阳能传输减少到37%。建筑立面也覆盖了光照控制中空玻璃，立面的太阳能传输减少到59%，而日光照度为61%。

一层平面图
比例 1:500
剖面图
比例 1:100
轴测图
比例不详

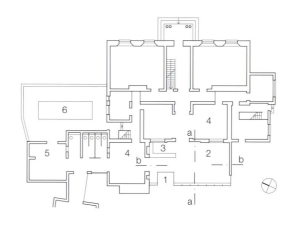

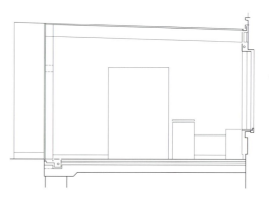

aa

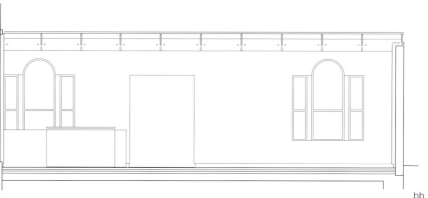

bb

1 主入口
  （新扩建部分）
2 博物馆商店
3 咨询台
4 原建筑展览空间
5 自助餐厅
6 雕塑花园
7 中空玻璃构件，10mm
  光照控制钢化安全玻
  璃＋10mm空腔＋层压
  安全玻璃（2层6mm钢
  化安全玻璃）
8 中空玻璃构件，8mm
  光照控制钢化安全

玻璃＋10mm空腔＋
8mm钢化安全玻璃
9 玻璃柱，32mm×
  200mm层压玻璃
10 10mm钢化安全玻璃
11 硅树脂密封剂
12 隔离件
13 玻璃梁，300mm×
   32mm层压玻璃
14 有机玻璃支撑
15 150mm×150mm×
   10mm不锈钢角钢
16 钢基板
17 硅树脂衬垫

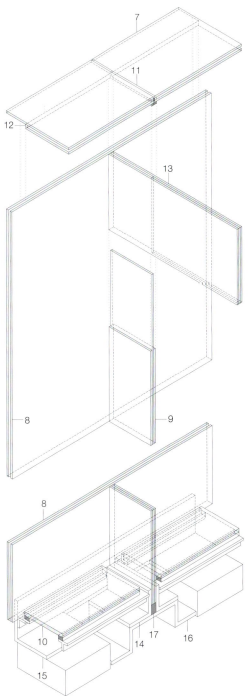

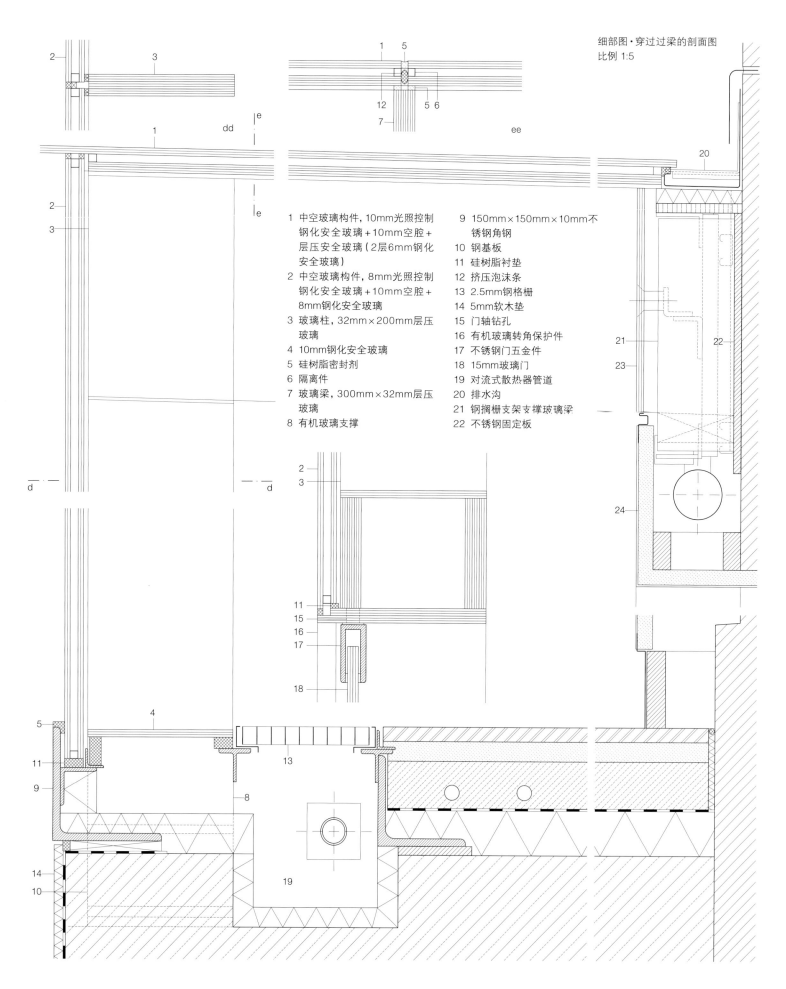

细部图·穿过过梁的剖面图
比例 1:5

1 中空玻璃构件, 10mm光照控制钢化安全玻璃+10mm空腔+层压安全玻璃（2层6mm钢化安全玻璃）
2 中空玻璃构件, 8mm光照控制钢化安全玻璃+10mm空腔+8mm钢化安全玻璃
3 玻璃柱, 32mm×200mm层压玻璃
4 10mm钢化安全玻璃
5 硅树脂密封剂
6 隔离件
7 玻璃梁, 300mm×32mm层压玻璃
8 有机玻璃支撑
9 150mm×150mm×10mm不锈钢角钢
10 钢基板
11 硅树脂衬垫
12 挤压泡沫条
13 2.5mm钢格栅
14 5mm软木垫
15 门轴钻孔
16 有机玻璃转角保护件
17 不锈钢门五金件
18 15mm玻璃门
19 对流式散热器管道
20 排水沟
21 钢搁栅支架支撑玻璃梁
22 不锈钢固定板

美术馆

德国斯图加特，2004年

建筑师：Hascher Jehle Architektur, Berlin
项目经理：Thomas Kramps, Beate Leidner,
Arndt Sänger, Eberhard Veit
玻璃立面：Frank Jödicke
结构工程师：Werner Sobek, Stuttgart, with
Fichtner Bauconsult, Stuttgart
立面顾问：Ingenieurbüro Brecht, Stuttgart

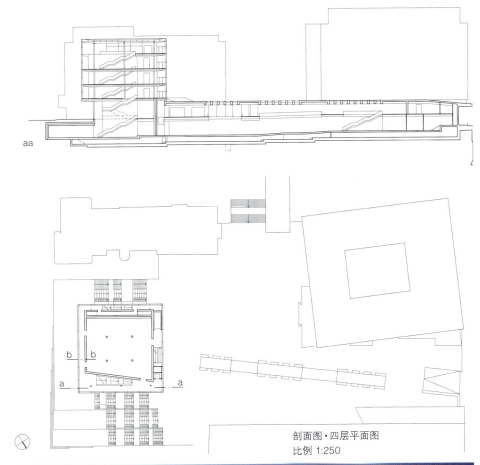

剖面图·四层平面图
比例 1:250

有相当长一段时间，斯图加特行人专用区的开发计划被认为是一个城市规划难题。国王大街城市肌理中的这一空地一直是人们的眼中钉。在这里建起的宫殿广场仅仅是地下通道的混凝土屋面板。政府推出了若干解决方案并相继举行了四次城市规划或建筑设计竞赛，最终在1999年产生了这一收藏艺术作品的建筑设计方案。新建筑4900m²展览空间的大部分都由地下通道提供，但现在已经不再使用。地面上，29m×29m×26m的玻璃立方体在国王大街占据了行人专用区中心这一空地。立方体内包括一个石板核心筒，可用于将来的展览，在顶层的餐馆可看到宫殿广场和远处的山脉。

玻璃屋顶由可调钢立柱支撑，钢立柱又由焊接钢梁组成的刚性交叉梁和作为次梁的4m长玻璃腹板支撑。交叉梁由12根钢柱支撑。自屋顶梁悬挂下的T型钢构件（40mm×50mm）承载立面，与60mm厚玻璃肋共同抵抗风荷载。为了适应温差导致的长度变化，中间层的玻璃肋可以随固定件一起垂直滑动。超透明玻璃保证了清晰的室内外视线，没有任何色彩干扰。为了形成全玻璃外观效果，4.10m×2.50m玻璃构件的每个长边都是凹凸榫，使玻璃板最外层都保持齐平。

尽管完全是玻璃围护结构，但只有25%的太阳光能照射到建筑内部。这是由于使用了太阳能调节系统、低辐射膜以及内外层玻璃之间充满了氩气；此外，玻璃上还印有水平条纹，越接近建筑顶部条纹的数量越少。

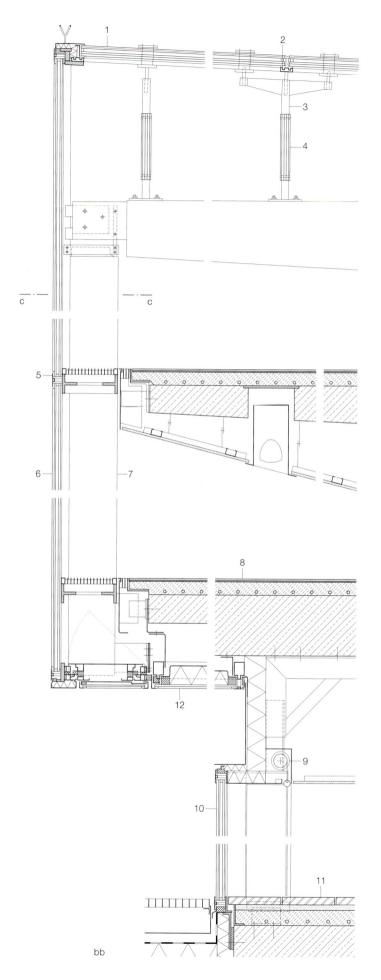

转角水平剖面
比例 1:20
垂直剖面
比例 1:20
顶层转角垂直剖面
比例 1:5

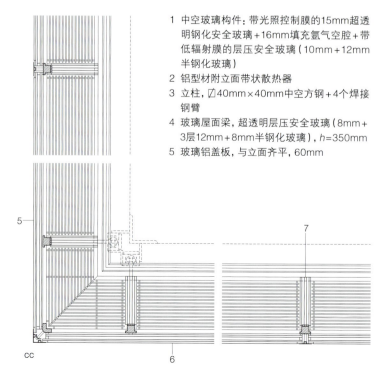

1 中空玻璃构件：带光照控制膜的15mm超透明钢化安全玻璃＋16mm填充氩气空腔＋带低辐射膜的层压安全玻璃（10mm＋12mm半钢化玻璃）
2 铝型材附立面带状散热器
3 立柱，◻40mm×40mm中空方钢＋4个焊接钢臂
4 玻璃屋面梁，超透明层压安全玻璃（8mm＋3层12mm＋8mm半钢化玻璃），h=350mm
5 玻璃铝盖板，与立面齐平，60mm

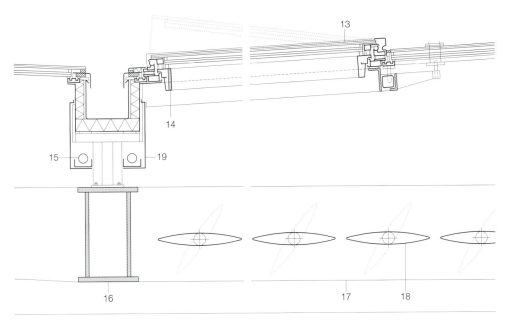

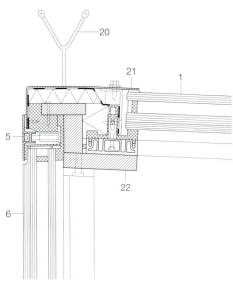

6 中空玻璃构件, 超透明层压安全玻璃(10mm + 带光照控制膜和印花的8mm半钢化玻璃) +16mm填充氩气空腔 +带低辐射膜的10mm钢化安全玻璃

7 立面柱, 超透明层压安全玻璃(8mm + 3层12mm + 8mm半钢化玻璃), t=300mm

8 8mm玻璃瓦
4mm找平层
覆盖地热管道的70mm砂浆层
140~220mm钢筋混凝土

9 有侧向拉绳的遮阳帘

10 中空玻璃构件, 超透明层压安全玻璃(10mm钢化安全玻璃 + 8mm半钢化玻璃) +16mm填充氩气空腔 +10mm钢化安全玻璃

11 40mm玄武岩石板
30mm砂浆基层
覆盖地热管道的80mm砂浆层

12 玻璃板后隔汽板

13 排烟道/风道

14 扁钢, 100mm×15mm, 加固侧面砂浆

15 多功能百叶的缆索, ∅76mm

16 焊接扁钢屋面梁, 2层330mm×25mm+2层450mm×20mm

17 焊接扁钢屋面梁, 2层25mm×500mm + 150mm×25mm

18 多功能百叶用于加热、制冷、遮阳和消声

19 外包抛光不锈钢板

20 不锈钢防鸽子构件

21 2mm不锈钢盖板, 磨光

22 转角构件, 3层扁钢, 焊接

艺术博物馆

法国里尔，1997年

建筑师：
Jean-Marc Ibos and Myrto Vitart, Paris
参与设计建筑师：
Pierre Cantacuzène, Sophie Nguyen
结构工程师：
Kephren Ingénierie, Paris

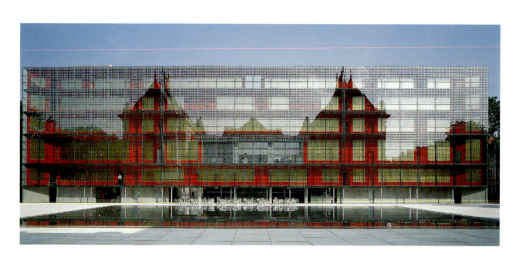

法国北部里尔市的艺术博物馆建于1892年，收藏了法国最重要的艺术藏品。重建的目的是给博物馆一个新的华丽外表，修整这么长时间以来的多次翻新，同时还要增加展览空间。

为了将建筑向城市开放而不改变原有建筑的视觉效果，办公室被移到了一个独立的大型透明翼楼中。新博物馆空间位于地下，通过有1%坡度的720m²水平玻璃屋顶自然采光。屋顶表面与周围广场的路面正好在同一个水平面上，因此看上去像是反射着周围物体的水面。尽管屋顶周围真的有水包围，以防止人们直接走到玻璃上，但是屋顶结构也必须能够承受脚步荷载。六根覆盖铝板的主梁容纳了空调和照明设备。钢梁上面的槽形构件组成网格，支撑5.45m×1.90m的玻璃屋面板，并能够排走可能渗透进建筑的雨水。入射光由可调节的铝百叶控制。

办公翼楼朝向老博物馆的立面覆盖了416块中空玻璃，外层镜面玻璃内侧印刷有银色的图案。因此，老博物馆反射在立面上的景象看上去非常遥远，而立面也有了一种虚无缥缈的感觉。为了增加全玻璃墙的视觉效果，平屋顶的边缘没有与玻璃直接相连，而是相隔一段距离呈一个坡度连接在一起。

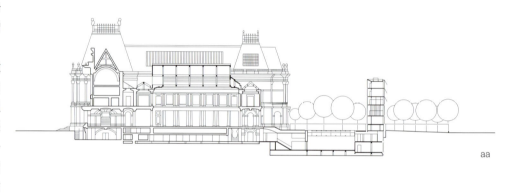

aa

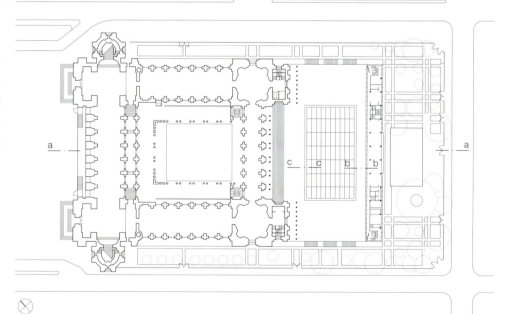

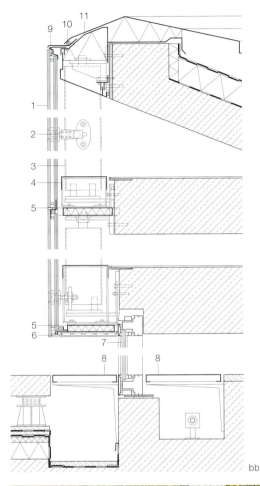

bb

剖面图·平面图
比例 1:1500
垂直剖面
比例 1:20

1 中空玻璃构件,外层
　为12mm钢化安全玻
　璃(外侧镜面效果,内
　侧陶瓷印刷)+15mm
　空腔+12mm层压安
　全玻璃
2 浇铸不锈钢点驳件,
　铰接在玻璃平面内
3 不锈钢柱
4 穿孔不锈钢板
5 不锈钢板
6 周围用三元乙丙橡胶
　衬垫密封
7 铝框内层压安全玻璃
8 不锈钢格栅
9 抛光铝板
10 硅树脂接缝
11 铝板盖帽,压弯成型

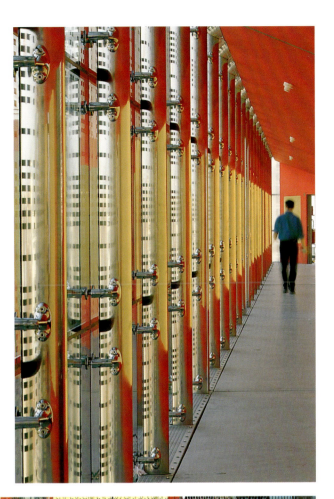

地下室上方水平玻璃窗
比例 1:20

1 细骨料混凝土板，下面为可调节塑性支撑
2 外围水槽
3 2mm不锈钢板格栅
4 15mm镜面钢化安全玻璃（黑色硅树脂密封剂密封）+15mm空腔+20mm层压安全玻璃
5 150mm槽钢格栅
6 铝质遮阳百叶
7 栓接在钢格栅上的铸钢构件
8 铸钢点驳件，铰接在玻璃平面内
9 次级钢梁
10 固定百叶的钢支架
11 ⧄30mm×30mm×2mm中空构件上3mm金属盖板
12 主钢梁
13 20mm沥青砂胶
 2层玻璃纤维
 人造防水膜
 20mm膨胀黏土保温层
 聚氨酯保温层
 隔汽层
 钢筋混凝土
14 三元乙丙橡胶衬垫

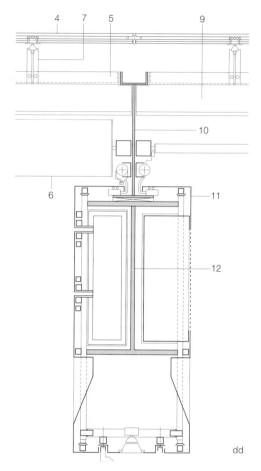

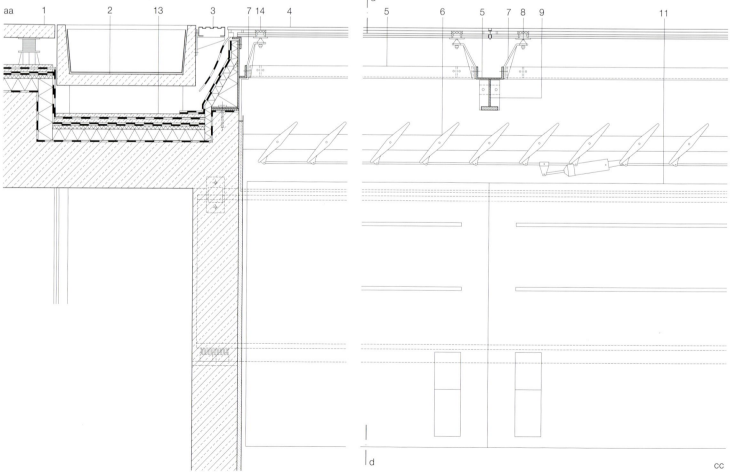

研究实验室和建筑事务所办公室

意大利热那亚，1991年

建筑师：Renzo Piano Building Workshop,
Genoa
设计团队：R. Piano, M. Cattaneo, F. Marno,
S. Ishida, M. Lusetti, M. Nouvion
参与设计建筑师：M. Carroll, O. Di Blasi,
R. V. Truffelli, M. Varratta
结构工程师：P. Costa, Genoa

剖面图·平面图
比例 1:500

本案建筑坐落在陡峭的阶梯形坡地上，俯瞰热那亚海湾，建筑内有伦佐·皮亚诺建筑工作室的办公室和由联合国教科文组织资助的实验室，专门研究天然材料的结构原理。大型的玻璃屋顶随着基地的坡度而建，覆盖着下面独立宽敞的开放空间。楼板一级级向下，与山坡的梯形平台平行。甚至建筑入口也像是一个舞台场景，吸引人们注意。到达入口要经过一个全玻璃电梯，在电梯里可以看到大海的美景。通过建筑的玻璃屋顶和全玻璃墙也能欣赏到周围优美的风景和湛蓝的天空。

建筑结构和材料经过严格的挑选，融合了当地传统和先进的技术。建筑语言参考了当地的温室建筑。屋顶由钢柱上的多层胶合梁支撑。单块玻璃板使用胶黏剂黏结在木框架上，接缝处填充硅树脂。太阳能电池控制的遮阳百叶可以根据太阳照射的强度自动关闭和开启。木梁尺寸设计精确，因此不需要胶条就可以使全玻璃立面与屋顶连接上。墙体由两面凸出的细长玻璃肋支撑。

本建筑不仅容纳了研究设施，它本身也被认为是一个研究项目，可以对玻璃屋顶结构和室内气候进行实验。最初几年的经验表明，尽管室内有空调和遮阳设施，但是在夏季炎热的日子里，室内还是会产生过热的现象。有一部分原因是由于建筑本身没有蓄热体。鉴于本项目设计质量高，又成功地将玻璃与木材结合在一起，因此这个缺陷还是可以接受的。

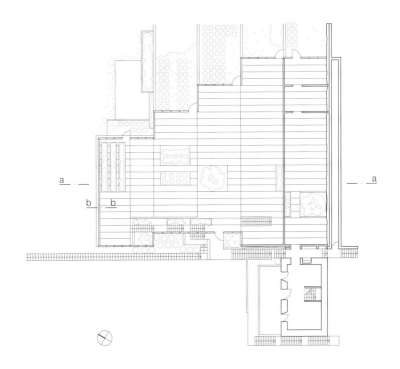

aa

垂直剖面·水平剖面
比例 1:10
玻璃屋顶详图
比例 1:5

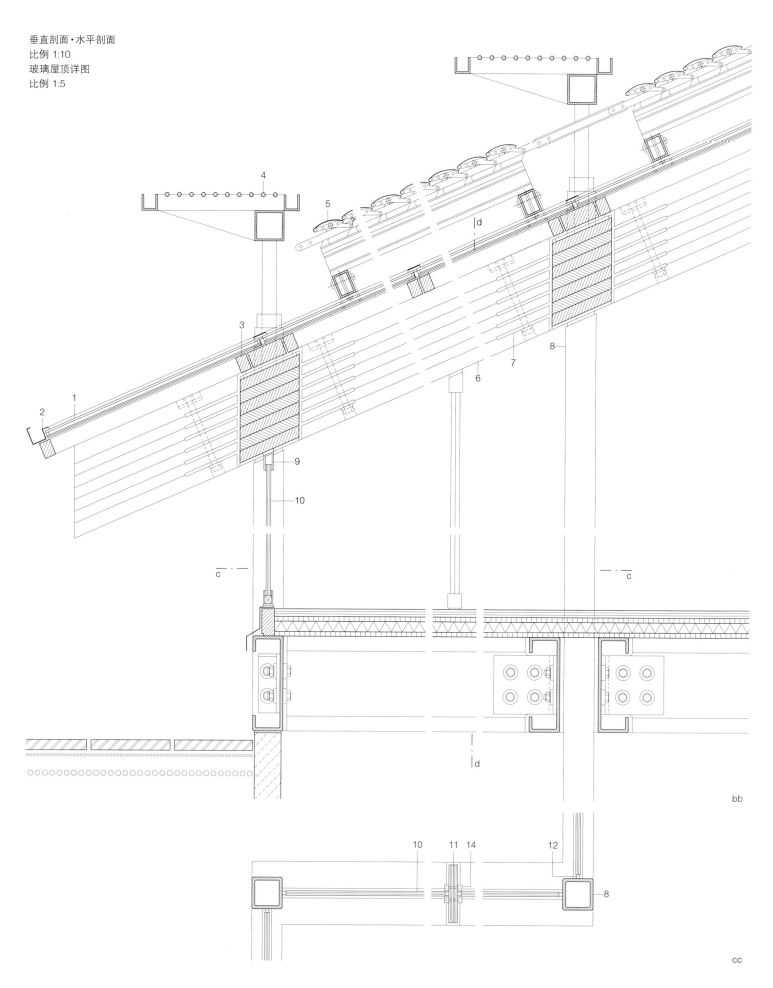

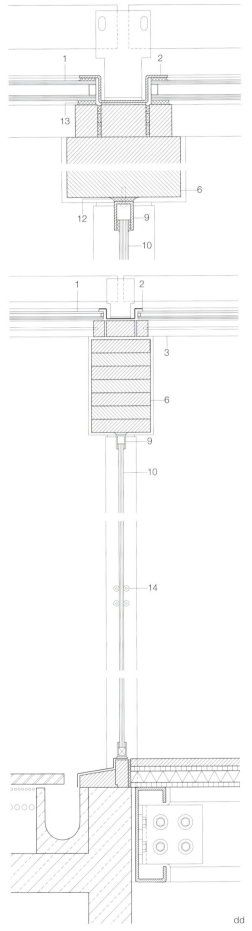

1 中空玻璃构件, 6mm+15mm空腔+
　6mm层压安全玻璃
2 不锈钢板排水沟
3 34mm×45mm木框架
4 维护通道, 热浸镀锌钢板
5 可调节铝质遮阳百叶
6 160mm×240mm多层胶合梁
7 接缝连接件, 焊接钢板

8 85mm×85mm中空钢柱
9 铝型材
10 10mm钢化安全玻璃
11 玻璃肋, 2层10mm层压安全玻璃
12 永久性弹性接缝
13 硅树脂胶黏接合
14 有机玻璃固定件,
　 在玻璃肋两侧螺栓固定

dd

费洛哈中学

德国费洛哈，1996年

建筑师：Allmann Sattler Wappner
Architekten, Munich
项目团队：Karin Hengher,
Robinson Pourroy, Detlev Böwing,
Katharina Duer, Kilian Jokisch, Astrid Jung,
Anita Moum, Susanne Rath, Jan Schabert,
Dominikus Stark
结构工程师：Obermeyer Albis Bauplan,
Chemnitz Ingenieurgesellschaft Hagl,
Munich
立面顾问：Richard Fuchs, Munich

费洛哈中学坐落在小镇郊区一片景色优美的冲积平原上。为了尽可能减少建筑对自然环境的影响，环形结构的大部分被从地面上抬高4m，看起来就好像是盘旋在基地上方一样。圆形的建筑形式也代表了学生之间的合作精神。

学校建筑的组织布局非常简单。南面的两层环形部分是教室，其他有专门用途的房间设置在北面。一层是教职员工办公室和学校行政管理部门。环形结构内包括室内课间娱乐厅和特殊用途室，屋顶是倾斜的，立面为钢玻框架结构，悬挂在建筑表面。建筑外侧立面通过铰接方式连接着悬挑遮阳构件和逃生阳台，而俯瞰内庭院的内侧立面则有一个更加平整的表面，没有任何凸出的盖缝条和垂直构件。在此处，室内外的界线几乎消失了。玻璃板受到的压力和吸力荷载由内部钢板承担。

建筑最有特点的地方就是娱乐厅上方有4.5%坡度的精密铰接的玻璃屋顶。较窄的中空玻璃悬挂在外层钢结构上，通过铰接的点驳件固定。细长的玻璃结构几乎达到了技术可行性的临界点，因为作用在玻璃板上的外加荷载可能会非常大，外加荷载产生的原因是气候变化导致玻璃板之间的空腔发生压力变化，在进行结构计算时必须把这一点考虑进去。为了保证在中空玻璃边缘可以通风，接缝只在最外层使用了硅树脂密封剂。外部钢结构和玻璃表面的陶瓷印刷图案都能起到遮阳作用。

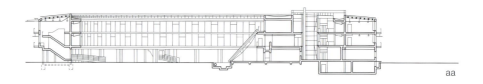

aa

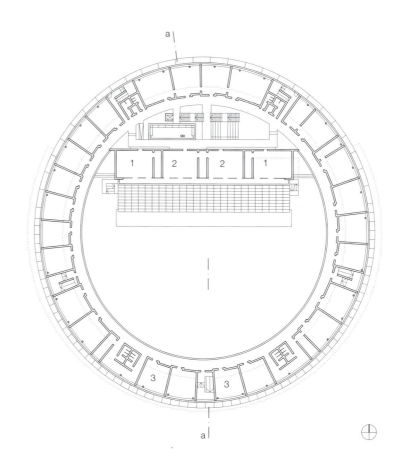

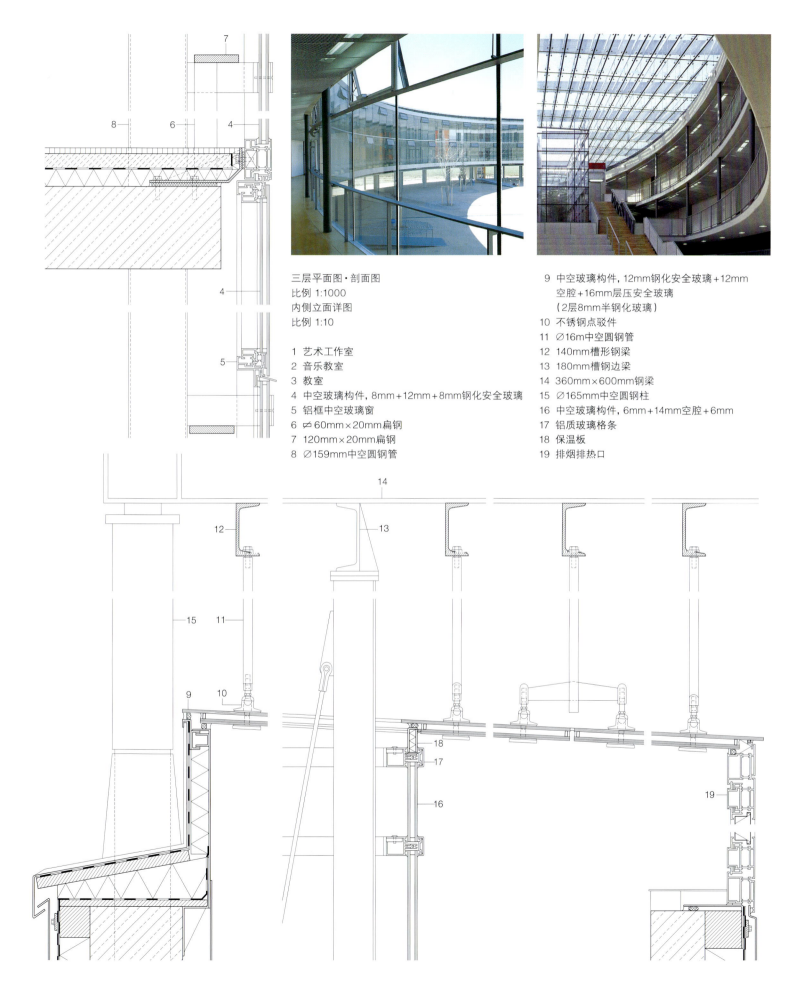

三层平面图·剖面图
比例 1:1000
内侧立面详图
比例 1:10

1 艺术工作室
2 音乐教室
3 教室
4 中空玻璃构件, 8mm+12mm+8mm钢化安全玻璃
5 铝框中空玻璃窗
6 ⊿60mm×20mm扁钢
7 120mm×20mm扁钢
8 ∅159mm中空圆钢管

9 中空玻璃构件, 12mm钢化安全玻璃+12mm
   空腔+16mm层压安全玻璃
   （2层8mm半钢化玻璃）
10 不锈钢点驳件
11 ∅16m中空圆钢管
12 140mm槽形钢梁
13 180mm槽钢边梁
14 360mm×600mm钢梁
15 ∅165mm中空圆钢柱
16 中空玻璃构件, 6mm+14mm空腔+6mm
17 铝质玻璃格条
18 保温板
19 排烟排热口

城堡遗址上的玻璃屋顶

意大利Vinschgau镇Schnals山谷，1996年

建筑师：
Robert Danz, Schönaich
现场管理：
Konrad Bergmeister, Bressanone
结构工程师：
Delta-X, Stuttgart
Albrecht Burmeister, E. Ramm, Stuttgart

平面图·剖面图
比例 1:400
穿过玻璃屋顶的剖面图
比例 1:10
点驳件详图
比例 1:5

1 层压安全玻璃，2层8mm钢化安全玻璃
2 不锈钢点驳件
3 球窝接合
4 平衡臂，8mm钢板
5 拉杆，∅6mm钢杆，长度可调
6 钢梁，HEA 120，下面支撑
7 钢边梁，HEB 120

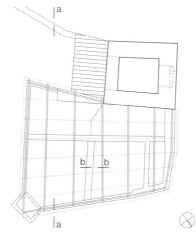

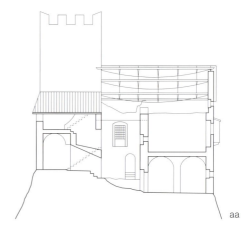

Juval城堡坐落在海拔1000m的一块凸出地面的岩石上，中世纪的时候是通往Vinschgau镇Schnals山谷的要塞。经过多次易主后，1983年为德国登山者Reinhold Messner拥有，此后经历了一系列翻新过程。在废墟上建造屋顶是一个极具建设性的建议，既可以防止城墙进一步损坏，又可以利用城堡的内部空间来作为展厅。

为了利于保存，建筑师选择了玻璃屋顶，沿着原建筑的线条而建。玻璃屋顶只在几个点上固定在原墙体上，边缘伸出墙体250mm和400mm，看上去就像是盘旋在废墟的上空。为了更加突出玻璃的三维围合效果，层压玻璃下面的一层使用了绿色玻璃。玻璃板沿着墙体的坡度方向在下面支撑，并通过铰接点驳件和平衡臂连接到与屋脊平行的主梁上。结构计算得出的结论是屋顶能够承受1.85kN/m²的雪荷载和恒载。由于建筑平面是梯形的，因此屋顶呈放射状，这意味着所有玻璃板的尺寸都不相同。在切割玻璃板时使用了CAD系统，以确保对玻璃进行精确量尺和钻孔。

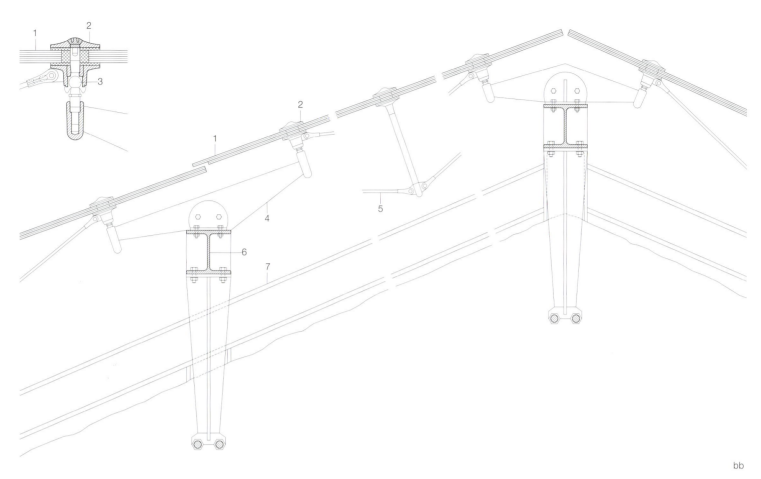

bb

商品交易会大厅入口场馆

德国莱比锡, 1996年

建筑师: von Gerkan, Marg + Partner,
Aachen/Leipzig
设计: Volkwin Marg
项目合伙人负责人: Hubert Nienhoff
结构工程师: Polónyi + Partner, Cologne
中心大厅钢玻结构:
von Gerkan, Marg + Partner, Leipzig
Ian Ritchie Architects, London参与合作

新商品交易会大厅最重要的部分就是它的大型玻璃入口场馆,这里是中心接待处和主要交通区。承重结构由10根巨大的拱形格构梁组成,每两根的中心距为25m,它们共同支撑着筒形拱顶网格。铸钢固定臂连接在拱形构件上,支撑着大厅的玻璃表皮。为了减少筒形拱顶结构上的荷载,大厅的山墙采用了自支撑构件。为了容纳外部承重结构的变形和每块玻璃板的挠曲,安装玻璃板时没有对其严格约束。在玻璃平面上使用球窝接合还远远不够,因此建筑师决定使用三种不同的玻璃固定件以提供不同的自由度。第一种是刚性固定件,第二种可以朝一个方向移动(这种灵活性由简单的枢轴提供),第三种可以朝任何方向移动(即只在玻璃板垂直方向上固定)。这里采用的层压安全玻璃构件尺寸为1524mm×3105mm,外层玻璃板的四边比内层都小10mm。这样两块玻璃板结合在一起就形成了一个凹槽,可以安装弹性胶圈。胶圈能够封闭接缝(平均宽度是20mm),容纳8mm的位移。胶圈相交的地方覆盖特制的搭叠件,搭叠件用胶黏剂固定。玻璃之间的接缝用注射密封剂密封。

自然通风可以解决夏天过热问题。新风通过离地面2.5m高的连续玻璃百叶进入建筑,冷空气从这里进入,迫使热空气上升到屋顶,并从屋顶通风口排出,这里也可以作为火灾时的排烟口。玻璃表面的陶瓷印刷图案能减少重要区域的太阳得热,外部承重结构也能遮挡15%的建筑表面。在特别热的时候,还可以使用室外玻璃清洗装置给玻璃喷水,利用水的蒸发来给室内降温。

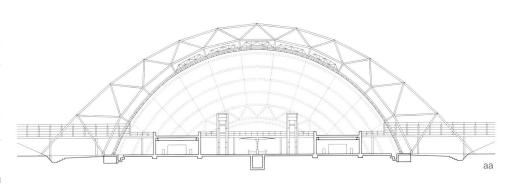

aa

剖面图
比例 1:1000
平面图
比例 1:2500

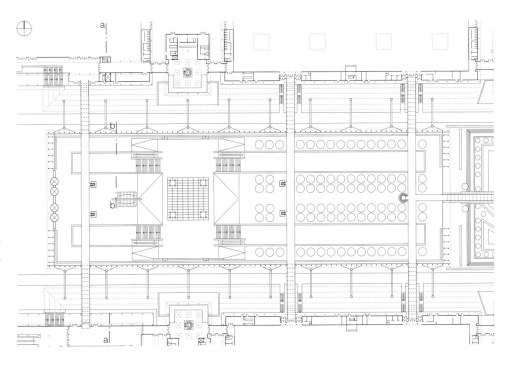

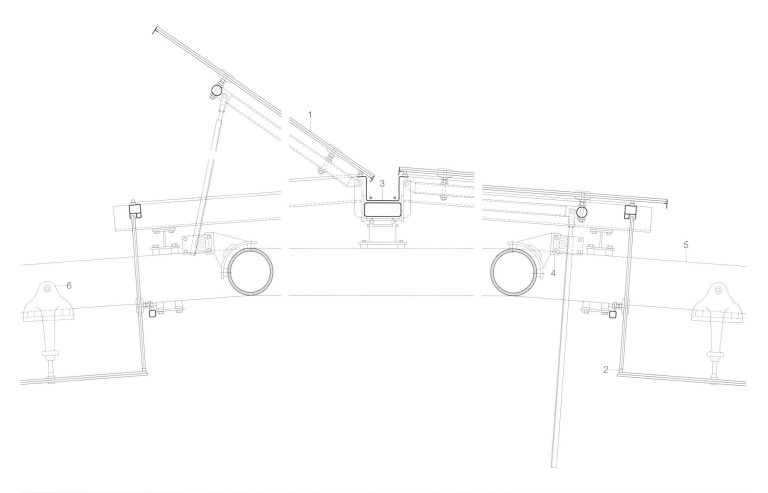

垂直剖面·水平剖面
比例 1:20
玻璃固定件详图
比例 1:5

A 刚性
B 一个方向移动
C 两个方向移动
玻璃接缝详图
比例 1:2.5

1 层压安全玻璃，2层8mm钢化
　安全玻璃，中间为1.52mm PVB
　夹层
2 硅树脂接缝
3 屋顶排水沟
4 纺锤形发动机
5 ∅244.5mm×8mm中空圆钢管
6 铸臂（蛙手），点驳件固定
7 控制玻璃百叶的发动机
8 10mm钢化安全玻璃百叶
9 抗扭套筒
10 滑动支撑
11 铝格栅
12 槽钢支撑
13 工字钢支撑（IPE 160）
14 木垫块
15 弹性硅树脂胶圈
16 特制搭叠件
17 注射硅树脂密封剂
18 构造板
19 带球窝接合及不锈钢端板的点
　驳件
10 误差调节板
21 自锁紧六角螺母
22 密封伸缩软管

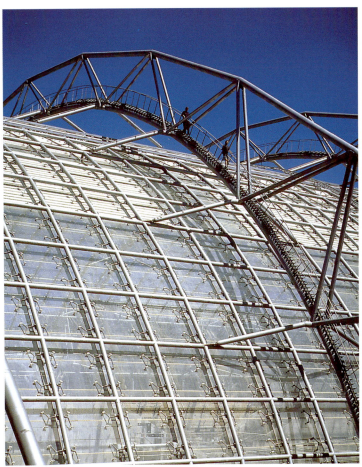

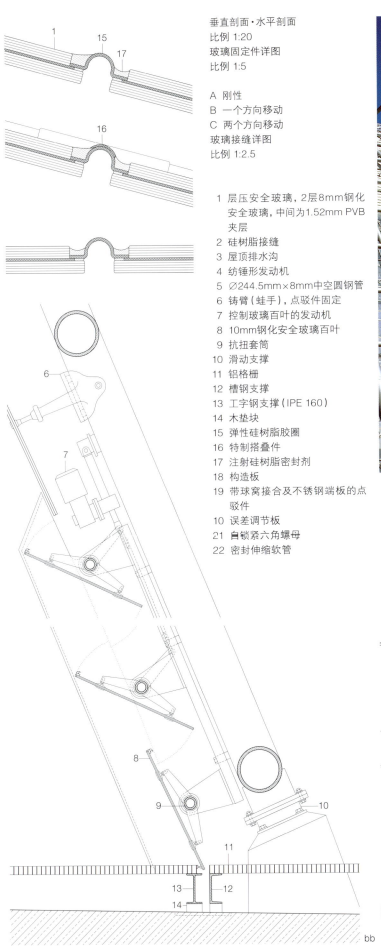

bb

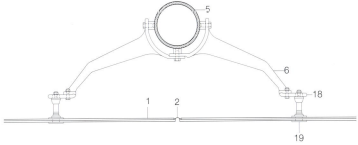

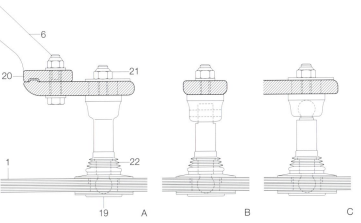

19　A　　B　　C

319

滑铁卢国际车站

英国伦敦，1994年

建筑师：
Nicholas Grimshaw & Partners, London
Nick Grimshaw, Neven Sidor,
David Kirkland, Ursula Heinemann
结构工程师：
Anthony Hunte Associates, Cirencester
Tony Hunt, Alan Jones, Mike Otlet,
David Dexter

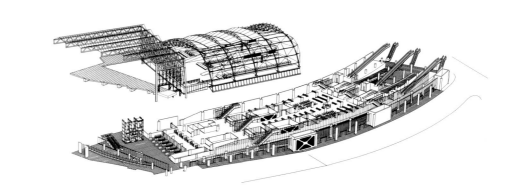

该项目最突出的特点就是使车站光线充足的弯曲玻璃屋顶。400m长的建筑沿着轨道蜿蜒，屋顶的跨度也从32m到48m不等。精巧的屋顶结构由平面三铰拱组成，承担拉力和压力。屋顶为不对称结构，这是因为车站的西侧有一条铁道线路，此处的屋顶必须抬高到一定高度，才能使火车通过。在这个区域，承重结构设计在屋顶表皮外面，随着受力的不同，每一个受力桁架的横截面都不相同。与老车站屋顶相接的平滑部分由封闭板材和透明的玻璃交替组合而成，而较陡的一侧则是完全透明的。外形复杂的玻璃像鳞片一样，向两个方向弯曲，但使用的是同一标准的长方形玻璃板。玻璃格条固定在不锈钢铰接片上，使屋顶表层可以移动。安全玻璃板在两侧使用三元乙丙橡胶条固定，以适应不同的接缝距离和容纳屋顶外层的位移。主桁架之间的支撑由较陡的西侧屋顶桁架之间的斜杆提供。

一面无框的悬挂玻璃隔墙将车站西侧两层楼高的公共空间与从候车室分隔开。这面玻璃墙与临街的立面相似，必须容纳不同程度甚至相当大的位移。例如，整个钢筋混凝土结构在热膨胀时，沿长度方向会增加55mm，每列火车经过时，楼板都会发生大约11mm的变形。四点式不锈钢玻璃驳接件中的不锈钢铰接螺栓可以允许单片玻璃移动。最上面的玻璃板通过玻璃板中间的一个固定件悬挂在板腹上。它们通过四点式玻璃连接件承担下面所有玻璃板的重量。玻璃墙通过悬挂玻璃肋支撑。

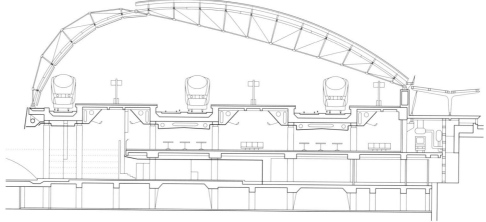

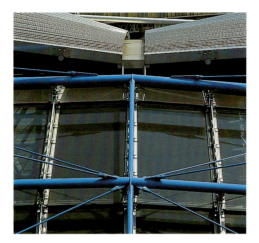

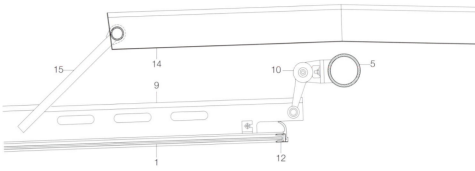

剖面图
檐槽·结构·基座
水平剖面
比例 1:20

1　10mm钢化安全玻璃
2　∅75mm圆钢杆
3　∅228mm中空圆钢管
4　铸钢连接件
5　∅168mm中空圆钢管
6　铸钢铰接件
7　15mm不锈钢盖板
8　∅100mm不锈钢销钉
9　槽形挤压铝型材

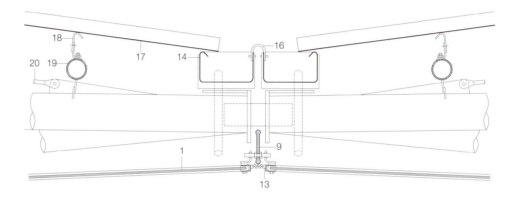

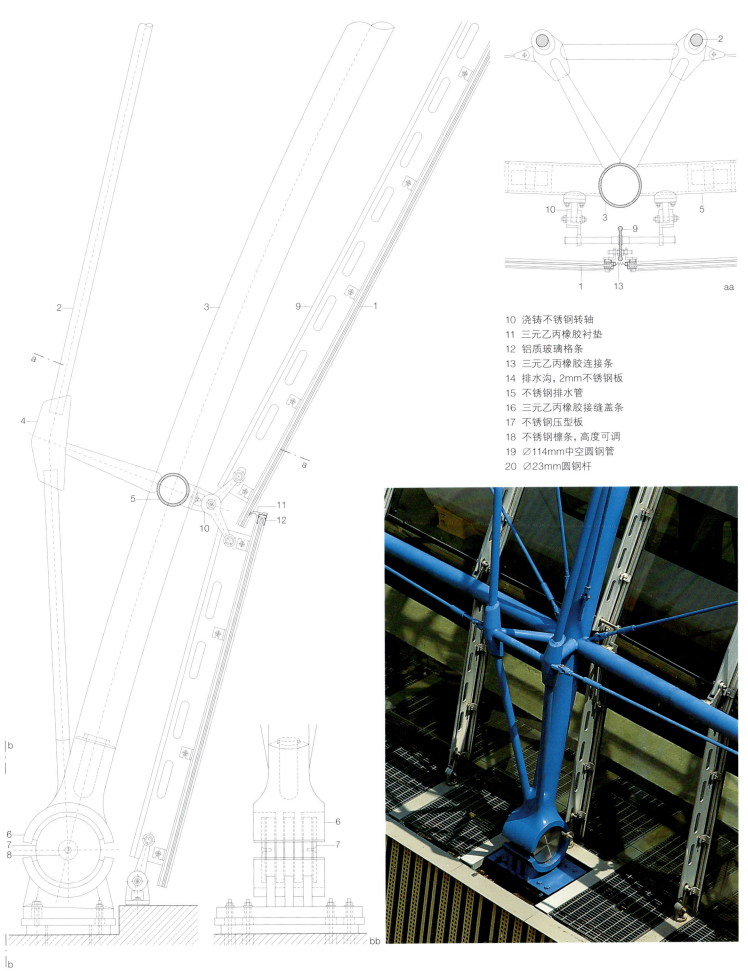

10 浇铸不锈钢转轴
11 三元乙丙橡胶衬垫
12 铝质玻璃格条
13 三元乙丙橡胶连接条
14 排水沟，2mm不锈钢板
15 不锈钢排水管
16 三元乙丙橡胶接缝盖条
17 不锈钢压型板
18 不锈钢檩条，高度可调
19 ∅114mm中空圆钢管
20 ∅23mm圆钢杆

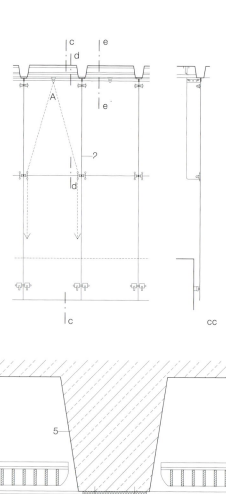

cc

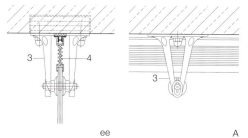

ee

A

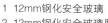

构件位置示意图
垂直剖面
比例 1:100
细部图
比例 1:10

1 12mm钢化安全玻璃
2 12mm钢化安全玻璃肋
3 浇铸不锈钢玻璃悬挂件
4 可调节三元乙丙橡胶密
 封条
5 钢筋混凝土楼板

6 玻璃肋固定件，
 2个65mm×85mm×
 12mm不锈钢角钢
7 浇铸不锈钢四点式玻
 璃连接件
8 不锈钢铰接螺栓
9 与立面齐平的点驳件

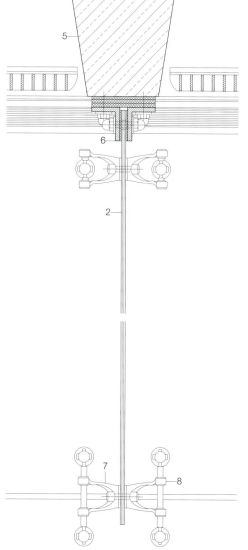

ff

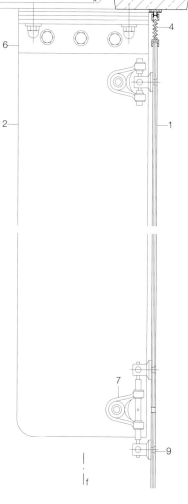

dd

大学图书馆

德国柏林，2005年

建筑师：
Foster & Partners, London
Norman Foster, David Nelson
Stefan Behling, Christian Hallmann,
Ulrich Hamann, Ingo Pott
结构工程师：
Pichler Ingenieure, Berlin

柏林自由大学新文献图书馆是建于1973年的主建筑的翻新和重建工程，它的外立面使用了由简·普鲁威设计的耐候钢，被人们亲切地称为"生锈的露台"。图书馆设施由Josic、Candilis、Woods、Greig和Schiedhelm设计。这是一个开放灵活的结构，这些年在不断锈蚀。建筑师们在重建时给予了老建筑极大的尊重，通过现代建筑的表现手法，用青铜构件替代了原有立面，并保留了原有建筑的线条。图书馆建筑包括11间小图书室，建筑师选择了良好的解决方案使其与其他建筑保持了和谐的关系。最终采用了覆盖两个原有庭院的水泡形结构，在原基址上创造了一个焦点。设计方案使得建筑师们传承了原有老建筑的设计概念：部分原有结构被移走，重新安装在新图书馆的不同地方。进入新图书馆需要通过与老建筑相连的两个颜色对比强烈的锁形过渡区。一个由中空圆钢管制成的预制结构支撑着建筑双层外围护结构。外层由银色铝板和中空玻璃间隔排列组成，内层除了一些独立的窗户，都采用了一种涂硅树脂的膜结构。膜结构减弱了入射的阳光并给室内空间营造出一种宁静、冥想的气氛，而且随着天气不同而不断地变化。上面楼层悬臂式楼板看起来似乎随机地固定在外围护结构内。它们共同为书架提供大量的空间，有超过600张阅览桌沿着弧线形的矮墙布置。悬臂式楼板的曲线每一层都富有变化，形成了明亮的、两层高的工作区域和有趣的视野。周围的沟渠保证了最底层也能接受足够的光线。建筑外围护结构的承重结构由中间开放式主楼梯两侧的混凝土设备核心筒进行额外的支撑。

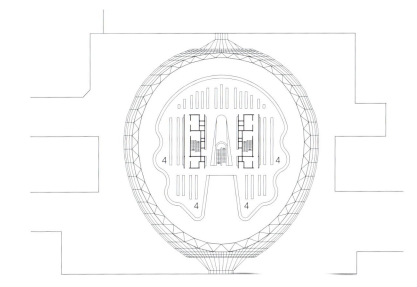

一层及三层平面图
比例 1:1000

1 主入口
2 内庭院
3 信息中心
4 阅览桌
5 研究院（原有）

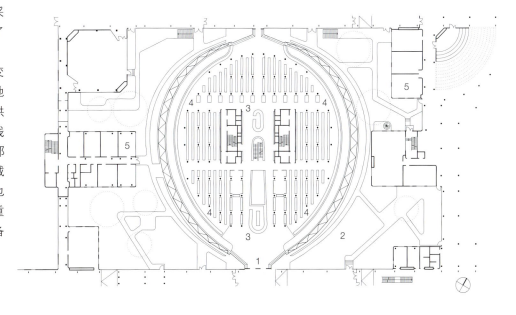

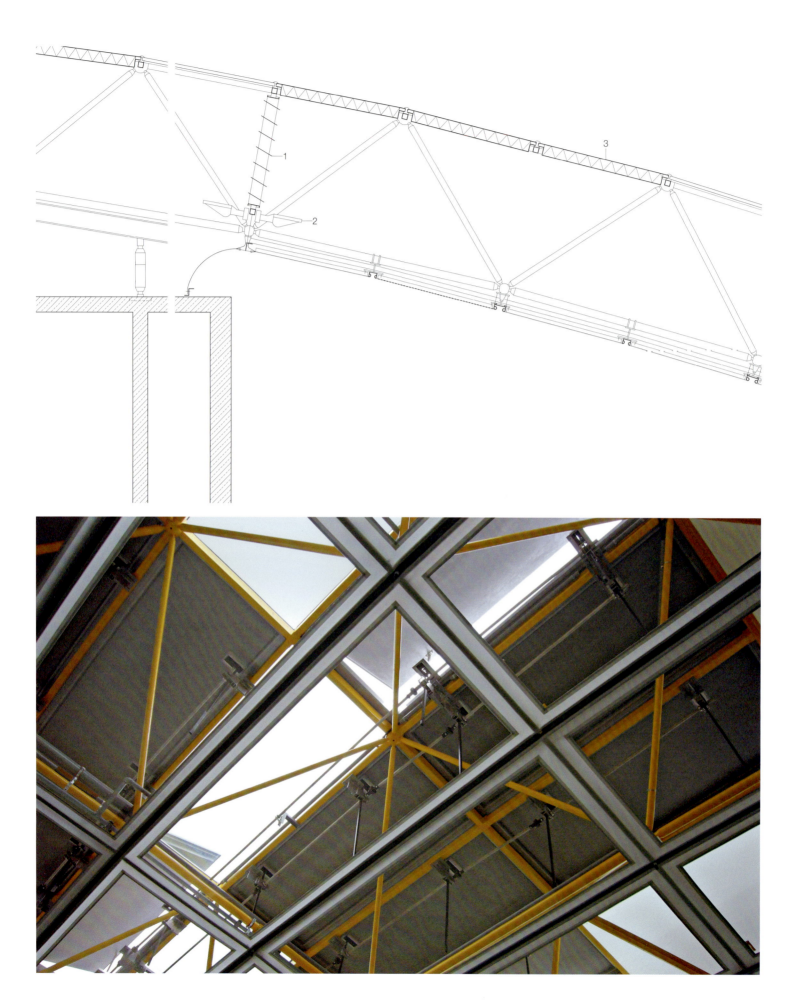

垂直剖面
比例 1:50

 1 排气孔, 铝型材
 2 射灯
 3 145mm带保温铝板
 4 40mm中空玻璃, 可承受维修荷载
 5 空间框架构件, 中空圆钢管, ⌀89~114mm
 6 涂有硅树脂涂层的玻璃纤维膜的衬层
 7 上弦构件, 中空钢管, 90mm×90mm×5mm
 8 排气孔, 145mm铝板
 9 不锈钢防虫网
10 覆中密度纤维板的桌面, 30mm
11 支撑框架, T型钢, 70mm×70mm×8mm
12 矮墙, 三层胶合板, 32mm, 涂油漆
13 窗户, ETFE膜, 印花

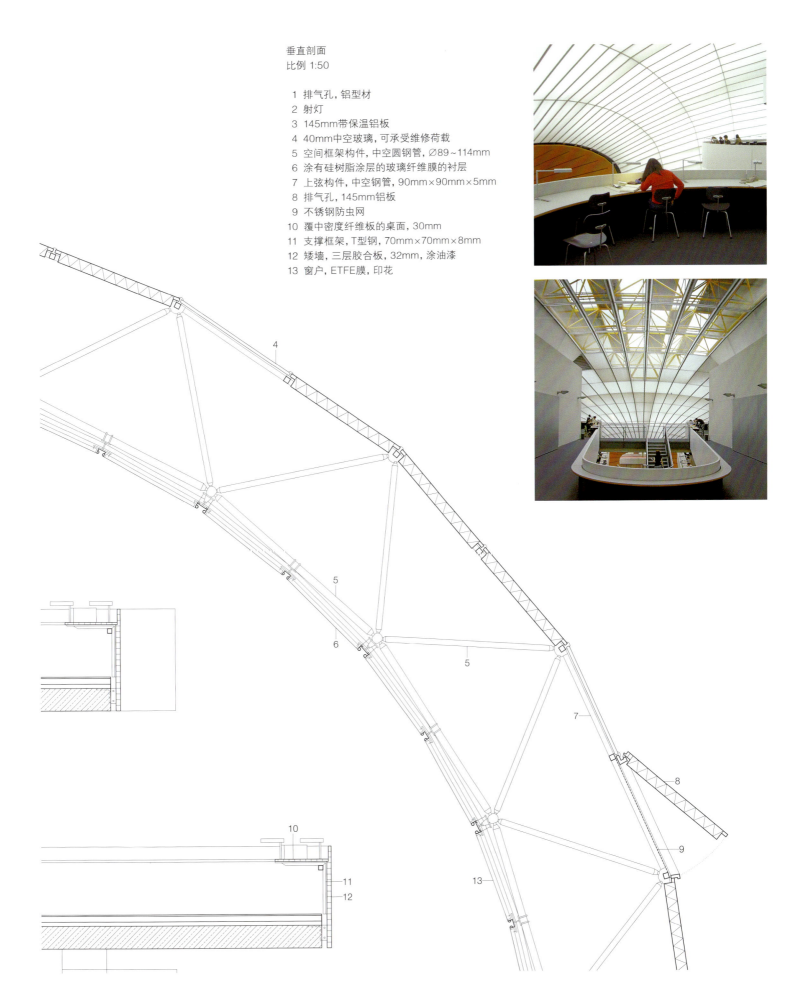

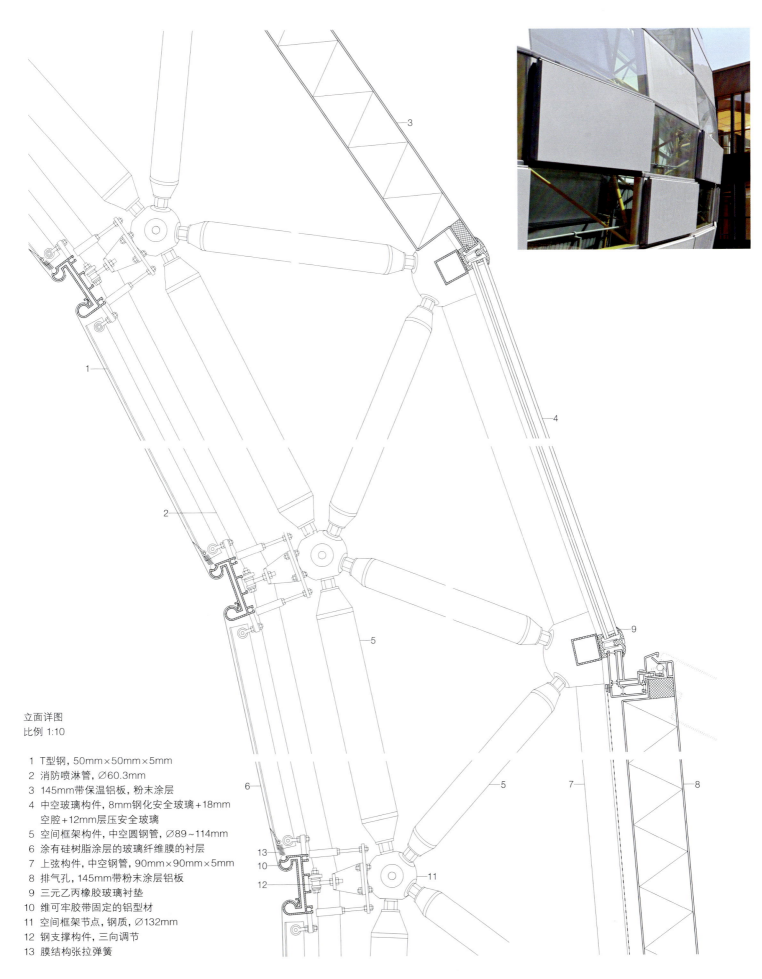

立面详图
比例 1:10

1 T型钢，50mm×50mm×5mm
2 消防喷淋管，∅60.3mm
3 145mm带保温铝板，粉末涂层
4 中空玻璃构件，8mm钢化安全玻璃+18mm
　空腔+12mm层压安全玻璃
5 空间框架构件，中空圆钢管，∅89~114mm
6 涂有硅树脂涂层的玻璃纤维膜的衬层
7 上弦构件，中空钢管，90mm×90mm×5mm
8 排气孔，145mm带粉末涂层铝板
9 三元乙丙橡胶玻璃衬垫
10 维可牢胶带固定的铝型材
11 空间框架节点，钢质，∅132mm
12 钢支撑构件，三向调节
13 膜结构张拉弹簧

医院玻璃索网结构

德国巴特诺伊施塔特，1997年

建筑师：Lamm, Weber, Donath & Partner, Stuttgart
项目团队：Günther Lamm, Volker Donath, Jürgen Früh, Manfred Steinle, Rochus Wollasch
结构工程师：Sobek & Rieger, Stuttgart
Werner Sobek, Josef Linder, Theodor Angelopoulos, Eduard Ganz, Harald Mechelburg, Alfred Rein, Jürgen Schreiber, Viktor Wilhelm

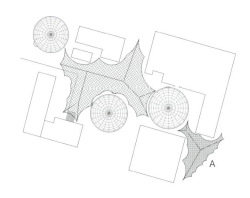

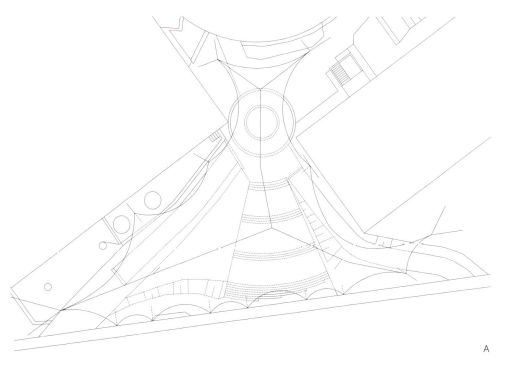

A

这个跨越在砖结构建筑之间的"大帐篷"是世界上第一个玻璃索网结构。基础结构体系由结构工程师设计，尺寸完全相同的玻璃板像瓦片一样搭叠组装在索网上，使用标准不锈钢夹具固定。每一个网眼的形状都不一样。

索结构的弯曲程度经计算机计算得出。高强度镀锌钢缆构成索网的骨架，在边缘处有额外的缆索将结构荷载传递给胶合层压木支柱（长达12m）或承受拉力的拉索上。支柱采用了最理想的形状，两端逐渐变细，以增加压曲稳定性。支柱末端的铸钢锥形底座将荷载通过钢质球窝接合传递到基础上。

层压安全玻璃板使用金属夹具固定，夹具首先在地面夹到每块玻璃板上，然后再连接到索网的接缝上。屋脊和排水沟边缘的"瓦片"使用了透明的聚碳酸酯构件。

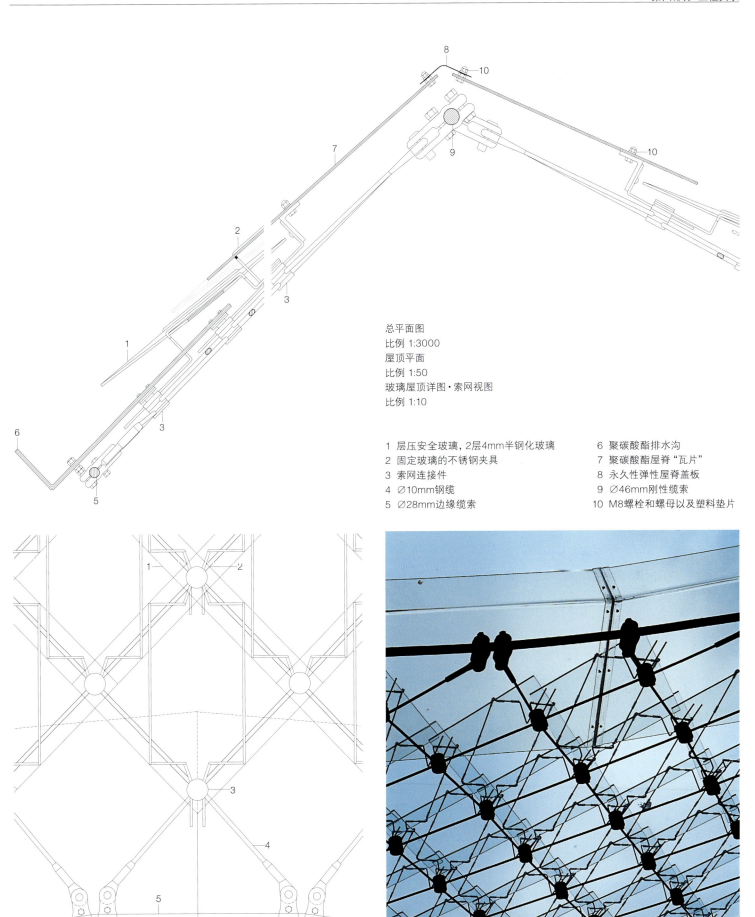

总平面图
比例 1:3000
屋顶平面
比例 1:50
玻璃屋顶详图·索网视图
比例 1:10

1 层压安全玻璃，2层4mm半钢化玻璃　　6 聚碳酸酯排水沟
2 固定玻璃的不锈钢夹具　　　　　　　7 聚碳酸酯屋脊"瓦片"
3 索网连接件　　　　　　　　　　　　8 永久性弹性屋脊盖板
4 ∅10mm钢缆　　　　　　　　　　　　9 ∅46mm刚性缆索
5 ∅28mm边缘缆索　　　　　　　　　　10 M8螺栓和螺母以及塑料垫片

博物馆庭院上的屋顶

德国汉堡，1989年

建筑师：von Gerkan, Marg + Partner,
Hamburg
参与设计建筑师：Klaus Lübbert
结构工程师：Schlaich, Bergermann +
Partner, Stuttgart
助理：Karl Friedrich
设计：Volkwin Marg, Jörg Schlaich

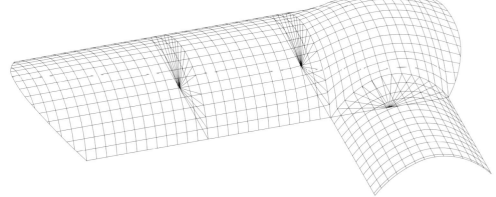

汉堡城市历史博物馆建于1914年至1926年，由弗里茨·舒马赫设计。为了充分利用博物馆L形的庭院，设计了这个玻璃屋顶。博物馆是受到保护的，因此采用极轻的透明结构是唯一的解决方案。

屋顶结构是一个格构壳体，由两个筒形拱顶以及连接它们的一个类似穹顶的部分组成。建筑师对将屋顶荷载以轴向压力的形式大量传递到基础进行了优化设计，从而避免弯曲应力，三部分之间过渡流畅的几何结构形式就是这种优化设计的结果。通过这种方式来约束力的特性，可以减小壳体构件横截面的尺寸。承重结构由60mm×40mm的扁钢构成，这是能够支撑玻璃屋顶的最小尺寸。这些构件通过旋转螺栓组装在一起形成正交的承重网格，网眼尺寸相同。因为矩形网格可能会发生变形，变成菱形网格，因此必须加入斜向构件，将长方形分割成三角形，增加壳体结构的刚性。为了使斜向构件足够纤细，建筑师采用了十字交叉缆索支撑，这样能保证总会有一根缆索在承受拉力。10mm钢化安全玻璃使用点驳件固定在扁钢上，并由钢板覆盖接缝。这是第一例直接安装玻璃的屋顶结构，而没有使用玻璃格条固定玻璃。在屋顶的边缘，有一个连续的刚性钢构件，安装在原屋顶覆盖层上方70~90mm的地方，穿过屋顶固定在钢筋混凝土楼板和墙体内。玻璃边缘支撑件和支撑条之间加入了加热电线，防止屋顶结露。由于太阳照射，室内空气逐渐升温，热空气会通过屋顶边缘和排气孔排出。

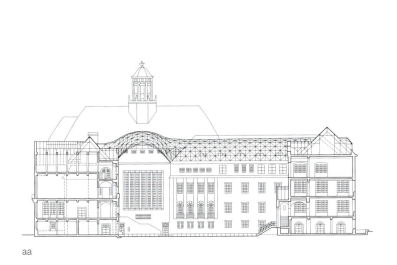

aa

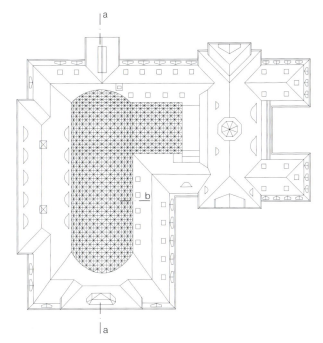

格构壳体结构3D视图·穿过中枢部分的剖面图
比例不详
剖面图·部分立面图·平面图
比例 1:1000

1 ∅16mm不锈钢辐条
2 50mm长M16左旋螺纹
3 20mm中枢板
4 ∅16mm不锈钢拉杆
5 40mm×4mm夹固板

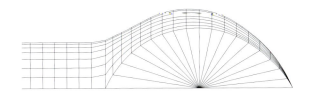

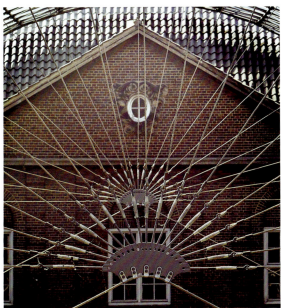

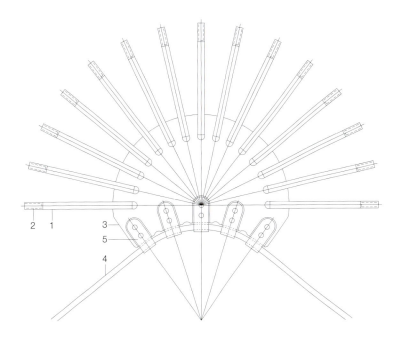

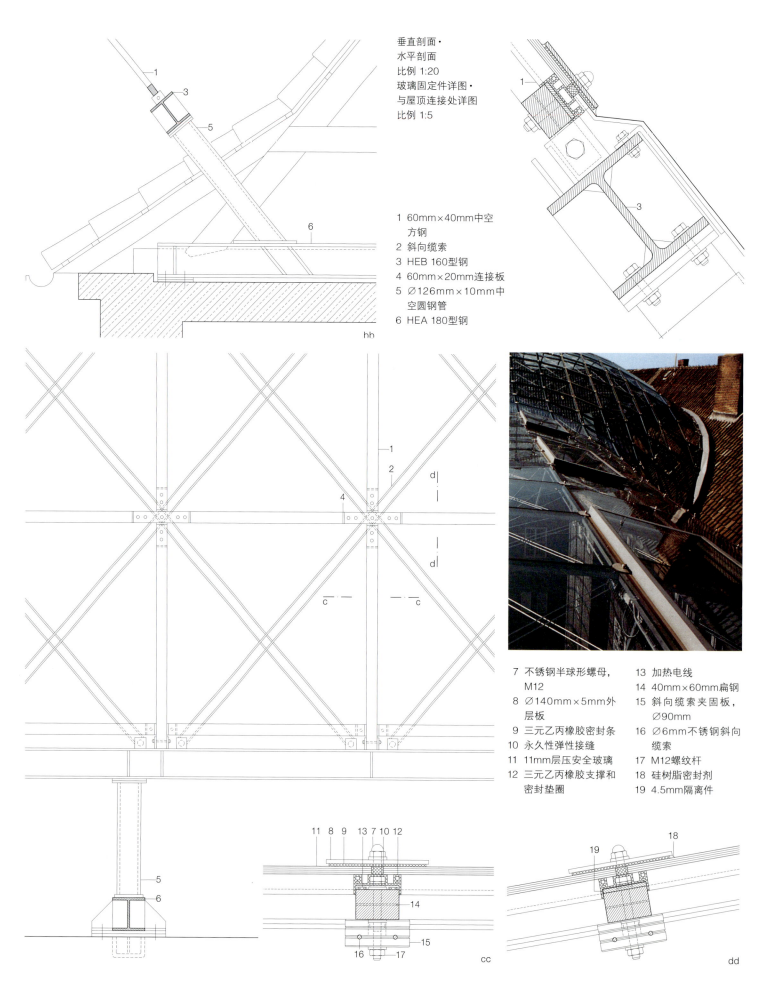

垂直剖面·
·水平剖面
比例 1:20
玻璃固定件详图·
与屋顶连接处详图
比例 1:5

1 60mm×40mm中空
  方钢
2 斜向缆索
3 HEB 160型钢
4 60mm×20mm连接板
5 Ø126mm×10mm中
  空圆钢管
6 HEA 180型钢

7 不锈钢半球形螺母，
  M12
8 Ø140mm×5mm外
  层板
9 三元乙丙橡胶密封条
10 永久性弹性接缝
11 11mm层压安全玻璃
12 三元乙丙橡胶支撑和
   密封垫圈
13 加热电线
14 40mm×60mm扁钢
15 斜向缆索夹固板，
   Ø90mm
16 Ø6mm不锈钢斜向
   缆索
17 M12螺纹杆
18 硅树脂密封剂
19 4.5mm隔离件

法规、条文、标准

建筑法规的要求

技术标准、法规和条文为建筑业设立了一个框架和标准。它们只是实验的产物，需要不断出台新的规定。欧洲的标准每五年都会进行重新修订。

作为建筑法组成部分的标准和规范，必须被遵守。但与标准和规范发生冲突时，如果可以证明有相同的适用性，也是被允许的，同时必须保持相同的安全水平。

实践规定为使用者提供了以往成功的设计和建造方法建议。使用其他满足要求的方法和材料也能取得同样的成功。这样就为新的设计打开了思路。

一些法律不约束也是双方自愿达成的协议以及补充条款和要求，必须在合同中明确规定。在合同中简单增加满足所有标准的条款是没有意义的，将来也不会被承认。避免争论的唯一方法就是明确规定需要遵守哪些标准，以及在不同要求条件下要遵守这些标准中的哪些部分。

后面的内容是有助于在特定的工程项目优化设计；它不是最终的也并不详尽。每部标准最终的版本才是有效的。在可以预见的未来，新的欧洲标准将会取代国家标准。在产品、应用和测试方面的标准之间应当制定明确的区分。

在进行材料比较时，应保证不同的结果是基于同样的测试和计算方法的。尤其是对玻璃来说，辐射率和 U 值这些物理数据是至关重要的。

在德国，"U" 标志表明产品合格，满足建筑主管部门的要求或者建筑法的标准。相应的标准被包含在一个列表中。"CE" 符号将会取代 "U"。

隔热

对热损失的要求是根据建筑物的结构类型、使用和几何形式，由整体建筑外围护结构决定的。结构的每个构件都应达到最小的 U 值。对于玻璃来说，可以根据建筑朝向将太阳得热考虑在内。这就是玻璃"U值当量"的目的。窗户的总体 U 值是由玻璃和窗框共同决定的。DIN 4108第四章中包含了适用的 U 值，但它将会被EN 10077第一章和第二章所取代。

隔声

DIN 4109包含了建筑的隔声要求。关于窗户的隔声案例被列在修订版中。

如果应用当地的隔声要求，如机场或者高速公路附近的地方，那么必须研究和遵守这些要求。组合在一起提供保温隔热性能的玻璃同时也具有隔声性能。玻璃的厚度对其隔声性能有着决定性的作用。玻璃厚度不仅要适应结构的要求，同时也要适应声学方面的要求。SF_6 气体将不再允许使用。

安全

需要具有防脱落功能的玻璃窗必须由钢化或者层压安全玻璃组成，选取玻璃厚度时应该将荷载和环境条件考虑在内。如果必要的话，应该进行符合EN 12600的钟摆测试。

常住人的房间的高窗下部必须包括一块层压安全玻璃。水平防尘天花板也是这样。

每一个项目都必须列清防火要求。在逃生通道和具有较高火荷载的房间有更特殊的要求。使用上的变化也意味着对规范的更高要求。设计立面时必须要考虑防止火势的蔓延。

民法要求

更多的建筑要求可能会被加进建筑法。这对于衡量玻璃的辐射率、机械特性以及光学特性特别重要。对边缘和角部进行装饰非常重要。

同时也建议将尺寸和功能数据误差与标准联系起来。

出于外观的原因，选择特殊玻璃时，要事先生产出样品，对样品进行测试以了解误差，这一点非常重要。尤其在选择有颜色和图案的玻璃时更要如此，因为每个产品都会有一定的误差，这个误差可以减小，但是必须被明确规定。

CE认证

欧洲建筑产品条例89/106/EC覆盖了建筑产品、审查过程以及标签等方面的基本要求。在德国，这个条例以建筑产品法案和联邦州建筑规定的形式被执行。一致的欧洲标准指定的建筑产品，只需要有适当的一致性声明，就可以在欧洲市场上销售，这个声明可以由生产商或一个适当的机构提供。这个一致性声明可以证实这个产品符合标准的要求，同时也满足建筑产品条例。这样规定的结果就是即使是不知名的产品也能够被相关标准所覆盖。法定的鉴别方法就是认准CE标志，它可以保证这种产品符合相关标准，因此可以在欧盟成员国内使用。不能对产品额外增加国家要求，因为根据建筑产品条例的规定，带有CE标志的产品可以在市场上进行自由交易。

标准应该能够反映出先进的技术水平。因此欧洲的标准应当每五年重新制定一次，如果可能的话，应当把提高的生产方法和变化了的标准也加进去。另外，新法规的制定应当从以前法规的实践中汲取经验教训，从而更加完善。

欧洲标准分为简单的和一致的产品标准。一致的产品标准也包括建筑产品条例中产品最基本要求的特性，这种特性必须被证明符合指定的一致水平。虽然玻璃生产业本身需要很高的一致性标准，但是大部分的生产部门和欧洲委员会把标准降低到了3级（生产商的一致性声明），即生产商来证明产品已经通过他们自己的测试，完全符合一致的产品标准。为了使这个过程更如人意，在一致的产品标准里有一个附加部分，专门对一致性声明作了要求（如提供文件、初期测试和定期检测）。每种产品标准的附加部分都要求生产商在产品上贴上CE标志。这个标志是贴在产品本身上还是在相关文件中，要根据各自的产品标准来决定。

玻璃材料

DIN EN 572 Basic soda lime silicate glass products
　Part 1 Definitions and general physical and mechanical properties
　Part 2 Float glass
　Part 3 Polished wire glass
　Part 4 Drawn sheet glass
　Part 5 Patterned glass
　Part 6 Wired patterned glass
　Part 7 Wired or unwired channel-shaped glass
　Part 8 Supplied and final cut sizes
　Part 9 Evaluation of conformity/product standard
DIN EN 1036 Glass in building – Mirrors from silver-coated float glass for internal use
DIN EN 1051 Glass in building – Glass blocks and glass pavers
　Part 1 Definitions and description
DIN EN 1096 Glass in building – Coated glass
　Part 1 Definitions and classification
　Part 2 Requirements and test methods for class A, B and S coatings
　Part 3 Requirements and test methods for class C and D coatings
　Part 4 Evaluation of conformity/product standard
DIN EN 1279 Parts 1-6 Glass in building – Insulating glass units
DIN EN 1748 Glass in building – Special basic products
　Part 1 Borosilicate glasses
　Part 2 Glass ceramics
DIN EN 1863 Glass in building – Heat-strengthened soda lime silicate glass
DIN EN 12150 Glass in building – Thermally toughened soda lime silicate safety glass
DIN EN 12337 Glass in building – Chemically strength-ened soda lime silicate glass
DIN EN 13024 Thermally toughened borosilicate safety glass
DIN EN 14178 Glass in building – Basic alkaline earth silicate glass products
　Part 1 Float glass
DIN EN 14179 Glass in building – Heat-soaked thermally toughened soda lime silicate safety glass
DIN EN 14321 Glass in building – Thermally toughened alkaline earth silicate safety glass
DIN EN 14449 Glass in building – Laminated glass and laminated safety glass – Evaluation of conformity/product standard
DIN EN ISO 12543 Glass in building – Laminated glass and laminated safety glass
　Part 1 Definitions and description of component parts
　Part 2 Laminated safety glass
　Part 3 Laminated glass
　Part 4 Test methods for durability
　Part 5 Dimensions and edge finishing
　Part 6 Appearance
DIN 1259 Glass
　Part 1 Terminology for glass types and groups
　Part 2 Terminology of glass products
DIN 11525 Horticultural glass
DIN 12116 Testing of glass – Resistance to attack by a boiling aqueous solution of hydrochloric acid
DIN ISO 695 Glass – Resistance to attack by a boiling aqueous solution of mixed alkali; method of test and classification
DIN ISO 719 Glass; hydrolytic resistance of glass grains at 98 °C; method of test and classification
DIN ISO 9385 Glass and glass-ceramics; Knoop hard-ness test

隔热

DIN EN 673 Glass in building – Determination of thermal transmittance (U-value) – Calculation method
DIN EN 674 Glass in building – Determination of thermal transmittance (U-value) – Guarded hot-plate method
DIN EN 675 Glass in building – Determination of thermal transmittance (U-value) – Heat-flow meter method
DIN EN 12664 Thermal performance of building materials and products – Determination of thermal resistance by means of guarded hot plate and heat flow meter methods – Dry and moist products with medium and low thermal resistance

DIN EN 12758 Glass in building – Glazing and airborne sound insulation – Product descriptions and determination of properties

DIN EN 12898 Glass in building – Determination of the emissivity

DIN EN ISO 7345 Thermal insulation – Physical quantities and definitions

DIN EN ISO 10077 Thermal performance of windows, doors and shutters – Calculation of thermal transmittance
Part 1 General

DIN 4108 Thermal protection and energy economy in buildings
Part 2 Minimum requirements for thermal insulation

DIN 4701 Energy efficiency of heating and ventilation systems in buildings

VDI 2078 Technical rule: Cooling load calculation of air-conditioned rooms (VDI cooling load regulations)

隔声

DIN EN 20140 Acoustics – measurement of sound insulation in buildings and of building elements

DIN EN ISO 140 Acoustics – Measurement of sound insulation in buildings and of building elements
Part 3 Laboratory measurements of airborne sound insulation of building elements

DIN 4109 Sound insulation in buildings; requirements and testing

VDI 2719 Sound isolation of windows and their auxiliary equipment

遮阳、辐射物理特性

DIN EN 410 Glass in building – Determination of luminous and solar characteristics of glazing

DIN EN 13363 Solar protection devices combined with glazing – Calculation of solar and light transmittance
Part 1 Simplified method

DIN EN ISO 14438 Glass in building – Determination of energy balance value – Calculation method

安全

DIN EN 356 Glass in building – Security glazing – Testing and classification of resistance against manual attack

DIN EN 1063 Glass in building – Security glazing – Testing and classification of resistance against bullet attack

DIN EN 10204 Metallic products – Types of inspection documents

DIN EN 12150 Glass in building – Thermally toughened soda lime silicate safety glass
Part 1 Definition and description

DIN EN 12600 Glass in building – Pendulum tests – Impact test method and classification for flat glass

DIN EN 12603 Glass in building – Determination of the bending strength of glass – procedures for goodness of fit and confidence intervals for Weibull distributed data

DIN EN 13541 Glass in building – Security glazing – Testing and classification of resistance against explosion pressure

DIN V ENV 1627 (pre-standard) Windows, doors, shutters – Burglar resistance – Requirements and classification

DIN V ENV 1628 (pre-standard) Windows, doors, shutters – Burglar resistance – Test method for the determination of resistance under static loading

DIN V ENV 1629 (pre-standard) Windows, doors, shutters – Burglar resistance – Test method for the determination of resistance under dynamic loading

DIN V ENV 1630 (pre-standard) Windows, doors, shutters – Burglar resistance – Test method for the determination of resistance to manual burglary attempts

DIN 52337 Testing procedure for flat glass in the buildung practice; pendulum impact test

DIN 52338 Methods of testing flat glass for use in buildings; ball drop test on laminated glass

防火

DIN EN 357 Glass in building – Fire resistant glazed elements with transparent or translucent glass products – Classification of fire resistance

DIN 4102 Fire behaviour of building materials and building components
Part 1 Building materials; concepts, requirements and tests

DIN 18095 Smoke control doors
Part 1 Concepts and requirements
Part 2 Type testing for durability and leakage
Part 3 Application of test results

结构与强度

DIN EN 1288 Glass in building – Determination of the bending strength of glass
Part 1 Fundamentals of testing glass
Part 2 Coaxial double ring test on flat specimens with large test surface areas
Part 3 Test with specimen supported at two points (four-point bending)

DIN EN 12150 Glass in building – Thermally toughened soda lime silicate safety glass
Part 1 Definition and description

DIN EN 12207 Windows and doors – Air permeability – Classification

DIN EN 12208 Windows and doors – Watertightness – Classification

DIN EN 12210 Windows and doors – Resistance to wind load – Classification

DIN EN 12600 Glass in building – Pendulum tests – Impact test – method and classification for flat glass

DIN EN 13022 Glass in building – Structural sealant glazing
Part 1 Glass products for structural sealant glazing systems for supported and unsupported monolithic and multiple glazing

DIN EN 13050 Curtain walling – Watertightness – Laboratory test under dynamic condition of air pressure and water spray

DIN EN 13051 Curtain walling – Watertightness – Site test

DIN EN 13116 Curtain walling – Resistance to wind load – Performance requirements

prEN 13474 Glass in building – Design of glass panes
Part 1 General basis for design

DIN EN ISO 12543 Glass in building – Laminated glass and laminated safety glass
Part 1 Definitions and description of component parts
Part 2 Laminated safety glass
Part 3 Laminated glass
Part 4 Test methods for durability
Part 5 Dimensions and edge finishing
Part 6 Appearance

DIN EN 14449 "Glass in building – Laminated glass and laminated safety glass – Evaluation of conformity/ Product standard" applies to the CE marking of products dealt with in the EN ISO 12543 series of standards

DIN 1055 Actions on structures
Part 1 Densities and weights of building materials, structural elements and stored materials
Part 2 Soil properties
Part 3 Self-weight and imposed load in building
Part 4 Wind loads
Part 5 Snow loads and ice loads
Part 7 Thermal actions

DIN 11535 Greenhouses
Part 1 Basic principles for design and construction

DIN 18056 Window walls; design and construction

DIN 18516 Cladding for external walls, ventilated at rear
Part 1 Requirements, principles of testing
Part 4 Tempered safety glass; requirements, design, testing

DIN 32622 Aquariums of glass – Safety requirements and testing

DIN 52338 Methods of testing flat glass for use in buildings; ball drop test on laminated glass

ANSI Z97.1-2004 Approved American National Standard – Safety glazing materials used in buildings – Safety performance specifications and methods of test

ASTM E 1300 Standard practice for determining load resistance of glass in buildings

EOTA (European Organisation for Technical Approvals) Guideline for European technical approval for structural sealant glazing systems (SSGS)

ETAG 002 Part 1 Supported and unsupported systems

ETAG 002 Part 2 Coated aluminium systems

ETAG 002 Part 3 Systems incorporating profiles with a thermal barrier

LBO Building codes of the German federal states

MBO Model Building Code

TRAV Technical rules for glass in safety barriers, 2003 edition

TRLV Technical rules for the use of glazing supported along its edges, 1998 edition / draft 2005 edition

TRPV Technical rules for the design and construction of glazing supported at individual points, draft 2005 edition

其他方面

DIN EN 843 Advanced technical ceramics – Mechanical properties of monolithic ceramics at room temperature
Part 1 Determination of flexural strength

DIN EN 1279 Glass in building – Insulating glass units
Part 3 Long term test method and requirements for gas leakage rate and for gas concentration tolerances

DIN EN 12488 Glass in building – Glazing requirements – Assembly rules

DIN 5034 Daylight in interiors
Part 1 General requirements
Part 2 Principles
Part 3 Calculation
Part 4 Simplified determination of minimum window sizes for dwellings
Part 5 Measurement
Part 6 Simplified determination of suitable dimensions for rooflights

DIN 7863 Non-cellular elastomer glazing and panel gaskets; technical delivery conditions

DIN 18360 Contract Procedures for Building Works
Part C: Metal construction works

DIN 18361 Contract Procedures for Building Works
Part C: Glazing works

DIN 18545 Glazing with sealants

DIN 51110 Part 3 Testing of advanced technical ceramics; four-point bending test; statistical evaluation, determination of the Weibull parameters

DIN 52313 Testing of glass; Determination of the resistance of glass products to thermal shock

DIN 52455 Testing of sealing compounds in building constructions – adhesion and expansion test
Part 1 Conditioning in standard atmospheres, water, or increased temperatures

DIN 52452 Testing of building sealants for compatibility with construction material

DIN 52460 Sealing and glazing – Terms

DIN 68121 Timber profiles for windows and window-doors

DIN ISO 7991 Glass – Determination of coefficient of mean linear thermal expansion

DIN 11535 Greenhouses
Part 1 Basic principles for design and construction

参考资料

概况与历史

Ballerd Bell, Victoria; Rand, Patrick: Materials for Design, New York, 2006

Banham, Reyner: Theory and Design in the First Machine Age, Cambridge, Mass., 1960

Banham, Reyner: The Architecture of the Well tempered Environment, Chicago, 1969

Bartetzko, Dieter: Die Konsequenz der Moderne, in: Der Architekt, 1998/05

Behling, Sophia and Stefan: Sol Power, Munich, 1996

Behne, Adolf: Die Wiederkehr der Kunst, Leipzig, 1919

Behnisch/Hartung: Eisenkonstruktionen des 19. Jahrhunderts in Paris, Darmstadt, 1984

Behnisch/Hartung: Glas- und Eisenkonstruktionen des 19. Jahrhunderts in Grossbritannien, Darmstadt, 1984

Benevolo, Leonardo: Geschichte der Architektur des 19. und 20. Jahrhunderts, vols 1 & 2, Munich, 1978

Binding, G.; Mainzer, U.; Wiedenau, A.: Kleine Kunstgeschichte des deutschen Fachwerkbaus, Darmstadt, 1989

Blaser, Werner: Chicago Architecture – Holabird & Root 1880–1992, Basel, 1992

Blaser, Werner: Ludwig Mies van der Rohe – Less is more, Zurich, 1986

Blondel, Nicole: Le Vitrail, Paris, 1993

Bluestone, Daniel: Constructing Chicago, New Haven/London, 1991

Boissière, Olivier: Jean Nouvel, Basel, 1996

Borsi, Franco; Goddi, Ezio: Pariser Bauten der Jahrhundertwende – Architektur und Design der französischen Metropole um 1900, Stuttgart, 1990

Cali, François: Das Gesetz der Gotik, Munich, 1965

Camesasca, Ettore (ed.): Geschichte des Hauses, Berlin, 1986

Camille, Michele: Die Kunst der Gotik, Cologne, 1996

Chadwick, George F.: The Works of Sir Joseph Paxton, London, 1961

Cohen, Jean-Louis: Ludwig Mies van der Rohe, Basel, 1995

Compagnie de Saint-Gobain 1665–1965, pub. by Compagnie de Saint-Gobain, Paris, 1965

Compagno, Andrea: Die intelligente Glashaut, in: Bauwelt, 1994/26

Condit, Carl W.: The Chicago School of Architecture, Chicago, 1964

Curtis, William J.R.: Modern Architecture since 1900, London, 1996

Davies, Mike: A Wall for all Seasons, in: RIBA Journal, Feb 1981

Der Westdeutsche Impuls. Die Deutsche Werkbund-Ausstellung Köln, 1914, exhibition catalogue of the Cologne Arts Society, Cologne, 1984

Duby, Georges: Die Zeit der Kathedralen, Frankfurt/Main, 1991

Dupré, Judith: Wolkenkratzer, Cologne, 1996

Elliot, L.W.: Structural News: USA, in: The Architectural Review, April 1953

Engel, Heinrich: Measure and Construction of the Japanese House, Rutland/Vermont, 1985

Fischer, Wend: Geborgenheit und Freiheit, Krefeld, 1970

Ford, Edward R.: The Details of Modern Architecture, Cambridge, Mass., 2003

Forter, Franziska: Die Kraft des Unsichtbaren, in: Fassade, 1998/02

Foster, Norman: Buildings and Projects of Foster Associates – Vol. 2, 1971–78, Vol. 3, 1978–85, Berlin, 1989

Foster, Norman: Buildings and Projects of Team 4 and Foster Associates – Vol. 1, 1964–73, Berlin, 1991

Frampton, Kenneth: Studies in Tectonic Culture, Cambridge, Mass., 1995

Frampton, Kenneth: The Twentieth-Century House, Cambridge, Mass., 1995

Friemert, Chup: Die gläserne Arche. Kristallpalast London 1851 und 1854, Munich, 1984

Glass – History, Manufacture and its Universal Application, pub. by Pittsburgh Plate Glass Company, Pittsburgh, 1923

Geist, Johann Friedrich: Passagen. Ein Bautyp des 19. Jahrhunderts, Munich, 1978

Giedion, Sigfried: Bauen in Frankreich. Bauen in Eisen. Bauen in Eisenbeton, Berlin/Leipzig, 1928

Giedion, Sigfried: Raum, Zeit, Architektur, Zurich, 1978

Ginsburger, Roger: Neues Bauen in der Welt, Vienna, 1930

Gössel, Peter; Leuthäuser, Gabriele: Architektur des 20. Jahrhunderts, Cologne, 1990

Graefe, Rainer (ed.): Zur Geschichte des Konstruierens, Stuttgart, 1989

Handbuch der Architektur; part 4, vol. 2, No. 2 (Geschäfts- und Kaufhäuser, Warenhäuser und Messplätze, Passagen und Galerien), Stuttgart, 1902

Hannay, Patrick: Gläserne Amöbe – Hauptverwaltung von Willis Faber Dumas in Ipswich, in: Deutsche Bauzeitung, 1997/04

Heinz, Thomas A.: Frank Lloyd Wright – Glass Art, London/Berlin, 1994

Hennig-Schefold, Monica; Schmidt-Thomsen, Helga: Transparenz und Masse, Cologne, 1972

Herzog, Thomas; Krippner, Roland; Lang, Werner: Facade Construction Manual, Munich/Basel, 2004

Hildebrand, Grant: The Wright Space, Washington, 1991

Hindrichs, Dirk U.; Heusler, Winfried: Façades – Building Envelopes for the 21st Century, Basel, 2004

Hitchcock, Henry-Russell: In the Nature of Materials, New York, 1942

Hix, John: The Glasshouse, London, 1996

Hofrichter, Hartmut (ed.): Fenster und Türen in historischen Wehr- und Wohnbauten, Marksburg/Braubach, 1995

Hütsch, Volker: Der Münchner Glaspalast 1854–1931, Berlin, 1985

Interpane (pub.): Gestalten mit Glas, Lauenförde, 1997

Jaeggi, Annemarie: Adolf Meyer, Berlin, 1994

Jelles, E. J.: Duiker 1890–1935, Amsterdam, 1976

Jencks, Charles: Die Sprache der Postmodernen Architektur, Stuttgart, 1980

Joedicke, J.; Plath, C.: Die Weissenhofsiedlung, Stuttgart, 1977

Joedicke, Jürgen: Geschichte der modernen Architektur, Stuttgart, 1958

Kaltenbach, Frank (ed.): Translucent Materials, Glass Plastics Metals, Munich, 2004

Kimpel, Dieter; Suckale, Robert: Die gotische Architektur in Frankreich 1130–1270, Munich, 1985

Kohlmaier, Georg; Sartory, Barna von: Das Glashaus, Munich, 1988

Koppelkamm, Stefan: Künstliche Paradiese – Gewächshäuser und Wintergärten des 19.-Jahrhunderts, Berlin, 1988

Korn, Arthur: Glas im Bau und als Gebrauchsgegenstand, Berlin, 1929

Krampen, Martin; Schempp, Dieter: Glasarchitekten. Konzepte, Bauten, Perspektiven, Ludwigsburg, 1999

Krewinkel, Heinz W.: Glass Buildings, Basel, 1998

Kuhnert, Nikolaus; Oswalt, Philipp: Medienfassaden, in: Arch+ 108, 1991

Lang, Werner: Zur Typologie mehrschaliger Gebäudehüllen aus Glas, in: Detail, 1998/07

Lerner, Franz: Geschichte des Deutschen Glaserhandwerks, Schorndorf, 1981

Male, Emile: Die Gotik, Stuttgart, 1994

Marrey, Bernard: Le Fer à Paris – Architectures, Paris, 1989

Marrey, Bernard; Ferrier, Jacques: Paris sous Verre, Paris, 1997

Martin Wagner 1885–1957, exhibition catalogue of the Berlin Academy of Arts, Berlin, 1985

Marpillero, Sandro: James Carpenter, Environmental Refractions, Basel, 2006

McCarter, Robert (ed.): Frank Lloyd Wright – A Primer on Architectural Principles, New York, 1991

McGrath, Raymond; Frost, A.C.: Glass in Architecture and Decoration, London, 1961

McKean, John: Crystal Palace, London, 1994

Meyer, Alfred Gotthold: Eisenbauten. Ihre Geschichte und Ästhetik, Esslingen, 1907

Neuhart, Marilyn and John: Eames House, Berlin, 1994

Neumann, Dietrich: Prismatisches Glas, in: Detail, 1995/01

Norberg-Schulz, Christian: Intentions in Architecture Cambridge, Mass., 1968

Norberg-Schulz, Christian: Roots of Modern Architecture, Tokyo, 1988

Ogg, Alan: Architecture in Steel. The Australian Context, Australia, 1989

Patterson, Terry L.: Frank Lloyd Wright and the Meaning of Materials, New York, 1994

Pehnt, Wolfgang: Die Architektur des Expressionismus, Stuttgart, 1998

Perrault, Dominique: Bibliothèque nationale de France, 1989–95, Basel, 1998

Petzold, Armin; Marusch, Hubert; Schramm, Barbara: Der Baustoff Glas, Schorndorf, 1990

Pevsner, Nikolaus: An Outline of European Architecture, Maryland, 1963

Phleps, Hermann: Deutsche Fachwerkbauten, Königstein im Taunus, 1951

Phleps, Hermann: Holzbaukunst. Der Blockbau, Karlsruhe, 1981

Piano, Renzo: Renzo Piano, 1987–94, Basel, 1995

Platz, Gustav Adolf: Die Baukunst der neuesten Zeit, Berlin, 1930

Posener, Jukius: Aufsätze und Vorträge, 1931–80, Braunschweig, 1981

Rice, Peter; Dutton, Hugh: Structural Glass, London, 1995

Rice, Peter: An Engineer Imagines, London, 1994

Ritchie, Ian. (Well) Connected Architecture, London/Berlin, 1994

Ronner, Heinz: Öffnungen. Baukonstruktion im Kontext des architektonischen Entwerfens, Basel, 1991

Rowe, Colin; Slutzky, Robert; Hoesli, Bernhard: Transparenz, Basel, 1989

Scheerbart, Paul: Glasarchitektur, Berlin, 1914

Schild, Erich: Zwischen Glaspalast und Palais des Illusions, Braunschweig, 1983

Schittich, Christian: New Glass Architecture – Not Just Built Transparency, in: Detail, 2000/03

Schittich, Christian (ed.): Building Skins. 2nd edition, Munich/Basel, 2006

Schittich, Christian (ed.): Solar Architecture. Strategies Visions Concepts, Munich/Basel, 2003

Schmidt-Brümmer, Horst: Alternative Architektur, Cologne, 1983

Schneck, Adolf: Fenster aus Holz und Metall, Stuttgart, 1942

Schulze, Franz: Ludwig Mies van der Rohe, Berlin, 1986

Schulze, Konrad Werner: Glas in der Architektur, Stuttgart, 1929

Singer, Charles; Holmyard, E. J.; Hall, A. R.; Williams, T. I.: A history of Technology, Oxford, vol. II, 1956, vol. III, 1957, vol. IV, 1958

Strike, James: Construction into Design, Oxford, 1991

Taut, Bruno: Die Stadtkrone, Jena, 1919

Taut, Bruno: Die neue Wohnung, Leipzig, 1924

Taut, Bruno: Die neue Baukunst in Europa und Amerika, Stuttgart, 1929

Taylor, Brian Brace: Pierre Chareau – Designer and Architect, Cologne, 1992

Tegethoff, Wolf: Ludwig Mies van der Rohe – Die Villen und Landhausprojekte, Essen, 1981

The Contribution of the Curtain Wall to a New Vernacular, in: The Architectural Review, May, 1957

Thiekötter, Angelika et al.: Kristallisationen, Splitterungen, Bruno Tauts Glashaus, Basel, 1993

Ullrich, Ruth-Maria: Glas-Eisenarchitektur – Pflanzenhäuser des, 19. Jahrhunderts, Worms, 1989

Vavra, J.-R.: Das Glas und die Jahrtausende, Prague, 1954

Völckers, Otto: Glas und Fenster, Berlin, 1939

Völckers, Otto: Glas als Baustoff, Eberswalde/Berlin/Leipzig, 1944

Völckers, Otto: Bauen mit Glas, Stuttgart, 1948

Von der Waldhütte zum Konzern, pub. by Flachglas AG, Schorndorf, 1987

Welsh, John: Modern House, London, 1999

Wigginton, Michael: Glass in Architecture, London, 1996

Yoshida, Tetsuro: The Japanese House, Tübingen, 1969

Zukowsky, John (ed.): Chicago Architecture 1872–22, Munich, 1987

技术

Achilles, Andreas: Coloured Glass-Manufacture, Processing, Planning, in: Detail, 2007 1/2

Achilles, Andreas; Braun, Jürgen; Seger, Peter; Stark, Thomas; Volz, Tina: Glasklar. Produkte und Technologien zum Einsatz von Glas in der Architektur, Munich, 2003

Balkow, Dieter; von Bock, Klaus; Krewinkel, Heinz W.; Rinkens, Robert: Technischer Leitfaden Glas am Bau, Stuttgart, 1990

Balog, Valentin; Jetzt, Christian; Lutz, Martin: Post Tower in Bonn – Filigree Facade Design in Detail, in: Detail, 2004/10

Bauen mit Glas. Transparente Werkstoffe im Bauwesen, VDI Reports/VDI Proceedings, vol. 1933, Baden–Baden 29/30 May 2006

Beckmann, William A.; Duffie, John A.: Solar Engineering of the Thermal Processes, New York, 1991

Behling, Sophia and Stefan: Glass. Konstruktion und Technologie in der Architektur, Munich, 1999

Blank, Kurt: Thermisch vorgespanntes Glas, Glass Technology Report 52, 1979, No. 1

Blank, Kurt: Thermisch vorgespanntes Glas, part 2, Glass Technology Report 52, 1979, No. 2

Blank, Kurt: Dickenbemessung von rechteckigen Glasscheiben unter gleichförmiger Flächenlast, in: Bauingenieur 68, 1993

Blank, Kurt; Grüters, Hugo; Hackl, Klaus: Contribution to the size effect on the strength of float glass, in: Glass Technology Report 63, 1990, No. 5

Bosshard, Walter: Tragendes Glas?, in: Schweizer Ingenieur und Architekt, No. 27/28, 3 July 1995

Braun, Peter; Merko, Armin: Thermische Solarenergie an Gebäuden, ISE Frauenhofer Institute for Solar Energy Systems, Berlin, 1997

Brookes, Alan J.; Grech, Chris: The Building Envelope, London, 1990

Button, David; Pye, Brian (ed.): Glass in building, Oxford, 1993

Charlier, Hermann: Bauaufsichtliche Anforderungen an Glaskonstruktionen, in: Der Prüfingenieur, 11 Oct 1997, pp. 44–54

Compagno, Andrea: Glass as a Building Material and its possible applications, in: Detail, 2000/03

Compagno, Andrea: Intelligent Glass Facades. Material Practice Design, Basel, 2002

Compagno, Andrea: Tragende Transparenz, in: Fassade 02/1998

Conference Proceedings – Glass Processing Days, 2001; 2003; 2005, Tampere

Daniels, Klaus: Technologie des ökologischen Bauens, Basel/Boston/Berlin, 1995

Durchholz, Michael; Goer, Bernhard; Helmich, Gerd: Method of reproducibly predamaging float glass as a basis to determine the bending strength, in: Glas techn. Berichte, Glass Sci. Technol. 68, 1995, No. 8

Ehm, H.: Wärmeschutzverordnung '95. Grundlagen, Erläuterungen und Anwendungshinweise. Der Weg zu Niedrigenergiehäusern, Wiesbaden/Berlin, 1995

Fahrenkrog, Hans-Hermann: Mehrscheiben-Isolierglas. Geschichte und Entwicklung, in: Deutsches Architektenblatt, 1995/09

Feist, Wolfgang: Passivhäuser in Mitteleuropa, dissertation, Kassel University, 1993, Darmstadt, 1993

Feldmeier, Franz: Zur Berücksichtigung der Klimabelastung bei der Bemessung von Isolierglas bei Überkopfverglasung, in: Stahlbau 65, 1996/08

Fisch, M. Norbert: Solartechnik I, Stuttgart University, Institute of Thermodynamics & Heat Engineering, Rational Energy Usage Dept, 1990

Freiman, S.W.: Fracture mechanics of glass, in: Glass. Science and Technology, vol. 5, pub. by D.R. Uhlmann, N.J. Kreidel: New York, 1980

Führer, Wilfried; Knaack, Ulrich: Konstruktiver Glasbau 1, Aachen, 1995

Glas im Bauwesen, OTTI Technologiekolleg, pub. by East Bavaria Technology Transfer Insitute, Regensburg, 1997

Glas und Praxis, Kompetentes Bauen und Konstruieren mit Glas, 1994, pub. by Glas Trösch AG, Bützberg, 1994

Glashandbuch, 1997, pub. by Pilkington Flachglas, Gelsenkirchen, 1997

Grimm, Friedrich: Energieeffizientes Bauen mit Glas. Grundlagen, Gestaltung, Beispiele, Details, Munich, 2004

Hess, Rudolf: Bemessung von Einfach- und Isolierverglasungen unter Anwendung der Membranwirkung bei Rechteckplatten großer Durchbiegung, HBT Report No. 13, Institute of Structural Engineering, Zurich ETH, 1986

Hess, Rudolf: Stahl und Glas – Bemessung, Konstruktion und Anwendungsgebiete, in: Baukultur, 1995/01–02

Hlaváč, Jan: Glass Science and Technology. The Technology of Glass and Ceramics. An Introduction, Amsterdam/Oxford/New York, 1983

Humm, Othmar: Niedrigenergiehäuser. Innovative Bauweisen und neue Standards, Staufen bei Freiburg, 1997

Humm, Othmar; Toggweiler, Peter: Photovoltaik und Architektur. Photovoltaics in Architecture, Basel/Boston/Berlin, 1993

IEA Passiv Solar Commercial and Institutional Buildings, A Sourcebook of Examples and Design Insights, Task 11, Chichester, 1994

Institution of Structural Engineers, Structural use of glass in buildings, London, 1999

IEA Solar Heating and Cooling Programme, Frame and Edge Seal Technology, A State of the Art Survey Task, 18 Advanced Glazing and Associated Materials for Solar and Building Applications, 1994

Jetzt, Christian: Kombi-Gläser zwischen Funktion und Aussenwirkung – "Street Appeal" als Komplement, in: Detail, 2004/10

Kerkhof, F.; Richter, H.; Stahn, D.: Festigkeit von Glas in Abhängigkeit von der Belastungsdauer und -verlauf, in: Glastechnische Berichte, Nov 1991

Klimke, Herbert; Walochnik, Wolfgang: Wann trägt Glas?, in: glasforum 02/1993

Kutterer, M.; Görzig, R.: Glasfestigkeit im Bohrungsbereich, IL-Forschungsbericht FB 01/97

Lehmann, Raimund: Auslegung punktgehaltener Gläser, in: Stahlbau, 1998/04

Lotz, Stefan: Untersuchungen zur Festigkeit und Langzeitbeständigkeit adhäsiver Verbindungen zwischen Fügepartnern aus Floatglas, dissertation, Kaiserslautern, 1995

Loughran, Patrick: Falling glass. Problems and solutions in contemporary architecture, Basel, 2003

Macfarlano, Tim: Glass Structures, in: The Structural Engineer, vol. 85, No. 1, 9 Jan 2007

Marusch, H.; Petzold, A.; Schramm, B.: Der Baustoff Glas. Grundlagen, Eigenschaften, Erzeugnisse, Glasbauelemente, Anwendungen, Berlin/Schorndorf, 1990

Mecholsky, J.J.; Rice, R.W.; Freiman, S.W.: Prediction of fracture energy and flaw size in glasses from measurements of mirror size, in: J. Am. Ceram. Soc. 57, 1974, pp. 440–43

Minor, Joseph E.; Reznik, Patrick L.: Failure Strengths of Laminated glass, in: J. of Structural Engineering 116(4),1990

Nijsse, Rob: Tragendes Glas. Elemente Konzepte Entwürfe, Basel, 2003

Oswalt, Philipp: Wohltemperierte Architektur. Neue Techniken des energiesparenden Bauens, Cologne, 1994

Pottgiesser, Uta: Fassadenschichtungen – Glas. Mehrschalige Glaskonstruktionen. Typologie, Energie, Konstruktionen, Projektbeispiele. Mit Auswahlkriterien und Entscheidungshilfen, Berlin, 2004

Pottgiesser, Uta; Tasche, Silke; Weller, Bernhard: Adhesive Fixing in Building – Glass Construction, in: Detail, 2004/10

Product Information Handbook, pub. by Transsolar and National Observatory of Athens, The European Commission – Directorate General for Energy, 1997

Rathert, Peter: Wärmeschutzverordnung und Heizungsanlagen-Verordnung, Cologne, 1995

Rawson, Harold: Glass Science and Technology 3 – Properties and Applications of Glass, Amsterdam, 1980

Recknagel, Hermann; Schramek, Rudolf; Sprenger, Eberhard: Taschenbuch für Heizung und Klimatechnik, Munich/Vienna, 1995

Reiss, Johann; Wenning, Martin; Erhorn, Hans; Rouvel, Lothar: Solare Fassadensysteme. Energetische Effizienz – Kosten – Wirtschaftlichkeit, Stuttgart, 2005

Rice, P.; Dutton, H.: Structural Glass, London, 1995

Richter, H.: Langsame Rissausbreitung und Lebensdauerbestimmung. Vergleich zwischen Rechnung und Experiment, in: German Ceramics Association Report 57, 1980, No. 01, pp. 10 –12

Robbins, Claude I.: Daylighting Design and Analysis, New York, 1986

Schadow, Thomas; Weller, Bernhard: Structural Use of Glass, in: Detail, 2007, 1/2

Schlaich, J.; Schober, H.: Verglaste Netzkuppeln, in: Bautechnik 69, 1992, No. 01, pp. 3 –10

Schneider, Jens; Siegele, Klaus: Glasecken. Konstruktion, Gestaltung, Beispiele, Munich, 2005

Scholze, H.: Glas: Natur, Struktur und Eigenschaften, Berlin/Heidelberg, 1988

Schulz, Christina; Seger, Peter: Grossflächige Verglasungen, in: Detail, 1991/01

Schulz, Christina; Seger, Peter: Glas am Bau 1+2 – Konstruktion von Glasfassaden, in: Deutsches Architektenblatt 03/1993 and 05/1993

Sedlacek, G.; Blank, K.; Güsgen, J.: Glass in Structural Engineering, in: The Structural Engineer, vol. 73, No. 02, 17 Jan 1995

Sedlacek, Gerhard; Blank, Kurt; Güsgen, Joachim; Laufs, Wilfried: Glas im Konstruktiven Ingenieurbau, Berlin, revised edition 2007

Sobek, Werner: Glass Structures, in: The Structural Engineer, vol. 83, No. 7, 5 April 2005

Techen, H.: Fügetechnik für den konstruktiven Glasbau, dissertation, Report No. 11, TU Darmstadt, Institute of Statics, 1997

Treberspurg, Martin: Neues Bauen mit der Sonne, Vienna/New York, 1994

Verband Deutscher Maschinen- und Anlagenbau e.V.; Messe Düsseldorf GmbH, Glass. Glasherstellung – Glasveredelung. Prozesse und Technologien, Essen-Kettwig, 2002

Wagner, Ekkehard: Glasschäden. Oberflächenbeschädigungen, Glasbrüche in Theorie und Praxis. Ursachen, Entstehung, Beurteilung, Stuttgart, 2005

Witte, Friedrich: Recycling von Flachglas, in: Glastechn. Berichte, Glass Sci. Technol. 68, 1995, No. 08, p. 107

Wörner, Johann Dietrich; Shen, Xiaofeng: Sicherheitskonzept für Glasfassaden, Bauingenieur 69, 1994 pp. 33–36

Wörner, Johann Dietrich; Pfeiffer, Rupert; Schneider, Jens; Shen, Xiaofeng: Konstruktiver Glasbau, in: Bautechnik 75 (1998), No. 05

Wörner, Johann-Dietrich; Schneider, Jens; Fink, Andreas: Glasbau. Grundlagen, Berechnung, Konstruktion, Berlin, 2001

Wurm, Jan: Glass Structures. Design and Construction of Self-supporting Skins, Basel, 2007

名词索引

人名索引

图片鸣谢

作者与出版商向所有提供图片、作品，同意复制他们的文件或者提供其他信息，帮助本书出版的人员表示诚挚的谢意。本书中所有的线图都得到了特殊许可。没有特别署名的图片都由建筑师拍摄，或者由德国DETAIL杂志提供。虽然我们付出了巨大努力，但也有个别图片没有联系上版权所有人，但版权可以得到保证。如果出现上述情况，请与我们联系。

下面的数字指的是第一部分和第二部分的图片，或者是第三部分和第四部分的页码。

来自摄影师与图片

Aaron, Peter/Esto, Mamaroneck: 2.2.36
Academy of Arts, Berlin: 1.1.45
Archiv Herzog, Munich: 1.2.47
Archive of the Institute of Lightweight Structures, Stuttgart: 2.2.1
Art Institute of Chicago/The Hilbersheimer Collection, George Danforth Foundation: 1.2.62
Asin, Luis, Madrid: 1.2.25
av Studios GmbH, Stuttgart: p.211 bottom
Bednorz, Achim, Cologne: 1.1.27
Berengo Gardin, Gianni, Mailand: p.202, p.203 left, p.203 right
Bergeret, Gaston, Saint-Mandé: 2.2.40
Bitter/Bredt, Berlin: p.231, p.232 top, p.233
Bonfig, Peter, Munich: p.207, p.208, p.209
Braun, Zooey/artur: Stuttgart: 1.2.51
Bredt, Marcus, Berlin: 1.2.22
Bryant, Richard/Arcaid, Surrey: p.276
Bürger, Michael, Berlin: p.278 bottom
Carpenter, James Design Associates, New York: 1.2.32, 1.2.33
Charles, Martin, Isleworth: 1.2.36
Chicester, England: 2.3.82, 2.3.83
Compagno, Andrea, Zurich: 1.2.60
Cook, Peter/View, London: p.183
Coyne, Roderick, London: 1.2.26
Feirabend, Steffen, Remshalden: 2.2.11, 2.2.61
Fotoarchiv Hirmer Verlag, Munich: 1.1.7
Demailly, Serge, Saint Cyr sur Mer (F): 1.1.1
Dénancé, Michel, Paris: 1.2.15, 1.2.40, p.292, p.293 left, p.293 right
Douglas, Lyndon, London: p.228, p.230
Drexel, Thomas, Friedberg: p.221
Dyer, Michael, London: p.320
DYESOL, Queanbeyan (AUS): 2.3.115
EGE Architekturfotografie, Lucerne: p.164
Engel, Gerrit, Berlin: 1.2.29
Esch, H.G., Hennef: 2.2.80, 2.2.84, 2.2.85, 2.3.105, p.153, p.298, p.299, p.317, p.318, p.332, p.333 bottom
Fessy, George, Paris: 1.2.73, p.159, p.306, p.307 top, p.307 bottom, p.308
Fregoso & Basalto, Genua: p.309, p.311 top, p.311 bottom
Fogg Art Museum, Harard University Art Museum, Cambridge, Massachusetts: 1.1.18
Fondation Beyeler, Basel: p.290, p.291
Frahm, Klaus/Contur, Cologne: 1.1.39, 2.2.71, p.319
Gilbert, Denis/view, London: 1.2.1, 1.2.65, 1.2.66, 1.2.72, p.200, p.201 top left, p.201 bottom, p.300, p.301
Gonzalez, Brigida, Stuttgart: p.304
Gordon, J.E., University of Reading, England: 2.2.2
Goustard, Alain/Archipress: 2.2.83
Graefe, Rainer: 2.2.70
Hagen, Gerhard, Bamber: p.246 top, p.246 bottom
Halbe, Roland/Contur, Cologne: 1.2.41, 2.3.102, p.222, p.223 top, p.223 bottom, p.225, p.303, p.305
Heinrich, Michael, Munich: 1.2.49
Hempel, Jörg, Aachen: 1.2.50, p.240, p.241, p.242 top, p.242 bottom, p.243

Helfenstein, Heinrich, Adliswil (CH): p.168
Hevia, José, Barcelona: p.259
Hueber, Eduard, New York: p.226, p.227
Hurnaus, Herta, Vienna: p.269
Hutmacher, Werner, Vienna: p.266, p.267, p.268 top
ift-Rosenheim GmbH: 2.2.31
Kaltenbac, Frank, Munich: 1.2.17, 1.2.46, p.248, p.249, p.250, p.251, p.257, p.259, p.260 bottom
Kandzia, Christia, Stuttgart: 1.2.30, 2.2.74, p.177, p.262 top, p.262 bottom, p.263, p.265 left, p.265 right, p.295
Kaser, Ben: 2.2.75
Kaunat, Angelo, Graz: p.312, p.313 left
Keller, Andreas/artur, Altdorf: 2.2.63, 2.2.76, 2.2.86
Kik, Friedemann, Stuttgart: 2.3.11
Kirkwood, Ken, Northamptonshire: 1.2.61
Kinold, Klaus, Munich: 1.1.46, 1.2.34, p.181, p.193, p.211 top
Klomfar, Bruno, Cologne: p.238, p.239 centre, p.239 bottom
Knau, Holger, Düsseldorf: p.282, p.283 left, p.283 right, p.285, p.286 top, p.286 bottom, p.287
Koppelkamm, Stefan, Berlin: 1.1.20
Krewinkel, Heinz W., Böblingen: 2.2.47, p.315
Kutterer, Mathias, Stuttgart: 2.2.52, 2.2.53, 2.2.54, 2.2.62, 2.2.79
Lenzen, Steffi, Munich: p.155
Linden, John Edward, Los Angeles: p.324 bottom
McGrath, Norman, New York: 1.2.5
Müller-Naumann, Stefan, Munich: p.219, p.220, p.313 right
Nacása & Partners Inc., Tokyo: p.196, p.197 top, p.197 bottom, p.199
Nederlands Architectuurinstituut, Amsterdam: 1.1.50, 1.1.51
Neuhart, Andrew, El Segundo/Kalifornien: 1.2.14
Nitschke, Günter: 1.1.17
Ouwerkerk, Erik-Jan, Berlin: p.204, p.205, p.206
Passoth, Jens, Berlin: p.244, p.245
Reichel-Vossen, Johanna, Munich: 2.3.96
Reid, Jo & Peck, John, Newport: p.321
Richter, Ralph/Architektuphoto, Düsseldorf: p.288 bottom, p.289
Richters, Christian, Münster: p.162 left, p.189, p.194, p.195, p.234, p.235, p.260 top, p.277, p.279 bottom, p.290
Riehle, Thomas/Contur, Cologne: 2.3.97
Rocheleau, Paul/Freeman Michael: 1.2.11, 1.2.12
Roth, Lukas, Cologne: p.270, p.273
Ruault, Philippe, Nantes: p.174, p.271 bottom
Sakaguchi/a to, Hiro, Tokyo: 1.2.21
Schittich, Christian, Munich: 1.1.10, 1.1.11, 1.1.16, 1.1.21, 1.1.22, 1.1.30, 1.1.31, 1.1.41, 1.1.49, 1.2.7, 1.2.8, 1.2.9, 1.2.27, 1.2.31, 1.2.37, 1.2.39, 1.2.42, 1.2.43, 1.2.52, 1.2.53, p.57, 1.2.67, 1.2.68, p.162 right, p.191, p.198, p.201 top right, p.210, p.212, p.214 top, p.216, p.232 bottom, p.260 centre, p.264, p.271 top, p.274, p.275, p.279 top, p.281 left, p.281 right, p.288 top, p.314, p.316, p.322 top, p.322 bottom, p.323, p.324 top, p.326, p.327 top, p.327 bottom
Schodder, Martin, Stuttgart: p.294, p.296
Schuller, Matthias, Stuttgart: 2.3.64, 2.3.65, 2.3.81
Schuster, Oliver, Stuttgart for Glasbau Hahn: p.173 top
Seufert-Niklaus: p.171 left, p.171 right, p.173 bottom
Shinkenshiku-sha, Tokyo: p.214 bottom, p.215 top, p.215 bottom
Spiluttini, Margherita, Vienna: p.217 top, p.237, p.239 top
Sunways AG, Konstanz: 2.3.113, 2.3.114.1, 2.3.114.2, 2.3.114.3, 2.3.114.4, 2.3.114.5, 2.3.114.6
Suzuki, Hiako, Barcelona: 1.2.28, 2.2.39, p.272
Staatliche Gallerie Moritzburg, Halle, Landeskunstmuseum:
Sachsen-Anhalt, Sammlung Photographie, Hans Finsler Nachlass: 1.1.48
Staib, Gerald, Stuttgart: 1.1.12, 1.1.34
Stoller, Ezra/ESTO: New York: 1.2.57

Tiainen, Jussi, Helsinki: p.252, p.255 top, p.255 bottom, p.256
VEGLA-Bildarchiv, Alsdorf: 2.3.42
Voitenberg, G. und E. von, Munich: 1.1.1
Walser, Peter, Stuttttgart: 1.1.8
Wessely, Heide, Munich: 1.2.23, p.229 top, p.229 bottom
Young, Nigel, London: 2.2.67, p.328, p.329, p.333 top

来自书籍与期刊

Ackermann, Marion; Neumann Dietrich, Leuchtende Bauten: Architektur der Nacht, Ostfildern 2006, p.131: 1.2.45
Arne Jacobsen, in: 2G, 1997/ IV, Revista Internacional de Arquitectura, Barcelona, p.54: 1.2.54, 1.2.55
Benevolo, Leonardo, Die Geschichte der Stadt, Frankfurt/New York 1983, p.762: 1.1.13
Companie de Saint-Gobain (ed.), Companie de Saint-Gobain, Paris 1665–1965, Paris 1965: 1.1.5
Daidalos, Nr. 66, 1997, p.85: 1.1.26
Elliott, Cecile D., Technics and Architecture, The development of Materials and Systems for Buildings, MIT Press, Cambridge, Massachusetts, 1992, p.114: 1.1.3
Ford, Edward R., Details of Modern Architecture, Cambridge Massachusetts 1990, p.342: 1.1.35
Frank Lloyd Wright Monograph 1924–36, Tokyo 1985, p.278: 1.1.37
GLAS, 04/2002, p.50: 2.2.31
Ghirardo, Diane, SOM journal 4, Ostfildern 2006, p.148: 1.2.6
HENN Architekten, Die gläserne Manufaktur, Hamburg 2003, p.36: 1.2.20
Hennig-Schefold, Monica; Schmidt - Thomsen, Helga, Transparenz und Masse, Passagen und Hallen aus Eisen und Glas 1800–1880, Cologne 1972, p.56: p.7
Klotz, Heinrich, Von der Urhütte zum Wolkenkratzer, Munich 1991, p.20: 1.1.24
Mies van der Rohe, Vorbild und Vermächtnis, DAM Frankfurt/Main, Stuttgart 1986, p.88/7, p.86/2, p.36/1: 1.1.38, 1.1.40, 1.1.44
Riley, Terence; Reed, Peter, Frank lloyd Wright, Architect, New York 1994, p.235, p.134: 1.1.32, 1.1.33
Singer, Charles; Holmyard, E.J., A History of Technology, Volume III, Oxford 1957, p.209: 1.1.2
Sumi, Christian, Immeuble Clatré 1932, Zurich 1989, p.36: 1.1.47
Taut, Bruno, Die neue Baukunst in Europa und Amerika, Stuttgart o.J., p.25: 1.1.43
Taylor, Brian Brace, Pierre Chareau, Cologne, 1998, p.110: 1.2.38
Vöckers, Otto, Glas und Fenster, Berlin 1939: 1.1.6, 1.1.14, 1.1.15
Yoshida, Tetsuro, Das japanische Wohnhaus, Berlin 1935, p.118: 1.1.16

整页插图

page 7   Dome of the Bourse de Commerce, Paris, 1811, Henri Bondel
page 57   Lehrter Station, Berlin, 2006, gmp
page 153 New trade fair, Leipzig, 1996, gmp
page 193 Bregenz art gallery, 1997, Peter Zumthor

作者与出版商向以下提供信息与线图的生产商和公司
表示感谢。

第一版：
BGT Bischoff Glastechnik, Bretten
Bouwmag GmbH, Düsseldorf
BSP Silikonprofile GmbH, Wiesbaden
Eduard Hueck GmbH & Co.KG, Lüdenscheid
EuroLam GmbH, Weimar
Fenster Werner fw Fassadensysteme, Darmstadt
Flachglas AG, Gelsenkirchen
Geilinger Tür- und Fenstersysteme AG, Winterthur (CH)
Glas Marte GmbH & Co. KG, Bregenz
Glasbau Hahn, Frankfurt/Main
Götz GmbH, Würzburg
Hartmann & Co., Munich
Helmut Fischer GmbH, Thalheim
Hermann Forster AG, Arbon (CH)
Hutchinson Industrie-Produkte GmbH, Mannheim
Interpane Glas Industrie AG, Lauenförde
Josef Gartner & Co., Gundelfingen
L. B. Profile GmbH, Herbstein
MBM Metallbau Möckmühl GmbH, Möckmühl
MERK-Holzbau GmbH & Co., Aichach
Oberland Glas AG, Wirges
PHP-Glastec-Systeme, Landsberg am Lech
Riesterer Metallbau GmbH, Weil am Rhein
Rodan Danz GmbH, Schönaich
Sälzle GmbH & Co. KG, Illertissen
Schüco International KG, Wertingen
Seufert-Niklaus GmbH, Bastheim
STABA Wuppermann GmbH, Leverkusen
Trube & Kings Metallbaugesellschaft mbH, Uersfeld
VEGLA Vereinigte Glaswerke GmbH, Aachen
Weck GmbH & Co., Wehr

第二版：
fischerwerke Artur Fischer GmbH & Co. KG, Waldachtal
Freisinger Fensterbau GmbH, Ebbs (A)
Internorm-Fenster GmbH, Regensburg
Karl Gold Werkzeugfabrik GmbH, Oberkochen
Pilkington Bauglasindustrie GmbH, Schmelz/Saar
SCHÜCO International KG, Bielefeld
Seufert-Niklaus GmbH, Bastheim
VELUX Deutschland GmbH, Hamburg

作者与出版商向以下在第三部分"构造细部"中提供
意见与建议的人员表示感谢。

第一版：
Dipl.-Ing. Gerhard Häberle/Ingenieurbüro Brecht,
  Stuttgart
Prof. Hans-Busso von Busse, Munich
Dipl. Arch. Andrea Compagno, Zurich
Dipl.-Ing. Dietrich Fink, Munich
Dr. Winfried Heusler/Gartner, Gundelfingen
Dipl.-Ing. Lutz Liebold, Remshalden-Grunbach
Prof. Eberhard Schunck, Munich
Dipl.-Ing. Peter Seger, Stuttgart

第二版：
Dr.-Ing. Werner Lang, Munich
Dipl.-Ing. Michael Rückert/Gerhard Weber & Partner
  GmbH, IFP Integrale Fassaden-Planung, Argenbühl
Dr.-Ing. Holger Techen, Darmstadt
Dipl.-Ing. Gerhard Weber, Argenbühl